羅剛君 著

·適用Excel2013、2010、2007版本·

Excel
職場函數
468 招

超完整! 新人工作就要用到的計算函數+公式範例集

U0140238

2AC728

Excel職場函數468招【第三版】：
超完整!新人工作就要用到的計算函數+公式範例集

作　　　者	羅剛君	城邦讀書花園	http://www.cite.com.tw
責 任 編 輯	單春蘭	客戶服務信箱	service@readingclub.com.tw
版 面 編 排	葳豐設計	客戶服務專線	02-25007718、02-25007719
封 面 設 計	韓衣非	24小時傳真	02-25001990、02-25001991
資 深 行 銷	楊惠潔	服務時間	週一至週五 9:30-12:00，13:30-17:00
行 銷 主 任	辛政遠	劃撥帳號	19863813　戶名：書虫股份有限公司
通 路 經 理	吳文龍	實體展售書店	115台北市南港區昆陽街16號5樓
總 編 輯	姚蜀芸		
副 社 長	黃錫鉉	※如有缺頁、破損，或需大量購書，都請與客服聯繫	
總 經 理	吳濱伶	※廠商合作、作者投稿、讀者意見回饋，請至：	
發 行 人	何飛鵬	創意市集粉專　https://www.facebook.com/innofair	
出　　　版	電腦人文化	創意市集信箱　ifbook@hmg.com.tw	
	城邦文化事業股份有限公司		
發　　　行	英屬蓋曼群島商家庭傳媒股份有限公司城邦分公司		
	115台北市南港區昆陽街16號8樓		

香港發行所　城邦(香港)出版集團有限公司
香港九龍土瓜灣土瓜灣道86號 順聯工業大廈6樓A室
Tel：(852)25086231　Fax：(852)25789337
E-mail：hkcite@biznetvigator.com

馬新發行所　城邦(馬新)出版集團 Cite (M) Sdn Bhd
41, Jalan Radin Anum, Bandar Baru Sri Petaling, 57000 Kuala Lumpur, Malaysia.
Tel：(603)90563833　Fax：(603)90576622
Email：services@cite.my

製 版 印 刷　凱林彩印股份有限公司
三 版 1 刷　2024年9月

ISBN 978-957-2049-37-2 ／ 定價　新台幣490元

Printed in Taiwan

本書簡體字版名為《Excel 2013 函數案例自學寶典(實戰版)》，ISBN 978-7-121-24926-6，由電子工業出版社出版，版權屬電子工業出版社所有。本書為電子工業出版社獨家授權城邦文化事業股份有限公司出版該書的中文繁體字版本，僅限於繁體中文使用地區(限於臺灣，香港，澳門、新加坡和馬來西亞地區)出版發行。未經本書原著出版者與本書出版者書面許可，任何單位和個人均不得以任何形式(包括任何資料庫或存取系統)複製、傳播、抄襲或節錄本書全部或部分內容。

國家圖書館出版品預行編目(CIP)資料

Excel職場函數468招：超完整!新人工作就要用到的計算函數+公式範例集/羅剛君著. -- 三版. -- 臺北市：電腦人文化出版：城邦文化事業股份有限公司發行，2024.09
　面；　公分
ISBN 978-957-2049-37-2(平裝)

1.CST: EXCEL(電腦程式)

312.49E9　　　　　　　　　　113011035

1 數學與三角函數

2 邏輯函數

3 字串函數

4 統計函數

5 日期和時間函數

6 尋找與參照函數

職場函數468招：超完整！新人工作就要用到的計算函數＋公式範例集

7 資訊函數 〔電子書〕

8 財務函數 〔電子書〕

9 巨集表函數 〔電子書〕

CHAPTER 1

數學與三角函數

範例及電子書下載位址
https://goo.gl/QoVUot

本章要點

- 加總問題
- 求積問題
- 排列組合問題
- 餘數問題
- 進制轉換問題

- 絕對值問題
- 亂數問題
- 乘方與開方問題
- 資料捨與入問題
- 分類彙總問題

相關函數

SUM、SUMIF、SUMIFS、SUMPRODUCT、SUMSQ、PRODUCT、MMULT、COMBIN、PERMUT、MOD、BASE、ABS、RAND、RANDBETWEEN、POWER、SQRT、ODD、EVEN、TRUNC、INT、CEILING、FLOOR、ROUND、ROUNDDOWN、ROUNDUP、SUBTOTAL

範例細分

- 彙總三個組別的產量
- 求所有工作表相同範圍資料總和
- 求前三名產量總和
- 按條件彙總入庫數量
- 使用萬用字元對產線人員的薪資加總
- 按指定範圍統計薪資總和
- 彙總滑鼠所在列中大於 600 的資料
- 對產線一的男性員工的薪資加總

- 根據三邊長計算三角形的面積
- 製作中文九九乘法表
- 計算中獎率
- 對奇數行數字加總
- 設計薪資條
- 根據身分證號碼計算身分證擁有者的性別

加總問題

範例 1 彙總三個組別的產量（SUM）

範例檔案 第 1 章 \001.xlsx

開啟範例檔案中的資料檔案，在儲存格 H2 中輸入以下公式：

=SUM(B2:B7,D2:D7,F2:F7)

按〔Enter〕鍵後在 H2 儲存格將顯示統計結果，如圖 1.1 所示。

H2	▼		f_x	=SUM(B2:B7,D2:D7,F2:F7)			
	A	B	C	D	E	F	G	H	I
1	A組	產量	B組	產量	C組	產量		三組合計	
2	趙	95	鄭	93	蔣	82		1637	
3	錢	91	王	98	沈	97			
4	孫	96	馮	80	韓	95			
5	李	95	陳	83	楊	95			
6	周	92	褚	97	朱	85			
7	吳	92	衛	80	秦	91			

圖 1.1 對三個範圍加總

▶ 公式說明

　　SUM函數可對多個範圍中的數值或者邏輯值、運算式進行加總，它有 1～255 個參數。在本例中，SUM 函數用於對 B2:B7、D2:D7、F2:F7 三個參數代表的三個範圍加總。

　　由於本範例的特殊性，公式也可以改成 "=SUM(B2:F7)"，函數會自動忽略範圍中的字串。

▶ 使用注意

　　① 從 Excel 2007 開始，SUM 函數有 1～255 個參數。參數可以是儲存格參照，也可以是運算式、陣列、數值、字串等。以下公式中 SUM 函數的參數就包含了儲存格參照、運算式、陣列和數值。

　　=SUM(A1,10*25,A3*8,{1,2},100)

　　② 如果參數是數字型字串，SUM 函數可以直接對它加總；如果參數是儲存格位址，該儲存格中有數字型字串（儲存格的數字前面有半形單引號 "'"）則不會加總。例如：

　　=SUM(10,"10")──→ 結果為 20

　　=SUM(10,A1)──→ 當 A1 的值是字串 "10" 時，公式結果為 10

　　③ 如果一定要對儲存格中的數字型字串加總，應該先將數字型字串轉換成數值。轉換方法很多──→ 使用 Value、"--"、"*1" 和 "/1" 等都可以，例如：

　　=SUM(10,VALUE(A1))──→ 當 A1 的值是字串 "10" 時，公式結果為 20

　　=SUM(10,--(A1))──→ 當 A1 的值是字串 "10" 時，公式結果為 20

▶ 範例延伸

　　思考：如果三個組的資料分別在三個工作表中，如何對資料加總？

　　提示：在每個範圍位址之前添加工作表名稱及 "!"，如 "Sheet2!B2:B7"。

範例 2 求所有工作表相同範圍資料總和（SUM）

範例檔案 第 1 章 \002.xlsx

假設生產線有 5 組，每組 8 個人，在活頁簿中將 5 個組別的生產資料分別存放於 5 個工作表中，現在要對所有組別的生產資料加總。

開啟範例檔案中的資料檔案，在儲存格 D2 中輸入以下公式：

=SUM(A 組 :E 組 !B2:B9)

按下〔Enter〕鍵後，在 D2 儲存格將顯示 5 個組別的產量總和，如圖 1.2 所示。

D2	▼		fx	=SUM(A組:E組!B2:B9)	
◢	A	B	C	D	E
1	姓名	產量		求五個組別產量和	
2	趙	82		3619	
3	錢	98			
4	孫	92			
5	李	89			
6	周	91			
7	吳	89			
8	鄭	98			
9	王	89			

H ◀ ▶ H A組 / B組 / C組 / D組 / E組 / ℃ /

圖 1.2 所有工作表相同範圍的資料總和

▶ 公式說明

對多個工作表的相同範圍加總，不需要輸入每個工作表的待加總範圍位址，只需在輸入 "=SUM(" 之後按一下第一個待加總的工作表名稱，然後按住〔Shift〕鍵，再按一下最後一個待加總的工作表名稱，最後選擇待加總的範圍即可。當按下〔Enter〕鍵後，Excel 會自動產生第一個工作表名稱和最後一個工作表名稱，中間用冒號連接，後面自動添加驚嘆號 "！" 與儲存格位址。以此方式設定參數可以彙總任意一個相鄰工作表的相同範圍。

▶ 使用注意

① 只有待加總的工作表相鄰時，才可以使用本例的辦法。

② 當函數的參數是儲存格參照時，如果儲存格處於公式所在工作表，那麼只需要輸入儲存格位址即可；如果儲存格與公式不在同一個工作表中，那麼必須在儲存格位址前添加工作表名稱和 "!"。避免忘記輸入工作表名稱的辦法，是透過選擇儲存格的方式產生儲存格位址，而非手動輸入字元。

③ 不能使用包含公式所在儲存格的範圍作為 SUM 函數的參數，否則會產生迴圈參照，公式無法正確計算結果。例如，公式在 D2 儲存格，那麼使用 B2:E2 範圍作參數，則無法對該範圍加總。

▶ 範例延伸

思考：求前兩個工作表 B2:B9 以及後兩個工作表 B2:B9 總和。

提示：可以用兩組工作表的範圍參照作為 SUM 函數的參數來完成加總，也可以用兩個 SUM 函數對兩組工作表的範圍參照分別加總，然後相加。

範例 3 求目前表以外的所有工作表相同範圍的總和（SUM）

範例檔案 第 1 章 \003.xlsx

在活頁簿中有多個工作表存放了員工每月的生產資料，每個工作表以月份命名，在最右方有一個總表，要求在總表中彙總每個員工的所有月份的產量總和。

開啟範例檔案中的資料檔案，在儲存格 B2 中輸入以下公式：

=SUM('*'!B2)

按下〔Enter〕鍵後，公式會自動變成“=SUM(一月 : 五月 !B2)”，同時計算出每一個員工的總產量。

將滑鼠移到 B2 儲存格的右下角，當滑鼠游標變成黑色十字形狀時，按一下並向下拖曳到 B9，即可將 B2 儲存格的公式複製到 B2:B9 範圍中，進而快速計算出每一位員工的產量總和。圖 1.3 所示為對目前表以外的所有工作表加總，圖 1.4 所示為下拉填滿控點來複製公式。

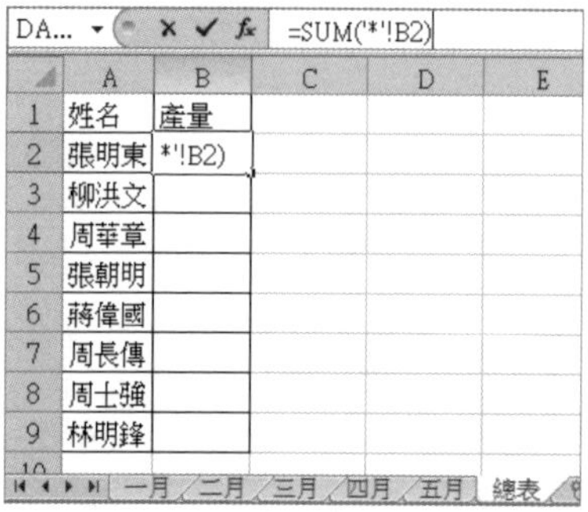

圖 1.3　對目前表以外的所有工作表加總

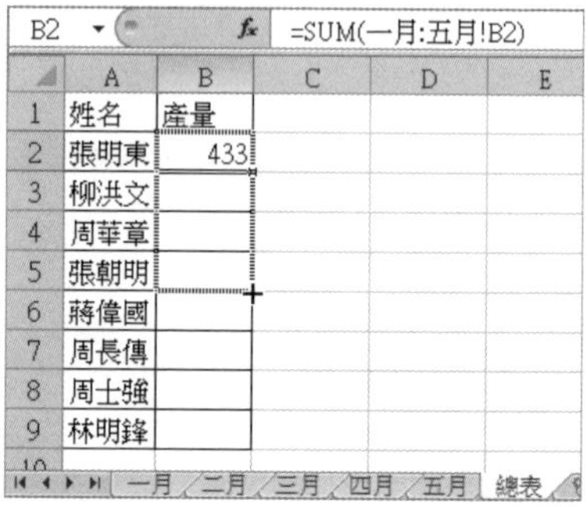

圖 1.4　下拉填滿控點來複製公式

當公式從 B2 向下填滿到 B9 後，B2:B9 將分別顯示每一位員工的產量總和。不過儘管 B3:B9 範圍的公式是透過 B2 複製而來，但是這 8 個儲存格的公式並不相同。例如，B2 儲存格的公式是“=SUM(一月 : 五月 !B2)”，而 B9 儲存格的公式則是“=SUM(一月 : 五月 !B9)”，效果如圖 1.5 所示。

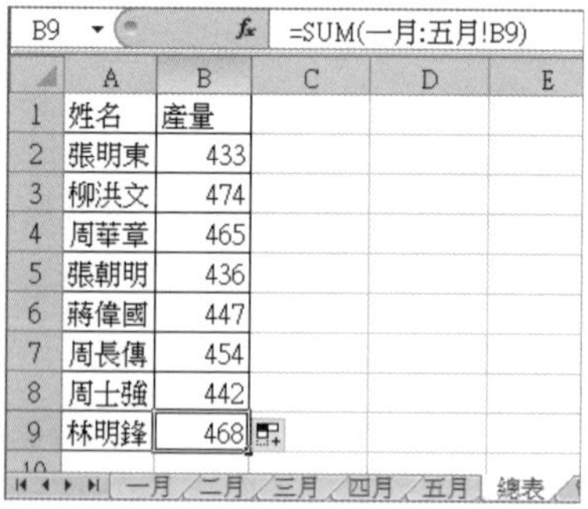

圖 1.5　將 B2 的公式複製到 B9 後得到的公式

▶ 公式說明

1 公式中兩個單引號中間加上“*”，表示參照目前工作表以外的所有工作表。不過在新增工作表後，公式並不會自動更新參照範圍，不會將新的工作表追加進去。

② 使用填滿控點，可以將一個儲存格的公式快速複製到相鄰的其他儲存格中。圖 1.4 中黑色十字形的滑鼠指標即為儲存格的填滿控點，它只在滑鼠指向儲存格右下角時出現。

③ 本例公式中的儲存格位址 B2 屬於相對參照，如果採用絕對參照，填滿公式後無法讓公式分別計算出每位員工的產量。

④ 與填滿公式相關的是參照。透過儲存格位址參照儲存格的值，稱為儲存格參照，例如 A1、C10、\$F\$5:\$G\$10 和 C8。儲存格參照包含相對參照、絕對參照和混合參照，A1 和 C10 屬於相對參照，\$F\$5:\$G\$10 屬於絕對參照，C\$8 則屬於混合參照。

⑤ 相對參照即基於包含公式的儲存格，與被參照的儲存格之間相對位置的儲存格位址。如果複製公式，相對參照將自動調整儲存格位址。相對參照採用 A1 樣式。絕對參照即公式中儲存格的精確位址，與包含公式的儲存格的位置無關。絕對參照採用的形式為 \$A\$1，即在相對參照的儲存格位址中添加 "\$" 符號，表示將欄與列鎖定。

換一種說法，相對參照是基於參照座標的相對位置，當參照點發生變化時，相對參照的儲存格位址會相對地變化；絕對參照則相反，它沒有參照點，所以複製公式時絕對參照總是保持不變。其中 "\$" 符號表示將物件固定，包括欄與列。

圖 1.6 中 B1 儲存格的公式採用相對參照方式引用 A1 儲存格的值，當把 B1 複製到 B2、B3、B4、B5 時，公式會相對變化，B2 不再參照 A1 的值，而是參照 A2 的值。B3、B4、B5 的參照也以同樣原理產生位移。圖 1.7 的公式採用了絕對參照，所以 B1 儲存格的公式複製到 B3、B4、B5、B6 後，仍然只參照 A1 儲存格的值。

圖 1.6　相對參照　　　　　　　　　圖 1.7　絕對參照

⑥ 混合參照即一半相對參照、一半絕對參照。"\$A1" 表示相對列絕對欄，因此屬於混合參照，在公式中使用它參照數值且向右、向下填滿後將得到圖 1.8 所示效果。圖中 E1 的公式是 "=\$A1"，公式向右填滿後仍然只能參照 A1 儲存格的值，而向下填滿時公式會自動變化，進而參照 A2、A3 的值。"A\$1" 也屬於混合參照，當包含此參照的公式向下填滿時公式不會變化，向右填滿時才會變化。圖 1.9 正是 "A\$1" 形式的參照效果。

圖 1.8　相對列絕對欄的參照效果　　　　　圖 1.9　絕對列相對欄的參照效果

▶ 使用注意

① 公式中的 "*" 只能手動輸入，無法透過滑鼠選擇工作表的方式產生該符號。

② 跨工作表參照範圍時，範圍位址和工作表名稱不宜手動輸入，透過選擇範圍自動產生範圍位址的辦法能提高速度和準確性。

範例檔案 第 1 章 \004.xlsx

開啟範例檔案中的資料檔案，在儲存格 D2 中輸入以下公式：

=SUM(LARGE(B2:B10,{1,2,3}))

按下〔Enter〕鍵後，公式算出前三名產量總和，結果如圖 1.10 所示。

D2	▼	f_x	=SUM(LARGE(B2:B9,{1,2,3}))	
	A	B	C	D
1	姓名	捐款		前三名產量之和
2	羅新華	1350		4070
3	陳中國	640		
4	胡不群	780		
5	石開明	440		
6	陳金來	980		
7	諸有光	1410		
8	周光輝	790		
9	陳麗麗	1310		

圖 1.10　求前三名產量總和

▶ 公式說明

　　獲取前 N 大值需要使用 LARGE 函數。LARGE 函數表示從一組資料中獲取第 N 個最大值，本例中要求統計前三大資料總和，因此採用常量陣列 "{1,2,3}" 作為 LARGE 函數的參數分別擷取第一大值、第二大值和第三大值，最後利用 SUM 函數將它們彙總。

　　本例是兩個函數嵌套的應用範例。由於 Excel 沒有提供單個函數來彙總前 N 大值，因此必須兩者套用。Excel 的函數都只能執行單一運算，複雜運算需要函數嵌套。

▶ 使用注意

　　① LARGE 函數的第一參數表示資料來源，第二參數表示要取第幾個最大值。例如，公式 "=LARGE(A1:A10,2)" 表示計算 A1:A10 範圍的第二大值。在本書的第 4 章會有大量關於 LARGE 函數的應用範例和使用技巧介紹。

　　② 公 式 "LARGE(B2:B9,2)" 表 示 計 算 B2:B9 範 圍 的 第 二 大 值， 而 公 式 "LARGE(B2:B9,{1,2,3})" 則表示同時計算 B2:B9 範圍的第一、第二和第三大值。在它前面使用 SUM 函數可以將這 3 個資料彙總，進而得到範圍中前三大值總和。

　　③ "{1,2,3}" 是一個陣列，表示同時包含 1、2、3 的資料組合。陣列在函數公式中很重要，透過陣列能做更強大的資料運算，不過陣列也更難以理解。在本章末尾會提供陣列的相關知識作為補充。

　　④ 編寫多個函數嵌套的公式時，初學者應該先寫裡面一層的函數，然後再寫外面的函數，同時要注意將括弧配對。例如，本例的公式可以先寫 "LARGE(B2:B10,{1,2,3})" 部分，然後再寫外面的 SUM 函數和括弧，等到對函數能熟練應用後，再一次輸入公式。

▶ 範例延伸

　　思考：求 A2:C20 範圍的前十大值總和。

　　提示：根據實際情況修改範圍位址和 LARGE 函數第二參數即可。

範例 5 按條件彙總入庫數量（SUMIF）

範例檔案 第 1 章 \005.xlsx

B 列用於標示入庫和出貨，C 列則存放對應的入庫資料和出貨資料，現要求只彙總入庫資料。

開啟範例檔案中的資料檔案，在儲存格 E2 中輸入以下公式：

=SUMIF(B2:B10,"= 入庫 ",C2:C10)

按下〔Enter〕鍵後，將顯示當日資料中入庫數量總和，結果如圖 1.11 所示。

E2 =SUMIF(B2:B10,"=入庫",C2:C10)

	A	B	C	D	E	F
2	08:00	入庫	100		429	
3	08:50	入庫	110			
4	09:40	出貨	104			
5	10:00	入庫	113			
6	12:30	出貨	106			
7	14:10	出貨	104			
8	15:00	入庫	106			
9	15:10	出貨	105			
10	15:50	出貨	117			

圖 1.11 顯示當日資料中入庫數量總和

▶ 公式說明

SUMIF 屬於條件加總函數，它有 3 個參數，第一參數為加總的條件範圍；第二參數表示條件，可以使用“>”、“<”、“=”等比較運算子來限制條件範圍；第三參數是非必填參數，表示實際參與加總的範圍。本例公式表示當第一參數代表的範圍 B2:B10 等於條件“入庫”時，那麼對第三參數 C2:C10 中對應的儲存格加總。本例中 B2、B3、B5 和 B8 的值是“入庫”，因此實際加總的儲存格是 C2、C3、C5 和 C8。

▶ 使用注意

① SUMIF 函數用於條件加總，可以理解為 SUM+IF 兩個函數的集合，對於符合單條件加總的情況常使用 SUMIF 函數，而條件較多時則使用 SUM+IF 兩個函數嵌套來完成。

② SUMIF 也有它自身的局限性，它的第一參數和第三參數只能是範圍參照，不能是陣列。例如，“{1,2,3}”、“ROW（20:30）”和“A1：A10+1”都不能作為 SUMIF 的第一和第三參數，否則無法執行加總。

③ 當 SUMIF 的第一參數既是條件範圍也是加總範圍時，那麼第三參數允許忽略，下一個範例將會示範此類應用。

④ SUMIF 的第二參數允許使用“>”、“<”、“=”、“<=”和“>=”等比較運算子，當表示等於某個條件時，允許忽略等號。因此本例的公式也可以簡化為：

=SUMIF(B2:B10," 入庫 ",C2:C10)

▶ 範例延伸

思考：計算當日 12:00 之後的送貨數量總和。

提示：將公式中代表條件範圍和條件的第一、第二參數修改成 A2:A10 及“>12:00”。

範例 6 對大於 1000 的資料加總（SUMIF）

範例檔案 第 1 章 \006.xlsx

對倉庫進貨資料中單次進貨超過 1000 者加總。開啟範例檔案中的資料檔案，在儲存格 D2 中輸入以下公式：

=SUMIF(B2:B8,">1000")

按下〔Enter〕鍵後，公式將算出當日資料中超過 1000 的數量總和，結果如圖 1.12 所示。

	A	B	C	D
	D2	▼		fx =SUMIF(B2:B8,">1000")
1	廠商	進貨數量		大額進貨求和
2	正龍企業	200		4330
3	文昌公司	1300		
4	松正企業	250		
5	福遠製造廠	1450		
6	遠東公司	110		
7	正大企業	1580		
8	正太集團	400		

圖 1.12 計算倉庫入庫數量總和

▶ 公式說明

SUMIF 函數的第三參數是非必填參數，如果忽略則對第一參數所代表的範圍加總，本例中條件範圍和加總範圍都是 B2:B8，因此忽略了第三參數。

如果添加第三參數，也可以得到正確結果，公式如下：

=SUMIF(B2:B8,">1000",B2)

▶ 使用注意

① SUMIF 函數省略第三參數的用法，只針對第一參數既是條件範圍又是加總範圍的情況，而且這個範圍必須是數值，否則沒有意義，字串的合計永遠是 0。

② 如果需要對範圍中不等於 1000 的資料加總，則公式可以寫為：

=SUMIF(B2:B8,"<>1000")

③ 如果需要對範圍中等於 1000 的資料進行加總，則公式可以寫為：

=SUMIF(B2:B8,1000)

當條件是數值時，SUMIF 函數的第二參數有 3 種表示方法。假設條件是

1000，那麼第二參數可以寫為 ""=1000""、 ""1000"" 或者 "1000"，三種寫法的計算結果一致。但是條件是字串時則只有兩種寫法，不能忽略等號的同時又忽略引號。

④ 當加總範圍中存在字串時（本例的加總範圍是 B2:B8），SUMIF 函數會自動略過字串。假設在 B2 儲存格輸入字串「函數」，「函數」二字是大於數值 1000 的，但是它並不會參與加總，因此公式的結果不會產生變化。

▶ 範例延伸

思考：計算圖 1.12 中小於等於 1000 的入庫數據總和

提示：參考本例的公式修改一下邏輯運算子即可。

範例 7 使用萬用字元對產線人員的薪資加總（SUMIF）

範例檔案 第 1 章 \007.xlsx

公司包含人事部、採購部、產線一、產線二、產線三、業務部和印刷分部 7 個部門，現要求彙總產線的員工薪資。

開啟範例檔案中的資料檔案，在儲存格 E2 中輸入以下公式：

=SUMIF(A2:A10,"產線?",C2)

按下〔Enter〕鍵後，將算出所有產線人員的薪資總和，結果如圖 1.13 所示。

	A	B	C	D	E
	部門	姓名	工資		產線人員工資之和
2	產線一	黃淑寶	4903		23884
3	人事部	李有花	4581		
4	產線二	程前和	3906		
5	採購部	黃明秀	4728		
6	產線一	范亞橋	4245		
7	業務部	周語懷	4617		
8	產線三	陳英	4102		
9	產線二	童懷禮	3723		
10	產線一	鄭麗	3005		
11	印刷分部	游有之	3595		

E2 欄位公式：=SUMIF(A2:A10,"產線?",C2)

圖 1.13　對所有產線人員的薪資加總

▶ 公式說明

本公式中 SUMIF 函數的第一參數是條件範圍，第二參數 "產線?" 表示條件是以 "產線" 二字開頭，同時其長度為 3。第三參數是簡寫，雖然只有 "C2"，而實際計算時是用 C2:C10 範圍參與加總。整個公式的含義是如果 A2:A10 範圍中任意儲存格包含 3 個字而且以 "產線" 二字開頭，那麼對該儲存格在 C 列中對應的儲存格加總。

本例最終的加總儲存格是 C2、C4、C6、C8:C10。

▶ 使用注意

① SUMIF 函數的第二參數支援萬用字元 "*" 和 "?"。其中 "?" 表示任意單個字元，"*" 表示任意長度的字元。在本例中比較特殊，使用 "?" 和 "*" 都能得到同樣結果。

② 如果儲存格中本身就有 "?" 符號，那麼可以使用第三個萬用字元 "~"。例如：=SUMIF(A2:A10,"~?",C2)──此處的 "?" 不再具備萬用字元的功能，僅當作標點符號 "?" 處理。

（3）如果統計薪資表中有 "高周波產線" 和 "印刷產線" 等不同長度的部門名稱，本公式需要修改成 "=SUMIF(A2:A10,"*產線",C2)"。

④ 萬用字元包括 "*"、"?" 和 "~" 三個符號，它們只能在半形狀態下輸入。

▶ 範例延伸

思考：計算本例中非產線部門的薪資

提示：可採取兩個方向，其一是全部加總，然後減掉產線的薪資總數，其二是利用 "<>產線?" 作為 SUMIF 函數的加總條件。

範例檔案 第 1 章 \008.xlsx

A 列是姓名、B 列是薪資，要求統計 3000 ～ 3500 之間的薪資總和（不含 3000）。
開啟範例檔案中的資料檔案，在儲存格 D2 中輸入以下公式：

=SUM(SUMIF(B2:B10,"<="&{3000,3500})*{-1,1})

按下〔Enter〕鍵後，將算出 3000 ～ 3500 之間的薪資總和，結果如圖 1.14 所示。

	A	B	C	D	E	F
	D2	▼		fx	=SUM(SUMIF(B2:B10,"<="&{3000,3500})*{-1,1})	
1	姓名	工資		3000到3500之間的工資總計		
2	嚴西山	3370		13430		
3	陳英	2980				
4	梁桂林	3640				
5	羅生門	3320				
6	劉百萬	3250				
7	張正文	3770				
8	陳胡明	3490				
9	張徽	3740				
10	童懷禮	3760				

圖 1.14　對 3000 ～ 3500 之間的薪資加總

▶ 公式說明

SUMIF 函數只能在加總時設定單個條件，進而得到單個統計結果。由於本例的需求是
"3000 ～ 3500 之間"，屬於雙條件加總，因此採用 ""<="&{3000,3500}" 作為參數，
進而生成兩個結果，即小於等於 3000 的薪資總和，以及小於等於 3500 的薪資總和。

由於目標是對 3000 到 3500 之間的值加總，相當於小於等於 3500 的薪資合計減掉小
於等於 3000 的薪資合計，因此本例在 SUMIF 函數之後使用 "*{-1,1}"，進而將小於等於
3000 的薪資總和轉換成負數（乘以負 1 的結果），最後使用 SUM 函數將 SUMIF 的兩個
計算結果加總，進而得到最終 3000 到 3500 之間的薪資總和（不含 3000）。

▶ 使用注意

① SUMIF 函數只能處理單條件加總，如果要求同時滿足多個條件才參與加總，那麼
應使用 SUMIFS 函數，在後面會有相關的範例；如果要求滿足多條件之一就參與加總，則
應將 SUM 和 SUMIF 兩個函數搭配使用。

② 本例中 SUMIF 的第二參數使用 ""<="&{3000,3500}" 相當於將公式變成了
"=SUMIF(B2:B10,"<=3000")" 和 "=SUMIF(B2:B10,"<=3500")"，進而得到兩個結果，
而一個儲存格中只能顯示一個結果，因此需要在外面添加 SUM 函數將它們加總。

③ 本例的公式也可以修改成：

=SUMIF(B2:B10,"<=3500")-SUMIF(B2:B10,"<=3000")

▶ 範例延伸

思考：計算圖 1.14 中小於 3000 以及大於 3500 的資料總和
提示：使用兩次 SUMIF 函數分別計算兩個範圍的值，然後兩者相加即可。

範例 9　計算前三名和後三名的資料總和（SUMIF）

範例檔案 第 1 章 \009.xlsx

開啟範例檔案中的資料檔案，在儲存格 D2 中輸入以下公式：

=SUMIF(B2:B10,">="&LARGE(B2:B10,3))+SUMIF(B2:B10,"<="&SMALL(B2:B10,3))

按下〔Enter〕鍵後，將算出前三名和後三名的資料總和，結果如圖 1.15 所示。

	D2 ▼		fx	=SUMIF(B2:B10,">="&LARGE(B2:B10,3))+SUMIF(B2:B10,"<="&SMALL(B2:B10,3))						
	A	B	C	D	E	F	G	H	I	J
1	姓名	工資		前後三名工資總計						
2	黃淑寶	36800		206500						
3	魯華美	34900								
4	范亞橋	35400								
5	趙月峨	32200								
6	林至文	32300								
7	龍度溪	37500								
8	羅生榮	29100								
9	趙興堃	37400								
10	黃未東	38000								

圖 1.15　前三名和後三名的數據總和

▶ 公式說明

本例中用兩個 SUMIF 函數，分別計算三個最大值總和與三個最小值總和，然後相加。其中 LARGE 用於計算第三大值，SMALL 用於計算第三小值。在本書第 4 章會有更多、更詳細的關於 LARGE 和 SMALL 函數的應用範例。

實際上本例公式的計算結果不一定是前三名和後三名的資料總和，例如，有兩個數值並列第三名，那麼大於等於第三名的資料其實包含 4 個值。

▶ 使用注意

① SUMIF 的第二參數只要存在比較運算子，參數就只能以字串形式出現，故參數中的運算子必須加引號。當 LARGE(B2:B10,3) 的值等於 10 時，"">="&LARGE(B2:B10,3)"相當於 "">=10""。

② 在第二參數中，"LARGE(B2:B10,3)"是一個需要運算的運算式，在公式中必須先計算出第三大值，然後再與 ">=" 串連成一個字串，進而成為 SUMIF 函數的加總條件。因此運算式不能寫成 "">=LARGE(B2:B10,3)""的形式。

③ 如果 B2:B1 的前三名存在並列情況，又要求只統計前三大值總和時，唯一的辦法是採用以下公式：

=SUM(LARGE(B2:B10,{1,2,3}))

▶ 範例延伸

思考：計算高於平均薪資的薪資總和

提示：使用 AVERAGE 函數計算出平均值，然後使用 SUMIF 函數計算大於該值的所有資料總和。

範例 **10** 對包含 "產線" 二字的部門的薪資加總（**SUMIF**）

範例檔案 第 1 章 \010.xlsx

圖 1.16 中包括多個部門，現要求彙總所有產線的薪資總和。

開啟範例檔案中的資料檔案，在儲存格 E2 中輸入以下公式：

=SUMIF(A2:A10,"* 產線 *",C2)

按下〔Enter〕鍵後，將算出所有產線的人員的薪資總和，結果如圖 1.16 所示。

E2	▾ ●	fx	=SUMIF(A2:A10,"*產線*",C2)	
	A	B	C	D	E
1	部門	姓名	工資		產線人員工資和
2	生產產線A組	王豹	3622		20810
3	印刷產線C組	羅新華	3792		
4	人力資源部	張大中	3474		
5	生產產線C組	張慶	3616		
6	人事部	蔣有國	3517		
7	印刷產線B組	穆容秋	3527		
8	生產產線後勤部	鄒之前	3038		
9	印刷產線A組	朱琴	3215		
10	保全組	嚴西山	3716		

圖 1.16 對多個產線的人員的薪資加總

▶ 公式說明

　　SUMIF函數的第二參數支援萬用字元，可以使用 "?" 代表長度為 1 的任意字元，用 "*" 代表任意長度的任意字元。本例需求是 "包含產線"，因此宜用 "* 產線 *" 作為加總條件。

　　公式中的 "C2" 屬於簡寫，它相當於 C2:C10，第三參數的實際儲存格數量由 SUMIF 函數的第一參數決定。

▶ 使用注意

　　① SUM 函數的任意參數都不支援萬用字元，SUMIF 函數只有第二參數才支援萬用字元。

　　② 萬用字元 "??" 代表長度為兩位的任意字元，"?" 的功能不同，但 "**" 和 "*" 的功能一致，都代表不確定長度的任意字元。

　　③ 如果需要統計的條件包括萬用字元本身，如 "五 * 級"、"3* 級" 等，應在 "*" 之間添加 "~"。以下公式表示如果 A2:A10 中的字元包含符號 "*"，那麼對 C 列中對應的數值加總：

　　=SUMIF(A2:A10,"*~**",C2)

　　公式中第一個 "*" 是萬用字元，表示任意長度的字元，而 "~*" 則表示普通字元 "*"，此時它不再是萬用字元，僅僅是字串 "*"，而最後一個 "*" 則是萬用字元。萬用字元 "?" 也可以同樣方式處理。

▶ 範例延伸

　　思考：假設圖 1.16 中有部分部門名稱的最後一個字元是 "?"，如何求其薪資合計？
　　提示：用 "*~?" 作為加總條件即可。

範例 11 彙總來自苗栗和宜蘭的員工總和（SUMIF）

範例檔案 第 1 章 \011.xlsx

公司有多個縣市的員工，現要求統計來自苗栗和宜蘭的員工總和。開啟範例檔案中的資料檔案，在儲存格 D2 中輸入以下公式：

=SUM(SUMIF(A2:A10,{" 苗栗 "," 宜蘭 "}&"*",B2))

按下〔Enter〕鍵後，將算出來自苗栗和宜蘭的員工總和，結果如圖 1.17 所示。

	A	B	C	D	E
1	地區	員工人數		苗栗和宜蘭的總人數	
2	苗栗縣苗栗市	4		42	
3	新北市板橋區	16			
4	苗栗縣公館鄉	19			
5	宜蘭縣頭城鎮	12			
6	台北市北投區	6			
7	台中市西屯區	16			
8	苗栗縣後龍鎮	7			
9	新北市新店區	1			
10	新北市淡水區	18			

（D2 儲存格公式列：=SUM(SUMIF(A2:A10,{" 苗栗 "," 宜蘭 "}&"*",B2)))

圖 1.17　彙總來自苗栗和湖北的員工總和

▶ 公式說明

本公式中 SUMIF 函數的第二參數使用了 " {" 苗栗 "," 宜蘭 "}&"*"" ，它代表苗栗和宜蘭開頭的字串，相當於 " {" 苗栗 *"," 宜蘭 *"}" 。

公式使用 " {" 苗栗 *"," 宜蘭 *"}" 作為加總的條件，表示滿意兩個條件之一即可參與加總，由於同時有多個儲存格的值滿足條件，因此 SUMIF 函數會得到多個計算結果，因此有必要在外面增加 SUM 函數將這些計算結果彙總，轉換成單個值保存在 D2 儲存格。

▶ 使用注意

① 本例的條件不是包含關係，而是以苗栗、宜蘭開頭，因此採用 " {" 苗栗 "," 宜蘭 "}&"*"" ，作為加總條件。當然也可以將公式修改成：

=SUM(SUMIF(A2:A10,{" 苗栗 *"," 宜蘭 *"},C2:C10))

② " {" 苗栗 "," 宜蘭 "}" 屬於常量陣列，在本章末尾會專門講解陣列相關內容。

③ 如果不採用陣列，本例可以改用以下公式完成：

=SUMIF(A2:A10," 苗栗 *",B2)+SUMIF(A2:A10," 宜蘭 *",B2)

④ 本例和範例 8 有相近之處也有差異，範例 8 是求兩個條件的差值，本例是計算兩個條件的合計，因此兩個範例的公式差異在於是否乘以 " {-1,1}" 。

▶ 範例延伸

思考：求圖 1.17 中地區名稱長度等於 5 的人數總和

提示：使用 " ?????" 作為 SUMIF 函數的條件參數即可，不需要使用 SUM 函數，因為 SUMIF 只有單個字串做條件時，產生的彙總結果也只有一個。

範例 12 彙總滑鼠所在欄中大於 600 的資料（SUMIF）

範例檔案 第 1 章 \012.xlsx

圖 1.18 中有 4 組資料分別存放在 4 欄中，現在要求按一下哪一欄就彙總哪一欄中大於 600 的資料，方便使用者查看。

開啟範例檔案中的資料檔案，在儲存格 G2 中輸入以下公式：

=SUMIF(INDIRECT("R2C"&CELL("col")&":R8C"&CELL("col"),FALSE),">600")

按下〔Enter〕鍵後，Excel 將出現「提示迴圈參照」對話框，按一下〔確定〕按鈕，然後在 B 欄到 E 欄任意儲存格按一下，按下〔F9〕鍵，公式將計算目前欄中大於 600 的資料總和。

在 G 欄以外的任意欄儲存格按下〔F9〕鍵，都可以計算目前欄中大於 600 的資料總和，若在 G 欄後再按 F9 鍵會產生迴圈參照，進而無法計算出結果。

	A	B	C	D	E	F	G	H	I	J	K
1	日期	A組	B組	C組	D組		匯總滑鼠所在列				
2	星期一	640	541	655	793		3431				
3	星期二	713	604	792	502						
4	星期三	537	622	603	704						
5	星期四	535	547	695	622						
6	星期五	635	575	686	651						
7	星期六	550	679	508	638						
8	星期日	676	728	541	718						

G2 ▾ fx =SUMIF(INDIRECT("R2C"&CELL("col")&":R8C"&CELL("col"),FALSE),">600")

圖 1.18　彙總滑鼠所在欄中大於 600 的資料

▶ 公式說明

本公式中 CELL("COL") 用於計算作用儲存格的欄號，假設作用儲存格是 3，那麼 ""R2C"&CELL("col")&":R8C"&CELL("col")" 的計算結果是 "R2C3:R8C3"，將它作為 INDIRECT 函數的參數後可以得到第 2 列第 3 欄到第 8 列第 3 欄的範圍參照。最後用 SUMIF 函數將第 2 列第 3 欄到第 8 列第 3 欄中所有大於 600 的數值加總。

▶ 使用注意

① 輸入公式時必定導致迴圈參照，因此彙總結果為 0，必須在輸入公式後再按一下要加總那一欄的任意儲存格，然後按下〔F9〕鍵重新計算公式才能得到正確結果。

② 按一下不同的欄，會得到不同的彙總結果。

③ CELL 函數有兩個參數，本公式中第一參數 "COL" 表示擷取指定儲存格的欄號。如果省略第二參數則表示擷取目前選中的儲存格的欄號。

④ 迴圈參照是指公式要計算的範圍中包含了公式所有儲存格，參照自身的參照就算迴圈參照。預設設定下，迴圈參照的公式無法執行運算。

▶ 範例延伸

思考：求圖 1.18 目前列的資料和

提示：擷取目前列的列號用 CELL("ROW")，公式中的列號和欄號相對地修改即可。

範例 13 只彙總 60 ～ 80 分的成績（SUMIFS）

範例檔案 第 1 章 \013.xlsx

開啟範例檔案中的資料檔案，在儲存格 D2 中輸入以下公式：

=SUMIFS(B2:B10,B2:B10,">=60",B2:B10,"<=80")

按下〔Enter〕鍵後，將彙總 60 ～ 80 分的成績，結果如圖 1.19 所示。

D2		fx	=SUMIFS(B2:B10,B2:B10,">=60",B2:B10,"<=80")		
	A	B	C	D	E	F
1	姓名	成績		匯總60-80之分間的成績		
2	單充之	65		411		
3	張珍華	95				
4	柳龍雲	98				
5	陳英	78				
6	周長傳	41				
7	劉佩佩	70				
8	曹錦榮	65				
9	諸華	63				
10	張朝明	70				

圖 1.19　彙總 60 ～ 80 分的成績

▶ 公式說明

　　SUMIFS 函數用於多條件加總，根據需要可以設定 1 ～ 127 個條件，本例中設定了兩個條件。其中第一參數表示實際加總的範圍，第二參數和第四參數表示條件範圍，第三參數和第五參數表示條件。範圍 B2:B10 出現了三次，第一次代表實際求和範圍，第二、三次代表條件範圍。

▶ 使用注意

　　① SUMIFS 函數和 SUMIF 函數都是條件加總函數，SUMIFS 相對於 SUMIF 函數，除了可以設定多個加總條件以外，還有兩點與 SUMIF 函數不同。其一：SUMIFS 的實際加總範圍是第一個參數，而 SUMIF 的實際加總範圍則是最後一個參數，如果省略第三參數，那麼加總範圍則是第一參數。其二：SUMIF 的加總範圍可以簡寫，而 SUMIFS 的加總範圍必須和條件範圍的高度和寬度一致。

　　② 如果 SUMIFS 函數的參數中設定了多個條件，那麼函數的運算機制是僅對同時符合所有條件的資料加總。如果需要多個條件中滿足任意一個就加總，那麼可以採用 SUM 函數完成，或者像範例 18 一樣將 SUM 與 SUMIF 函數嵌套使用。

　　③ 加總時，如果第一參數中有 TRUE，則當作 1 計算，而 FALSE 當作 0 計算。

　　④ 此函數在 Excel 2003 及更低版本中不支援，僅在 Excel 2007 及更高版本中可用。

▶ 範例延伸

　　思考：彙總圖 1.19 中 60 ～ 80 之外的成績

　　提示：可以先求出所有資料和，再減掉 60 ～ 80 之間的資料。也可以分兩段彙總，分別計算 0 ～ 60 的成績和 80 ～ 100 的成績，然後兩者相加即可。

範例 14 彙總三年級二班人員遲到次數（SUMIFS）

範例檔案 第 1 章 \014.xlsx

學校有多個年級，每個年級又有多個班，在工作表中存放了每個班的人員遲到次數，現要求統計其中三年級二班的遲到人數。

開啟範例檔案中的資料檔案，在儲存格 F2 中輸入以下公式：

=SUMIFS(D2:D10,B2:B10," 三年級 ",C2:C10," 二班 ")

按下〔Enter〕鍵後，將算出三年級二班學生的遲到次數，結果如圖 1.20 所示。

F2		fx	=SUMIFS(D2:D10,B2:B10,"三年級",C2:C10,"二班")				
	A	B	C	D	E	F	G	H
1	姓名	年級	班級	遲到統計		三年級二班人員遲到次數		
2	張汶	一年級	一班	4		6		
3	劉神通	三年級	二班	3				
4	柳天煜	一年級	三班	15				
5	陳中天	二年級	一班	6				
6	張如是	三年級	二班	3				
7	陳大年	一年級	三班	2				
8	吳虎將	三年級	一班	14				
9	劉中雲	一年級	二班	0				
10	李仙	二年級	三班	0				

圖 1.20　三年級二班的遲到次數總和

▶ 公式說明

本公式中實際加總範圍是 D2:D10，而條件範圍分別是 B2:B10 和 C2:C10。根據需要還可以添加更多的條件範圍，支援 1 ～ 127 個條件。

對資料直接加總使用 SUM 函數，按單個條件加總則用 SUMIF 函數，同時滿足多個條件後再加總則用 SUMIFS 函數，滿足多個條件之一就參與加總，則使用 SUM+SUMIF 兩個函數套用。

▶ 使用注意

① 本公式中的第三參數和第五參數都省略了等號。如果加總條件中使用 ">"、"<"、"<>" 或者 ">="、"<=" 等運算子，那麼不允許省略。

② 公式中三個範圍的大小必須一致，否則將產生錯誤結果，這和 SUMIF 函數有所區別。SUMIF 函數的加總範圍允許簡寫，而 SUMIFS 則不允許。

③ 本例也可以改用 SUM 函數的陣列形式替代 SUMIFS，陣列公式如下：

=SUM(D2:D10*(B2:B10=" 三年級 ")*(C2:C10=" 二班 "))

陣列公式的特點是輸入公式後先同時按住〔Ctrl〕鍵和〔Shift〕鍵，然後再按下〔Enter〕鍵，通常稱為〔Ctrl〕+〔Shift〕+〔Enter〕複合鍵。

④ 如果要求統計一年級遲到次數大於 20 的人員的遲到次數總和，公式可以修改成：

=SUMIFS(D2:D10,B2:B10," 一年級 ",D2:D10,">20")

▶ 範例延伸

思考：彙總圖 1.20 中一班遲到次數少於 10 次的次數和

提示：與本例方向一致。

範例 15 計算產線男性與女性人數差異（SUMIFS）

範例檔案 第 1 章 \015.xlsx

公司有多個部門，要求統計所有產線的男性與女性人數差異。開啟範例檔案中的資料檔案，在儲存格 E2 中輸入以下公式：

=SUM(SUMIFS(C2:C11,B2:B11,{" 女 "," 男 "},A2:A11,"* 產線 ")*{-1,1})

按下〔Enter〕鍵後，將算出產線男性與女性人數差異，結果如圖 1.21 所示。

	A	B	C	D	E	F	G	H
1	部門	性別	人數		男性比女性人員的差異			
2	生產產線	男	200		121			
3	生產產線	女	125					
4	廠務部	男	20					
5	廠務部	女	12					
6	印刷產線	男	235					
7	印刷產線	女	189					
8	人事部	男	1					
9	人事部	女	1					
10	保全組	男	3					
11	保全組	女	5					

圖 1.21 產線男性與女性人數差異

▶ 公式說明

本公式中 SUMIFS 函數第一參數使用了陣列參數，第二參數為 "* 產線"，實質上等於使用了三個條件，前兩個條件是 "或者" 關係，滿足條件之一就參與加總，第三個條件與前兩個條件是 "而且" 關係，同時滿足前兩個條件之一和第三個條件時才參與加總。

SUMIFS 的算出值是產線男性人數和產線女性人數，在 SUMIFS 的外面套用 "*{-1，1}" 後可將女性人數轉為負數，而男性人數保持正數不變，最後將兩者相加則計算出男、女人數的差值。

▶ 使用注意

① SUMIFS 函數有多個條件時，條件與條件之間不講究順序排列，第一條件與第二條件交換位置也不影響結果，但是本例常量陣列中的 "女" 和 "男" 交換位置卻會影響結果。如果將 "女" 和 "男" 交換位置，那麼第二個常量陣列的 -1 和 1 也需要交換位置。

② 從本例中也可以看出，SUMIFS 可以對同時滿足多條件的資料加總，也可以對滿足指定條件之一的資料進行加總，只是使用了陣列作參數時，需要再配合 SUM 函數使用。

③ 本例公式執行陣列運算，但不是陣列公式，不需要按〔Ctrl〕+〔Shift〕+〔Enter〕複合鍵，公式是否為陣列公式和公式是否執行陣列運算無關。陣列公式可能並不執行陣列運算，執行陣列運算的公式也不一定是陣列公式。在 "認識陣列" 章節中會有更詳細的說明。

▶ 範例延伸

思考：彙總圖 1.21 中人事部與廠務部所有男性人數
提示：與本例方向一致，修改一下 SUMIFS 函數的條件參數即可。

範例 16 計算加保人數（SUMPRODUCT）

範例檔案 第 1 章 \016.xlsx

開啟範例檔案中的資料檔案，在儲存格 E2 中輸入以下公式：

=SUMPRODUCT((C2:C11=" 是 ")*1)

按下〔Enter〕鍵後，公式將算出所有加保人數，結果如圖 1.22 所示。

	A	B	C	D	E	F
	E2 ▾		fx	=SUMPRODUCT((C2:C11="是")*1)		
1	部門	姓名	加保		加保人數	
2	生產產線	甲	是		5	
3	生產產線	乙	否			
4	廠務部	丙	是			
5	廠務部	丁	是			
6	印刷產線	戊	否			
7	印刷產線	己	否			
8	人事部	庚	是			
9	人事部	辛	否			
10	保全組	壬	否			
11	保全組	癸	是			

圖 1.22　計算加保人數

▶ 公式說明

　　SUMPRODUCT 函數的功能，是對給定的幾組陣列間對應的元素相乘，並算出乘積總和。如果只有一組資料則直接算出該陣列總和。

　　本例中 SUMPRODUCT 函數只有一個陣列參數——C2:C11。C2:C11 屬於範圍參照，而 "C2:C11=" 是 "" 的計算結果是由 True 和 False 組成的陣列，"(C2:C11=" 是 ")*1" 則可以生成 1 和 0 組成的陣列，SUMPRODUCT 函數的作用就是將這些 1 和 0 彙總。

▶ 使用注意

　　① SUMPRODUCT 的參數可以是 1 ～ 255 個。如果只有 1 個參數則算出該數組的數值總和，如果有多組參數則將所有陣列對應位置的值相乘，然後再將乘積彙總，所以 SUMPRODUCT 函數的功能其實是計算多組資料的乘積總和。

　　② SUMPRODUCT 如果有多個陣列參數，各陣列的高度與寬度必須相等，例如，第一參數是 A1:A10，第二參數就不能是 B1:B9 或者 C5:C30。

　　③ 如果函數 SUMPRODUCT 的參數中有非數值型資料，函數在計算時會將非數值型的陣列元素作為 0 處理。函數 SUMPRODUCT 的參數中如果有邏輯值 TRUE 或者 FALSE 也都當作 0 處理，通常使用 "*1"、"--" 或者 N 函數將邏輯值 True 轉換成 1、將 False 轉換成 0 再參與下一步運算。如果不用 "*1"，本例公式也可以修改成：

　　=SUMPRODUCT(N(C2:C11=" 是 ")) 或者 =SUMPRODUCT(--(C2:C11=" 是 "))

　　公式中 N 的作用是將陣列中的邏輯值轉換成數值。

▶ 範例延伸

　思考：彙總圖 1.22 中人事部人員的數量

　提示：相對於本例公式，將參數 "= 是" 修改成 "=" 人事部 "" 即可。

範例 17 對產線一男性員工的薪資加總（SUMPRODUCT）

範例檔案 第 1 章 \017.xlsx

開啟範例檔案中的資料檔案，在儲存格 F2 中輸入以下公式：

=SUMPRODUCT((B2:B10=" 產線一 ")*(C2:C10=" 男 ")*D2:D10)

按下〔Enter〕鍵後，公式的統計結果如圖 1.23 所示。

	A	B	C	D	E	F	G	H	I
					fx	=SUMPRODUCT((B2:B10="產線一")*(C2:C10="男")*D2:D10)			
1	姓名	部門	性別	工資		產線一男員工工資總和			
2	趙大年	產線一	男	2400		4400			
3	錢英姿	產線二	女	1700					
4	孫軍	產線一	男	2000					
5	趙芳芳	產線一	女	1700					
6	錢三金	產線三	男	1900					
7	孫紋	產線一	女	1800					
8	趙一曼	產線二	女	2000					
9	錢芬芳	產線三	女	1700					
10	孫大勝	產線三	男	2300					

圖 1.23　對產線一男性員工的薪資加總

▶ 公式說明

本公式以 B、C 兩列資料作為限制條件對 D 列的資料彙總。"(B2:B10=" 產線一 ")*(C2:C10=" 男 ")" 表示同時滿足兩個條件才參與加總，如果還有更多條件也可以一併列出來，利用 "*" 連接然後再與加總範圍相乘，進而得到最後的彙總結果。

▶ 使用注意

① SUMPRODUCT 函數的功能大於 SUM 函數，一切能用 SUM 函數的地方都可以使用 SUMPRODUCT 函數。當使用了 SUM 函數且必須按〔Ctrl〕+〔Shift〕+〔Enter〕複合鍵才能得到結果時，通常會採用 SUMPRODUCT 函數替代 SUM 函數，進而簡化輸入方式。換言之，本例中將 SUMPRODUCT 改成 SUM 也能得到正確結果，只是需要輸入公式後按〔Ctrl〕+〔Shift〕+〔Enter〕複合鍵。

② 本例中 "B2:B10=" 產線一 "" 的計算結果是 True 和 False 組成的陣列，當 B2:B10 中某個儲存格等於 "產線一" 時計算結果是 True，否則等於 False。"C2:C10=" 男 "" 的計算結果也是 True 和 False 組成的陣列，兩個陣列相乘將生成一個由 1 和 0 組成的新陣列。其中 True 乘以 True 等於 1，True 乘以 False 或者 False 乘以 False 都等於 0。

③ 雙條件加總時，條件參照範圍與加總範圍可以在不同欄，三個範圍只需要寬度、高度一致即可，它們所在的欄允許不同，起止列也允許不同，甚至三個範圍分別位於不同的工作表中，仍然可以得到需要的結果。

例如，條件範圍在 Sheet2 工作表，加總範圍在目前表，公式可以修改成：

=SUM((Sheet2!B2:B10=" 產線一 ")*(Sheet2!C2:C10=" 男 ")*D2:D10)

▶ 範例延伸

思考：求產線一和產線三的女員工薪資總和

提示：相對於本例公式，將 "" 產線一 "" 修改成 "{" 產線一 "," 產線三 "}"，將 "男" 修改成 "女"，然後再在外面加一個 SUM 函數即可。

範例 18 求 25 歲以上男性人數（SUMPRODUCT）

範例檔案 第 1 章 \018.xlsx

開啟範例檔案中的資料檔案，在儲存格 E2 中輸入以下公式：

=SUMPRODUCT((B2:B10=" 男 ")*1,(C2:C10>25)*1)

按下〔Enter〕鍵後，將算出 25 歲以上男性人數，結果如圖 1.24 所示。

E2	▼		fx	=SUMPRODUCT((B2:B10="男")*1,(C2:C10>25)*1)			
⏴	A	B	C	D	E	F	G
1	姓名	性別	年齡		25歲以上男性人數		
2	趙有國	男	29		3		
3	蔣有國	男	27				
4	朱邦國	女	20				
5	古山忠	男	25				
6	廖工慶	男	26				
7	趙國	男	25				
8	陳英	女	23				
9	胡開山	男	22				
10	張明東	女	27				

圖 1.24　25 歲以上的男性人數

▶ 公式說明

本例公式中 SUMPRODUCT 有兩個陣列參數，都是需要運算的、包含比較運算符的運算式，運算式的運算結果是包含 TRUE 和 FALSE 的陣列。為了讓陣列中的 TRUE 轉換為 1，FALSE 轉換成 0 進而方便參與後面的數值運算，分別在兩個陣列後面添加 "*1"。

SUMPRODUCT 函數的兩個參數都是 1 和 0 組成的陣列，兩者相乘再加總，即可得到符合兩個條件的人數總和。

▶ 使用注意

① 使用了 SUMPRODUCT 函數的公式多數時候都需要執行陣列運算，但是在輸入公式時通常不需要使用〔Ctrl〕+〔Shift〕+〔Enter〕複合鍵，也能得到正確結果（當然也有少數例外，在本章末尾會有相關分析）。

② 對於本例的需求，也可以用包含 SUM 函數的陣列公式來完成。

=SUM((B2:B10=" 男 ")*(C2:C10>25))

用 SUM 函數的陣列形式替換 SUMPRODUCT 的普通公式的優點是公式更短，缺點是每次編輯後必須以〔Ctrl〕+〔Shift〕+〔Enter〕三鍵結束，如果沒有正確按下複合鍵，那麼公式將產生錯誤的運算結果。在此推薦使用 SUMPRODUCT 函數，當普通公式和陣列公式都能得到正確結果時，應首選普通公式。

③ 本例的公式也可以只用單個參數完成，使公式更簡化。

=SUMPRODUCT((B2:B10=" 男 ")*(C2:C10>25))

邏輯值與邏輯值之間執行加、減、乘法運算中的任意運算，都會將邏輯值轉換成數值。

▶ 範例延伸

思考：彙總圖 1.24 中 20～30 歲之間的人數總和

提示：分別列舉出兩個條件作為 SUMPRODUCT 的參數即可。

範例 19 彙總產線一男性加保人數（SUMPRODUCT）

範例檔案 第 1 章 \019.xlsx

開啟範例檔案中的資料檔案，在儲存格 E2 中輸入以下公式：

=SUMPRODUCT((A2:A10&B2:B10&C2:C10=" 產線一男是 ")*1)

按下〔Enter〕鍵後，公式將算出產線一男性加保人數，結果如圖 1.25 所示。

	A	B	C	D	E	F	G	H
						F2 ▼ fx =SUMPRODUCT((A2:A10&C2:C10&D2:D10="產線一男是")*1)		
1	部門	姓名	性別	加保		產線一男性加保人員		
2	產線一	錢單文	男	是		2		
3	產線二	張大中	女	否				
4	產線一	胡華	男	是				
5	產線一	孫二興	女	是				
6	產線三	張志堅	男	否				
7	產線一	諸真花	女	是				
8	產線二	張明東	女	是				
9	產線三	陳中國	女	是				
10	產線三	管譜明	男	否				

圖 1.25　產線一男性加保人數

▶ 公式說明

本公式中將 A、B、C 列的資料透過字串連接子 "&" 串聯，然後與設定的三個條件 "產線一男是" 進行比較，若相同就得到一個邏輯值 TRUE，再用 "*1" 將邏輯值轉換成數值 1 或者 0，最後用 SUMPRODUCT 函數將 1 和 0 組成的陣列彙總。

▶ 使用注意

① 本例的公式方向只適用於所有條件中不存在 ">"、"<"、"<>"、"<="、">=" 運算子的情況。"A2:A10&B2:B10&C2:C10=" 產線一男是 ""的運算結果是 True 和 False 組成的陣列，由於 True 和 False 不能參與加總運算，因此需要 "*1" 將其轉換成數值。

② 本例公式也可以改用其他三種形式。

=SUMPRODUCT((A2:A10=" 產線一 ")*1,(B2:B10=" 男 ")*1,(C2:C10=" 是 ")*1)

=SUMPRODUCT((A2:A10=" 產線一 ")*(B2:B10=" 男 ")*(C2:C10=" 是 "))

=SUMPRODUCT(N(A2:A10&B2:B10&C2:C10=" 產線一男是 "))

③ 如果要計算二產線和三產線的女性加保人數可以採用如下公式。

=SUMPRODUCT((A2:A10<>" 產線一 ")*(B2:B10&C2:C10=" 女是 "))

不等於 "產線一" 則代表計算 "產線二" 和 "產線三"，相較同時在條件中列出兩個產線名稱的公式將更簡潔一些。

▶ 範例延伸

思考：計算產線一未加保的所有人數

提示：僅需要兩個參數，用 "產線一" 與 "否" 作判斷條件即可。

範例 20 彙總所有產線人員薪資（SUMPRODUCT）

範例檔案 第 1 章 \020.xlsx

開啟範例檔案中的資料檔案，在儲存格 E2 中輸入以下公式：

=SUMPRODUCT(NOT(ISERROR(FIND(" 產線 ",A2:A10)))*(C2:C10=" 員工 ")*D2:D10)

按下〔Enter〕鍵後，將算出所有產線人員薪資，結果如圖 1.26 所示。

	A	B	C	D	E	F	G	H	I	J
1	部門	姓名	職務	工資		產線員工之工資合計				
2	生產產線	劉越堂	員工	3580		14510				
3	印刷產線C組	張三月	幹部	4200						
4	人力資源部	穆容秋	員工	3600						
5	生產產線C組	趙秀文	員工	3640						
6	人事部	黃淑寶	幹部	4450						
7	印刷產線B組	陳麗麗	員工	3750						
8	生產產線後勤部	李範文	幹部	4220						
9	印刷產線A組	李湖雲	員工	3540						
10	保全組	羅翠花	幹部	4600						

F2 ▼ ﹙ ﹚ fx =SUMPRODUCT(NOT(ISERROR(FIND("產線",A2:A10)))*(C2:C10="員工")*D2:D10)

圖 1.26 彙總所有產線人員薪資

▶ 公式說明

由於 SUMPRODUCT 函數的參數不支援萬用字元，無法從 A 列的部門名稱中將產線與非產線區分出來，因此借用支援萬用字元的 FIND 函數來執行。

FIND 函數用於從儲存格中尋找字元，算出目標字元的位置，如果找不到則算出錯誤值。因此可以根據 FIND 的算出值是否有誤來判斷A2:A10範圍中哪一個儲存格包含 "產線" 二字。本例的方向是先用 Find 函數從 A2:A10 範圍中尋找 "產線" ，然後使用 Iserror 函數判斷它的算出值是否為錯誤值，進而到一個由 True 和 False 組成的陣列。

接著使用 Not 函數將陣列中的 True 轉換成 False，將 False 轉換成 True，此時的 True 代表包含 "產線" ，False 代表不包含 "產線" 。最後使用這個陣列與 "(C2:C10=" 員工 ")*D2:D10" 相乘並加總，進而得到所有產線人員薪資合計。

▶ 使用注意

① 在使用任意不支援萬用字元的函數時，如果實際工作需要執行萬用字元的功能，那麼可以利用 NOT（ISERROR（FIND（ ）））的嵌套組合達成目標。在本例中 SUMPRODUCT 函數不支援 "* 產線 *" 這種參數，因此借用上述組合來執行。

② 如果 "產線" 二字位於部門名稱的末尾，那麼可以改用以下公式執行。

=SUMPRODUCT(--(RIGHT(A2:A10,2)=" 產線 "),C2:C10)

③ 本例也可以改用 SUMIFS 函數完成。

=SUMIFS(D2:D10,A2:A10,"* 產線 *",C2:C10," 員工 ")

④ FIND 函數將在本書第 3 章提供功能詳解及範例示範。

▶ 範例延伸

思考：計算印刷產線大於 3500 的薪資總和

提示：SUMIFS 和 SUMPRODUCT 搭配 NOT(ISERROR(FIND())) 組合兩種方法都能執行。

範例 21 彙總業務員業績（SUMPRODUCT）

範例檔案 第 1 章 \021.xlsx

圖 1.27 中不同業務員負責不同縣市的業務，現需要統計負責新北市和宜蘭縣的男性業務員的業績總和。

開啟範例檔案中的資料檔案，在儲存格 E2 中輸入以下公式：

=SUMPRODUCT((B2:B11={" 新北市 "," 宜蘭縣 "})*(C2:C11=" 男 ")*D2:D11)

按下〔Enter〕鍵後，將算出負責新北市和宜蘭縣男性業務員的業績總和，結果如圖 1.27 所示。

F2		fx	=SUMPRODUCT((B2:B11={"新北市","宜蘭縣"})*(C2:C11="男")*D2:D11)				
▲	A	B	C	D	E	F	G
1	業務員	負責縣市	性別	業績（萬）		新北市與宜蘭縣的男業務員業績之和	
2	陳胡明	苗栗縣	男	12		43	
3	張世後	宜蘭縣	男	15			
4	柳紅英	宜蘭縣	女	12			
5	朱麗華	台北市	女	15			
6	朱邦國	新北市	男	16			
7	陳強生	新北市	男	12			
8	張坦然	台中市	女	18			
9	仇有千	宜蘭縣	女	18			
10	寧湘月	新竹市	女	17			
11	羅傳志	台中市	男	13			

圖 1.27　彙總縣市業務員的業績

▶ 公式說明

SUMPRODUCT 函數的參數支援二維陣列，這使它不僅可以彙總同時滿足多個條件的資料，還可以彙總滿足多個條件之一的資料，不需要借助其他函數即可完成。在本公式中，參數 "{" 新北市 "," 宜蘭縣 "}" 可以使 SUMPRODUCT 函數具備同時統計兩個縣市的資料的功能，這較之 SUMIFS 之外套一個 SUM 函數更簡單、直接。

▶ 使用注意

① 如果不用常量陣列，那麼可以改用 "+" 連接兩個條件，新公式如下。

=SUMPRODUCT(((B2:B11=" 新北市 ")+(B2:B11=" 宜蘭縣 "))*(C2:C11=" 男 ")*D2:D11)

公式中 "+" 連接的條件表示滿足條件之一就參與加總，若改用 "*" 連接多個條件則表示同時滿足所有條件才參與加總。

② 在 SUMPRODUCT 的參數中，"*" 和 "+" 的應用相當常見，它們用於表現彙總條件的判斷方式。"*" 和 "+" 分別表示 "而且" 與 "或者" 的含義。

③ SUMPRODUCT 不支援萬用字元，當需要使用萬用字元時，可以配合 Find 之類函數使用。

▶ 範例延伸

思考：計算負責台北市和苗栗縣的業務員業績總和

提示：與本範例的公式方向一致。

範例檔案 第 1 章 \022.xlsx

開啟範例檔案中的資料檔案，在儲存格 B3 中輸入以下公式：

=POWER(SUMSQ(12,9),1/2)

按下〔Enter〕鍵後，將算出直角三角形之弦長，結果如圖 1.28 所示。

B3	▼	⊙	ƒ×	=SUMSQ(B1,B2)^(1/2)	
▲	A	B	C	D	E
1	勾：	12			
2	股：	9			
3	弦：	15			

圖 1.28　根據直角三角形之勾、股求其弦長

▶ 公式說明

　　SUMSQ 函數的功能是算出 N 個數字的平方和。它有 1 ～ 255 個需要求平方和的參數。參數可以是單個數值，也可以使用陣列或範圍參照。

　　在本例中，利用直角三角形中勾的平方加股的平方等於弦的平方這個定理，配合 SUMSQ 函數計算出勾與股的平方和，再計算它的 0.5 次冪進而得到直角三角形的弦長。

▶ 使用注意

　　① SUMSQ 函數用於計算參數的平方和，而實際上本例的最後結果是勾與股的平方和再開平方，因此先用 SUMSQ 函數計算平方和，然後透過 "^" 符號計算它的 0.5 次冪，進而得到直接三角形的弦長。

　　乘冪的值小於 1 時其實也就是開方，例如 1/3 次冪相當於開 3 次方，0.1 次冪就相當於開 10 次方。

　　② SUMSQ 函數的參數如果是直接輸入的邏輯值，那麼 TRUE 和 FALSE 將分別當作 1 和 0 處理；如果是參照儲存格中的邏輯值作參數則會直接忽略；如果參數是字串型數字，公式將對其轉換成數值再進行計算。例如：

　　=SUMSQ(1,"1",FALSE)⟶ 結果等於 2，參數 "1" 當作數值 1 處理，第三參數 FALSE 當作 0 處理。

　　=SUMSQ(2,True,FALSE)⟶結果等於 5，第二參數的平方是 1，第三參數的平方為 0。

　　③ SUMSQ 函數在處理陣列時，會忽略邏輯值，例如：

　　=SUMSQ({1,TRUE,False})⟶結果等於 1，陣列中的 True 和 False 都未參與運算。

　　④ 如果儲存格中的數值前添加了單引號 "'"，那麼公式將忽略該值。例如，儲存格 A1 的值為 "'2"，那麼以下公式：

　　=SUMSQ(2,A1)⟶結果為 4，忽略 A1 儲存格中的 2，只計算第一參數 2 的平方。

　　如果一定需要計算 A1 的值，可以利用 "*1" 方式將字串轉換數值。

範例檔案 第 1 章 \023.xlsx

開啟範例檔案中的資料檔案，在儲存格 B3 中輸入以下公式：

=SUMSQ(LARGE(B1:B3,1))=SUMSQ(LARGE(B1:B3,{2,3}))

按下〔Enter〕鍵後，將判斷出 B1:B3 的三個邊長組成的三角形是否為直角三角形，結果如圖 1.29 所示。

D2 ▾		fx	=SUMSQ(LARGE(B1:B3,1))=SUMSQ(LARGE(B1:B3,{2,3}))			
	A	B	C	D	E	F	G
1	邊一	25		是否直角三角形			
2	邊二	49		FALSE			
3	邊三	64					

圖 1.29　根據三邊長判斷三角形是否為直角三角形

▶ 公式說明

判斷三角形是否為直角三角形的依據在於，任意兩邊邊長的平方和等於第三邊的平方，那麼此三角形就是直角三角形。

本例公式中利用 LARGE 函數擷取三邊中最大的邊再計算平方，然後再對其第二大邊和第三大邊的邊長求平方和。如果最大邊的平方和其他兩邊的平方和相同則算出 True，表示是直角三角形；否則算出 False，表示不是直角三角形。

▶ 使用注意

① 在判斷三邊能否組成直角三角形時，往往最初的方向可能是：

=IF(SUMSQ(B1)=SUMSQ(B2:B3),""," 非 ")& 直角 "

然而儲存格 B1 的值不一定是三邊中最長的邊，所以必須配合 MAX 函數擷取最大值，將它的平方與第二大、第三大值的平方和進行比較。LARGE 函數使用了陣列參數 {2, 3}，但仍然可以按普通公式形式輸入公式。

② 本公式也可以用 CHOOSE 來替代 IF 函數：

=CHOOSE((SUMSQ(MAX(B1:B3))=SUMSQ(LARGE(B1:B3,{2,3})))+1," 非直角 "," 直角 ")

本公式中 CHOOSE 函數的第一參數利用等號判斷三角形最大邊的平方是否與其他兩邊的平方和相等，其結果為邏輯值。Choose 函數的第一參數只能是自然數，所以必須將它 "+1"，進而轉換成 1 或者 2，否則 True 與 False 作為第一參數無法從第二、三參數中選擇適合的物件。

▶ 範例延伸

思考：判斷圖 1.29 中的三角形是否為銳角三角形
提示：將等號改成不等號即可。

求積問題

範例 24　計算每小時生產產值（PRODUCT）

範例檔案　第 1 章 \024.xlsx

開啟範例檔案中的資料檔案，在儲存格 F2 中輸入以下公式：

=PRODUCT(C2:E2)

按下〔Enter〕鍵後，將公式向下填滿到 F5，將算出參照範圍的所有資料的乘積，結果如圖 1.30 所示。

F2 =PRODUCT(C2:E2)

	A	B	C	D	E	F
1	時間	產品	產品（模）	每模產品（個）	單價（元/個）	本日產值（元）
2	9點	A	25	3	18	1350
3	10點	A	26	3	18	1404
4	11點	B	27	4	25	2700
5	12點	C	29	2	19	1102

圖 1.30　每小時生產產值

▶ 公式說明

PRODUCT 函數用於計算所有參數的乘積。本公式中 PRODUCT 函數的參數為 C2:E2，公式可以計算該範圍中每個數值的乘積。

▶ 使用注意

① PRODUCT 算出參數的乘積，有 1 ～ 255 個參數，其中第 2 ～ 255 個參數是非必填參數。參數可以是數字、字串型數值、邏輯值和儲存格參照。

② 對於字串型數字參數，函數將之當作數字來計算，例如：

=PRODUCT(2,"2")⟶結果為 4

如果儲存格中在數字前添加了單引號轉換成字串，那麼函數將忽略該儲存格的值。例如 A1 的值是“'2”，那麼如下公式只計算參數 3。

=PRODUCT(3,A1)⟶結果為 3

如果用數字前帶有單引號的儲存格作參數，可以用“*1”的方式將儲存格轉換成數值再參與後續的運算。

③ 對於參數中的邏輯值，PRODUCT 函數會將它直接參與運算，其中 TRUE 當作 1 處理，FALSE 當作 0 處理。

▶ 範例延伸

思考：計算 10 ～ 100 之間的整數相乘的結果

提示：可以利用 ROW 函數產生 10 ～ 100 的自然數，然後使用 PRODUCT 函數計算它們的乘積。

範例 25 根據三邊長計算三角形的面積（PRODUCT）

範例檔案 第 1 章 \025.xlsx

開啟範例檔案中的資料檔案，在儲存格 D2 中輸入以下公式：

=(PRODUCT(SUM(B1:B3)/2,SUM(B1:B3)/2-LARGE(B1:B3,{1,2,3})))^0.5

按下〔Enter〕鍵後，公式將算出 B1:B3 三邊所組成的三角形的面積，結果如圖 1.31 所示。

D2 =(PRODUCT(SUM(B2:B4)/2,SUM(B2:B4)/2-LARGE(B2:B4,{1,2,3})))^0.5

	A	B	C	D	E	F	G	H	I	J
1	邊	長度		面積						
2	邊一	10		59.81168						
3	邊二	15								
4	邊三	12								

圖 1.31　根據三邊長計算三角形的面積

▶ 公式說明

三角形根據三邊長求面積的原理是：周長的 1/2、周長的 1/2 減掉第一條邊、周長的 1/2 減掉第二條邊以及周長的 1/2 減掉第三條邊，這 4 個資料的乘積再開平方即為三角形面積。本例中正是利用了 PRODUCT 函數將這 4 個資料直接求積然後開平方，進而得到三角形面積。

在求周長的 1/2 減掉每條邊的長度時，利用了 LARGE 函數來簡化公式。用周長的 1/2 分別減掉 B1:B3 中第一、第二、第三大值這種陣列形式可以大大地簡化公式長度，進而用單個參數完成原本三個參數的功能。

▶ 使用注意

① 本公式如果不使用 LARGE 函數，則公式如下。

=(PRODUCT(SUM(B1:B3)/2,SUM(B1:B3)/2-B1,SUM(B1:B3)/2-B2,SUM(B1:B3)/2-B3))^0.5

② "^" 符號用於對數字執行乘方運算，當乘方的數值小於 0 時表示開方。例如：

=2^2─→等於 4，表示 2 的 2 次方

=5^(1/4)─→等於 1.4953，表示 5 開 4 次方

③ "LARGE(B1:B3,{1,2,3})" 代表逐一擷取出 B1:B3 範圍中的第一大值、第二大值和第三大值，而不是求三者總和，因此不能用 SUM(B1:B3) 代替。

④ 如果已知本例的三角形是直角三角形，則可以大大簡化公式，用兩條直角邊長相乘再除以 2 即可，公式如下。

=PRODUCT(LARGE(B2:B4,{2,3}))/2

▶ 範例延伸

思考：不使用 PRODUCT 函數，求圖 1.31 中的三角形面積

提示：直接用乘號 "*"。

範例 26 跨表求積（PRODUCT）

範例檔案 第 1 章 \026.xlsx

圖 1.32 中第一個表存放產量，第二個表存放單價，且位置剛好對應，現要求計算其金額。

開啟範例檔案中的資料檔案，在儲存格 C2 中輸入以下公式：

=PRODUCT(產量表 : 單價表 !B2)

按下〔Enter〕鍵後，公式可算出金額，結果如圖 1.32 所示。

C2	▼		fx	=PRODUCT(產量表:單價表!B2)		
	A	B	C	D	E	F
1	產品	數量	金額			
2	C	22	286			
3	D	30	420			
4	E	36	540			
5	F	40	480			
6	A	33	462			
7	B	38	494			
8	G	40	600			
9	H	38	494			
10	I	25	300			

產量表　單價表

圖 1.32　產量與單價表

▶ 公式說明

PRODUCT 函數和 SUM 函數一樣可以使用多表儲存格參照作參數。參數 "產量表：單價表 !B2" 表示參照 "產量表" 到 "單價表" 中間的所有工作表中 B2 的值。

▶ 使用注意

① 本例的公式在產量表與單價表中的產量資料排序一致的前提下才可用，如果資料是亂序排列的，需要利用 Vlookup 函數到單價表中去尋找對應的值，然後再計算金額。如下公式即可在亂序排列的情況下正確計算金額。

=PRODUCT(B2,VLOOKUP(A2, 單價表 !A$2:B$10,2,0))

注意 VLOOKUP 的第二參數不能使用相對參照，否則在填滿公式時將參照錯位，進而產生錯誤結果。本書第 6 章會提供更多的關於 Vlookup 函數的範例。

② 如果需要對本表以外的所有工作表的 A3 儲存格求積，那麼可以採用如下公式。

=PRODUCT('*'!B2)

▶ 範例延伸

思考：計算 A1:G10 範圍中每列資料的乘積總和，即將每列所有資料相乘再彙總

提示：簡單的方法是使用 7 次 PRODUCT 求積，再將 7 個結果彙總。但是通用性不夠好，而使用 SUBTOTAL 來替代 PRODUCT 才是最佳選擇，在後面的章節中講到 SUBTOTAL 時將會有完善的方向來執行。需要 SUM、SUBTOTAL、OFFSET 三者套用才能使公式簡短且通用。

範例 27 求不同單價下的利潤（MMULT）

範例檔案 第 1 章 \027.xlsx

圖 1.33 中產品有兩個單價，需要計算兩個單價下 25% 的利潤分別是多少。

開啟範例檔案中的資料檔案，選擇 D2:E10 範圍，然後輸入陣列公式：

=MMULT(B2:B10,G2:H2)*25%

按下〔Ctrl〕+〔Shift〕+〔Enter〕複合鍵後，在 D2:E10 範圍將產生所有產品在兩種單價下的利潤，結果如圖 1.33 所示。

	A	B	C	D	E	F	G	H
			fx	{=MMULT(B2:B10,G2:H2)*25%}				
1	產品	數量		利潤1	利潤2		單價1	單價2
2	A	23		8.625	9.775		1.5	1.7
3	B	22		8.25	9.35			
4	C	24		9	10.2			
5	D	21		7.875	8.925			
6	E	22		8.25	9.35			
7	F	21		7.875	8.925			
8	G	21		7.875	8.925			
9	H	23		8.625	9.775			
10	I	23		8.625	9.775			

圖 1.33　求不同單價下的利潤

▶ 公式說明

MMULT 函數用於計算兩個陣列的矩陣乘積，結果矩陣的列數與第一參數的列數相同，

矩陣的欄數與第二參數的欄數相同。公式就必須以範圍陣列公式形式輸入才可以算出全部結果。

在本例中，MMULT 函數用於將兩個參數的執行矩陣乘積運行，算出一個具有 18 個結果的陣列，然後與利潤率 25% 相乘取得所有利潤。

▶ 使用注意

① 本例中，第一參數 B2:B10 有 9 列，第二參數有 2 欄，因此公式的結果也是 9 列 2 欄，所以必須選擇一個具有 9 列 2 欄的範圍後再輸入陣列公式才能算出全部結果。

② MMULT 的第一參數的欄數必須與第二參數的列數相同。本例中第一參數為 1 欄，那麼第二參數則只能是一列，否則公式將產生錯誤值。

③ 如果 MMULT 的任意參數參照了空白儲存格，公式將產生錯誤結果。

④ MMULT 矩陣函數在二維陣列計算中有相當強大的運算能力，但是當範圍太大時計算量也會成倍增加，所以通常在上萬列資料時不宜採用 MMULT 函數。

⑤ MMULT 函數擅長陣列運算，與 MMULT 相關的絕大多數公式都是陣列公式，需要使用〔Ctrl〕+〔Shift〕+〔Enter〕複合鍵輸入公式。關於陣列的更多知識可參考本章末尾的附加知識。

▶ 範例延伸

思考：不使用任何函數完成圖 1.33 中的運算

提示：直接對兩個範圍與 25% 相乘即可。

範例 28 製作中文九九乘法表（MMULT）

範例檔案 第 1 章 \028.xlsx

開啟範例檔案中的資料檔案，選擇 A1:I9 範圍，然後輸入以下公式：

=COLUMN()&"*"&ROW()&"="&MMULT(ROW(),COLUMN())

按下〔Ctrl〕+〔Enter〕複合鍵後，在 A1:I9 範圍將產生九九乘法表，結果如圖 1.34 所示。

A1	▼		*fx*	=COLUMN()&"*"&ROW()&"="&MMULT(ROW(),COLUMN())					
	A	B	C	D	E	F	G	H	I	J
1	1*1=1	2*1=2	3*1=3	4*1=4	5*1=5	6*1=6	7*1=7	8*1=8	9*1=9	
2	1*2=2	2*2=4	3*2=6	4*2=8	5*2=10	6*2=12	7*2=14	8*2=16	9*2=18	
3	1*3=3	2*3=6	3*3=9	4*3=12	5*3=15	6*3=18	7*3=21	8*3=24	9*3=27	
4	1*4=4	2*4=8	3*4=12	4*4=16	5*4=20	6*4=24	7*4=28	8*4=32	9*4=36	
5	1*5=5	2*5=10	3*5=15	4*5=20	5*5=25	6*5=30	7*5=35	8*5=40	9*5=45	
6	1*6=6	2*6=12	3*6=18	4*6=24	5*6=30	6*6=36	7*6=42	8*6=48	9*6=54	
7	1*7=7	2*7=14	3*7=21	4*7=28	5*7=35	6*7=42	7*7=49	8*7=56	9*7=63	
8	1*8=8	2*8=16	3*8=24	4*8=32	5*8=40	6*8=48	7*8=56	8*8=64	9*8=72	
9	1*9=9	2*9=18	3*9=27	4*9=36	5*9=45	6*9=54	7*9=63	8*9=72	9*9=81	

圖 1.34 九九乘法表

▶ 公式說明

本公式中利用 ROW 函數產生 1～9 的縱向陣列，COLUMN 函數產生 1-9 的橫向陣列，兩個陣列作為 MMULT 的參數即可得到九九乘法表中的最後結果。對於其他字元則只需要利用字串連接子進行簡單的連接即可。

① 本例的公式不是多儲存格陣列公式，所以不一定要選擇所有儲存格再輸入公式。本例公式也可以輸入到 A1 後向右、向下填滿而產生結果。

② 真正的九九乘法表不會產生 "2*1=2" 這種語句，所以圖 1.35 中的九九乘法表有必要進行一些調整。新公式如下：

=IF(COLUMN()>ROW(),"",COLUMN()&"*"&ROW()&"="&MMULT(ROW(),COLUMN()))

A1 ▾	fx	{=IF(COLUMN()>ROW(),"",COLUMN()&"*"&ROW()&"="&MMULT(ROW(),COLUMN()))}								
	A	B	C	D	E	F	G	H	I	J	K
1	1*1=1										
2	1*2=2	2*2=4									
3	1*3=3	2*3=6	3*3=9								
4	1*4=4	2*4=8	3*4=12	4*4=16							
5	1*5=5	2*5=10	3*5=15	4*5=20	5*5=25						
6	1*6=6	2*6=12	3*6=18	4*6=24	5*6=30	6*6=36					
7	1*7=7	2*7=14	3*7=21	4*7=28	5*7=35	6*7=42	7*7=49				
8	1*8=8	2*8=16	3*8=24	4*8=32	5*8=40	6*8=48	7*8=56	8*8=64			
9	1*9=9	2*9=18	3*9=27	4*9=36	5*9=45	6*9=54	7*9=63	8*9=72	9*9=81		

圖 1.35　去除多餘項目的九九乘法表

▶ 公式說明

本公式使用了 IF 函數對公式所在儲存格的欄號與列號做比較，如果欄號大於列號則顯示為空值，此方向可以排除九九乘法表中的多餘項目。但是公式產生的結果是小寫數字九九乘法表，如果需要顯示為中文小寫九九乘法表，且去除 "*"，並將 "=" 改成 "得" 而符合日常習慣，那麼可以利用 TEXT 函數對所有數字進行大寫轉換。新公式如下：

=IF(COLUMN()>ROW(),"",TEXT(COLUMN(),"[dbnum1]")&TEXT(ROW(),"[dbnum1]")&" 得 "&TEXT(MMULT(ROW(),COLUMN()),"[dbnum1]"))

A1 ▾	fx	=IF(COLUMN()>ROW(),"",TEXT(COLUMN(),"[dbnum1]")&TEXT(ROW(),"[dbnum1]")&"得"&TEXT(MMULT(ROW(),COLUMN()),"[dbnum1]"))							
	A	B	C	D	E	F	G	H	I	J
1	一一得一									
2	一二得二	二二得四								
3	一三得三	二三得六	三三得九							
4	一四得四	二四得八	三四得十二	四四得一十六						
5	一五得五	二五得一十	三五得一十五	四五得二十	五五得二十五					
6	一六得六	二六得一十二	三六得一十八	四六得二十四	五六得三十	六六得三十六				
7	一七得七	二七得一十四	三七得二十一	四七得二十八	五七得三十五	六七得四十二	七七得四十九			
8	一八得八	二八得一十六	三八得二十四	四八得三十二	五八得四十	六八得四十八	七八得五十六	八八得六十四		
9	一九得九	二九得一十八	三九得二十七	四九得三十六	五九得四十五	六九得五十四	七九得六十三	八九得七十二	九九得八十一	

圖 1.36　中文小寫九九乘法表

▶ 公式說明

本公式使用 TEXT 函數將數字轉換成了中文小寫，其中第二參數 "[dbnum1]" 代表中文小寫。

然而，公式結果仍然有兩個不符合習慣的地方：一是 "得" 應該只在小於等於 10 的時候才出現，其他時間不應該出現；二是以上公式都只能從儲存格 A1 開始輸入，如果要求在任意儲存格輸入後填滿公式都能得到中文小寫九九乘法表，那麼需要將公式調整為如下陣列公式：

=IF(COLUMN(A:I)>ROW(1:9),"",TEXT(COLUMN(A:I),"[dbnum1]")&TEXT(ROW(1:9),"[dbnum1]")&IF(MMULT(ROW(1:9),COLUMN(A:I))>10,""," 得 ")&TEXT(MMULT(ROW(1:9),COLUMN(A:I)),"[dbnum1]"))

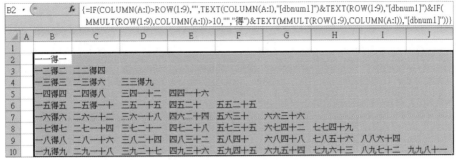

圖 1.37　中文小寫九九乘法表

▶ 公式說明

本公式利用 IF 函數對 "得" 字的出現與否進行了限制，而且添加了 ROW 和 COLUMN 函數的參數，使公式在任意範圍輸入都可以得到正確結果。

▶ 範例延伸

思考：將中文小寫九九乘法表改成中文大寫九九乘法表

提示：TEXT 函數的第二參數使用 "[dbnum2]" 即可。本書的第 3 章有關於 TEXT 函數的詳細範例介紹和功能說明。

範例 29　計算產線盈虧（MMULT）

範例檔案　第 1 章 \029.xlsx

開啟範例檔案中的資料檔案，在儲存格 B7 中輸入以下公式：

=SUM(MMULT((B3:E5>0)*B3:E5,{1;1;1;1}))

在儲存格 B8 中輸入以下公式：

=SUM(MMULT((B3:E5<0)*B3:E5,{1;1;1;1}))

上述公式將分別算出本年度盈虧合計，結果如圖 1.38 所示。

B7		fx	=SUM(MMULT((B3:E5>0)*B3:E5,{1;1;1;1}))			
	A	B	C	D	E	F	G
1		產線盈虧表（萬）					
2	部門	第一季	第二季	第三季	第四季		
3	一產線	2.5	-1.2	-1.2	-0.8		
4	二產線	1	2.4	2.2	-0.5		
5	三產線	0.75	-0.75	1	0.75		
6							
7	盈利合計	10.6					
8	虧損合計	-4.45					

圖 1.38　計算產線盈虧

▶ 公式說明

第一個公式中的 MMULT 函數用於統計 B3:B5 範圍中大於 0 的資料，結果是一個包含 3 列 4 欄的陣列，然後用 SUM 函數將這個陣列加總，得到範圍中大於 0 的數據總和。

▶ 使用注意

① 本例中 "(B3:E5>0)*B3:E5" 運算式用於排除小於等於 0 的資料，取得一個 3 列 4 欄的陣列，然後再對函數添加一個輔助參數 {1;1;1;1}，它的列數等於第一參數的欄數，兩個參數執行矩陣乘積，可得到一個 1 欄 3 列的陣列。最後透過 SUM 函數對陣列彙總。

② MMULT 函數有多個運算結果時，必須以區或陣列公式的形式輸入公式；如果在 MMULT 函數之外嵌套 SUM 函數對其彙總，則按普通公式形式輸入即可。

③ 第二個輔助參數因為需要與第一參數的欄數一致，故使用 "{1;1;1;1}"。注意其間隔符號是分號不是逗號。產生一個全是 1 的一欄多列的陣列除本公式的方法外，還有一個更通用的方法： "ROW(1:4)^0"。

"ROW(1:4)^0" 能產生一個 1 欄 4 列且包含 4 個 1 的陣列，此方法在欄數多時更能突顯其優勢。

④ 本例也可以用 SUMIF 函數來完成，公式如下：

=SUMIF(B3:E5,">0")

然而 SUMIF 函數的第一參數和第三參數必須是儲存格參照，在某些時候 MMULT 可以取代 SUMIF 來完成統計工作。

▶ 範例延伸

思考：計算產線盈利比虧損多多少

提示：分別將盈利值與虧損值相加即可。

範例 30　計算 5 個組別中產量合計的第三名（MMULT）

範例檔案　第 1 章 \030.xlsx

開啟範例檔案中的資料檔案，在儲存格 I2 中輸入以下公式：

=LARGE(MMULT(B2:G6,ROW(1:6)^0),3)

按下〔Enter〕鍵後，公式將算出 5 個組別中第三名的產量，結果如圖 1.39 所示。

I2	▼		fx	=LARGE(MMULT(B2:G6,ROW(1:6)^0),3)				
◢	A	B	C	D	E	F	G	I
1	組別	一月	二月	三月	四月	五月	六月	求上半年第三名產量：
2	A組	1850	1992	1411	2076	1792	2018	10772
3	B組	2000	2184	1933	1544	1315	1796	
4	C組	1352	1336	2348	1522	1307	2381	
5	D組	2006	1476	1932	1804	1819	1681	
6	E組	2000	1985	2000	1890	2800	2100	

圖 1.39　計算 5 個組別的上半年產量合計的第三名

▶ 公式說明

本公式首先用 MMLUT 函數彙總每個組別一到六月的產量合計，進而得到一個包含 5 個元素的陣列，然後透過 LARGE 函數求出第三大值。

▶ 使用注意

① 當要求對一個較大的範圍的每一列分別加總，再對加總結果進一步運算時，MMULT 函數可以發揮很大的優勢。在本例中如果直接用 LARGE 函數取範圍的第三大值，將會得到整個範圍的第三大值，而非每列資料分別彙總後的陣列中的第三大值。

② 透過圖 1.40 可以更清楚地呈現 MMULT 函數的運算機制。

I2 ▾		fx	{=MMULT(B2:G6,ROW(1:6)^0)}					
	A	B	C	D	E	F	G	H	I

	A	B	C	D	E	F	G	H	I
1	組別	一月	二月	三月	四月	五月	六月		求上半年第三名產量
2	A組	1850	1992	1411	2076	1792	2018		11139
3	B組	2000	2184	1933	1544	1315	1796		10772
4	C組	1352	1336	2348	1522	1307	2381		10246
5	D組	2006	1476	1932	1804	1819	1681		10718
6	E組	2000	1985	2000	1890	2800	2100		12775

圖 1.40　按組別對產量加總

在圖 1.40 的公式中，MMULT 函數用於對 B2:G6 範圍按列彙總，其結果為包含 5 個元素的陣列。如果使用 SUM 函數對 B2:G6 範圍加總卻只能產生單個結果，這是 MMULT 函數與 SUM 函數對範圍執行加總運算時的差異。

▶ 範例延伸

思考：計算圖 1.40 中上半年哪一個月產量最高

提示：用 COLUMN(A:E)^0 作為 MMULT 的第一參數，用 B2:G6 範圍作為第二參數使用，然後在 MMULT 外面使用 LARGE 計算第一大值。

範例 31 計算 C 產品最大入庫數（MMULT）

範例檔案 第 1 章 \031.xlsx

開啟範例檔案中的資料檔案，在儲存格 D2 中輸入以下陣列公式：

=MAX(MMULT(N(A2:A11="C"),TRANSPOSE((B2:B11)*(A2:A11="C"))))

按下〔Ctrl〕+〔Shift〕+〔Enter〕複合鍵後，將算出 C 產品最大入庫數。結果如圖 1.41 所示。

D2 ▾		fx	{=MAX(MMULT(N(A2:A11="C"),TRANSPOSE((B2:B11)*(A2:A11="C"))))}				

	A	B	C	D	E	F	G
1	產品	入庫數量		求C產品入庫最多的一次			
2	A	200		175			
3	B	175					
4	C	150					
5	D	175					
6	A	125					
7	C	175					
8	A	175					
9	D	175					
10	C	100					
11	B	150					

圖 1.41　C 產品最大入庫數

▶ 公式說明

公式中 "A2:A11="C"" 這段運算式的結果，是包含邏輯值 TRUE 和 FALSE 的一維縱向陣列。為了將它轉換為數值 1 和 0 進而方便運算，在運算式前面添加了 N 函數。事實上也可以使用 "*1" 或者 "--" 的方式執行轉換。

MMULT 的第二參數 "(B2:B11)*(A2:A11="C")" 是一個縱向陣列，為了讓它的列數等於第一參數的欄數，必須將它轉置為橫向陣列，所以使用了 TRANSPOSE 函數轉置方向。

最後用 MAX 函數獲取陣列中的最大值。該最大值其實就是產品 "C" 的最大入庫數，本例中最大入庫數是儲存格 B7 的值。

▶ 使用注意

① 使用 MMULT 時需要注意的一個問題是兩個陣列的列欄對應關係。本公式中第一參數是 1 欄 10 列，那麼第二參數則必須是 1 列 10 欄，否則無法生成正確結果。

② TRANSPOSE 函數可以將橫向陣列與縱向數組轉置方向，經常搭配 MMULT 函數使用。

③ 本例公式也可以將 MMULT 改成 IF 函數，可以執行相同功能，但方向大不相同。採用 IF 函數的公式如下。

=MAX(IF(A2:A11="C",B2:B11))

▶ 範例延伸

思考：計算 B 產品最小入庫數
提示：求最小值用 MIN 函數。

排列組合問題

範例 32 計算象棋比賽對局次數（COMBIN）

範例檔案 第 1 章 \032.xlsx

有 8 人參賽，要求每一個人都必須和所有人對局一次，求總共需要對局多少次。

開啟範例檔案中的資料檔案，在儲存格 B3 輸入以下公式：

=COMBIN(B1,B2)

按下〔Enter〕鍵後，公式將算出象棋比賽對局次數，結果如圖 1.42 所示。

B3 ▼	f_x	=COMBIN(B1,B2)	
	A	B	C
1	象棋參賽人數	8	
2	每局對局人數	2	
3	總局數	28	

圖 1.42　象棋比賽對局次數

▶ 公式說明

COMBIN 函數用於從給定數目的物件集合中擷取多物件的組合數，它的第一參數是項目數量，第二參數為每個組合中專案的數量。

在本例中 COMBIN(B1,B2) 表示在 8 人中任意地兩兩組合，總共可以組合 28 次。

▶ 使用注意

① COMBIN 的參數可以是數字, 也可以是包含數字的儲存格。本例的公式可以修改成 =COMBIN(8,2)

② 如果 COMBIN 的參數中包含小數，那麼進行組合運算時會自動截尾取整。例如下方兩個公式結果是完全相同的。

=COMBIN(10.5,2.1)

=COMBIN(10,2)

③ COMBIN 的參數不能包含負數或者字串。否則只能得到錯誤值。

④ COMBIN 函數和其他很多函數一樣，以字串形式直接輸入的參數（即在數字前後添加雙引號）可以識別，但對於儲存格中的字串型數字就必須利用 "*1" 等手段轉換成數值才可以進行運算。

▶ 範例延伸

思考：利用 26 個英文字母作為密碼，6 個 1 組，不區分順序可以有多少組

提示：將本範例的公式修改參數的值即可。

範例 33 預計所有賽事完成的時間（COMBIN）

範例檔案 第 1 章 \033.xlsx

① 人參與比賽，每場 2 人對局，安排每局時間為 20 分鐘，三場比賽同時進行，現要求預算完成所有賽事需要多長時間。

開啟範例檔案中的資料檔案，在儲存格 B6 輸入以下公式：

=COMBIN(B1,B2)*B3/B4/60

按下〔Enter〕鍵後，公式將算出所有賽事的完成時間，結果如圖 1.43 所示。

B5	▼	*fx*	=COMBIN(B1,B2)*B3/B4/60
	A		B
1	參賽總人數：		10
2	每局比賽人數：		2
3	平均每局時間（分鐘）：		20
4	同時進行比賽場數：		3
5	預計完成時間（小時）：		5

圖 1.43　預計所有賽事完成的時間

▶ 公式說明

本例先用 COMBIN 函數計算出比賽場數總和，然後乘以單場時間，再除以同時進行的比賽場數，結果為預計的總時間，單位為分鐘。

因需要將分鐘轉換為小時，故在公式末尾添加 "/60"。

▶ 使用注意

① COMBIN 函數僅計算給定數目的物件集合中擷取多物件的組合數。

② 組合數是不區分順序的，例如 A 和 B 兩者的比賽算一組，而不會將 A → B 和 B → A 按兩個組合計算。如果根據字元數計算密碼的組合數則需要區分順序，就不能使用 COMBIN 函數。

▶ 範例延伸

思考：圖 1.44 中軍棋和象棋比賽同時進行，計算完成比賽需要多長時間

	A	B	C
1	比賽項目	軍棋	象棋
2	參賽總人數：	10	8
3	每局比賽人數：	2	2
4	平均每局時間（分鐘）：	20	60
5	同時進行比賽場數：	3	3
6	預計完成時間（小時）：		

圖 1.44　計算軍棋和象棋的比賽時間

提示：分別計算兩項比賽的時間，取兩者中最長的時間值。可以用 MAX 函數計算最大值。

範例 34　計算中獎率（PERMUT）

範例檔案　第 1 章 \034.xlsx

假設有 0～9 總共 10 個數字，任意抽取三個數字組合成中獎號碼，現要求計算購買者的中獎率。

開啟範例檔案中的資料檔案，在儲存格 B3 輸入以下公式：

=TEXT(1/PERMUT(B1,B2),"0.00%")

按下〔Enter〕鍵後，公式將算出 10 個數字組成獎號的中獎率，結果如圖 1.45 所示。

B3		*fx*	=1/PERMUT(B1,B2)	
	A		B	C
1	數字個數：		10	
2	中獎號碼位數：		3	
3	中獎機率		0.14%	

圖 1.45　中獎率

▶ 公式說明

本例利用 PERMUT 函數計算 0～9 這 10 個數字組成的號碼個數，其後利用 1 除以號碼個數即得到中獎率。

為了將計算結果顯示為百分比，再利用 TEXT 函數將小數結果格式化為百分比形式的數值。

▶ 使用注意

① 利用 TEXT 函數將小數格式化為百分比後就成了字串，如果此結果還需要進行後續的運算則有必要讓該值保持數值格式。

② 如果既要求儲存格的值顯示為百分比形式，又要求儲存格的值不能是字串，那麼不能在公式中使用 TEXT 函數，應利用儲存格格式來完成。設定儲存格格式如圖 1.46 所示。

▶ 範例延伸

圖 1.46　設定儲存格格式

思考：計算圖 1.45 中中獎號為 6 位數時的中獎率

提示：修改儲存格資料即可，公式不變。

餘數問題

範例 35　計算餘數（MOD）

範例檔案 第 1 章 \035.xlsx

開啟範例檔案中的資料檔案，在儲存格 C2 輸入以下公式：

=MOD(A2,B2)

按下〔Enter〕鍵後，公式將算出 A2 除以 B2 的餘數。將公式向下填滿，結果如圖 1.47 所示。

	A	B	C
1	被除數	除數	餘數
2	82	14	12
3	126	19	12
4	147	16	3
5	120	13	3
6	139	15	4
7	93	14	9
8	117	20	17
9	60	16	12
10	61	10	1

C2 · fx =MOD(A2,B2)

圖 1.47　計算餘數

▶ 公式說明

MOD 函數用於計算除法運算中的餘數。餘數是指被除數整除後的餘下部分數值。

MOD 函數第一參數為被除數，第二參數為除數，結果為餘數。

▶ 使用注意

① MOD 的所有參數必須是數值，或者可以被轉換成數值的資料。如果參數包含字串則計算結果為錯誤值 "#VALUE!"。

② MOD 的第二參數不能為零值，否則將產生錯誤值 "#DIV/0!"。

③ MOD 函數的功能也可以利用 INT 函數來完成，例如以下兩個公式結果完全相等。

=MOD(47,6)——→結果為 5。

=47-INT(47/6)*6——→結果為 5。

④ MOD 函數也支援參數是負數，例如，2 除以 3 餘數為 2，而 -2 除 3 餘數為 1。

=MOD(-2,3)——→結果為 1

▶ 範例延伸

思考：利用一個公式彙總圖 1.47 中所有被除數與除數的餘數

提示：MOD 函數的兩個參數都支援陣列，利用陣列參數可以求出所有餘數，最後用 SUM 函數彙總即可。

範例 36 對奇數列數據加總（MOD）

範例檔案 第 1 章 \036.xlsx

開啟範例檔案中的資料檔案，在儲存格 E2 輸入以下公式：

=SUMPRODUCT(MOD(ROW(2:13),2)*C2:C13)

按下〔Enter〕鍵後，公式將算出奇數列資料的合計，結果如圖 1.48 所示。

E2		fx	=SUMPRODUCT(MOD(ROW(2:13),2)*C2:C13)		
	A	B	C	D	E	F
1	日期	科目	數量		匯總出貨數量	
2	2008年1月1日	入庫	100		544	
3	2008年1月1日	出貨	83			
4	2008年1月2日	入庫	100			
5	2008年1月2日	出貨	88			
6	2008年1月3日	入庫	92			
7	2008年1月3日	出貨	91			
8	2008年1月4日	入庫	90			
9	2008年1月4日	出貨	100			
10	2008年1月5日	入庫	80			
11	2008年1月5日	出貨	91			
12	2008年1月6日	入庫	84			
13	2008年1月6日	出貨	91			

圖 1.48　彙總奇數列資料

▶ 公式說明

MOD 本身用於計算餘數。奇數除以 2 餘數為 1，偶數除以 2 餘數為 0，基於這個特點，MOD 常用來判斷數值的奇偶特性。

在本例中，所在出貨數都位於奇數列，利用這個特點對資料所在列的列號進行奇偶判斷，然後僅對奇數列的資料彙總即可得到所有出貨數的合計。

▶ 使用注意

① ROW(2:13) 用於擷取資料所在列的列號，將之除以 2 計算出餘數，這是工作中常用的判斷奇數列或者偶數列的手段。

② ROW(a2) 的結果是 A2 儲存格的列號 2，而 ROW(2:13) 的結果是第 2 列～ 13 列的列號 2、3、4、5、6、7、8、9、10、11、12、13。換言之，ROW(2:13) 算出的值是一個陣列，而非單個值，因此運算式 MOD(ROW(2:13),2) 也將得到一個由 1 和 0 組成的陣列。

③ 1 乘以任意數值等於該值本身，而 0 乘以任意數值等於 0，因此本例利用 MOD 函數將入庫數量轉換成 0，進而使 SUMPRODUCT 函數在彙總資料時會自動忽略入庫數量。

▶ 範例延伸

思考：彙總圖 1.48 中的入庫數量
提示：表中的入庫數量全在偶數列中。偶數列的資料特點是列號除以 2 餘數為 0，因此相對於本例的公式，在 "*C2：C13" 之前添加 "=0" 並且對前面的運算式添加括弧即可。

範例 37 根據單價和數量彙總金額（MOD）

範例檔案 第 1 章 \037.xlsx

開啟範例檔案中的資料檔案，在儲存格 A5 輸入以下公式：

=SUMPRODUCT(MOD(COLUMN(A:I),2)*A2:I2,(MOD(COLUMN(B:J),2)=0)*B2:J2)

按下〔Enter〕鍵後，公式將算出彙總金額，結果如圖 1.49 所示。

A5			f_x	=SUMPRODUCT(MOD(COLUMN(A:I),2)*A2:I2,(MOD(COLUMN(B:J),2)=0)*B2:J2)								
	A	B	C	D	E	F	G	H	I	J	K	L	M
1	產品A	單價	產品B	單價	產品C	單價	產品D	單價	產品E	單價			
2	218	24	207	25	237	21	241	25	213	25			
3													
4	所有產品金額合計												
5	26734												

圖 1.49　彙總金額

▶ 公式說明

本例資料的特點是產品數量都存放在奇數欄，單價都存放在偶數欄。利用這個特點，透過 MOD 函數取欄數與 2 的餘數，然後將餘數與範圍相乘進而排除不符合條件的資料，最後將兩個符合條件的陣列計算乘積並彙總。

SUMPRODUCT 的 第 一 參 數 "MOD(COLUMN(A:I),2)*A2:I2" 的 運 算 結 果 為 {218,0,207,0,237,0,241,0,213}，而第二參數 "(MOD(COLUMN(B:J),2)=0)*B2:J2" 的運算結果是 "{24,0,25,0,21,0,25,0,25}"，SUMPRODUCT 將它們對應的值相乘，得到一個一維陣列，再將該陣列加總即為最終的總金額。

① 本例為了使 SUMPRODUCT 的兩個參數（產品數量與單價）對應，故意將兩個範圍參照錯位，第一參數從 A 欄開始，第二參數從 B 欄開始，否則無法得到正確結果。

② 本例 SUMPRODUCT 函數的第一參數用於擷取欄號除以 2 後餘數為 1 的欄的值，第二參數用於參照欄號除以 2 後餘數為 0 的欄的值。在實際運算時 "餘數為 1" 這個條件可以省略不寫，所以本例的公式中沒有使用 "=1"。

如果在公式中加上 "=1" 可能會更易於用戶理解，修改後的公式如下。

=SUMPRODUCT((MOD(COLUMN(A:I),2)=1)*A2:I2,(MOD(COLUMN(B:J),2)=0)*B2:J2)

③ 本例中 SUMPRODUCT 函數的第一參數是陣列，第二參數也是陣列，兩者對應的資料相乘再對乘積彙總屬於陣列運算，不過此處不需要使用〔Ctrl〕+〔Shift〕+〔Enter〕複合鍵。如果改用如下公式則必須在輸入公式後按〔Ctrl〕+〔Shift〕+〔Enter〕複合鍵，否則無法得到正確結果：

=SUM(MOD(COLUMN(A:I),2)*A2:I2*(MOD(COLUMN(B:J),2)=0)*B2:J2)

▶ 範例延伸

思考：假設圖 1.49 中資料是縱向排列，求彙總金額

提示：將計算欄號與 2 的餘數改成計算列號與 2 的餘數。

範例 38 設計薪資條（MOD）

範例檔案 第 1 章 \038.xlsx

要求利用薪資明細表生成薪資條，方便裁剪並下發給所有員工。假設工作表中有如圖 1.50 所示的薪資明細。

	A	B	C	D	E	F	G	H	I
1	姓名	工號	時間	薪資	罰金	證件費	伙食費	所得稅	薪資（元）
2	A	04589	3年	3818	50	20	120	763.6	2864
3	B	04590	3年	4883	50		120	976.6	3736
4	C	04591	8年	5870	30	20	120	1174	4526
5	D	04592	7年	3936			120	787.2	3028
6	E	04593	4年	5918		20	120	1183.6	4544
7	F	04594	4年	5146	50	20	120	1029.2	3926
8	G	04595	2年	5560		20	120	1112	4278
9	H	04596	0年	4080		20	120	816	3124
10	I	04597	2年	4849	10	20	120	969.8	3729
11	J	04598	8年	5623			120	1124.6	4378
12	K	04599	5年	4046	50	20	120	809.2	3046
13	L	04600	0年	5290	50	20	120	1058	4042

◄ ◄ ► ►I 單行表頭薪資明細 ╱ 單行表頭薪資條 ╱ 雙行表頭薪資明細 ╱ 雙行表頭薪資條 ╱ 工作

圖 1.50　薪資明細表

進入 "單行表頭薪資條" 工作表，在 B1 儲存格輸入以下公式：

=IF(MOD(ROW(),3)=1, 單行表頭薪資明細 !A$1,IF(MOD(ROW(),3)=2,OFFSET(單行表頭薪資明細 !A$1,ROW()/3+1,0),""))

將公式向右填滿至 J1 儲存格，然後選擇 B1:J1 範圍，將公式向下填滿至第三列。再將第一、二列的資料範圍添加邊框，最後選擇 B1:J3 範圍，向下填滿至第 33 列。

最後的效果如圖 1.51 所示。

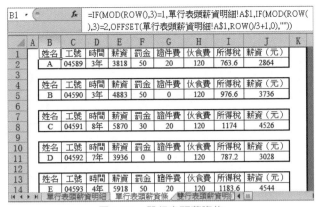

圖 1.51　單行表頭薪資條

▶ 公式說明

本例公式中巧妙運用了 MOD 取列號與 3 的餘數來執行動態取數。其中 "MOD(ROW(),3)" 向下填滿時將得到如圖 1.52 所示的序列。

	A	B	C
1	1		
2	2		
3	0		
4	1		
5	2		
6	0		

A1 ▾　　fx　=MOD(ROW(),3)

圖 1.52　MOD 產生的序列

然後用 IF 函數根據 MOD 的餘數運算結果來取值，當 MOD 的運算結果為 1 時就參照薪資明細表中第一列的標題，如果餘數為 2 則分別取各列的薪資明細，如果餘數為 0 則算出空值。在本例中，MOD 函數至關重要。

▶ 使用注意

① 本例中參照薪資明細資料時必須使用混合參照 "A$1"，在填滿公式時才能正確地參照資料。

② 在填滿公式時不能選擇第一列後將公式向下填滿，這將造成不符合需求的表格邊框。本例中將前兩列添加邊框，然後選擇前三列再向下填滿，這滿足了所有薪資條都有邊框但間隔列沒有邊框的需求。

③ 在本範例中薪資條的表頭只有一列，這使公式受到局限，部分企業的薪資條表頭可能有兩列。下面再對雙行表頭薪資條的製作方向進行講解。

假設有如圖 1.53 所示的薪資明細表。

	基本	資料	工作	應發	代	扣	款	個人	審發
	姓名	工號	時間	薪資	罰金	證件費	伙食費	所得稅	薪資（元）
3	A	04589	3年	3818	50	20	120	763.6	2864
4	B	04590	3年	4883	50		120	976.6	3736
5	C	04591	8年	5870	30	20	120	1174	4526
6	D	04592	7年	3936			120	787.2	3028
7	E	04593	4年	5918	50	20	120	1183.6	4544
8	F	04594	4年	5146	50	20	120	1029.2	3926
9	G	04595	2年	5560			120	1112	4278
10	H	04596	0年	4080		20	120	816	3124
11	I	04597	2年	4849	10	20	120	969.8	3729
12	J	04598	8年	5623			120	1124.6	4378
13	K	04599	5年	4046	50	20	120	809.2	3046
14	L	04600	0年	5290	50	20	120	1058	4042

圖 1.53　雙行表頭薪資明細

將上述薪資明細表生成薪資條的步驟如下。進入 "雙行表頭薪資條" 工作表，在 B1 儲存格輸入以下公式。

=CHOOSE(MOD(ROW(),4)+1,"",雙行表頭薪資明細!A$1,雙行表頭薪資明細!A$2,OFFSET(雙行表頭薪資明細!A$1,ROW()/4+2,))

選擇 B1，將公式向右填滿至儲存格 J1，再選擇 B1:J1 範圍，然後將公式向下填滿至第 4 列。

對前三列按圖 1.54 所示的方式設定邊框。

	基本	資料	工作	應發	代	扣	款	個人	審發
1	基本	資料	工作	應發	代	扣	款	個人	審發
2	姓名	工號	時間	薪資	罰金	證件書	伙食書	所得稅	薪資（元）
3	A	04589	3年	3818	50	20	120	763.6	2864

圖 1.54　設定儲存格邊框

最後選擇 B1:J4 範圍向下填滿至第 48 列即可完成雙行薪資條的製作。雙行表頭的薪資條如圖 1.55 所示。

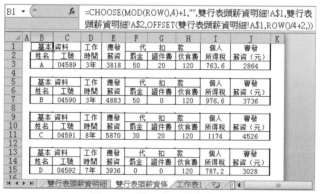

圖 1.55　雙行表頭的薪資條

▶ 公式說明

雙列表頭的薪資條設計仍然借助了 MOD 函數判斷列號的餘數來產生動態參照。在填滿公式時，運算式 "MOD(ROW(),4)+1" 將生成一個迴圈的序列，這使公式在填滿至不同列時將參照不同的資料。

▶ 使用注意

① 圖 1.55 中部分儲存格有合併儲存格的顯示效果，但是操作時不能真的將儲存格合併，否則會丟失部分資料。該效果採用 "跨欄置中" 功能來完成，設定界面如圖 1.56 所示。

圖 1.56　設定 "跨欄置中"

② 填滿公式時需要選擇前 4 列後再向下填滿，否則儲存格邊框會產生混亂。

▶ 範例延伸

思考：假設圖 1.53 中薪資明細有三列表頭，如何設計薪資條

提示：仍然用 CHOOSE 函數配合 MOD 函數來動態參照資料。在本書第 6 章會介紹
CHOOSE 函數相關的範例。

範例 39 根據身分證號碼計算身分證擁有者的性別（MOD）

範例檔案 第 1 章 \039.xlsx

從人事資料的大陸居民身分證號碼中擷取該員工的性別。其中身分證可能是 15 位也可能是 18 位。

開啟範例檔案中的資料檔案，在儲存格 C2 輸入以下公式：

=IF(MOD(MID(B2,15,3),2)," 男 "," 女 ")

按下〔Enter〕鍵後，公式將算出員工的性別。然後將 C2 的公式向下填滿至 C6，結果如圖 1.57 所示。

	A	B	C	D
		fx	=IF(MOD(MID(B2,15,3),2),"男","女")	
1	姓名	身份證號	性別	
2	胡不群	511025198503196191	男	
3	黃明秀	432503198812304352	男	
4	朱文濤	511025770316628	女	
5	柳三秀	130301200308090514	男	
6	陳深淵	130502870529316	女	

圖 1.57　根據身分證號碼計算身分證擁有者的性別

1

數學與三角函數

▶ 公式說明

　　身分證號碼分為 15 位和 18 位兩種，其中長度等於 15 的身分證號碼由第 15 位數字代表身分證擁有者的性別，長度為 18 的身分證號碼由第 17 位數字代表身分證擁有者的性別。判斷性別的方法是：該數字是奇數則表示身分證擁有者是男性，該數字是偶數則表示身分證擁有者是女性。

　　根據上述分析，利用 MID 函數從身分證號碼中第 15 位開始擷取 3 位數字出來（如果只有 15 位則僅擷取最後 1 位數），然後利用 MOD 函數判斷它是否為奇數，如果是奇數則表示身分證號碼的擁有者是男性，否則為女性。

▶ 使用注意

　　① 本例利用了 MID 函數從身分證號碼中擷取資料。如果身分證號碼長度為 18 則取 15、16、17 三位數，如果長度為 15 則取第 15 位。雖然 18 位身分證號碼中第 17 位數才是用於判斷性別的數字，但是從第 15 位數開始取三位數和單獨取第 17 位數再計算餘數是完全相同的結果，所以為了簡化公式，不管身分證號碼長度為 18 還是 15 都從第 15 位開始取三位數作為判斷性別的依據。對於 15 位的身分證號碼，MID 函數只按有效位數取值，即僅取第 15 位數，不會因為身分證號碼不存在第 16 位和第 17 位數而算出錯誤值。

　　② 除本例的方向外，也可以利用 LEN 函數來判斷身分證的位數，根據其位數來決定要擷取哪一位數字。公式如下。

　　=IF(MOD(MID(B2,IF(LEN(B2)=18,17,15),1),2)," 男 "," 女 ")

▶ 範例延伸

　　思考：假設圖 1.57 中存在長度為 15、18 位以外的資料，如何對身分證求性別
　　提示：利用 IF 和 LEN 函數排除 15 位和 18 位以外的資料。

範例 40 計算零鈔（MOD）

範例檔案 第 1 章 \040.xlsx

　　有時採購物品時需要使用 "角" 為單位，為了盡量減少使用零鈔的張數，通常優先使用大額面值的鈔票，然後再遞減。現需計算圖 1.58 中進貨總金額中需要使用多少張 5 毛、2 毛、1 毛的鈔票。

　　開啟範例檔案中的資料檔案，分別在儲存格 D2:F2 輸入以下三個公式：
　　=INT(MOD(SUM(B2:B10),1)/0.5)
　　=INT(MOD(MOD(SUM(B2:B10),1),0.5)/0.2)
　　=MOD(MOD(MOD(SUM(B2:B10),1),0.5),0.2)/0.1

　　上述三個公式將分別計算出 B2:B10 的總金額中需要的三種零鈔張數。結果如圖 1.58 所示。

D2 fx =INT(MOD(SUM(B2:B10),1)/0.5)

	A	B	C	D	E	F	G
1	進貨名稱	金額		5毛	2毛	1毛	
2	A	1576.6		1	0	1	
3	B	1889.3					
4	C	1982.2					
5	D	1169.3					
6	E	1093.5					
7	F	1609.1					
8	G	1632.5					
9	H	1296.2					
10	I	1132.9					

圖 1.58　計算零鈔

▶ 公式說明

本例第一個公式首先利用 SUM 函數將所有金額加總，然後利用 MOD 函數取其除以 1 的餘數，進而得到商的小數部分。然後將小數除以 0.5，再將結果截尾取整即得到 5 毛幣值鈔票的張數。

第二個公式先取出合計金額的小數部分與 0.5 的餘數，再除以 0.2，對結果截尾取整即得到 2 毛幣值鈔票的張數。

第三個公式則先將合計金額的小數部分分別與 0.5 和 0.2 進行取餘數，然後除以 0.1，即可得到 1 毛幣值鈔票的張數。

▶ 使用注意

MOD 函數的參數有範圍限制，在 Excel 2007 中，第一參數除以第二參數的商大於等於 2 的 27 次方時將會出錯，在 Excel 2010 中對該限制有所放寬，但仍然有限制。所以為了讓公式具有通用性，本例公式盡量不要用於處理超過 134,217,728 的資料。

▶ 範例延伸

思考：計算圖 1.58 中合計金額需要多少 100 元、50 元、20 元、10 元的鈔票

提示：方向與本例公式一致，將計算小數部分改成計算整數部分。

進制轉換問題

範例 41 將 10 進制數字轉換成其他進制數的值（BASE）

範例檔案 第 1 章 \041.xlsx

Excel 預設採用 10 進制的計數方式，即滿 10 後進位。工作中有時需要用到 10 以外的進制轉換，例如，將 10 進制的值轉換成 2 進制、將 10 進制的值轉換成 16 進制等。

開啟範例檔案中的資料檔案，在 C2 儲存格輸入以下公式：

=BASE(A2,B2)

按兩下 C2 儲存格的填滿控點將公式向下填滿，結果如圖 1.59 所示。

圖 1.59　格式轉換

▶ 公式說明

　　BASE 函數的功能是將數值由 10 進制轉換成 2 ～ 36 進制中的任意一種。

　　BASE 函數有三個參數，第一參數是待轉換的值，不能是負數；第二參數代表進制，例如值為 2 表示 2 進制，只能在 2 ～ 36 之間；第三參數代表算出值的最小長度，通常可以忽略此參數。

　　本例的公式 "=BASE(A2,B2)" 代表將 A2 儲存格的值轉換成 B2 儲存格指定的進制。

▶ 使用注意

　　① BASE 函數的第一參數是待轉換的數值，只能在 0 到 253 之間，超出這個範圍後將會算出錯誤值。

　　② BASE 函數只能執行 2 ～ 36 進制之間的轉換，如果第二參數值為 50 將得到錯誤值。

　　③ BASE 函數的第三參數代表算出值的最小長度，當第三參數的值大於轉換結果的長度時會補上 0。例如，89 轉換成 16 進制後值為 59，如果使用公式 "=BASE(89,16,4)" 將得到 0059，在 59 前面添加兩個 0，確保算出值為 4 位數。若忽略該參數，則結果變為 59。

　　④ 將資料從 10 進制轉換成 16 進制後可能得到英文字母。要瞭解更多的 16 進制的轉換方式，可以在 A1:A100 範圍中分別輸入 1 ～ 100 的自然數，然後在 B1 輸入公式 "=BASE(A1,16)" 並向下填滿至 B100，觀察 B 欄的值即可明白 16 進制的規律。

　　⑤ 相關的函數還有 BIN2OCT（2 進制轉 8 進制）、HEX2OCT（16 進制轉 8 進制）、HEX3BIN（16 進制轉 2 進制）、BIN2HEX（2 進制轉 16 進制）、HEX2DEC(16 進制轉 10 進制）。

絕對值問題

範例 42 計算預報與實際溫度的最大誤差值（ABS）

範例檔案 第 1 章 \042.xlsx

　　B 欄為預報的溫度，C 欄為實際溫度，現需計算預報與實際溫度的最大誤差值。

　　開啟範例檔案中的資料檔案，在 E2 儲存格輸入以下陣列公式：

=MAX(ABS(C2:C8-B2:B8))

　　按下〔Ctrl〕+〔Shift〕+〔Enter〕複合鍵後，公式將算出預報溫度的最大誤差值，結果如圖 1.60 所示。

E2		f_x	{=MAX(ABS(C2:C8-B2:B8))}		
	A	B	C	D	E
1	日期	預報溫度	實際溫度		最大誤差
2	8月9日	27	21		6
3	8月10日	29	23		
4	8月11日	28	23		
5	8月12日	24	30		
6	8月13日	25	28		
7	8月14日	25	30		
8	8月15日	30	24		

圖 1.60　格式轉換

▶ 公式說明

本例公式首先計算每一天的實際溫度與預報溫度的差異，結果為正數、負數和 0 組成的陣列。然後使用絕對值函數 ABS 將陣列中每個值轉換成正數，最後透過 MAX 函數獲取陣列中的最大值。

▶ 使用注意

① ABS 函數用於將任意數值轉換成絕對值。0 和正數轉換後結果不變，負數經過 ABS 轉換後取其相反數。更簡單的說法是，ABS 函數用於去掉所有數值的正負號。

② ABS 函數有一個參數，可以是直接輸入到參數中的值，也可以是儲存格參照，還可以是運算式及陣列。該參數必須是數值和可以轉換成數值的參照，如果是字串就會算出錯誤值。

③ ABS 具有自動將字串型數字轉換為數值的功能。例如：

=ABS("-45")──→結果等於 45，字串型數字自動轉換成數值後才參與運算

④ 如果是範圍或常量陣列作為 ABS 的參數，那麼它可以逐一對所有資料進行轉換。例如：

=SUMPRODUCT(ABS({1,"-2",3}))──→結果等於 6

▶ 範例延伸

思考：計算圖 1.60 中的平均誤差值

提示：相對於本例公式，將 MAX 函數改成 AVERAGE 即可。

亂數問題

範例 43　產生 11 ～ 20 之間的不重複隨機整數（RAND）

範例檔案 第 1 章 \043.xlsx

在範圍中產生 10 個 11 ～ 20 之間的不重複亂數。開啟範例檔案中的資料檔案，在 A2:A11 範圍建立一個輔助範圍，並在輔助範圍中輸入以下公式：

=RAND()

然後選擇 C1:C11 範圍，輸入以下陣列公式：

=RANK(A2:A11,A2:A11)+10

按下〔Ctrl〕+〔Shift〕+〔Enter〕複合鍵後，將在範圍中產生 10 個 11～20 之間的不重複亂數，結果如圖 1.61 所示。

	A	B	C	D	
			C2 ▾	fx	{=RANK(A2:A11,A2:A11)+10}
1	輔助區		亂數		
2	0.592443534		17		
3	0.993678229		11		
4	0.454476888		19		
5	0.137808549		20		
6	0.514703535		18		
7	0.872566763		13		
8	0.883738004		12		
9	0.737303414		14		
10	0.649074141		16		
11	0.708864431		15		

圖 1.61　11～20 之間的不重複亂數

▶ 公式說明

利用 RAND 函數產生 10 個帶有 15 位小數的亂數，它們是不會重複的。利用這個特點，透過 RANK 函數對 10 個不重複的亂數進行排名，就能產生 1～10 之間的不重複亂數，最後加 10 就得到 11～20 之間的不重複亂數。

▶ 使用注意

① 本方法產生的亂數是一個自然數列，資料個數等於亂數的數量，相當於將 11～20 這 10 個整數隨機重排。

② 如果需要生成 10 個 81～100 之間的隨機整數，應使用 RAND 函數在 A2:A21 範圍產生隨機小數，然後 C2:C11 輸入以下陣列公式：

=RANK(A2:A11,A2:A21)+80

▶ 範例延伸

思考：如何生成 50 個 1～100 之間的不重複隨機整數

提示：在輔助區建立 100 個隨機小數，套用本例公式取前 50 名的名次即可。

範例 44 將 20 個學生的座位隨機排列（RAND）

範例檔案 第 1 章 \044.xlsx

將圖 1.62 中 A 欄的 10 個學生隨機地排列在 10 個座位中。

開啟範例檔案中的資料檔案，在 H2:H11 範圍建立一個輔助區，並在輔助區輸入以下公式：

=RAND()

然後在 E2 儲存格中輸入以下公式：

=INDEX(A$2:A$11,RANK(H2,H$2:H$11))

在 F2 儲存格中輸入以下公式：

=VLOOKUP(E2,A$2:B$11,2,0)

將 E2:F2 的公式向下填滿將得到如圖 1.62 所示的效果。

E2	▼		f_x	=INDEX(A\$2:A\$11,RANK(H2,H\$2:H\$11))			

▲	A	B	C	D	E	F	G	H
1	姓名	學號		考區	姓名	學號		輔助區
2	左冷禪	2887		1	嶽靈珊	6123		0.66425
3	嶽靈珊	6123		2	楊蓮亭	8893		0.51167
4	餘滄海	7363		3	向問天	1851		0.19368
5	儀琳	4441		4	左冷禪	2887		0.86699
6	楊蓮亭	8893		5	陶根仙	2558		0.02279
7	向問天	1851		6	儀琳	4441		0.52833
8	童百熊	9629		7	餘滄海	7363		0.60125
9	田伯光	2936		8	童百熊	9629		0.1286
10	陶根仙	2558		9	上官雲	8628		0.01194
11	上官雲	8628		10	田伯光	2936		0.0795

圖 1.62　隨機排序

▶ 公式說明

　　本例利用 RAND 函數在輔助區產生不重複的隨機小數，然後透過 RANK 函數計算每一個隨機小數的排名，進而得到 1 ～ 10 的隨機整數，並使用該值作為 INDEX 函數的參數，從 A2:A11 範圍內隨機取值，進而執行將姓名隨機排列在 E2:E11。

　　VLOOKUP 函數在本例中用於根據姓名尋找對應的學號，由於姓名已經隨機排欄，那麼尋找出來的對應的學號也會隨機排列。

▶ 使用注意

　　① 有多少個需要排序的姓名，就要在輔助範圍中建立多少個隨機小數。

　　② 亂數屬於易失性函數，按下〔F9〕鍵可以更新計算結果，每按一次〔F9〕鍵，姓名和學號的位置都會更新一次。

　　③ INDEX 和 VLOOKUP 函數都屬於尋找與參照函數，在本書第 6 章會提供這兩個函數的相關範例示範。

　　④ RAND 函數的原本功能是生成大於等於 0 且小於 1 的隨機小數，但實際工作中一般不需要小於 1 的隨機小數，而是透過它來執行其他與亂數相關的功能。

範例 45 將三校植樹人員隨機分組（RAND）

範例檔案 第 1 章 \045.xlsx

　　三個學校各派 10 人參與植樹活動，植樹時三人一組，要求隨機地在三校中抽出三人組成一組。

　　開啟範例檔案中的資料檔案，在 G2:G11 範圍建立一個輔助區，並輸入以下公式：

=RAND()

　　然後在 E2 儲存格輸入以下公式：

=INDEX(A\$2:A\$11,RANK(G2,G\$2:G\$11))&":"&INDEX(B\$2:B\$11,RANK(G2,G\$2:G\$11))&":"&INDEX(C\$2:C\$11,RANK(G2,G\$2:G\$11))

　　按下〔Enter〕鍵後，公式將算出第一組的三人組合，然後將公式向下填滿至 E11，結果如圖 1.63 所示。

	A	B	C	D	E	F	G
1	A校	B校	C校		植樹小組		輔助區
2	蔣文明	胡不群	仇正風		陳越:計尚雲:陳金貴		0.869432689
3	陳越	計尚雲	陳金貴		黃山貴:趙萬:曹錦榮		0.717570796
4	曲華國	劉子中	王文今		柳洪文:趙秀文:周文明		0.541808546
5	朱真光	趙有才	曹莽		曲華國:劉子中:王文今		0.717832749
6	朱貴	劉專洪	管譖明		朱明:陳金花:張世後		0.111128693
7	魏秀秀	朱通	梁桂林		羅翠花:胡秀文:陳守正		0.274429217
8	黃山貴	趙萬	曹錦榮		朱貴:劉專洪:管譖明		0.631154767
9	羅翠花	胡秀文	陳守正		柳洪文:趙秀文:周文明		0.949684504
10	柳洪文	趙秀文	周文明		柳洪文:趙秀文:周文明		0.160670526
11	朱明	陳金花	張世後		黃山貴:趙萬:曹錦榮		0.274718962

E2 儲存格公式：
=INDEX(A$2:A$11,RANK(G2,G$2:G$11))&":"
&INDEX(B$2:B$11,RANK(G2,G$2:G$11))&":"
&INDEX(C$2:C$11,RANK(G2,G$2:G$11))

圖 1.63　隨機組合成一個三人植樹組合

▶ 公式說明

本例中仍是利用 RAND 函數產生 10 個不重複的隨機小數作為輔助區，然後配合 RANK 函數生成 1 ～ 10 的不重複隨機整數，最後使用 INDEX 函數從資料來源中隨機取值。

由於需要從三欄中取值，因此採用三個 INDEX 函數分別擷取 3 次，然後用字串連接運算子 "&" 將三個姓名連接成單個字串。

▶ 使用注意

① RANK 函數用於計算一個數值在多個數值中的排名，它有三個參數，第三參數代表排序方式，該值為 0 或省略參數時，表示降冪排列，該值為 True 時，表示升冪排列。由於使用 RAND 函數產生的輔助範圍中，隨機小數不會重複，因此使用 RANK 函數計算這些數值的排名就能產生不重複的隨機整數。

② 關於更多 RANK 函數的範例可參考第 4 章統計函數。

▶ 範例延伸

思考：從圖 1.63 中 E 欄隨機抽出兩組人員，列在兩個儲存格中

提示：仍借助 G2:G11 作為輔助區，透過 RANK 產生不重複序列作為 OFFSET 或者 INDEX 的參數對 E 欄隨機取數。

範例 46 產生 61 ～ 100 之間的隨機整數（RANDBETWEEN）

範例檔案 第 1 章 \046.xlsx

開啟範例檔案中的資料檔案，選擇 B2:B11 範圍，輸入以下公式：

=RANDBETWEEN(61,100)

按下〔Ctrl〕+〔Enter〕鍵後，將算出 61 ～ 100 之間的隨機整數，結果如圖 1.64 所示。

圖 1.64　61 ～ 100 之間的隨機整數

▶ 公式說明

　　RANDBETWEEN 函數用於生成指定範圍的隨機整數。RANDBETWEEN 函數有兩個參數，第一參數代表亂數的下限，第二參數代表亂數的上限，函數生成的結果是位於這兩個數值之間的隨機整數。當按下〔F9〕鍵後可以重新更新亂數結果，新的亂數同樣在該範圍之內。

　　本例中 RANDBETWEEN 函數第一參數為 61，第二參數為 100，因此產生的結果在 61～ 100 之間（包含 61 和 100），同一個值有可能重複出現。

▶ 使用注意

　　① RANDBETWEEN 函數的第二參數不能小於第一參數，否則將產生錯誤值 "#NUM!"。

　　② 如果 RANDBETWEEN 函數的參數使用小數，計算時將會對參數截尾取整。

　　③ 活頁簿中任意儲存格的資料變化時，RANDBETWEEN 函數的結果也會相對變化。如果需要計算結果保持不變，將公式貼上成值即可。

　　④ 亂數沒有規律，但如果生成的亂數字數夠大，那麼利用公式生成幾十個亂數就有可能不重複。例如，用 RANDBETWEEN 函數生成 99999999 ～ 99999999999 之間的 10個亂數，這些亂數不會重複的機會相當大。

　　⑤ 隨機整數在教師寫教材、舉例時會頻繁地用到，相較手動擬定數值的效率高很多。而且由於是亂數，比手動擬定的數值顯得更自然、真實。

▶ 範例延伸

　　思考：產生－ 1000 ～ 2000 之間的隨機整數

　　提示：相對於本範例的公式，修改參數範圍即可。

範例 47 產生指定範圍的不重複亂數（RANDBETWEEN）

範例檔案 第 1 章 \047.xlsx

　　前面的範例產生的隨機整數都有可能重複，現在產生 10 個不重複的 1 ～ 10 之間的隨機整數，而且不能使用輔助欄。

　　開啟範例檔案中的資料檔案，在 A2 儲存格輸入以下陣列公式：

1

數學與三角函數

1-51

=LARGE(IF(COUNTIF(A$1:A1,ROW($1:$10))=0,ROW($1:$10)),RANDBETWEEN(1,11-ROW(A1)))

按下〔Ctrl〕+〔Shift〕+〔Enter〕複合鍵後，將公式向下填滿至 A11 儲存格，在 A2:A11 將產生 1 ～ 10 之間的不重複隨機整數，按下〔F9〕鍵後，範圍中的結果將隨機變化，結果如圖 1.65 所示。

A2	▼	*fx*	{=LARGE(IF(COUNTIF(A$1:A1,ROW($1:$10))=0, ROW($1:$10)),RANDBETWEEN(1,11-ROW(A1)))}	

	A	B	C	D
1	隨機不重複數（1-10）		隨機不重複數（51-100）	
2	3		65	
3	5		60	
4	10		87	
5	8		58	
6	4		98	
7	7		52	
8	2		90	
9	6		97	
10	1		70	
11	9		91	

圖 1.65　1 ～ 10 之間的不重複隨機整數

▶ 公式說明

本公式首先使用 ROW 函數生成 1 ～ 10 的整數，配合 COUNTIF 函數檢測 A$1:A1 範圍 (這個範圍是變化的，下拉公式時會逐步擴大範圍範圍) 中是否存在這 10 個整數，如果不存在則再次透過 ROW 函數生成對應的值。例如，A$1:A1 範圍中沒有 1、8、9 這三個值，那麼利用 ROW 函數生成 1、8 和 9。然後使用 RANDBETWEEN 函數生成 1 ～ 3 之間的隨機整數，最後使用 LARGE 函數從 1、8、9 這三個值中隨機擷取一個值。

當然公式向下填滿時，由於 A$1:A1 範圍變大，那麼運算式 "IF(COUNTIF(A$1:A1,ROW($1:$10))=0,ROW($1:$10))" 所產生的隨機整數會相對地變小，直到最後將 1 ～ 10 的所有數字完全擷取出來。

▶ 使用注意

① 本例公式只能輸入到 A2 儲存格然後向下填滿，如果在其他儲存格輸入公式需要修改公式。此外，本例中 A1 儲存格不能是 1 ～ 10 之間的任意數字，否則將產生錯誤結果。

② 如果要將公式放在 F5，那麼應將公式中的 "A$1:A1" 修改成 "F$4:F4"，否則公式無法得到正確結果。

③ 如果產生 51 ～ 100 之間的不重複亂數，那麼可以按以下方式修改：
=LARGE(IF(COUNTIF(A$1:A1,ROW($51:$100))=0,ROW($1:$50))+50,RANDBETWEEN(1,51-ROW(A1)))

乘方與開方問題

範例 48 根據三邊長求證三角形是否為直角三角形（POWER）

範例檔案 第 1 章 \048.xlsx

開啟範例檔案中的資料檔案，在 B4 儲存格輸入以下公式：

=IF(POWER(MAX(B1:B3),2)=SUM(POWER(LARGE(B1:B3,{2,3}),2))," 是 "," 不是 ")

按下〔Enter〕鍵後，公式將算出直角三角形的判斷結果，如圖 1.66 所示。

B4	▼	f_x	=IF(POWER(MAX(B1:B3),2)=SUM(POWER(LARGE(B1:B3,{2,3}),2)),"是","不是")		
	A	B	C	D	E	F
1	邊一	6				
2	邊二	9				
3	邊三	12				
4	是否直角三角形	不是				

圖 1.66　求證直角三角形

▶ 公式說明

　　本例中利用 POWER 函數對最長的邊求平方，再對其他兩個邊分別求平方並彙總，然後將其進行比較，如果兩者相等則該三角形是直角三角形，否則不是直角三角形。

▶ 使用注意

　　① POWER 函數用於計算底數的乘幕，底數可以是大於、小於、等於 0 的任意實數，指數也可以是大於、小於、等於 0 的任意實數。例如：

=POWER(0.35,11)

=POWER(20,7.7)

=POWER(11.55,7.7)

　　② POWER 的第二參數（指數）小於 1 時，表示對底數開方，由於負數不能開偶數次方，所以當 POWER 第二參數小於 1 時有可能產生錯誤結果。例如，以下公式中第二個公式可以用來正確計算結果，第一個公式將產生錯誤值：

=POWER(-100,1.5)——1.5 相當於 3/2，即將 -100 進行三次方後再開平方，結果將產生錯誤值。

=POWER(-100,1/3)——負數可以開奇數次方，所以本公式可以正常計算。

▶ 範例延伸

　　思考：計算 A1:A100 範圍中所有資料的立方和

　　提示：使用範圍作為 POWER 的底數，外套 SUM 函數即可。

範例檔案 第 1 章 \049.xlsx

三角形根據三邊的邊長計算面積的原理是：周長的 1/2、周長的 1/2 減掉第一條邊、周長的 1/2 減掉第二條邊以及周長的 1/2 減掉第三條邊 4 個資料的積再開平方。本例要求根據等邊三角形的周長計算三角形面積。

開啟範例檔案中的資料檔案，在 B2 儲存格輸入以下公式：

=SQRT(B1/2*POWER(B1/2-B1/3,3))

按下〔Enter〕鍵後，將算出三角形面積，如圖 1.67 所示。

B2	▾	f_x	=SQRT(B1/2*POWER(B1/2-B1/3,3))	
▲	A	B	C	D
1	周長：	24		
2	面積：	27.712812921102		

圖 1.67　根據等邊三角形周長計算面積

▶ 公式說明

等邊三角形與任意三角形的不同點在於它的三條邊邊長相等，因此能根據周長計算出每條邊的長度。

範例 25 公式中分別對周長的 1/2 與三邊長的差求乘積，在本例中可以改成周長的 1/2 減掉邊長的三次方：POWER(B1/2-B1/3,3)。最後利用 SQRT 函數計算平方根進而得到三角形的面積。

▶ 使用注意

① SQRT 函數用於對一個數字開平方根，相當於求其 0.5 次方。因此所有使用 SQRT 函數的地方都可以改用 "^0.5" 來完成同等功能。

② POWER 函數和 SQRT 函數一個用於 2 次乘方，一個用於 2 次開方，為了便於記憶可以都用 "^" 符號來完成，避免記憶太多的函數名稱和參數。

③ 本例中也可以進行逆運算，即根據等邊三角形的面積求周長，如圖 1.68 所示。其公式如下：

=(B1^2*432)^(1/4)

▶ 範例延伸

B2	▾	f_x	=(B1^2*432)^(1/4)	
▲	A	B		C
1	面積：	27.712812921102		
2	周長：	24		

圖 1.68　根據面積求周長

思考：已知三邊分別為 7、15、19，判斷它是銳角、直角還是鈍角三角形

提示：如果最長邊的平方等於其他兩邊的平方和，則三角形是直角三角形；如果最長邊的平方小於其他兩邊的平方和，則三角形是銳角三角形，否則是鈍角三角形。

資料的捨與入問題

範例 50 隨機抽取奇數列的姓名（ODD）

範例檔案 第 1 章 \050.xlsx

工作表中存放員工的姓名與工號，其姓名在奇數列，工號在偶數列。現需要隨機抽出一個員工的姓名。

開啟範例檔案中的資料檔案，在 D2 儲存格輸入以下公式：

=INDEX(B:B,ODD(RANDBETWEEN(1,ROWS(1:12)-1)))

按下〔Enter〕鍵後，公式將算出員工姓名，按下〔F9〕鍵後員工姓名將隨機變化，如圖 1.69 所示。

D2 =INDEX(B:B,ODD(RANDBETWEEN(1,ROWS(1:12)-1)))

	A	B	C	D	E	F
1	姓名	趙		隨機抽出一人		
2	工號	1237		吳		
3	姓名	錢				
4	工號	1972				
5	姓名	孫				
6	工號	9506				
7	姓名	李				
8	工號	0885				
9	姓名	周				
10	工號	3363				
11	姓名	吳				
12	工號	5717				

圖 1.69　抽取奇數列姓名

▶ 公式說明

ODD 函數可以將正數向上捨入到最接近的奇數。如果將一個範圍的資料全部轉換為奇數，且範圍中最大值是偶數，那麼該最大值轉換之後將會超出原有範圍。所以在本例中首先利用 ROWS 函數計算 B 欄已用範圍的列數，然後減掉 1，再進行隨機抽取資料，這樣可以保證 RANDBETWEEN 函數產生的亂數在數值限定範圍之內。

在產生亂數之後，利用 ODD 函數將所有亂數轉換成奇數，再作為 INDEX 函數的參數參照 B 欄的姓名。此方法可以隨機地參照 B 欄指定範圍奇數列的資料。

▶ 使用注意

本例中如果每位員工的資料佔據三列，即姓名分別在 1、4、7、10……列，那麼隨機取姓名則需要使用 MOD 函數，可以使用以下陣列公式：

=INDEX(B:B,INDEX(1+ROW(1:23)-MOD(ROW(1:23),3),RANDBETWEEN(1,23)))

▶ 範例延伸

思考：如果圖 1.69 中每位員工的資料有 4 列，隨機擷取其員工姓名

提示：相對於“使用注意”中的公式，修改 MOD 的參數即可。

開啟範例檔案中的資料檔案，在 D2 儲存格輸入以下公式：

=SUMPRODUCT(--(EVEN(A1:B10)=(A1:B10)))

按下〔Enter〕鍵後，公式將算出範圍中的偶數個數，結果如圖 1.70 所示。

D2	▼	f_x	=SUMPRODUCT(--(EVEN(A1:B10)=(A1:B10)))	
	A	B	C	D	E
1	21	37		偶數個數	
2	32	44		13	
3	40	24			
4	52	35			
5	87	20			
6	28	31			
7	76	73			
8	68	56			
9	54	59			
10	90	20			

圖 1.70　統計參考人數

▶ 公式說明

　　本公式利用 EVEN 函數將範圍中所有資料轉換成偶數，並與原資料進行比較，其中值未發生變化的數值個數就是原範圍中的偶數個數。

▶ 使用注意

　　① 本例也可以利用 ODD 函數來計算偶數個數，公式如下。

　　=SUMPRODUCT(ODD(A1:B10)-(A1:B10))

　　本公式利用 ODD 函數將範圍中所有資料轉成奇數。基於 ODD 函數的轉換規則，將會對所有正偶數加 1 處理，那麼只需要用轉換成偶數後的合計，減掉轉換前的合計就可以計算出偶數個數。

　　② 本例公式還可以利用 MOD 函數來完成，公式如下。

　　=SUMPRODUCT(MOD(A1:B10-1,2))

　　公式 "=SUMPRODUCT(MOD(A1:B10,2))" 的結果是奇數個數。如果將原資料減 1 後再利用 MOD 函數取其除以 2 的餘數，最後彙總所有餘數則可計算偶數的數量。

▶ 範例延伸

　　思考：彙總圖 1.70 中偶數列的資料

　　提示：可以利用 MOD 函數完成偶數列資料加總，也可以利用 EVEN 函數來完成。如果
　　　　　用 EVEN 函數，則需要透過 EVEN 函數將範圍轉換成偶數，再與原範圍進行比較，
　　　　　比較結果相同則產生邏輯值 TRUE，否則產生邏輯值 FALSE。最後利用這個包含
　　　　　邏輯值的陣列與原範圍相乘，作為 SUMPRODUCT 函數的參數就可以計算出偶
　　　　　數列的資料合計。

範例 52 合計購物金額並保留一位小數（TRUNC）

範例檔案 第 1 章 \052.xlsx

根據物品的重量和單價計算購物金額，將結果保留一位小數，第一位小數右邊的所有資料全部忽略。

開啟範例檔案中的資料檔案，在 E2 儲存格輸入以下公式：

=TRUNC(SUMPRODUCT(B2:B10,C2:C10),1)

按下〔Enter〕鍵後，公式將算出購物金額，結果保留一位小數，結果如圖 1.71 所示。

	A	B	C	D	E	F
	品名	重量（KG）	單價（元/KG）		金額合計	
2	白菜	23.55	1.5		1934.1	
3	大米	50.4	4.1			
4	包菜	50.56	2.5			
5	南瓜	12.6	2.1			
6	香瓜	15	3.5			
7	菜油	50.9	13.5			
8	豬肉	23.65	24.5			
9	黃花	10.6	16.4			
10	茄子	12.9	3.6			

圖 1.71　統計購物金額

▶ 公式說明

本例公式首先利用 SUMPRODUCT 函數，將 B2:B10 範圍和 C2:C10 範圍對應的值相乘再彙總，計算出所有物品的採購金額。然後利用 TRUNC 函數對結果保留一位小數，其他的資料全部忽略不計。

▶ 使用注意

① TRUNC 函數用於將數字指定位數的小數部分截去，算出整數。它的第二參數用於指定截尾取整的長度，是一個非必填參數，如果省略則表示精確度為 0，去除所有小數。例如：

=TRUNC(12.345)─→結果為 12，去除所有小數。

② TRUNC 函數的第一參數不管是正數還是負數，函數都會按照第二參數設定的精確度進行截取。

③ INT 函數相當於第二參數為 0 時的 TRUNC 函數的功能。

▶ 範例延伸

思考：將圖 1.71 中採購金額精確到個位，即以元為單位，去除角與分
提示：相對於本例公式修改 TRUNC 函數的第二參數即可。

範例 53 將每項購物金額保留一位小數再合計（TRUNC）

範例檔案 第 1 章 \053.xlsx

分別根據每種物品的重量和單價計算購物金額，將結果保留一位小數，然後再合計總金額。

開啟範例檔案中的資料檔案，在 E2 儲存格輸入以下公式：

=SUMPRODUCT(TRUNC(B2:B10*C2:C10,1))

按下〔Enter〕鍵後，公式將算出每項物品保留一位小數的金額合計，結果如圖 1.72 所示。

	A	B	C	D	E	F
1	品名	重量（KG）	單價（元/KG）		金額合計	
2	白菜	23.55	1.5		1933.9	
3	大米	50.4	4.1			
4	包菜	50.56	2.5			
5	南瓜	12.6	2.1			
6	香瓜	15	3.5			
7	菜油	50.9	13.5			
8	豬肉	23.65	24.5			
9	黃花	10.6	16.4			
10	茄子	12.9	3.6			

圖 1.72　統計購物金額

▶ 公式說明

本例公式的計算方式和範例 52 大不相同。在範例 52 中，將帶有多位小數的金額合計，然後再對小數執行取捨。在本例中則是先將每項物品的採購金額截取一位小數，然後再進行合計。當所有物品的重量和單價相同時，範例 52 的資料計算結果一定大於等於本範例的計算結果。

▶ 使用注意

① 在本例中 TRUNC 函數使用了陣列參數，它將會對陣列中每一個元素進行小數取捨，產生一個新的陣列，最後 SUMPRODUCT 函數將這個陣列彙總。

② 本例中如果將 SUMPRODUCT 函數改用 SUM 函數，必須使用陣列公式結束。

③ 如果需要對小數進行四捨五入，可以使用 INT 或者 ROUND 函數，也可以使用 TEXT 函數，只不過它產生的結果是字串型數字。

▶ 範例延伸

思考：將圖 1.72 中各項採購金額精確到個位再進行合計

提示：相對於本例公式修改 TRUNC 函數的第二參數即可。

範例 54 將金額進行四捨六入五單雙（TRUNC）

範例檔案 第 1 章 \054.xlsx

「四捨六入五單雙」，即對小數點後面指定的位數按照其值的大小進行取捨。如果指定位數的值為 4 則捨棄；如果值為 6 則進位；如果值為 5，且其左邊一位數值為奇數就進位；如果值為 5，且其左邊一位數值為偶數則捨棄。本例要求對金額保留一位小數，第二位小數按照「四捨六入五單雙」原則進行捨入。

開啟範例檔案中的資料檔案，在 B2 儲存格輸入以下公式：

=IF((A2-TRUNC(A2,1))<=0.04,TRUNC(A2,1),IF((A2-TRUNC(A2,1))>=0.06,TRUNC(A2,1)+0.1,TRUNC((TRUNC(A2,1)+0.1)/2,1)*2))

按下〔Enter〕鍵後，公式將算出 A2 儲存格取捨後的值，按兩下公式向下填滿，結果如圖 1.73 所示。

B2 =IF((A2-TRUNC(A2,1))<=0.04,TRUNC(A2,1),IF((A2-TRUNC(A2,1))>=0.06,TRUNC(A2,1)+0.1,TRUNC((TRUNC(A2,1)+0.1)/2,1)*2))

	A	B	C	D	E
1	金額	四捨六入五單雙			
2	12.456	12.4			
3	12.4	12.4			
4	12.57	12.6			
5	12.06	12.1			
6	12.765	12.8			
7	12.111	12.1			
8	17.089	17.1			
9	12.555	12.6			

圖 1.73　對金額進行四捨六入五單雙

▶ 公式說明

本例公式對 A 欄的資料分三步計算。第一步判斷它的第二位小數是否小於 0.04，如果小於 0.04 則對資料保留一位小數，其餘小數截去；第二步判斷它的第二位小數是否大於、等於 0.6，如果大於等於 0.6 則對資料保留一位小數然後加 1 表示進位；第三步再利用運算式“TRUNC((TRUNC(A10,1)+0.1)/2,1)*2”處理第一位小數是 5 的問題，它可以完成第一位小數是奇數時就進位、是偶數時就捨棄的需求。

▶ 使用注意

① 本例是針對保留小數字數 1 位的需求設定公式，如果需要保留其他位數，可以修改 TRUNC 的參數以及公式中 0.04 和 0.06 的小數字數。

② 「四捨六入五單雙」也稱為「四捨六入五考慮」，在很多領域都會用到。

▶ 範例延伸

思考：利用 TRUNC 函數完成對小數的四捨五入運算，保留小數點後面兩位

提示：利用 IF 函數判斷，第二位小數大於 4 時進位，否則截去第二位小數右邊的所有小數。

範例 55 計算年假天數（TRUNC）

範例檔案 第 1 章 \055.xlsx

公司規定員工工作時間每滿 365 天就可以享受 5 天年假，計算圖 1.74 中每位員工可以享受的年假天數，不足一年者沒有年假，年假不足一天者忽略不計。

開啟範例檔案中的資料檔案，在 C2 儲存格輸入以下公式：

=TRUNC((TODAY()-B2)*((TODAY()-B2)>=365)/365*5)

按下〔Enter〕鍵後，公式將算出第一名員工的年假天數，然後按兩下填滿控點將公式向下填滿，結果如圖 1.74 所示。

	A	B	C	D	E
1	姓名	到職時間	年假時間		
2	趙	2011/1/2	24		
3	錢	2013/5/9	12		
4	孫	2013/8/29	10		
5	李	2011/12/1	19		
6	周	2010/5/5	27		
7	吳	2005/4/28	52		
8	鄭	2010/3/30	27		
9	王	2009/5/5	32		
10	馮	2014/1/1	9		
11	陳	2012/9/30	15		

C2 儲存格公式：=TRUNC((TODAY()-B2)*((TODAY()-B2)>=365)/365*5)

圖 1.74　計算員工年假天數

▶ 公式說明

本例中 TODAY 函數表示今天的日期，利用今天日期減掉到職日期求出每位員工的工作天數，然後透過運算式 "*((TODAY()-B4)>=365)" 判斷工作天數是否大於等於 365 天，如果小於 365 天則按 0 天假期處理。接著用工作天數除以 365 乘以 5 計算休假天數。

最後再使用 TRUNC 函數將結果取整，保留 0 位小數。

▶ 使用注意

① 在本例中運算式 "*((TODAY()-B2)>=365)" 的意義是如果小於 365 就按 0 計算。假設要用 IF 函數來完成會更利於理解，但是公式會更長，公式如下。

=IF((TODAY()-B2)>=365,TRUNC((TODAY()-B2)/365*5),0)

② 本例中，如果根據工作天數計算出的年假天數有 10.99 天，透過 TRUNC 函數轉換後仍按 10 天計算。

▶ 範例延伸

思考：假設本例條件修改成未滿 365 天都按 1 天計算，否則遵循每工作 365 天就有 5 天年假的規則，計算圖 1.74 中每位員工的年假天數

提示：使用 IF 函數判斷每位員工的工作天數，小於 365 則按 1 計算，其餘部分與本例公式方向一致。

範例 56　根據上機時間計算上網費用（TRUNC）

範例檔案 第 1 章 \056.xlsx

如果上網時間小於半小時就按 1 塊錢計算，如果大於等於半小時則按 1 小時計算。每小時上網費用 1.5 元，現要求計算圖 1.75 中 A 欄每台機器的上網費用。

開啟範例檔案中的資料檔案，在 C2 儲存格輸入以下公式：

=(TRUNC(B2)+(B2-TRUNC(B2)>=0.5))*1.5+(MOD(B2,1)<0.5)

按下〔Enter〕鍵後，將算出第一台機器的上網費用，然後按兩下填滿控點將公式向下填滿，結果如圖 1.75 所示。

圖 1.75 　計算上網費用

▶ 公式說明

本例中首先利用 TRUNC 函數將上網時間取整數，並按 1.5 元／小時計算，再用運算式 "(B2-TRUNC(B2)>=0.5)" 計算小數部分是否大於等於 0.5 小時，如果大於等於 0.5 小時則按 1.5 元計算。最後再利用運算式 "(MOD(B2,1)<0.5)" 計算半小時以內時間的費用。最後將三者彙總即得到上網總費用。

公式中 "(B2-TRUNC(B2))" 和 "(MOD(B2,1))" 功能完全一樣，可以任意取用其一，也可以相互代用。

▶ 使用注意

① 公式中最後一段運算式 "(MOD(B2,1)<0.5)" 實際上省略了一個係數──"*1"。如果不是按照每小時 1 元計算，則必須將係數加上去。

② TRUNC 函數的本質是忽略第幾位的值，而不是對第幾位數字四捨五入，如果需求是四捨五入則應用 ROUND 函數。

▶ 範例延伸

思考：上網每小時 3 元，不足 1 小時按 2 元計算，如何設定公式

提示：利用 TRUNC 函數擷取整數部分乘以每小時單價，再用 MOD 函數擷取小數部分，如果小數部分大於 0 則按 2 元計算，否則當作 0 處理。

範例 57 　將金額見角進元與見分進元（TRUNC）

範例檔案 第 1 章 \057.xlsx

在某些時候，付款金額中有"見角進元"或者"見分進元"等無條件進位的需求。"見角進元"表示金額中的角位只要大於 0 就進位為 1 元計算，"見分進元"則表示分位大於 0 就進位為 1 元計算。現要求同時欄出兩種格式的金額。

開啟範例檔案中的資料檔案，在 B2 儲存格輸入以下公式：

=CEILING(TRUNC(A2,2),1)

然後向下填滿公式。再在儲存格 C2 輸入以下公式：

=CEILING(TRUNC(A2,1),1)

然後向下填滿公式，結果如圖 1.76 所示。

B2 =CEILING(TRUNC(A2,2),1)

	A	B	C	D
1	金額	見分進元	見角進元	
2	12.06	13	12	
3	13.06	14	13	
4	14.16	15	15	
5	15.1	16	16	
6	14.556	15	15	
7	12.459	13	13	

圖 1.76　見角進元與見分進元

▶ 公式說明

本例中“見分進元”的執行方式為利用 TRUNC 函數保留兩位小數，再透過 CEILING 函數向上進位（分位大於 0 則進位）。“見角進元”則是利用 TRUNC 函數保留一位小數，再透過 CEILING 函數向上進位（角位大於 0 則進位）。

▶ 使用注意

① 本例中 CEILING 函數的第二參數為 1，可以執行小數部分大於 0，就向個位進 1 的需求，當然也可以利用 ROUNDUP 函數來達到同樣功能：

=ROUNDUP(TRUNC(A2,2),)

② 本例的兩個公式僅有一個參數有差異，如果採用 COLUMN 函數作參數則可用一個公式完成兩個功能，公式如下。

=CEILING(TRUNC($A2,3-COLUMN(A:A)),1)

在 B2 儲存格輸入上述公式並向右填滿、再向下填滿即可。

▶ 範例延伸

思考：設定公式不管分位還是角位大於 0 都進位為元

提示：直接使用 CEILING 函數即可。

範例 58 分別統計收支金額忽略小數（INT）

範例檔案 第 1 章 \058.xlsx

統計星期一至星期日的收支金額，其中小數全部忽略不計。開啟範例檔案中的資料檔案，在 B9 儲存格輸入以下公式：

=SUMPRODUCT(INT(B2:B8))

再在 C9 儲存格輸入以下公式：

=SUMPRODUCT(TRUNC(C2:C8))

上述兩個公式分別統計收入金額和支出金額，統計時都忽略小數，結果如下圖 1.77 所示。

圖 1.77 忽略小數統計收支金額

▶ 公式說明

本例統計收入金額的公式中首先用 INT 函數對 B2:B8 範圍中每個儲存格截尾取整，然後再用 SUMPRODUCT 函數對取整後的金額彙總。其中星期一收入金額 92.21 透過 INT 函數取整後轉換成了 92。

本例支出金額首先利用 TRUNC 函數對 C2:C8 範圍中每個儲存格截尾取整，再用 SUMPRODUCT 函數對取整後的金額彙總。其中星期一支出金額 -65.16 透過 TRUNC 取整後轉換成了 -65。

▶ 使用注意

INT 函數和 TRUNC 函數都是截尾取整的函數，但是它們在功能上也有兩個區別。一是 INT 函數只有一個參數，截取精確度總是 0，TRUNC 函數則可以自由指定精確度；二是處理負數時，TRUNC 函數與 INT 函數的捨入機制相反。TRUNC 函數是將指定位數的小數去掉，而 INT 函數則是將數字向下捨入到最接近的整數。例如，

=TRUNC(-12.58)──→結果等於 -12

=INT(-12.58)──→結果等於 -13

▶ 範例延伸

思考：將收入金額先彙總再截尾取整

提示：相對於本例公式修改 INT 函數與 SUMPRODUCT 函數的順序即可。

範例 59 成績表格式轉換（INT）

範例檔案 第 1 章 \059.xlsx

將圖 1.78 的成績表按需求轉換格式，將原本的二維表轉換成一維表。

開啟範例檔案中的資料檔案，在 F2、G2、H2 儲存格分別輸入以下公式：

=INDEX(A:A,INT((ROW(A6))/3))

=INDEX(B$1:D$1,1,MOD((ROW(A1)-1),3)+1)

=INDEX($B$2:$D$7,INT((ROW(A1)-1)/3)+1,MOD((ROW(A1)-1),3)+1)

選擇 F2:H2 向下填滿到 F13:H13 範圍，結果如圖 1.78 所示。

圖 1.78　成績表格式轉換

▶ 公式說明

　　本例中 F2 的公式透過 ROW 函數產生一個以 2 開始的自然數序列，再利用 INT 函數將該序列與 3 的比值取整來產生每個數字重複出現三次的序列 "{2;2;2;3;3;3;4;4;4……}"。利用這個序列作為 INDEX 函數的參數，即可將 A 欄中的每個姓名取出三次。

　　G2 儲存格的公式因為需要橫向取數，故將 INDEX 的第一參數固定為 1，第二參數透過 MOD 函數結果的變化來產生動態參照。

　　H2 的公式在填滿時需要有列欄間變化，即綜合了前面兩個公式的動態取數特點，分別將 MOD 函數和 INT 函數在兩個參數中執行橫向和縱向的變化來達到動態取數。

▶ 使用注意

　　① 因三個公式參照的資料起始列不同，因此公式中 ROW 函數的參數也不盡相同。

　　② 本例主要介紹 INT 函數生成不同的序列，而事實上在 INDEX 函數的參數中是不需要 INT 函數來協助取整的，INDEX 函數本身就有取整功能。

▶ 範例延伸

　　思考：將 F1:H13 的資料透過三個公式算出到 A1:D5 的格式

　　提示：仍然利用 MOD 函數和 INT 函數配合 INDEX 函數完成。

範例 60　INT 函數在序列中的複雜運用（INT）

範例檔案　第 1 章 \060.xlsx

　　本例要產生 4 種序列：

　　① 產生 1 個 1、兩個 2、3 個 3、4 個 4……的序列。

　　② 產生兩個 1、兩個 10、兩個 100、兩個 1000……的序列。

　　③ 產生 1、11、111、1111、11111……的序列。

　　④ 產生自然數序列，每隔一個數重複一次，即 1、2、2、3、4、4、5、6、6……

　　開啟範例檔案中的資料檔案，在 A1 儲存格輸入以下公式，並向下填滿公式，完成第一種序列：

　　=INT(SQRT(2*ROW(A1))+0.5)

職場函數 468 招：超完整！新人工作就要用到的計算函數＋公式範例集

然後在 B1 儲存格輸入以下公式，並向下填滿公式，完成第二種序列：

=10^INT((ROW()-1)/2)

再在儲存格 C1 輸入以下公式，並向下填滿公式，完成第三種序列：

=INT(10^(ROW())/9)

最後在 D1 儲存格輸入以下公式，並向下填滿，完成最後一種序列：

=INT((ROW(A2))*2/3)

以上 4 個公式產生的序列如圖 1.79 所示。

圖 1.79　利用 INT 函數生成特殊序列

▶ 公式說明

本例 4 個公式都借用了 INT 函數截尾取整的特性來控制數值的變化方式。

▶ 使用注意

本例中第二種、第三種序列在填滿公式時，越往後產生的值越大，當達到億以上時將會按照科學計數形式顯示。如果需要顯示原值，可以透過自訂格式來完成。

▶ 範例延伸

思考：利用 INT 函數產生 1、22、333、4444、55555、666666……的序列

提示：借用本例中第三個公式，將每個序列值與其所在列的列號相乘即可。

範例 61 統計交易損失金額（CEILING）

範例檔案 第 1 章 \061.xlsx

假設企業在對客戶付款時因沒有 "分" 為單位的零鈔，全部按照最小單位 "角" 進行付款，即只要應付客戶一分錢，實際付款時就按一角付款。

現要求統計 10 筆款項中因零鈔問題造成應付金額與實際付款額間的差異數。開啟範例檔案中的資料檔案，在 D2 儲存格輸入以下公式：

=SUMPRODUCT(B2:B11-CEILING(B2:B11,0.1))

按下〔Enter〕鍵後公式算出因零鈔問題引起的交易損失金額，如圖 1.80 所示。

	A	B	C	D	E	F
1	客戶	應付金額		交易損失		
2	大風企業	14991.17		-0.41		
3	福緣公司	12192.36				
4	昌興公司	14791.72				
5	大亞製造廠	9851.9				
6	文昌企業	17720.34				
7	柳生製造廠	13603.06				
8	景榮公司	17125.68				
9	明明鞋廠	10952.84				
10	中同皮具廠	16167.83				
11	深明印刷廠	9759.99				

D2 ▼ | fx | =SUMPRODUCT(B2:B11-CEILING(B2:B11,0.1))

圖 1.80　統計交易損失金額

▶ 公式說明

　　本例公式首先利用 CEILING 函數將 B2:B11 範圍的所有金額轉換成以 "角" 為計量單位，然後將原資料與轉換後的金額相減計算對每個企業多付的款項，最後利用 SUMPRODUCT 函數將其彙總。

▶ 使用注意

　　① CEILING 函數的功能是將資料向上捨入（沿絕對值增大的方向）為最接近指定資料的倍數。它有兩個參數，第一參數是需要捨入的資料，第二參數表示捨入基數，捨入後的值是該基數最接近的整數倍數。本例中使用 "0.1" 作為基數，作用是將 "分" 位全部進位為 "角" 位。

　　② CEILING 函數在處理負數時和 TRUNC 函數的捨入機制不同，與 INT 函數是相同的，即捨入後的數值一定小於等於原值。例如，

　　=CEILING(-12.568,-0.1)─→結果等於 12.6，沿絕對值增大的方向捨入。

　　③ CEILING 函數的兩個參數的正負符號必須一致，即不能一個為正數、一個為負數，否則將產生錯誤值 "#NUM!"。

▶ 範例延伸

　　思考：如果本例中以 "元" 為付款單位，計算交易損失金額。

　　提示：設定 CEILING 函數的第二參數為 1。

範例 62 根據員工工齡計算年資（CEILING）

範例檔案 第 1 章 \062.xlsx

　　企業規定員工工作時間不滿一年則沒有年資，超過一年時按每年 30 元計算年資，對於 1 年以上的不足一年部分也按 30 元計算。

　　開啟範例檔案中的資料檔案，在 D2 儲存格輸入以下公式：

　　=C2+CEILING(B2*30,30)*(INT(B2)>0)

　　按下〔Enter〕鍵後，公式算出第一位員工的計件薪資加年資，按兩下儲存格的填滿控點後可以計算所有員工的實發薪資，結果如圖 1.81 所示。

D2	▼		f_x	=C2+CEILING(B2*30,30)*(INT(B2)>0)		

	A	B	C	D	E
1	姓名	工齡	計件工資	實發工資（加年資）	
2	張慶	5.3	3419	3599	
3	陳玲	2.2	3612	3702	
4	朱貴	4.9	3471	3621	
5	柳三秀	0.2	3396	3396	
6	周鑒明	5.6	3509	3689	
7	劉子中	0.6	3446	3446	
8	洪文強	3.6	3406	3526	
9	石開明	2.8	3461	3551	
10	古玲玲	3.1	3656	3776	
11	蔣文明	4.6	3422	3572	

圖 1.81　計算薪資與年資

▶ 公式說明

本例公式中，運算式 "CEILING(B2*30,30)" 用於計算每位員工的年資，每滿一年按 30 元計算，不足 30 元者也按 30 元計算。

但是，由於規定工齡不滿一年者按 0 元計算，所以在公式中使用運算式 "*(INT(B2)>0)" 將 1 年以下的人員的年資轉換為 0。

▶ 使用注意

① 本例 CEILING 函數的參數為 30，表示年資最低以 30 元計算，即使員工的工齡是一天，按 30 元一年計算出來不足一元，但是 CEILING 函數仍會將之捨入為 30 元。

② 本例公式也可以改用 IF 函數來完成，公式如下：

=C2+IF(B2>=1,CEILING(B2*30,30),0)

③ INT 函數可捨棄所有小數，而 CEILING 函數的第二參數是 1 時可將一切小數進位，在此前提下它們的功能是相反的。

▶ 範例延伸

思考：如果本例中不是每年按 30 元計算年資，而是第一年 30 元，以後每多一年增加 10 元年資，其他條件不變，如何計算所有員工的薪資總額

提示：將公式中的 30 修改成運算式，計算出每人的年資，其餘公式與本例一致。

範例 63 成績表轉換（CEILING）

範例檔案　第 1 章 \063.xlsx

將橫向排列的成績表轉換成縱向排列。開啟範例檔案中的資料檔案，在 G1 儲存格輸入以下公式：

=INDEX($A:$E,CEILING(ROW()*3/5,3)-(COLUMN()=7),MOD(ROW(A1)-1,5)+1)

按下〔Enter〕鍵後，將 G1 儲存格的公式向右填滿至 H1，再選擇 G1:H1 範圍，將公式向下填滿到第 20 列，結果如圖 1.82 所示。

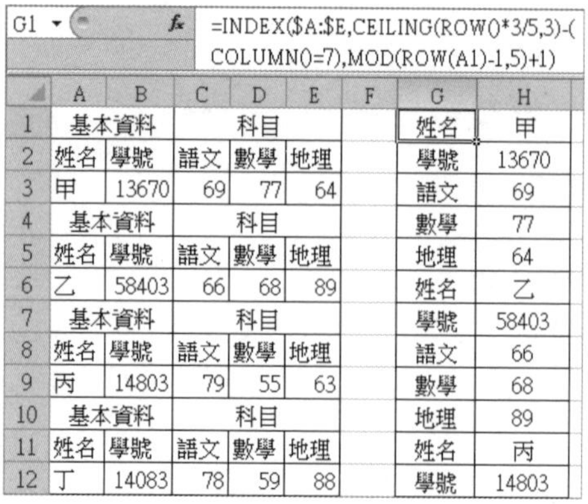

G1 =INDEX($A:$E,CEILING(ROW()*3/5,3)-(COLUMN()=7),MOD(ROW(A1)-1,5)+1)

	A	B	C	D	E	F	G	H
1	基本資料		科目				姓名	甲
2	姓名	學號	語文	數學	地理		學號	13670
3	甲	13670	69	77	64		語文	69
4	基本資料		科目				數學	77
5	姓名	學號	語文	數學	地理		地理	64
6	乙	58403	66	68	89		姓名	乙
7	基本資料		科目				學號	58403
8	姓名	學號	語文	數學	地理		語文	66
9	丙	14803	79	55	63		數學	68
10	基本資料		科目				地理	89
11	姓名	學號	語文	數學	地理		姓名	丙
12	丁	14083	78	59	88		學號	14803

圖 1.82　成績表轉換

▶ 公式說明

本例公式主要是從一個範圍中取出部分需要的資料，排除不需要的一些資訊，同時將原來橫向排列的成績表改成縱向排列。

公式從 A1:E12 範圍中分別擷取第 2、3、5、6、8、9、11、12 列的資料，主要靠 CEILING 函數和 MOD 函數對列號進行適當的捨入來執行動態取數。

▶ 使用注意

① 本例中 G 欄需要擷取 A1:E12 範圍中第 2、5、8、11 列的資料，而 H 欄則擷取第 3、6、9、12 列的資料，為了讓一個公式適應兩欄的需求，在 INDEX 函數的第二參數中使用了運算式“-(COLUMN()=7)”，它可以使公式在 G 欄擷取的目標數據總是位於 H 欄的目標資料之前。

② 本例的公式只適合存放在 G1 儲存格，然後向右、向下填滿。如果需要在 J2 儲存格存放公式並透過填滿得到結果，應將公式修改成：

=INDEX($A:$E,CEILING(ROW(A1)*3/5,3)-(COLUMN()=10),MOD(ROW(A1)-1,5)+1)

▶ 範例延伸

思考：如果擷取的資料仍然放在 G:H 欄，如何設定公式可以讓兩欄的結果交換位置

提示：將公式中的運算式“(COLUMN()=7)”稍作修改即可。

範例 64 電腦台的上網費用（CEILING）

範例檔案 第 1 章 \064.xlsx

網咖規定每上網 30 分鐘按 2 元計算，不足 30 分鐘者一律按照 30 分鐘計時。現要求計算圖 1.83 中每機台的上網費用。

開啟範例檔案中的資料檔案，在 C2 儲存格輸入以下公式：

=CEILING(B2,30)/30*2

按下〔Enter〕鍵後，公式將 C2 儲存格的公式向下填滿至 C11，結果如圖 1.83 所示。

C2 ▾ fx =CEILING(B2,30)/30*2

	A	B	C	D
1	機台	時間（分鐘）	網費	
2	1#	53	4	
3	2#	141	10	
4	3#	26	2	
5	4#	59	4	
6	5#	144	10	
7	6#	49	4	
8	7#	145	10	
9	8#	68	6	
10	9#	24	2	
11	10#	31	4	

圖 1.83　統計上網費用

▶ 公式說明

本例首先利用 CEILING 函數對上網時間按 30 為基數進行捨入，不足 30 者都以 30 計算。然後除以 30 再乘以單價 2 元得到上網費用。

▶ 使用注意

① 本例方向是先對時間進行捨入，再計算有多少個 30 分鐘，最後乘以 30 分鐘的單價。也可以採取另一個方向來完成，即首先將實際上網時間除以 30，得到一個可能帶有小數的值，表示上網時間包含多少個 30 分鐘，然後再對該值以 1 為基數向上捨入，最後乘以單價 2。公式如下。

=CEILING(B2/30,1)*2

② 也可以將上網費用計算完成後再對金額進行捨入，公式如下。

=CEILING(B2/30*2,2)

▶ 範例延伸

思考：30 分鐘之內按 1 元計算，以後每 30 分鐘按 2 元計算，不足 30 分鐘也按 30 分鐘計算，如何設定公式

提示：可以利用 IF 函數判斷總時間是否小於 30，將小於 30 和大於 30 的時間分別按不同標準處理。

範例 65 統計可組成的球隊總數（FLOOR）

範例檔案 **第 1 章 \065.xlsx**

每所學校有部分人員符合籃球隊隊員的要求，規定每所學校將符合要求的人員每 5 人組一支籃球隊。如果超過 5 人則可以組多支球隊，少於 5 人則不需要組球隊。現需計算表中 9 所學校總共可以組多少支球隊。

開啟範例檔案中的資料檔案，在 D2 儲存格輸入以下公式：

=SUMPRODUCT(FLOOR(B2:B10,5)/5)

按下〔Enter〕鍵後，D2 儲存格將算出所有學校可組成球隊總數，結果如圖 1.84 所示。

D2	▼	f_x	=SUMPRODUCT(FLOOR(B2:B10,5)/5)	

	A	B	C	D	E
1	村名	符合條件人數		球隊總數	
2	大溪中學	4		19	
3	文明中學	18			
4	柳蒼中學	13			
5	閣家中學	13			
6	小牛中學	7			
7	幸福中學	19			
8	梁家中學	17			
9	李溝中學	10			
10	胡同中學	15			

圖 1.84　可組成球隊總數

▶ 公式說明

　　本例公式利用 FLOOR 函數將每所學校的人數以 5 為基礎進行向下捨入，得到可組成球隊的實際人數，忽略不足 5 人之資料，然後將之除以 5 得到學校的球隊數目，最後透過 SUMPRODUCT 函數將所有學校的球隊數量加總。

▶ 使用注意

　　① FLOOR 函數的功能是將參照的資料向下捨去，直到與指定的另一個數最接近的倍數。它有兩個參數，第一參數表示需要進行捨去的資料，第二參數表示捨去基礎，最後產生的結果是第二參數的整數倍數。

　　② FLOOR 函數的兩個參數必須使用數值，或者可以轉換成數值的字串型數字。如果任意參數包含字串或者無法轉換成值的數字，公式將產生錯誤值。

　　③ FLOOR 函數的兩個參數的正負符號必須一致，否則將產生錯誤結果。

　　④ FLOOR 函數的第二參數不能為 0。

　　⑤ FLOOR 函數與 CEILING 函數的功能總是相反的，前者總是向下捨棄，後者總是向上捨入。

▶ 範例延伸

　　思考：假設學校人員不足組一支球隊時，可以向其他學校的人員合組，所有學校可以組多少支球隊

　　提示：先彙總資料，再用 FLOOR 函數將資料捨入。

範例 66 統計業務員業績獎金，不足 **20000** 元忽略（**FLOOR**）

範例檔案 第 1 章 \066.xlsx

　　公司規定業務員的業績獎金為：每 20000 元可得 500 元，不足 20000 元忽略不計。如何計算圖 1.85 中每位業務員的提成額。

　　開啟範例檔案中的資料檔案，在 C2 儲存格輸入以下公式：

=FLOOR(B2,20000)/20000*500

　　按下〔Enter〕鍵後，C2 儲存格將算出第一位業務員的業績獎金，按兩下儲存格的填滿控點，將公式向下填滿，結果如圖 1.85 所示。

C2 =FLOOR(B2,20000)/20000*500

	A	B	C	D	E
1	業務員	業績	獎金		
2	趙	130867	3000		
3	錢	85776	2000		
4	孫	120612	3000		
5	李	134884	3000		
6	周	85016	2000		
7	吳	149604	3500		
8	鄭	157263	3500		
9	王	103055	2500		
10	馮	98826	2000		
11	陳	101867	2500		

圖 1.85　統計業務員業績獎金

▶ 公式說明

本例公式透過 FLOOR 函數將每位業務員的業績以 20000 為基數向下捨入，不足 20000 的尾數都被捨棄。最後用轉換後的業績計算業績獎金。

▶ 使用注意

① 因需要到達 20000 元才計算業績獎金，因此本例中首先對業績向下捨入成 20000 的倍數，然後再計算業績獎金。當然也可以採用另外兩種計算方式完成需求。

=FLOOR(B2/20000,1)*500

=FLOOR(B2/20000*500,500)

這兩個公式運算方向與範例的公式不一致，但結果完全一樣。

② 本例也可以利用 INT 函數完成，公式如下。

=INT(B2/20000)*500

▶ 範例延伸

思考：用一個公式彙總所有業務員的業績獎金

提示：FLOOR 函數配合 SUMPRODUCT 即可。

範例 67 將統計金額保留到分位（ROUND）

範例檔案 第 1 章 \067.xlsx

計算購買 9 樣產品需要的金額，將結果保留到小數點後兩位。

開啟範例檔案中的資料檔案，在 E2 儲存格輸入以下公式：

=ROUND(SUMPRODUCT(B2:B10,C2:C10),2)

按下〔Enter〕鍵後，公式將算出購物金額總和，且將金額保留到分位，將小數點後第二位右邊的資料進行四捨五入，結果如圖 1.86 所示。

	A	B	C	D	E	F	G
	品名	重量	單價		金額合計		
1	白菜	103.75	2.7		6644.96		
2	大米	113.23	5.5				
3	香蕉	137.89	8				
4	包菜	104.01	1.9				
5	花椒	5.5	22.7				
6	辣椒	125.09	12				
7	水果	129.25	7				
8	窩筍	118.14	6.5				
9	藕	102.03	11.2				

E2 の儲存格內容 `=ROUND(SUMPRODUCT(B2:B10,C2:C10),2)`

圖 1.86　將統計金額保留到分位

▶ 公式說明

本例公式首先利用 SUMPRODUCT 函數計算所有物品的重量乘以單價的乘積,並進行合計。然後利用 ROUND 函數將結果的小數保留兩位有效數值,即把第二位小數右邊的值四捨五入。

▶ 使用注意

① ROUND 函數用於將指定位置後的資料四捨五入,它有兩個參數,都必須是數值或者可以換轉成數值的參照及字串型數字,否則公式將算出錯誤值 #VALUE!。

② ROUND 函數的兩個參數不要求正負符號一致。第二參數為負數 "N" 時表示將結果保留小數點右邊 N 位,也稱為精確度;第二參數為 0 時表示對結果取整,將第一位小數進行四捨五入;第二參數為負數 "-N" 時表示將精確度設定小數點左邊 N 位。例如:

=ROUND(123.45,-1)──→結果等於 120。

③ 如果忽略第二參數的值,那麼第二參數當作 0 處理。例如:

=ROUND(12.5,)──→結果等於 13,相當於第二參數是 0。

▶ 範例延伸

思考:將統計金額保留到元,對角位進行四捨五入
提示:修改 ROUND 的第二參數即可。

範例 68 將統計金額轉換成以 "萬" 為單位(ROUND)

範例檔案 第 1 章 \068.xlsx

計算購買 9 樣產品所需要的金額,顯示結果以 "萬" 為單位。
開啟範例檔案中的資料檔案,在 B11 儲存格輸入以下公式:
=ROUND(SUMPRODUCT(B2:B10,C2:C10)%%,)

按下〔Enter〕鍵後,公式將算出購物金額總和,且以 "萬元" 為單位顯示,結果如圖1.87 所示。

E2 fx =ROUND(SUMPRODUCT(B2:B10,C2:C10)%%,)

	A	B	C	D	E	F
1	品名	重量	單價		金額合計	
2	白菜	10375	2.7		66	
3	大米	11323	5.5			
4	香蕉	13789	8			
5	包菜	10401	1.9			
6	花椒	550	22.7			
7	辣椒	12509	12			
8	水果	12925	7			
9	窩筍	11814	6.5			
10	藕	10203	11.2			

圖 1.87　將統計金額轉換成以“萬”為單位

▶ 公式說明

本例公式首先利用 SUMPRODUCT 函數計算所有物品的重量與單價的乘積並彙總，然後添加兩個“%”表示除以 100 兩次，即將結果縮小到萬分之一。最後用 RONUD 函數將結果取整，將小數進行四捨五入。

▶ 使用注意

① 在數值後邊添加“%”即可將值縮小到百分之一，增加兩個“%”則相當於除以 10000。此種輸入方式僅僅是為了縮短公式長度，其功效和除以 10000 相同。

② 本例先將合計除以 10000，然後利用 ROUND 函數將結果精確到個位。由於 ROUND 函數的第二參數為 0，因此輸入公式時可以忽略參數的值。當忽略參數的值時，Excel 將它當作 False 處理，而邏輯值 False 參與數值運算時總是當作 0 處理。初學者不要省略參數的值，否則可能難以理解公式的設計方向。

③ 本例也可以改用如下公式。

=ROUND(SUMPRODUCT(B2:B10,C2:C10),-4)/10000

=INT(SUMPRODUCT(B2:B10,C2:C10)%%)

▶ 範例延伸

思考：將統計金額保留到元，對角位進行四捨五入

提示：取消本例公式中的“%%”即可。

範例 69 將金額保留“角”位，忽略“分”位（ROUNDDOWN）

範例檔案 第 1 章 \069.xlsx

統計所有購物金額，結果保留到“角”位，將不足一角的金額捨棄。開啟範例檔案中的資料檔案，在 E2 儲存格輸入以下陣列公式：

=SUMPRODUCT(ROUNDDOWN(B2:B10*C2:C10,1))

按下〔Enter〕鍵後，公式將算出購物金額總和，精確到“角”位，結果如圖 1.88 所示。

	A	B	C	D	E
1	品名	重量	單價		金額合計
2	白菜	13487.5	2.7		863843.9
3	大米	14719.9	5.5		
4	香蕉	17925.7	8		
5	包菜	13521.3	1.9		
6	花椒	715	22.7		
7	辣椒	16261.7	12		
8	水果	16802.5	7		
9	竇筍	15358.2	6.5		
10	藕	13263.9	11.2		

E2 欄公式：=SUMPRODUCT(ROUNDDOWN(B2:B10*C2:C10,1))

圖 1.88　將金額保留 "角" 位，忽略 "分" 位

▶ 公式說明

　　本例首先計算每種貨品的購物金額，然後利用 ROUNDDOWN 函數將結果保留一位小數，第一位小數右邊的所有資料都捨棄，不進行四捨五入。最後用 SUM 函數將每項金額彙總。

▶ 使用注意

　　① ROUNDDOWN 函數用於將參照資料靠近零值向下（絕對值減小）的方向捨入數字。它有兩個參數，第一參數表示待捨入的資料，第二參數是捨入基數，表示精確度，在此位之後的資料都會捨棄。本例第二參數使用 1，表示第二位及以後的所有小數全部捨棄。

　　② ROUNDDOWN 函數的兩個參數必須是數值或者能轉換成數值的參照及文本型數字。如果任一參數使用了字串則將產生錯誤值 #VALUE!。

　　③ ROUNDDOWN 函數兩個參數的正負符號可以不一致，公式仍然可以算出正確結果。

　　④ ROUNDDOWN 函數對正數進行捨入操作時，結果一定小於等於初始值，對負數進行捨入操作時，結果一定大於等於初始值。

　　⑤ 當忽略 ROUNDDOWN 函數的第二參數的值時表示按預設值 0 處理，例如：
=ROUNDDOWN(123.45,)──→ 結果為 123。

▶ 範例延伸

　　思考：將金額保留 "元" 位，忽略所有小數
　　提示：ROUNDDOWN 的第二參數忽略即可。

範例 70 計算完成工程所需求人數（ROUNDUP）

範例檔案 第 1 章 \070.xlsx

　　不同建築隊需要完成不同數量的打樁工程，因樁的大小不同，每人每天可以完成的數量也不同，現要求統計一天內完成所有的工程需要多少人員。

　　開啟範例檔案中的資料檔案，在 E2 儲存格輸入以下陣列公式：
=SUMPRODUCT(ROUNDUP(B2:B11/C2:C11,))

　　按下〔Enter〕鍵後，公式將算出完成工程的總需求人數，結果如圖 1.89 所示。

E2	▼	f_x	=SUMPRODUCT(ROUNDUP(B2:B11/C2:C11,))		
	A	B	C	D	E
1	工程隊	打樁數量	每人每天工作量		需求人數
2	建築1隊	33	5		63
3	建築2隊	35	6		
4	建築3隊	34	4		
5	建築4隊	32	6		
6	建築5隊	27	4		
7	建築6隊	21	4		
8	建築7隊	35	5		
9	建築8隊	20	6		
10	建築9隊	26	5		
11	建築10隊	21	5		

圖 1.89　計算完成工程所需求人數

▶ 公式說明

　　本例公式首先計算每個工程所需人數，結果帶有小數，然後利用 ROUNDUP 函數將結果向上取整，最後透過 SUM 函數彙總所需人數。

▶ 使用注意

　　① ROUNDUP 函數的功能是遠離零值向上捨入數字，它有兩個參數，第一參數表示待捨入的數值，第二參數表示取捨的位數，也稱為精確度。

　　② ROUNDUP 函數的兩個參數都必須是數值，或者能轉換成數值的儲存格，如果任一參數是字串公式將產生錯誤值 "#VALUE!"。

　　③ ROUNDUP 函數的第二參數被忽略時表示精確到小數點後 0 位，例如：

　　=ROUNDUP(123.45,)──→結果等於 124。

　　④ 計算人數不宜使用四捨五入法，而是對任意小數都向上進位，因為一項工作需要 2.1 人完成，那麼安排 2 人就一定完不成，安排 3 人才是上策，因此涉及人數的計算都用 ROUNDUP 函數或者 CEILING 函數。

　　⑤ 如果將 ROUNDUP 修改成 CEILING，則公式如下。

　　=SUMPRODUCT(CEILING(B2:B11/C2:C11,1))

▶ 範例延伸

　　思考：如果規定每個工程在三天之內完成，則需要多少人員

　　提示：先將打樁數量除以 3，再計算需求人數。

分類彙總問題

範例 71　按需求對成績進行分類彙總（SUBTOTAL）

範例檔案　第 1 章 \071.xlsx

　　表中 G1 儲存格設定了下拉清單，其下拉選項包括 "平均成績"、"科目數量"、"最高成績"、"最低成績"、"成績合計"。現要求改變 G1 的下拉選項時對 A:D 欄的成績進行對應的彙總。

開啟範例檔案中的資料檔案，在 E2 儲存格輸入以下公式：

=SUBTOTAL(HLOOKUP(G$1,{" 平均成績 "," 科目數量 "," 最高成績 "," 最低成績 "," 成績合計 ";1,2,4,5,9},2,0),B2:D2)

按下〔Enter〕鍵後，公式根據 G1 儲存格指定專案對 A:D 欄資料進行運算。接著將公式向下填滿至 E11，結果如圖 1.90 所示。

E2	▾		f_x	=SUBTOTAL(HLOOKUP(G$1,{"平均成績","科目數量","最高成績","最低成績","成績合計";1,2,4,5,9},2,0),B2:D2)		
	A	B	C	D	E	F	G
1	姓名	語文	數學	體育	分類匯總		最高成績
2	華少鋒	70	94	50	94		
3	鐘秀月	69		73	73		
4	閻文明	91	74	88	91		
5	曲華國	71	93	90	93		
6	周聯光	74	90	67	90		
7	鄒之前	70	100	62	100		
8	古至龍	62	79	83	83		
9	諸有光	66	96	79	96		
10	范亞橋	83	80	93	93		
11	羅生門	98	57	71	98		

圖 1.90　按需求對成績進行分類彙總

▶ 公式說明

本例公式利用 HLOOKUP 函數將 G1 的字串轉換成數字序號，SUBTOTAL 函數根據數字序號對每個人的成績進行相對的運算。其中序號 1 表示求平均，序號 2 表示計數，序號 4 表示求最大值，序號 5 表示求最小值，序號 9 表示求合計。

▶ 使用注意

SUBTOTAL 函數用於算出清單或資料庫中的分類彙總，它有 255 個參數，第一參數用於指定彙總方式，相當於 AVERAGE、COUNT、COUNTA、MAX、MIN、PRODUCT、STDEV、STDEVP、SUM、VAR、VARP 等函數的功能。第一參數可以使用 1 ~ 11 之間的序號，分別對應平均值、數字個數、非空儲存格個數、最大值、最小值、乘積、基於樣本的標準差、基於樣本總體的標準差、合計、基於樣本的方差、基於樣本總體的方差。

▶ 範例延伸

思考：計算所有人所有科目中的最高分

提示：SUBTOTAL 的第一參數用 4 即可計算最大值，第二參數可以參照所有成績範圍。

範例 72 產生永不間斷的序號（SUBTOTAL）

範例檔案 第 1 章 \072.xlsx

工作表中有某班的成績明細，現需對成績表進行編號，且編號需要滿足篩選狀態和未篩選狀態下都不間斷的需求。例如，A4 儲存格的編號為 3，將第 4 列隱藏後 A5 的序號會相對的更新為 3，不再是原來的 4，進而確保公式產生的序號總是連續的。

開啟範例檔案中的資料檔案，在 A2 儲存格輸入以下公式：

=SUBTOTAL(103,$B$2:B2)

輸入公式並將其向下填滿，可以發現公式產生的序號是從 1 開始的遞增自然數序列，當使用任意條件篩選表格後，表格的編號仍然不會間斷，效果如圖 1.91 所示。

A2 =SUBTOTAL(103,$B$2:B2)

	A	B	C	D	E	F
1	序號	姓名	學號	性別	成績	
2	1	張大中	3667	男	59	
4	2	胡華	0410	女	40	
5	3	梁桂林	1266	男	42	
6	4	朱文濤	2491	男	57	
8	5	周錦	2187	女	85	
9	6	諸光玺	3052	男	75	
10	7	劉子中	0650	男	100	
12	8	劉徹	2525	男	68	

圖 1.91　不間斷的序號

▶ 公式說明

本例公式中利用 103 作為 SUBTOTAL 函數的第一參數，表示計算可見且非空儲存格的數量。當表格進入篩選狀態後公式會忽略隱藏儲存格，進而產生總不間斷的序號。

▶ 使用注意

① SUBTOTAL 函數的第一參數大於 100 時表示忽略隱藏範圍的資料，包括平均值、數字個數、非空儲存格個數、最大值、最小值、乘積、基於樣本的標準偏差、基於樣本總體的標準差、合計、基於樣本的方差、基於樣本總體的方差等運算。利用忽略隱藏範圍這個特性，SUBTOTAL 函數可以執行資料篩選狀態下的合計、平均等運算。

② SUBTOTAL 函數忽略隱藏資料這一特性適用於資料欄或垂直範圍。不適用於資料列或水準範圍。如果本例中 SUBTOTAL 函數第一參數大於 100，第二參數參照多欄，當某欄隱藏後，函數不會忽略隱藏範圍的值。

③ SUBTOTAL 函數第二參數支援二維參照。關於二維參照方面的運用，通常使用 SUBTOTAL 函數配合 OFFSET 一起使用，在本書第 6 章將介紹較多的二維參照運算。

▶ 範例延伸

思考：統計 60 ～ 80 分的人數

提示：將篩選定義為介於 60 ～ 80 之間，然後利用 102 作為 SUBTOTAL 函數的第一參數對 E 欄進行計數。如果需要計算其他段的人數則不需要改公式，定義篩選條件即可。

範例 73 僅對篩選對象加總（SUBTOTAL）

範例檔案 第 1 章 \073.xlsx

圖 1.92 中 B 欄是班級名稱，C 欄是學生的捐款明細，現已對 B 欄執行篩選，要求計算篩選後的捐款總和。

開啟範例檔案中的資料檔案，在 E2 儲存格輸入以下公式：

=SUBTOTAL(109,C:C)

按下〔Enter〕鍵後，公式算出篩選對象（一班和三班）對應的捐款總和，結果如圖 1.92 所示。

	F1	▾	⊙	*fx*	=SUBTOTAL(109,C:C)	

▲	A	B	C	D	E	F
1	學生 ▼	班級 ▼	捐款 ▼		計算篩選物件的資料之和	1165
2	羅至貴	一班	80			
4	鐘正國	一班	250			
5	梁桂林	三班	175			
7	陳真亮	一班	110			
8	張白雲	三班	115			
9	朱通	三班	290			
10	陳金貴	一班	145			

圖 1.92 符合篩選條件的數量總和

▶ 公式說明

　　SUMIF 屬於條件加總函數，可以對等於某值或者處於某個範圍的數值加總；SUBTOTAL 屬於分類彙總函數，它的彙總方式不限於加總，包含計算平均值、數值個數、非空儲存格數量、最大值、最小值、乘積、基於樣本的標準差、基於樣本總體的標準差、加總、基於樣本的方差、基於樣本總體的方差 11 個功能。SUBTOTAL 函數還能區分隱藏與非隱藏，當第二參數大於 100 時可以忽略隱藏範圍，因此本例對 SUBTOTAL 函數的第一參數該值為 109，表示僅計算篩選後處於顯示狀態的數值總和。

▶ 使用注意

　　① 隱藏列或者欄有兩種辦法，其一是篩選，其二是對列或欄按一下滑鼠右鍵，在彈出的快顯功能表中選擇 "隱藏" 命令，這兩種方式隱藏列或欄對 SUBTOTAL 函數有不同的影響。如果透過篩選隱藏列，那麼 SUBTOTAL 函數的第一參數不管是否大於 100 都會忽略隱藏範圍，而手動隱藏則只在 SUBTOTAL 函數的第一參數大於 100 時才忽略隱藏範圍。

　　② 如果要計算不符合篩選條件的捐款總和，那麼可以先用 SUM 函數計算出捐款總和，然後用它減掉符合篩選條件的捐款總和，公式如下：

　　=SUM(C:C)-SUBTOTAL(109,C:C)

▶ 範例延伸

　　思考：計算篩選條件的學生人數。

　　提示：相對於本例公式，將 109 改成 103 即可。

附加知識：認識陣列

　　陣列和陣列公式屬於公式中的進階應用，任何人學習函數與公式都不可避免地會接觸到陣列與陣列公式，只有掌握好陣列與陣列公式才能發揮公式的潛力。

　　本節主要闡述陣列相關的概念，以及透過 4 個範例介紹陣列應用。本書後面的章節會大量使用陣列公式，讀者不宜跳過本節，否則可能無法理解後面的諸多範例。

▶ 1・陣列概念

　　學習陣列之前，先瞭解一下與陣列相關的其他幾個概念──常數、儲存格和範圍。

① 3、ABC、你好、google.com 等字串都屬於常數。常數是單個的字串或者數值，使用常數參與運算時，公式的計算過程簡單清楚，易於理解，而且有序。對於以下公式：

=(123+100)&" 元 "

公式中的數值 123、100 和字串 " 元 " 都是常數，三個常數不會同時參與運算，而是有序地執行運算——123 加 100 優先運算，然後將它們的運算結果再與字串 " 元 " 進行第二次運算。

儲存格則是用於存放常數的小倉庫，它是 Excel 中最小的儲存單位。儲存格使用欄標加列號表示，例如，B3 表示欄標為 B、列號為 3 的儲存格。使用公式 "=B3" 可以參照 B3 儲存格的值。

範圍是指多個儲存格組成的物件，由於每個儲存格都可以存放一個常數，那麼一個範圍就可以同時存放多個常數。同時，由於一個儲存格只能存放一個常數，因此不能使用公式將一個範圍的值參照到任意單個儲存格中。例如，在圖 1.93 的 D2 儲存格使用公式 "=A1:B3" 參照 A1:B3 範圍的值必定會出錯，儲存格無法存放範圍的值。

D2	▼	f_x	=A1:B3	
	A	B	C	D
1	85	77		
2	79	64		#VALUE!
3	65	89		

圖 1.93　在儲存格參照範圍的值

多個儲存格組成範圍，而多個常量則組成陣列。陣列是一組資料的集合，它總是包含至少兩個值。如果將陣列參與運算，那麼陣列中的所有值都會同時參與運算，沒有先後之分。

簡言之，陣列是指按規則排列的一組資料的集合。在公式中應用陣列可以提升公式的運算量，進而透過批量運算來執行更強大的功能。

▶ 2・陣列運算與陣列公式

一個包含陣列的公式中同時執行了多個運算則稱之為陣列運算，但是並非公式中有陣列就一定會執行陣列運算。例如，"{1,2,3}" 是一個陣列，但是以下公式僅僅執行一次運算，因此它不屬於陣列運算：

=SUM({1,2,3})

如下公式會執行 4 次運算，其中前三次分別是 1*2、2*2、3*2，這三次運算是同時進行的，屬於陣列運算，第四次運算則是對前三次運算的結果加總。

=SUM({1,2,3}*2)

上述公式執行了陣列運算，但它是否屬於陣列公式是由輸入公式的方法決定的，而非由公式是否執行陣列運算決定的。

如果在編輯欄輸入公式後左手同時按下〔Ctrl〕與〔Shift〕鍵，右手按下〔Enter〕鍵（簡稱〔Ctrl〕+〔Shift〕+〔Enter〕複合鍵），那麼這個公式就是陣列公式，如果輸入公式後直接按下〔Enter〕鍵，那麼該公式則不是陣列公式。

陣列公式有顯著的外觀特徵——公式前後會自動產生 "{" 和 "}"，如圖 1.94 所示。

圖 1.94　陣列公式的外觀特徵

　　如果手動輸入" ｛ "和" ｝ "，那麼公式將變成字串，不再擁有公式的運算功能。陣
列和陣列公式之間有著密切的關聯，但是正如前面所言，一個公式是否屬於陣列公式是
由輸入方式決定的，那麼這就引伸出另一個問題──什麼時候需要按〔Ctrl〕+〔Shift〕+
〔Enter〕複合鍵，什麼時候不需要按〔Ctrl〕+〔Shift〕+〔Enter〕複合鍵呢？

　　這個問題比較複雜，需要具體分析。總體而言，如果公式中存在陣列，且需要執行陣
列運算，那麼此公式需要按陣列公式的方式輸入公式，但是存在以下例外情況：

　　其一，當 SUM 函數的參數需要執行陣列運算而參數中的陣列不是常量陣列時，輸入
公式後必須按〔Ctrl〕+〔Shift〕+〔Enter〕複合鍵，否則公式不會執行陣列運算，無法達
成需求。

　　例如，輸入"=SUM(A1:A3*10)"後按〔Enter〕鍵，將只能得到錯誤的結果，因為公
式不會執行陣列運算，而是將 A1 乘以 10 然後透過 SUM 函數彙總。如果輸入公式後按
〔Ctrl〕+〔Shift〕+〔Enter〕複合鍵則可以得到正確結果，公式會執行陣列運算。兩個公
式的差異可以透過圖 1.95 表現出來。

圖 1.95　輸入方式對計算的影響

　　如果將 SUM 替換成 SUMPRODUCT 函數就可以不再按〔Ctrl〕+〔Shift〕+〔Enter〕
組合鍵，公式會執行陣列運算，得到正確結果，實際效果如圖 1.96 所示。

圖 1.96　使用 SUMPRODUCT 替換 SUM

　　其二，並非任何時候使用 SUMPRODUCT 函數替換 SUM 函數都能既執行陣列運算又
不用按〔Ctrl〕+〔Shift〕+〔Enter〕複合鍵，如果 SUMPRODUCT 函數的參數中包含 IF 函數，
而 IF 函數的參數又需要執行陣列運算時，那麼不管使用 SUM 函數還是 SUMPRODUCT 函
數都需要按〔Ctrl〕+〔Shift〕+〔Enter〕複合鍵，否則公式不會執行陣列運算，無法得到
正確結果。

　　例如，如下公式中 IF 函數的參數需要執行陣列運算，那麼此公式必須按〔Ctrl〕+
〔Shift〕+〔Enter〕複合鍵才能得到正確結果，將 SUM 函數替換為 SUMPRODUCT 函數
也一樣。

=SUM(IF(A1:A3>0,A1:A3*10,A1:A3*20))

換言之，除了參數中有 IF 函數，而且 IF 函數的參數需要執行陣列運算，其他情況下都可以將 SUM 函數替換成 SUMPRODUCT 函數，進而不按〔Ctrl〕+〔Shift〕+〔Enter〕複合鍵就能執行陣列運算，執行陣列公式的同等功能。

其三，LOOKUP 函數和 SUMPRODUCT 函數一樣，參數執行了陣列運算時，並不需要按〔Ctrl〕+〔Shift〕+〔Enter〕複合鍵。

=LOOKUP(10^15,1*LEFT("128.8 公斤 ",ROW(1:15)))

上述公式用於從字串 "128.8 公斤" 中擷取前面的數字，結果是 128.8。公式中 LOOKUP 函數的第二參數執行了陣列運算，但是輸入公式時可以不按〔Ctrl〕+〔Shift〕+〔Enter〕複合鍵。

其四，和 SUMPRODUCT 函數一樣，LOOKUP 函數的參數中包含 IF 函數，而 IF 函數的參數又需要執行陣列運算時，那麼必須按〔Ctrl〕+〔Shift〕+〔Enter〕複合鍵，否則 LOOKUP 函數不會執行陣列運算，只會計算陣列中的第一個值。

例如，以下公式必須輸入公式後按〔Ctrl〕+〔Shift〕+〔Enter〕複合鍵，否則無法得到正確結果──不會執行陣列運算，只能擷取第一個數字：

=LOOKUP(10^15,IF(A1=" 左邊 ",1*LEFT("128.8 公斤白米價值 709",ROW(1:15)),1*RIGHT("128.8 公斤白米價值 709",ROW(1:15))))

如果輸入以上公式後按〔Ctrl〕+〔Shift〕+〔Enter〕複合鍵，當 A1 的值是 "左邊" 時，公式的結果是 128.8，否則結果是 709。

Excel 的常用函數中有三個函數比較特殊，只要有它們出現的公式都需要執行數組運算，輸入公式後需要按〔Ctrl〕+〔Shift〕+〔Enter〕複合鍵，它們分別是 TRANSPOSE、MMULT 和 FREQUENCY 函數。

▶ 3．陣列的作用

陣列總是包含多個值，在公式中加入陣列可以讓公式同時執行多次運算，進而加大公式的運算量，執行更強大的運算功能。同時，使用帶陣列運算的公式可以簡化工作，透過單個公式來完成不支援陣列運算的、多個公式才能完成的工作。

例如，要計算圖 1.97 中 4 個縣市的參賽人數總和，如果不採用陣列運算，那麼需要如下 5 個公式才能完成運算：

=SUMIF(A$2:A$14,D2,$B$2)
=SUMIF(A$2:A$14,D3,$B$2)
=SUMIF(A$2:A$14,D4,$B$2)
=SUMIF(A$2:A$14,D5,$B$2)
=SUM(E2:E5)

| E2 | ▼ ◎ | | *fx* | =SUMIF(A\$2:A\$14,D2,\$B\$2) | |

▲	A	B	C	D	E
1	地區	參賽人數		查詢人數	人數總和
2	台北	85		台北	85
3	新北	77		台中	50
4	宜蘭	79		台南	91
5	桃園	64		台東	93
6	新竹	65			319
7	彰化	89			
8	台中	50			
9	高雄	88			
10	台南	91			
11	屏東	86			
12	苗栗	52			
13	花蓮	71			
14	台東	93			

圖 1.97　按條件加總 4 個縣市的參賽人數

如果採用陣列運算，單個公式足以完成需求，公式如下：

=SUMPRODUCT(SUMIF(A2:A14,D2:D5,B2:B14))

此公式中 SUMIF 函數的第二參數包含 4 個值，因此公式會同時計算 4 次得到 4 個縣市的人數總和，最後使用 SUMRODUCT 函數將 4 個值彙總。公式總共執行了 5 次運算，但是由於 SUMIF 函數的外層使用的是 SUMRODUCT 函數而非 SUM 函數，因此公式不需要按陣列公式的方式輸入，當作普通公式處理即可。

如果改用以下公式，那麼輸入公式後必須按〔Ctrl〕+〔Shift〕+〔Enter〕複合鍵，否則公式不會執行陣列運算，不能取得 4 個縣市的人數總和，只能取台北的參賽人數。

=SUM(SUMIF(A2:A14,H2:H5,B2:B14))

▶ 4．產生陣列的方式

產生陣列有三種方式。

一是直接使用大括弧 " { } " 生成常量陣列，例如，公式 " ={1,8,20} " 中的 " {1,8,20} " 就是一個常量陣列，包含 3 個元素。此公式的正確輸入方式是選擇 A1:C1 範圍，然後輸入公式，最後按〔Ctrl〕+〔Shift〕+〔Enter〕複合鍵。公式的最終效果是 A1 儲存格中顯示 1，B1 儲存格中顯示 8，C1 儲存格中顯示 20，如圖 1.98 所示。

該公式是陣列公式，從編輯欄中可以看到兩對大括弧，裡面的大括弧必須手動輸入，外面的大括弧是自動產生的，不允許手動輸入。

二是參照範圍產生陣列，例如，公式 " =A1:A3 " 參照了 A1:A3 範圍的值，進而產生一個包含 3 個元素的陣列，效果如圖 1.99 所示。

| A1 | ▼ ◎ | | *fx* | {={1,8,20}} |

▲	A	B	C
1	1	8	20

圖 1.98　使用大括弧產生陣列

| D1 | ▼ ◎ | | *fx* | {=A1:A3} |

▲	A	B	C	D
1	1			1
2	8			8
3	20			20

圖 1.99　參照範圍產生陣列

要注意的是資料來源 A1:A3 是縱向的範圍，因此透過公式參照該範圍後產生的數組也是縱向的，應該選擇同樣高度和寬度的範圍後再輸入公式，否則無法得到正確的結果。可以將公式 "=A1:A3" 輸入到不同寬度和高度的範圍中，觀看它的顯示結果，進而找到陣列與存放範圍的關係。

三是透過運算產生陣列，例如，公式 "={1,8,20}*10" 可以產生一個寬度、高度與 "{1,8,20}" 一致的新陣列。選擇 A1:C1 範圍後再輸入公式，且按〔Ctrl〕+〔Shift〕+〔Enter〕複合鍵結束，進而得到圖 1.100 所示結果。

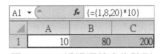

圖 1.100　透過運算產生陣列

前面計算參賽人員總數的公式 "=SUMPRODUCT(SUMIF(A2:A14,D2:D5,B2:B14))" 也涉及了陣列，其中第二參數 D2:D5 透過參照範圍而產生陣列，陣列中包含台北、台中、台南和台東。由於代表條件的第二參數是陣列，因此 SUMIF 函數的運算結果也是陣列，包含台北、台中、台南和台東對應的 85、50、91 和 93 四個元素。

▶ 5．陣列的類別

如果按維度分類，那麼陣列包含一維陣列、二維陣列和多維陣列。常用的是一維和二維陣列，多維陣列過於複雜，學習成本高，公式編寫時間長，而且由於運算量大導致耗用大量的記憶體資源，因此實際工作中應盡可能不用多維組數。

一維陣列是指只有單列或者單欄的陣列，二維陣列是指具有多列、多欄的陣列。由於一維陣列和二維陣列的表現形式和範圍是一致的，因此讀者可以透過圖 1.101 中的範圍的表現形式來瞭解一維陣列和二維陣列。

圖 1.101　一維陣列和二維陣列

更簡單地說，一維陣列就是 "線"，二維陣列則是 "面"，多條線有序地擺放在一起就成了面。

如果按陣列的值的產生方式分類，那麼陣列分為常量陣列和陣列。常量陣列是指手動輸入的、包含在大括弧中的陣列，例如，以下公式可以產生一個包含 3 個元素的一維橫向常量陣列，其中字串必須添加引號，數值可以不用引號。

={" 滑鼠 "," 單價 ",35}

正確輸入上述公式的方法是選擇任意一個 1 列 3 欄的範圍，然後在編輯欄輸入公式，按下〔Ctrl〕+〔Shift〕+〔Enter〕複合鍵結束即可。

以下公式可以產生包含 4 個元素的一維縱向陣列：

={" 姓名 ";" 梁秀文 ";" 胡歌 ";" 羅文 "}

橫向陣列的元素與元素之間必須使用逗號作為分隔符號，而縱向陣列的元素與元素之間必須使用分號作為分隔符號。

陣列是指透過參照和運算產生的陣列。在圖 1.102 中 SUMIF 函數的第二參數參照了 D2:D4 範圍，進而得到曲華國、周聯光和鄒之前三個字串，這就是透過參照產生的陣列。SUMIF 函數的運算結果是 82、80 和 100，它也是陣列。

E2	▼	●	fx	=SUMPRODUCT(SUMIF(A2:A11,D2:D4,B2:B11))		
	A	B	C	D	E	F
1	姓名	揭款		查詢對象	揭款數量	
2	華少鋒	90		曲華國	262	
3	鐘秀月	80		周聯光		
4	閻文明	97		鄒之前		
5	曲華國	82				
6	周聯光	80				
7	鄒之前	100				
8	古至龍	84				
9	諸有光	100				
10	范亞橋	58				
11	羅生門	84				

圖 1.102　透過參照和運算產生陣列

如果按方向分類，那麼陣列包含橫向陣列和縱向陣列。對於一維陣列，包含單列的陣列是橫向陣列，包含單欄的陣列為縱向陣列；對於二維陣列，欄數大於列數的陣列是橫向陣列，欄數小於列數的陣列為縱向陣列。

允許使用 TRANSPOSE 函數將橫向陣列轉換成縱向陣列或者將縱向陣列轉換成橫向陣列。例如，"{" 產品 "," 單價 "," 數量 ";" 滑鼠 ",35,10}" 是一個包含 3 欄 2 列的二維陣列，使用 TRANSPOSE 函數可以將它轉換成 3 列 2 欄的二維陣列，效果如圖 1.103 所示。

A1	▼	fx	{=TRANSPOSE({"產品","單價","數量";"滑鼠",35,10})}		
	A	B	C	D	E
1	產品	滑鼠			
2	單價	35			
3	數量	10			

圖 1.103　轉換陣列方向

圖 1.103 中的公式是陣列公式，必須選擇 3 列 2 欄的範圍後再輸入公式，否則可能無法完整地顯示陣列的所有元素。

▶ 6. 儲存格陣列公式與範圍陣列公式

按照公式運算結果的數量可將陣列公式分為儲存格陣列公式和範圍陣列公式，前者的特點是運算結果為一個單值，後者的特點是運算結果為多個值。

例如，要分別計算圖 1.104 中國語、數學和英語三本書的總價，需要使用以下範圍陣列公式：

=SUMIF(A2:A7,E2:E4,B2:B7)*SUMIF(A2:A7,E2:E4,C2:C7)78

F2	▼		f_x	=SUMIF(A2:A7,E2:E4,B2:B7)* SUMIF(A2:A7,E2:E4,C2:C7)

	A	B	C	D	E	F
1	書名	單價	數量		書名	總價
2	國語	18.5	20		國語	370
3	數學	20	25		數學	500
4	化學	22	20		英語	880
5	歷史	15	24			
6	英語	22	40			
7	物理	24	50			

圖 1.104　範圍陣列公式

SUMIF 函數的功能是按條件加總，條件的數量決定了運算結果的數量。本例中兩個 SUMIF 函數的參數都包含 3 個值，而且方向一致，因此陣列公式的運算結果也是 3 個值，需要選中 F2:F4 範圍後再輸入公式，最後按〔Ctrl〕+〔Shift〕+〔Enter〕複合鍵。

如果要一次性彙總國語、數學和英語圖書的所有價值，應使用以下陣列公式：

=SUM(SUMIF(A2:A7,E2:E4,B2:B7)*SUMIF(A2:A7,E2:E4,C2:C7))

這是一個儲存格陣列公式，因此僅需將公式輸入在單個儲存格中。

7. 陣列的運算過程陣列運算和非陣列運算的主要區別在於是否同時執行多次運算。例如，以下兩個公式中第一個需要執行陣列運算，第二個公式不需要執行陣列運算：

=SUM(1+{8,9,12})

=SUM(1+8+9+12)

可以透過圖示來呈現兩者的差異。例如，第一個公式可以透過圖 1.105 來說明運算過程，該公式中的 "{8,9,12}" 屬於陣列，運算式 "1+{8,9,12}" 將會執行陣列運算。8、9 和 12 分別和 1 相加，而且 3 次運算是同時進行的，最後 SUM 函數對這

3 個計算結果加總。換言之，它的運算過程是第一、二、三次運算同時執行，最後執行第四次運算。

第二個公式也是執行 4 次運算，但它是按循序執行的，如圖 1.106 所示。

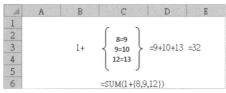

圖 1.105　陣列運算解析

圖 1.106　非陣列運算解析

第二個公式的每一次運算都生成單個運算結果，而第一個公式的運算結果則是變化的。第一、二、三次運算是陣列運算，所以它會同時生成 3 個運算結果，第四次運算則只生成一個運算結果。

參數包含陣列時可以生成多個運算結果的常見函數有 SUMIF、SUMIFS、COUNTIF、COUNTIFS、FIND、SEARCH、FREQUENCY、MMULT、TRANSPOSE、ROUND、MOD、INT、IF、LEN、MID、LEFT、RIGHT、CODE、CHAR、T、N、TEXT、LOWER、UPPER、YEAR、MONTH、DAY 等函數，而 SUM、COUNTA、COUNT、AVERAGE、OR、AND 等函數的計算結果永遠是單值。

以下提供 4 個陣列公式相關的範例。

範例 74 求入庫最多的產品的入庫合計（SUMIF）

範例檔案 第 1 章 \074.xlsx

A 欄包含多類產品名稱，B 欄則是對應的入庫數量。其每一種產品的入庫次數都不只一次，現在要求計算入庫數量最多的產品的入庫數量總和。

開啟範例檔案中的資料檔案，在儲存格 D2 中輸入如下陣列公式：

=MAX(SUMIF(A2:A11,A2:A11,B2))

按下〔Ctrl〕+〔Shift〕+〔Enter〕複合鍵後，將算出入庫最多的產品的數量合計，結果如圖 1.107 所示。

D2	fx	{=MAX(SUMIF(A2:A11,A2:A11,B2))}	
	A	B	C	D
1	產品	入庫數量		求入庫最多的產品的數量
2	A	200		510
3	B	175		
4	C	150		
5	D	175		
6	A	125		
7	C	175		
8	A	175		
9	D	175		
10	C	185		
11	B	180		

圖 1.107　求入庫最多的產品的數量合計

▶ 公式說明

SUMIF 函數的第二參數代表加總的條件，當參數為單值時計算結果也是單值。本例中使用 A2:A11 作為條件，其計算結果將包含 10 個值，即同時計算出所有產品的入庫總和。最後用 MAX 函數對這 10 個值取最大值，即入庫最多的產品的入庫合計。

在本例中，SUMIF 函數的運算結果是包含 10 個元素的陣列 500、355、510、350、500、510、500、350、510、355，陣列中最大值是 510，因此公式的最終結果是 510。

▶ 使用注意

① SUMIF 函數的第二參數是範圍或者陣列時，其計算結果也會有多個值。本例只需要擷取其中最大的一個，因此在外層套用 MAX 函數。

② 如果不用陣列公式或者不使用陣列運算，那麼本例需要改用 11 個普通公式才能完成。具體操作方法是：在 D2 儲存格輸入公式 "=SUMIF(A$2:A$11,A3,B$2)"，將其向下填滿至 D11，然後在 D12 儲存格中輸入公式 "=MAX(E2:E11)"，其結果同樣是 510。顯然，使用陣列運算可以簡化公式和簡化操作步驟，提升工作效率。

③ 如果 SUMIF 函數的第二參數使用常量陣列 "{"A";"B";"C";"D"}"，那麼輸入公式時可以不用按〔Ctrl〕+〔Shift〕+〔Enter〕複合鍵。

▶ 範例延伸

思考：求入庫量為第二最小值的產品的數量

提示：將本範例中的 MAX 函數改用 SMALL 函數，且 SMALL 的第二參數使用 2 即可。

範例 75 求獲得第一名次數最多者的奪冠次數（COUNTIF）

範例檔案 第 1 章 \075.xlsx

工作表中有某個班級在 6 年中的第一名成績的學生資訊，要求計算獲得第一名次數最多的學生奪冠次數。

開啟範例檔案中的資料檔案，在儲存格 D2 輸入如下陣列公式：

=MAX((COUNTIF(B2:B7,B2:B7)))

按下〔Ctrl〕+〔Shift〕+〔Enter〕複合鍵後，將算出數值 3，表示某個學生獲得了 3 次第一名，屬於所有第一名中獲得次數最多者，效果如圖 1.108 所示。

D2	▼	●	fx	{=MAX((COUNTIF(B2:B7,B2:B7)))}
	A	B	C	D
1	年級	第一名		得第一名次數最多的是多少
2	一年級	張千		3
3	二年級	劉明		
4	三年級	張千		
5	四年級	羅峰		
6	五年級	張千		
7	六年級	劉明		

圖 1.108　獲得第一名次數最多者的奪冠次數

▶ 公式說明

COUNTIF 函數屬於按條件計數的函數，它的第一參數代表計數物件，第二參數是計數條件。由於本例要找出重複次數最多的姓名的出現次數，因此第一步需要計算出所有姓名的重複出現次數，然後取其中最大值，因此本例採用 B2:B7 範圍作為計數條件，進而使公式執行陣列運算，同時產生 6 個運算結果。最後透過 MAX 函數從 6 個值中找出最大值。

▶ 使用注意

① COUNTIF 函數是否執行陣列運算是由第二參數決定的，只要第二參數包含一個以上的值，那麼它必定會執行陣列運算，且運算結果包含多個值。第一參數的值的數量與公式是否執行陣列運算無關。

② 和 SUMIF 函數一樣，當 COUNTIF 函數的第二參數是常量陣列時，公式"=MAX((COUNTIF(B2:B7,B2:B7)))"雖然也會執行陣列運算，但是可以不按〔Ctrl〕+〔Shift〕+〔Enter〕複合鍵輸入公式，直接按〔Enter〕複合鍵也能得到相同結果。

③ 如果要計算出獲得第一名次數最多的學生姓名，那麼可以採用以下複雜公式：

=INDEX(B2:B7,MATCH(MAX(COUNTIF(B2:B7,B2:B7)),COUNTIF(B2:B7,B2:B7),0))

對於尋找與參照函數 INDEX 和 MATCH，在本書的第 6 章會有詳細介紹。

▶ 範例延伸

思考：判斷是否有人獲得兩次第一名

提示：不再使用 MAX 函數，而是將 COUNTIF 函數的計算結果與數值 2 進行比較，得到 True 和 False 組成的陣列。最後將陣列乘以 1 轉換成數值再加總，計算結果大於 0 則表示有人獲得兩次第一名。

範例 76 根據採購產品的名稱、數量統計金額（SUMIF）

範例檔案 第 1 章 \076.xlsx

在圖 1.109 中包含了每日採購的產品明細和產品單價，要求一次性計算所有採購產品的金額總和。

開啟範例檔案中的資料檔案，在儲存格 C8 輸入以下公式：

=SUMPRODUCT(SUMIF(F2:F9,B2:B7,G2),C2:C7)

按下〔Enter〕鍵後，公式將算出所有採購產品的金額總和 5488，效果如圖 1.109 所示。

C8 ▼		fx	=SUMPRODUCT(SUMIF(F2:F9,B2:B7,G2),C2:C7)				
	A	B	C	D	E	F	G
1	日期	採購產品	採購數量			產品名稱	單價
2	2014年9月12日	C	80			A	56
3	2014年9月12日	D	15			B	68
4	2014年9月15日	H	1			C	40
5	2014年9月17日	D	22			D	50
6	2014年9月17日	D	3			E	90
7	2014年9月20日	C	5			F	120
8	採購金額		5488			G	45
9						H	88

圖 1.109　根據採購產品的名稱、數量統計金額

▶ 公式說明

本例公式可以分兩段理解，第一段是 "SUMIF(F2:F9,B2:B7,G2)"，它用於計算 B2:B7 範圍中每一個產品的單價。由於第二參數是陣列，因此會執行陣列運算，結果是陣列，包含 6 個元素。

第二段是透過 SUMPRODUCT 函數計算 B2:B7 範圍中的產品所對應的單價與它所對應的採購數量的乘積總和，進而得到所有採購產品的金額。

▶ 使用注意

① 儘管本例公式執行了陣列運算，但是輸入公式後並不需要按〔Ctrl〕+〔Shift〕+〔Enter〕複合鍵，當作普通公式處理即可。

② 如果使用 SUM 函數替代 SUMPRODUCT 函數，那麼輸入公式後必須按〔Ctrl〕+〔Shift〕+〔Enter〕複合鍵，否則公式不能得到正確結果。新的公式如下。

=SUM(SUMIF(F2:F9,B2:B7,G2)*C2:C7)

③ 陣列運算的優點是同時執行多次運算，在本例中如果不使用陣列運算，那麼需要 7 個公式才能完成運算，得到最終結果 5488。

▶ 範例延伸

思考：計算平均每天購買多少錢的產品

提示：相對於使用注意第 2 點中的公式，將 SUM 函數替換成計算平均值的函數 AVERAGE 即可。輸入公式後必須按〔Ctrl〕+〔Shift〕+〔Enter〕複合鍵。

職場函數 468 招：超完整！新人工作就要用到的計算函數＋公式範例集

範例 77 根據身分證號碼計算男性人數（MOD）

範例檔案 第 1 章 \077.xlsx

在圖 1.110 中有 10 個員工的姓名和身分證號碼，要求根據身分證號碼計算其中有多少個男性員工。

開啟範例檔案中的資料檔案，在儲存格 D2 中輸入如下陣列公式：

=SUM(MOD(MID(B2:B11,17,1),2))

按下〔Ctrl〕+〔Shift〕+〔Enter〕複合鍵，公式將算出男性員工人數，效果如圖 1.110 所示。

	A	B	C	D	E
1	姓名	身份證號		男性人數	女性人數
2	甲	511025198905126171		4	6
3	乙	440104198403265142			
4	丙	120221197809153262			
5	丁	31010120011220513X			
6	戊	412727198612030765			
7	己	420983198710182844			
8	庚	532923197903312322			
9	辛	532923196212272355			
10	壬	513525198204216625			
11	癸	513902198810185838			

D2 儲存格公式：{=SUM(MOD(MID(B2:B11,17,1),2))}

圖 1.110　根據身分證號碼計算男性員工人數

▶ 公式說明

大陸現在的身分證號碼都統一採用 18 位字元，其中第 17 位字元用於表明身分證號碼持有人的性別。當身分證號碼的第 17 位數值是奇數時表示身分證號碼持有人是男性，否則是女性。

基於上述特點，本例公式首先使用 MID 函數從身分證號碼中擷取第 17 位數值，然後利用 MOD 函數計算該值除以 2 的餘數，如果餘數是 1 則表示身分證號碼持有人是男性。使用 SUM 函數將所有 1 累加起來的結果即為男性人數。

MID 函數用於從字串中擷取部分字元，第一參數代表字串，第二參數代表起始位置，第三參數代表擷取長度，因此公式 "=MID(a1,17,1)" 表示從 A1 儲存格的第 17 位字元開始擷取長度為 1 的字串。

▶ 使用注意

① MID 函數的任何一個參數使用了陣列時，公式都會執行陣列運算。本例中第一參數參照了 B2:B11 範圍，因此會同時產生 10 個運算結果，SUM 函數可以將這個結果轉換成單值。

② 本例的 SUM 函數改用 SUMPRODUCT 函數，則可以不按〔Ctrl〕+〔Shift〕+〔Enter〕複合鍵。

▶ 範例延伸

思考：計算圖 1.110 中女性人數

提示：相對於本例公式，將 MID 函數擷取出來的值加 1 即可。

職場函數468招：超完整！新人工作就要用到的計算函數＋公式範例集

CHAPTER 2

邏輯函數

範例及電子書下載位址
https://goo.gl/QoVUot

本章要點

- 真假值判斷
- 條件判斷

相關函數

TRUE、FALSE、AND、ORNOT、IF、IFERROR

範例細分

- 判斷兩欄資料是否相等
- 計算兩欄資料同列相等的個數
- 擷取 A 產品最新單價
- 判斷學生是否符合獎學金條件
- 所有評審都給 "通過" 就進入決賽
- 判斷身分證長度是否正確
- 判斷歌手是否被淘汰
- 根據年齡判斷員工是否退休
- 沒有任何評審給 "不通過" 就進入決賽
- 評定學生成績是否及格
- 根據學生成績自動產生評語

- 根據業績計算需要發放多少獎金
- 求圖書訂購價格總和
- 計算 12 月薪資及年終獎
- 既求乘積也加總
- 分別統計收入和支出
- 排除空值重組數據
- 選擇性彙總資料
- 計算最大數字列與字串列
- 彙總欄數是 3 的倍數的資料
- 彙總資料時忽略錯誤值
- 計算異常停機時間

真假值判斷

範例 78 判斷兩欄資料是否相等（TRUE、FALSE）

範例檔案 第 2 章 \078.xlsx

A、B 兩欄存放英文單字，A 欄的單字是參照字元，B 欄則屬於手動輸入的單字，其中有部分輸入錯誤，要找出輸入錯誤的單字。

開啟範例檔案中的資料檔案，在 C1 儲存格輸入以下公式：

=A1=B1

按下〔Enter〕鍵後，再將公式向下填滿至 C10，結果如圖 2.1 所示。

	A	B	C
1	left	left	TRUE
2	right	right	TRUE
3	mid	mid	TRUE
4	round	r0und	FALSE
5	rand	rand	TRUE
6	Bug	Bug	TRUE
7	thanks	thanKs	TRUE
8	monny	monny	TRUE
9	test	text	FALSE
10	After	after	TRUE

圖 2.1 比較兩欄資料是否相同

▶ 公式說明

兩個儲存格字元是否相同，只需要用 "=" 進行判斷即可，結果為 TRUE 就表示相同，結果為 FALSE 則表示兩者不同。

▶ 使用注意

① TRUE 和 FALSE 既是函數也是一個值，當它們作為函數時不需要參數，加上括弧即可，當它們作為值時則不需要括弧。

=TRUE—→此處是調用邏輯值 TRUE。

=TRUE( )—→此處是調用邏輯值函數 TRUE。以上兩個公式結果都算出邏輯值 TRUE。所以也可以直接在儲存格輸入邏輯值 TRUE，而不透過函數形式來完成。

② 當執行比較運算之後會產生邏輯值 TRUE 和 FALSE，TRUE 表示成立，FALSE 表示不成立。例如：

=123>456—→結果等於 FALSE，表示運算式不成立。

③ 只有不要求區分大小寫時才可以直接利用等號來判斷兩個字串是否相等。

▶ 範例延伸

思考：比較本表 A 欄與 Sheet2 表的 B 欄是否相同

提示：直接參照兩個範圍的資料，用等號進行比較。

範例 79 計算兩欄資料同列相等的資料的個數（TRUE、FALSE）

範例檔案 第 2 章 \079.xlsx

A、B 兩欄存放英文單字，A 欄的單字全是正確的，B 欄有部分單字錯誤，要計算兩欄單字中相同單字的個數。

開啟範例檔案中的資料檔案，在 D2 儲存格輸入以下陣列公式：

=SUM(--(A1:A10=B1:B10))

按下〔Ctrl〕+〔Shift〕+〔Enter〕複合鍵後，公式將算出兩個範圍中同列資料相等的數據的個數。結果如圖 2.2 所示。

	A	B	C	D
		D2 ▼	fx {=SUM(--(A1:A10=B1:B10))}	
1	left	left		相同個數
2	right	right		8
3	mid	mid		
4	round	r0und		
5	rand	rand		
6	Bug	Bug		
7	thanks	thanKs		
8	monny	monny		
9	test	text		
10	After	after		

圖 2.2　兩欄資料同列相等的資料的個數

▶ 公式說明

本例公式利用等號對兩個範圍進行判斷，得到一個包含邏輯值 TRUE 和 FALSE 的陣列。由於 SUM 函數無法直接對陣列中的邏輯值執行運算，所以本例中利用兩個減號將邏輯值轉換成數值 1 和 0，最後再透過 SUM 函數彙總得到相同資料的個數。

▶ 使用注意

① 邏輯值作為 SUM 函數的參數時可以直接加總，而放在儲存格中或者陣列中則不參與加總，必須轉換成數值後才參與加總。如圖 2.3 所示為用 SUM 函數對邏輯值加總。

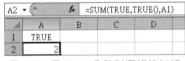

	A	B	C	D
	A2 ▼	fx =SUM(TRUE,TRUE(),A1)		
1	TRUE			
2	2			

圖 2.3　用 SUM 函數對邏輯值加總

以上公式中 A1 的邏輯值 TRUE 並沒有被 SUM 函數彙總，通常使用 N 函數或者 "*1" 等方式轉換成數值後再參與加總。

② 本例也可以改用以下普通公式完成，不用按〔Ctrl〕+〔Shift〕+〔Enter〕複合鍵。

=SUMPRODUCT(--(A1:A10=B1:B10))

▶ 範例延伸

思考：計算兩欄資料同列不相等的資料的個數

提示：相對於本例公式修改一下比較運算子即可。

範例 80 擷取 A 產品最新單價（TRUE、FALSE）

範例檔案 第 2 章 \080.xlsx

根據市場供求關係及原材料成本的變化，每個產品在不同時期會有不同單價，要將 A 產品最後一次設定的單價找出來。

開啟範例檔案中的資料檔案，在 E2 儲存格輸入以下陣列公式：

=INDEX(C:C,MAX((B2:B10="A")*ROW(2:10)))

按下〔Ctrl〕+〔Shift〕+〔Enter〕複合鍵後，公式將算出 A 產品最後一次擬定的單價，結果如圖 2.4 所示。

	A	B	C	D	E	F
					E2 ▾ (fx {=INDEX(C:C,MAX((B2:B10="A")*ROW(2:10)))}	
1	日期	產品	單價		產品A最後單價	
2	1月5日	A	21		19	
3	1月7日	B	22			
4	2月7日	C	23			
5	2月8日	D	22			
6	2月19日	A	22			
7	2月20日	B	24			
8	2月29日	C	22			
9	3月1日	A	19			
10	3月2日	E	20			

圖 2.4　A 產品最新單價

▶ 公式說明

本例公式利用運算式 "B2:B10="A"" 產生一個由邏輯值 TRUE 和 FALSE 組成的陣列，再用這個陣列與各列的列號相乘。由於 TRUE 乘以任意數值都等於數值本身，FALSE 乘以任意數值都等於 0，因此運算式 "(B2:B10="A")*ROW(2:10)" 的結果是 B2:B10 範圍中的 A 所對應的列號以及 0 組成的陣列。

然後使用 MAX 函數取其中的最大列號，而 INDEX 函數則利用該列號擷取 C 欄的值。例如，本例中 B 欄最後一個 A 的列號是 9，因此 INDEX 函數從 C 欄第 9 列取值，結果為 19。

▶ 使用注意

① 由於 FALSE 乘以任意數值都等於 0，因此本例使用 ROW 函數生成 2 ～ 10 的整數序列，然後將它與 "B2:B10="A"" 產生的 TRUE 和 FALSE 組成的陣列相乘，進而排除值不等於 A 的儲存格的列號（已被轉換成 0）。在後面的章節中還會有大量的類似用法。

② 本例也可以用 LOOKUP 函數來完成，公式如下。

=LOOKUP(1,0/((B2:B10="A")),C2:C10) 這是普通公式，不需要使用〔Ctrl〕+〔Shift〕+〔Enter〕複合鍵。LOOKUP 函數比較複雜，在本書的第 6 章將會有詳細介紹。

▶ 範例延伸

思考：擷取 A 產品第一個單價

提示：將 MAX 函數改成 MIN 函數即可。

範例 **81** 判斷學生是否符合獎學金條件（AND）

範例檔案 第 2 章 \081.xlsx

　　台北某大學為了表現對外地優秀學生的照顧，學校規定對平均分高於 90 分且居住在台北以外的學生發放獎學金，現需判斷工作表中哪些學生符合獎學金發放條件。

　　開啟範例檔案中的資料檔案，在 D2 儲存格輸入以下公式：

=AND(B2>90,C2<>" 台北 ")

　　按下〔Enter〕鍵後，公式將對第一個學生是否符合條件進行判斷。按兩下儲存格的填滿控點將公式向下填滿，結果如圖 2.5 所示。

D2	▼	*fx*	=AND(B2>90,C2<>"台北")	
	A	B	C	D	E
1	姓名	平均成績	居住地	是否符合條件	
2	趙	87	台中	FALSE	
3	錢	72	金門	FALSE	
4	孫	83	台南	FALSE	
5	李	96	南投	TRUE	
6	周	80	澎湖	FALSE	
7	吳	76	台北	FALSE	
8	鄭	72	台北	FALSE	
9	王	98	嘉義	TRUE	
10	馮	71	雲林	FALSE	
11	陳	94	台北	FALSE	

圖 2.5　判斷學生是否符合獎學金條件

▶ 公式說明

　　本例利用 AND 函數對 "B2>90"、"C2<>" 台北 ""兩個條件進行判斷，如果兩個條件同時滿足就算出邏輯值 TRUE，如果滿足條件之一或者兩個條件都不滿足，則算出邏輯值 FALSE。本例中如果公式運算結果為 TRUE 則表示該學生符合獎學金發放條件。

▶ 使用注意

　　① AND 函數是一個邏輯判斷函數。在 Excel 2007 及 Excel 2010 中它有 1 ～ 255 個參數，第 2 ～ 254 參數屬於非必填參數。參數可以為 TRUE 或 FALSE。當所有參數的邏輯值為 TRUE 時，算出 TRUE；只要一個參數的邏輯值為 FALSE，即算出 FALSE。

　　② 如果 AND 的參數是數值，那麼函數將 0 值當作 FALSE 處理，將非 0 值當作 TRUE 處理，例如：

　　=AND(12,1,0.2)──→結果等於 TRUE，因為參數不存在 FALSE 和 0。

　　=AND(12,1,0.2,0)──→結果等於 FALSE，因為函數將 0 值當作 FALSE 處理。

▶ 範例延伸

　　思考：僅僅對離島地區且大於 90 分的學生發放獎學金，該如何設定公式

　　提示：對 AND 函數設定三個條件，一個是分數高於 90，一個是居住地等於金門、澎湖、馬祖。

範例 82 所有評審都給 "通過" 就進入決賽（AND）

範例檔案 第 2 章 \082.xlsx

按照大賽規定，每個歌手在複賽時都必須經 4 個評審一致通過才有機會進入決賽，要根據評審的評判結果判斷哪些歌手可以進入決賽。

開啟範例檔案中的資料檔案，在 F2 儲存格輸入以下陣列公式：

=AND(B2:E2=" 通過 ")

按下〔Ctrl〕+〔Shift〕+〔Enter〕複合鍵後，公式將對第一個歌手是否可以進入決賽執行判斷，按兩下儲存格的填滿控點將公式向下填滿，結果如圖 2.6 所示。

F2			fx	{=AND(B2:E2="通過")}	
	A	B	C	D	E	F
1	參賽歌手	評審一	評審二	評審三	評審四	進入決賽
2	胡東來	通過	不通過	不通過	不通過	FALSE
3	陳新年	通過	不通過	通過	不通過	FALSE
4	孫二興	通過	通過	通過	通過	TRUE
5	周長傳	通過	通過	通過	通過	FALSE
6	諸有光	不通過	不通過	不通過	不通過	FALSE
7	周至強	通過	通過	不通過	通過	FALSE
8	張志堅	通過	通過	通過	通過	TRUE
9	羅新華	通過	通過	不通過	不通過	FALSE
10	陳麗麗	不通過	不通過	通過	通過	FALSE

圖 2.6　判斷歌手可否進入決賽

▶ 公式說明

本例使用陣列作為 AND 函數的參數，讓 AND 分別對陣列中每一個元素執行判斷，當所有條件都符合時才算出邏輯值 TRUE，有任意一個條件不符合就算出 FALSE。

▶ 使用注意

① AND 函數使用範圍作為參數時必須以陣列公式的形式輸入公式，否則它僅僅對參照範圍的左上角儲存格執行判斷。

② 如果直接使用常數陣列作為 AND 函數的參數，可以不用〔Ctrl〕+〔Shift〕+〔Enter〕複合鍵輸入公式就能正確算出結果。例如：

=AND(A1<={51,52,55})──表示 A1 同時滿足小於、等於 51、52、55 這三個條件才算出 TRUE。

大括弧 " { } " 中不能使用運算式，也不可以使用儲存格參照。例如，以下陣列都是錯誤的。

{a1,20,-2}──陣列中出現了儲存格參照。

{10+1,20,0.5}──陣列中存在運算式。

▶ 範例延伸

思考：只要有任意三個評審通過就可以進入決賽，如何設定公式

提示：首先對範圍與 "通過" 二字做比較，再用 N 函數將邏輯值轉換成數值，然後用 SUM 函數彙總，只要總數大於等於 3 即表示可以進入決賽。

範例 83 利用大陸身分證號碼判斷數字長度是否正確（OR）

範例檔案 第 2 章 \083.xlsx

　　大陸居民身分證號碼只有 15 位和 18 位兩種長度，如果既不是 15 位也不是 18 位，那麼一定是輸入錯誤。現需判斷表中身分證號碼長度是否正確。

　　開啟範例檔案中的資料檔案，在 C2 儲存格輸入以下公式：

=OR(LEN(B2)={15,18})

　　按下〔Enter〕鍵後，公式將對第一個身分證進行判斷，按兩下儲存格的填滿控點將公式向下填滿，結果如圖 2.7 所示。

	C2	▾	f_x	=OR(LEN(B2)={15,18})	
	A	B		C	
1	姓名	身份證		長度正確	
2	趙	511025198503196191		TRUE	
3	錢	43250319881230435		FALSE	
4	孫	511025770316628		TRUE	
5	李	1303012003080905 14		TRUE	
6	周	130502870529316		TRUE	
7	吳	432503860923517		TRUE	
8	鄭	511022196802306112		TRUE	
9	王	13030119990620515X		TRUE	
10	馮	43250278065174		FALSE	
11	陳	51102519770613517		FALSE	

圖 2.7　判斷身分證長度是否正確

▶ 公式說明

　　本例首先利用 LEN 函數計算每個身分證的長度，然後與陣列 "{15,18}" 進行比較，產生一個由 TRUE 和 FALSE 組成的陣列。如果這個陣列中存在一個 TRUE，那麼公式結果就算出 TRUE，否則算出 FALSE。

　　如果本例公式算出 FALSE 則表示該身分證長度不正確，既不等於 15 位也不等於 18 位。

▶ 使用注意

　　① OR 函數是一個邏輯判斷函數，它有 1 ～ 255 個參數，第 2 ～ 254 參數屬於非必填參數。參數可以為 TRUE 或 FALSE。當所有參數的邏輯值為 FALSE 時，算出 FALSE；只要一個參數的邏輯值為 TRUE，即算出 TRUE。

　　② 如果 OR 的參數包含直接輸入的非邏輯值，如字串、空白、空格等，將產生錯誤值 #VALUE!。如果參照的範圍中含有非邏輯值，將被忽略。例如，A1 儲存格是字串 "A"，那麼：

=OR("A",2,TRUE)─→結果為錯誤值。

=OR(A1,2,TRUE)─→結果為 TRUE。

▶ 範例延伸

　　思考：將本例中長度不正確的身分證標示 TRUE

　　提示：不能用 OR 函數，改用 AND 函數。既不等於 15 又不等於 18 時算出 TRUE。

範例檔案 第 2 章 \084.xlsx

按照大賽規定，每位歌手在複賽時只要有一位評審評為"不通過"就不能進入決賽。要根據評審的評判情況，判斷哪些歌手可以進入決賽。

開啟範例檔案中的資料檔案，在 F2 儲存格輸入以下陣列公式：

=OR(B2:E2=" 不通過 ")

按下〔Ctrl〕+〔Shift〕+〔Enter〕複合鍵後，公式將對第一位歌手進行判斷。按兩下儲存格的填滿控點將公式向下填滿，結果如圖 2.8 所示。

	F2		fx	{=OR(B2:E2="不通過")}	
	A	B	C	D	E	F
1	參賽歌手	評審一	評審二	評審三	評審四	淘汰
2	古貴明	通過	不通過	不通過	不通過	TRUE
3	劉麗麗	通過	不通過	通過	不通過	TRUE
4	林至文	通過	通過	通過	通過	FALSE
5	趙光文	通過	通過	不通過	通過	TRUE
6	吳國慶	不通過	不通過	不通過	不通過	TRUE
7	朱麗華	通過	通過	不通過	通過	TRUE
8	朱貴	通過	通過	通過	通過	FALSE
9	單充之	通過	通過	不通過	不通過	TRUE
10	劉越堂	不通過	不通過	不通過	通過	TRUE

圖 2.8　判斷歌手是否被淘汰

▶ 公式說明

本例使用陣列作為 OR 函數的參數，讓 OR 分別對陣列中每一個元素進行判斷，當任意一個條件符合時就算出邏輯值 TRUE，如果所有條件都不符合才算出 FALSE。

▶ 使用注意

① 使用範圍作為 OR 函數的參數時，必須以陣列形式輸入公式，否則 OR 函數僅僅對參照範圍的左上角儲存格進行判斷。

② 本例也可以用以下陣列公式來完成：

=SUM(--(B2:E2=" 不通過 "))>0

公式中的運算式"B2:E2=" 不通過 ""產生一個 TRUE 和 FALSE 組成的陣列，再用兩個減號將之轉換成 0 和 1 組成的陣列，最後用 SUM 函數彙總。如果彙總的值大於 0 表示至少有一個評審評為"不通過"。

③ 不管使用什麼形式的參數，OR 函數和 AND 函數的計算結果都是單一值，不可能有多個運算結果。

▶ 範例延伸

思考：有兩位評審評為"不通過"就淘汰

提示：不能用 OR 函數，只能用 SUM（--（…））的形式完成。

範例 85 根據年齡判斷員工是否退休（OR）

範例檔案 第 2 章 \085.xlsx

假設男員工大於 60 歲，女員工大於 55 歲退休。判斷工作表中 10 個人是否已退休。

開啟範例檔案中的資料檔案，在 D2 儲存格輸入以下公式：

=OR(AND(B2=" 男 ",C2>60),AND(B2=" 女 ",C2>55))

按下〔Enter〕複合鍵後，公式將對第一個員工進行判斷，按兩下儲存格的填滿控點將公式向下填滿，結果如圖 2.9 所示。

D2	▼	f_x	=OR(AND(B2="男",C2>60), AND(B2="女",C2>55))	
	A	B	C	D	E
1	姓名	性別	年紀	退休與否	
2	黃興明	男	55	FALSE	
3	陳麗麗	女	46	FALSE	
4	趙光明	女	57	TRUE	
5	梁興	男	53	FALSE	
6	趙光文	男	65	TRUE	
7	華少鋒	女	53	FALSE	
8	張珍華	女	59	TRUE	
9	鐘小月	男	46	FALSE	
10	單充之	男	60	FALSE	
11	吳國慶	女	60	TRUE	

圖 2.9　根據年齡判斷員工是否退休

▶ 公式說明

本例是 OR 函數與 AND 函數共用的範例。

公式首先利用 AND 函數判斷是否滿足"男性"、"大於 60"這兩個條件，再判斷是否滿足"女性"、"大於 55"兩個條件，最後用 OR 函數來取值，只要有任何一個 AND 的算出為 TRUE 公式最後的結果就算出 TRUE。

▶ 使用注意

① OR 函數和 AND 函數可以相互嵌套使用，每層嵌套只要不超過 255 個參數都可以正常運算。

② 本例也可以將 OR 函數改成 SUM 函數，或者 OR 和 AND 都不使用，公式如下。

=SUM(AND(B2=" 男 ",C2>60),AND(B2=" 女 ",C2>55))>=1

=SUM(SUM(B2=" 男 ",C2>60)=2,SUM(B2=" 女 ",C2>55)=2)>=1

▶ 範例延伸

思考：用一個公式統計圖 2.9 中退休人員數量

提示：使用範圍作為 AND 函數的參數進行判斷，然後用 "*1" 的方向將邏輯值轉換成數值，最後使用 SUM 函數將數值彙總。

範例檔案 第 2 章 \086.xlsx

按照大賽規定，每位歌手在複賽時沒有任何評審給 "不通過" 才有機會進入決賽，要根據評審的評判情況判斷哪些歌手可以進入決賽。

開啟範例檔案中的資料檔案，在 F2 儲存格輸入以下陣列公式：

=NOT(OR(B2:E2=" 不通過 "))

按下〔Ctrl〕+〔Shift〕+〔Enter〕複合鍵後，公式將對第一位歌手進行判斷，按兩下儲存格的填滿控點將公式向下填滿，結果如圖 2.10 所示。

	A	B	C	D	E	F
				fx	{=NOT(OR(B2:E2="不通過"))}	
1	參賽歌手	裁判一	裁判二	裁判三	裁判四	進入決賽
2	諸真花	通過	不通過	不通過	不通過	FALSE
3	羅翠花	通過	不通過	通過	不通過	FALSE
4	周至強	通過	通過	通過	通過	TRUE
5	朱文濤	通過	通過	不通過	通過	FALSE
6	陳年文	不通過	不通過	不通過	不通過	FALSE
7	周至夢	通過	通過	不通過	通過	FALSE
8	陳真亮	通過	通過	通過	通過	TRUE
9	羅生門	通過	通過	不通過	不通過	FALSE
10	仇有千	不通過	不通過	不通過	通過	FALSE

圖 2.10　判斷歌手能否進入決賽

▶ 公式說明

本例中使用範圍作為 OR 函數的參數，必須以陣列形式輸入公式。公式首先透過 OR 函數判斷範圍中是否存在 "不通過"，只要有任意一個儲存格是 "不通過" 就算出 TRUE，否則算出 FALSE。最後利用 NOT 函數將結果求相反結果，如果 OR 函數運算結果為 TRUE，則公式結果為 FALSE；如果 OR 函數運算結果為 FALSE，則公式結果為 TRUE。

▶ 使用注意

① NOT 函數的功能是對參數值求相反結果，當其參數值為 TRUE 時，公式結果算出 FALSE；當其參數值為 FALSE 時，公式結果算出 TRUE。NOT 函數只有一個參數。

② NOT 函數的參數通常是邏輯值 TRUE 或者 FALSE，如果是字串或者包含字串的儲存格參照，公式將算出錯誤值 #VALUE!。

③ 如果以數字作為 NOT 的參數，則將 0 值當作 FALSE 處理，非 0 值當作 TRUE 處理。

▶ 範例延伸

思考：利用 AND 函數完成本例要求

提示：NOT(OR( )) 形式的嵌套等於 AND( ) 的功能。

條件判斷

範例 87 判斷學生成績是否及格（IF）

範例檔案 第 2 章 \087.xlsx

根據學生的平均成績判斷該生是否及格。開啟範例檔案中的資料檔案，在 E2 儲存格輸入以下公式：

=IF(AVERAGE(B2:D2)>=60," 及格 "," 不及格 ")

按下〔Enter〕鍵後，公式將算出第一個學生成績進行判斷，按兩下儲存格的填滿控點將公式向下填滿至 E11，結果如圖 2.11 所示。

E2		fx	=IF(AVERAGE(B2:D2)>=60,"及格","不及格")			
	A	B	C	D	E	F	G
1	姓名	語文	數學	體育	及格與否		
2	尚敏文	54	46	77	不及格		
3	張徽	76	72	71	及格		
4	寧湘月	68	46	52	不及格		
5	羅生榮	78	51	78	及格		
6	黃山貴	52	80	64	及格		
7	周長傳	66	64	79	及格		
8	陳中國	52	70	55	不及格		
9	孫二興	53	46	51	不及格		
10	周至夢	75	58	48	及格		
11	胡不群	53	61	77	及格		

圖 2.11　根據學生成績判斷是否及格

▶ 公式說明

本例公式首先利用 AVERAGE 函數計算參照範圍的平均成績，然後透過 IF 函數判斷平均成績是否大於等於 60，若成立，則公式算出 "及格"，否則算出 "不及格"。

▶ 使用注意

① IF 函數用於邏輯判斷，它會判斷指定的條件是 TRUE 或 FALSE，進而算出不同的結果。IF 函數有三個參數，第一參數是判斷結果，根據第一參數的值來決定算出第二參數還是第三參數。當第一參數結果為 TRUE 時，公式算出第二參數的值，否則算出第三參數的值，如果省略第三參數，則預設當作 0 處理。例如：

=IF(100>50," 大於 "," 不大於 ")──第一參數成立，算出第二參數 "大於"。

=IF(50>100," 大於 "," 不大於 ")──第一參數不成立，算出第三參數 "不大於"。

=IF(50>100," 大於 ")──第一參數不成立，而第三參數又被省略，那麼算出 0。

② AVERAGE 函數用於計算一組資料的算術平均值，在本書的第 4 章將會有更多的關於 AVERAGE 函數的範例應用。

▶ 範例延伸

思考：語文、數學、體育三項都大於等於 60 才算合格，如何設定公式

提示：IF 函數與 OR 函數嵌套使用。

範例 88 根據學生成績自動產生評語（IF）

範例檔案 第 2 章 \088.xlsx

　　如果學生的平均成績小於等於 60，算出 "不及格"；如果平均成績小於等於 90 算出 "良好"；如果平均成績小於等於 "100" 算出 "優秀"，如果等於 100 則算出 "滿分"。

　　開啟範例檔案中的資料檔案，在 E2 儲存格輸入以下公式：

　　=IF(AVERAGE(B2:D2)<60," 不 及 格 ",IF(AVERAGE(B2:D2)<90," 良 好 ",IF(AVERAGE(B2:D2)<100," 優秀 "," 滿分 ")))

　　按下〔Enter〕鍵後，公式將算出第一個學生成績的評語，按兩下儲存格的填滿控點，將公式向下填滿至 E11，結果如圖 2.12 所示。

E2	▾		fx	=IF(AVERAGE(B2:D2)<60,"不及格",IF(AVERAGE(B2:D2)<90,"良好",IF(AVERAGE(B2:D2)<100,"優秀","滿分")))		
⊿	A	B	C	D	E	F	G
1	姓名	語文	數學	體育	及格與否		
2	閆文明	54	46	77	不及格		
3	黃花秀	98	89	95	優秀		
4	梁今明	68	46	52	不及格		
5	陳越	78	51	78	良好		
6	詹華美	52	80	64	良好		
7	周蒙	66	64	79	良好		
8	胡華	100	100	100	滿分		
9	黃淑寶	53	46	51	不及格		
10	張正文	75	58	48	良好		
11	曲華國	53	61	77	良好		

圖 2.12　根據學生成績自動產生評語

▶ 公式說明

　　本例公式是 IF 函數的嵌套使用，利用 IF 函數作為另一個 IF 函數的參數，IF 函數可以嵌套 1 ～ 64 層。本例中以 4 個資料點作為標準對每個學生的平均成績進行比較，前三個條件需要一一列出條件和算出值，最後一個僅需要擷取計算值即可，條件則自動取前三個條件之外的所有可能的條件。

▶ 使用注意

　　① IF 函數可以對 1 ～ 64 個條件進行判斷，並分別指定算出值。然而條件太多時通常宜用 CHOOSE 函數或者 LOOKUP 函數來取代 IF 函數，公式可以更簡短且易於理解。例如，本例改用 LOOKUP 函數來計算，公式如下。

　　=LOOKUP(AVERAGE(B2:D2),{0,60,90,100},{" 不及格 "," 良好 "," 優秀 "," 滿分 "})

　　② IF 函數可以多層嵌套使用，不過對於 Excel 初學者而言嵌套越多難度越大，

　　在剛學 IF 函數時應一個一個輸入，將第一個 IF 輸入完並確定算出值正確後再寫第二個 IF。

▶ 範例延伸

　　思考：如果本例中分數高於 100 就算出 "輸入錯誤"，如何修改公式

　　提示：IF 函數再嵌套一層，平均成績為 100 時就算出 "滿分"，否則為 "輸入錯誤"。

範例 89 根據業績計算需要發放多少獎金（IF）

範例檔案 第 2 章 \089.xlsx

公司規定業績大於 80000 者給獎金 1000 元，否則給獎金 500 元。要統計 10 位業務員總共需要發放多少獎金。

開啟範例檔案中的資料檔案，在 D2 儲存格輸入以下陣列公式：

=SUM(IF(B2:B11>80000,1000,500))

按下〔Ctrl〕+〔Shift〕+〔Enter〕複合鍵後，公式算出所有業務員的獎金，結果如圖 2.13 所示。

	A	B	C	D	E
				{=SUM(IF(B2:B11>80000,1000,500))}	
1	姓名	業績		獎金	
2	李華強	76787		7000	
3	周聯光	59133			
4	朱邦國	68123			
5	胡秀文	75500			
6	朱通	85463			
7	廖工慶	77567			
8	周美仁	74432			
9	朱貴	86120			
10	黃真真	84389			
11	柳三秀	80429			

圖 2.13 所有業務員的獎金

▶ 公式說明

本例公式使用範圍作為 IF 函數的參數，因此公式會執行陣列運算，輸入公式後必須按〔Ctrl〕+〔Shift〕+〔Enter〕複合鍵，否則只會判斷範圍左上角儲存格的值。

本例中透過 IF 函數將範圍分為兩類，如果業績大於 80000，則按 1000 元計算獎金，否則按 500 元計算獎金。最後透過 SUM 函數將所有獎金彙總。

▶ 使用注意

① 對於此類符合一個條件算出一個值，符合另一個條件則算出另一個值的運算通常用 IF 函數處理，也可以借用其他函數來完成，只不過會麻煩一些。例如：

=SUM(LOOKUP((B2:B11>80000)+1,{1,2},{500,1000}))

=SUM(CHOOSE((B2:B11>80000)+1,500,1000))

=SUM(5000*(1+(B2:B11>80000)))→本公式有些取巧，僅適用於本例。

② SUMIF 函數僅在部分情況下可以代替 SUM+IF 組合，像本例這種情況只能使用 SUM+IF 組合執行資料統計，而且將 SUM 修改成 SUMPRODUCT 也同樣要按〔Ctrl〕+〔Shift〕+〔Enter〕複合鍵，否則無法得到正確結果。

▶ 範例延伸

思考：如果業績大於 80000 則發放獎金 1000 元，70000 ～ 80000 則發放資金 800 元，否則發放資金 500 元，如何設定公式

提示：利用 IF 函數嵌套即可達成需求。

範例 90　求二手圖書訂購價格總和（SUM）

範例檔案 第 2 章 \090.xlsx

在 "參考價格" 工作表中存放了各種二手圖書的價格，在 "訂購表" 工作表中存放每個訂購者的訂購書目，現需要計算所有訂購人員所購買圖書的總價。

開啟範例檔案中的資料檔案，在儲存格 F2 中輸入如下陣列公式：

=SUM(IF(B2:E2= 參考價格 !A$2:A$7, 參考價格 !B$2:B$7))

按下〔Ctrl〕+〔Shift〕+〔Enter〕複合鍵後，公式將算出第一個訂購者的總價格。然後將公式向下填滿，完成所有人員購買二手圖書總價的計算，結果如圖 2.15 所示。

	A	B	C
1	書目	單價	
2	語文	20	
3	數學	43	
4	地理	25	
5	歷史	20	
6	化學	35	
7	生物	20	
8			

圖 2.14　圖書價格

F2 ▼ =｛=SUM(IF(B2:E2=參考價格!A$2:A$7,參考價格!B$2:B$7))｝

	A	B	C	D	E	F	G
1	姓名		訂購書目			總價	
2	趙	語文	歷史			40	
3	錢	化學	地理	數學	生物	123	
4	孫	語文	數學	地理		88	
5							
6							
7							

圖 2.15　訂購總價

▶ 公式說明

本例公式首先使用 "訂購表" 中的所有訂購圖書和 "參考價格" 中的所有圖書執行比較，由於兩者的方向不同，因此比較結果是一個由 TRUE 和 FALSE 組成的二維陣列。然後 IF 函數將陣列中的 TRUE 轉換成圖書價格，FALSE 保持不變。最後透過 SUM 函數將所有二手圖書價格加總，得到採購二手圖書的總價。

▶ 使用注意

對於複雜的公式，選擇公式所在儲存格，然後按一下 "評估值公式" 指令即可看到公式的每一個計算步驟，圖 2.16、圖 2.17 所示為 F1 儲存格的評估值公式第一步和評估值公式第三步。其中有底線的部分表示下一步要計算的運算式。

圖 2.16　評估值公式第一步

圖 2.17　評估值公式第三步

公司規定工作時間 1 年以下者給 3000 元年終獎金，1～3 年者 8000 元，3～5 年者 13000 元，5 到 10 年者 18000 元。要統計本年度第 12 月每人薪資加上年終獎金的合計。

開啟範例檔案中的資料檔案，在 D2 儲存格輸入以下公式：

=C2+SUM(IF(B2>{0,1,3,5,10},{3000,5000,5000,5000,5000}))

按下〔Enter〕鍵後，公式算出第一個員工在 12 月的薪資與年終獎金總和。按兩下儲存格填滿控點，將公式填滿至 D11，結果如圖 2.18 所示。

	A	B	C	D	E
D2			fx	=C2+SUM(IF(B2>{0,1,3,5,10},{ 3000,5000,5000,5000,5000}))	
1	姓名	工齡	工資	年終獎金+工資	
2	諸光望	2.3	32500	40500	
3	魯華美	4.6	28500	41500	
4	羅正宗	3.7	30000	43000	
5	諸有光	6.4	31000	49000	
6	劉興宏	1.5	34000	42000	
7	陳沖	3.1	33000	46000	
8	趙光明	6.7	29500	47500	
9	趙雲秀	5.3	28500	46500	
10	曹錦榮	8.5	31500	49500	
11	吳國慶	1.8	30000	38000	

圖 2.18　計算薪資與年終獎金總和

▶ 公式說明

年資在 1 年以下給年終獎金 3000 元，1～3 年者則加 5000 元，3～5 年者再加 5000 元，5～10 年者還加 5000 元。基於此要求，使用代表年資的常數陣列作為 IF 函數的第一參數，再以每個年資對應的年終獎金遞增額作為第二參數，IF 函數會根據年資的大小列出每個階段的年終獎金遞增額度。最後使用 SUM 函數將這些遞增金額彙總即為目前員工的年終獎金。

本例使用了常數陣列作為 IF 函數的參數，因此公式需要執行陣列運算，但輸入公式後不需要按〔Ctrl〕+〔Shift〕+〔Enter〕複合鍵，換言之，本例公式不是陣列公式。

▶ 使用注意

為了有助於讀者理解公式中 IF 函數的運算過程，特將 D4 儲存格的運算過程逐一列出來，過程如下。

=C4+SUM(IF(B4>{0,1,3,5,10},{3000,5000,5000,5000,5000}))

=C4+SUM(IF({TRUE,TRUE,TRUE,FALSE,FALSE},{3000,5000,5000,5000,5000}))

=C4+SUM({3000,5000,5000,FALSE,FALSE})

=C4+13000

=43000

▶ 範例延伸

思考：用一個公式彙總所有員工的年終獎金

提示：將本例公式的儲存格參照改成範圍，外套 SUM 函數彙總即可。

在各列中計算對應產品的數量與單價之積，若遇合計列則對本組的金額加總。開啟範例檔案中的資料檔案，在 E2 儲存格輸入以下公式：

=IF(D2<>"",PRODUCT(C2:D2),SUM(OFFSET(E2,-3,,3)))

按下〔Enter〕鍵後，公式算出產品一的金額。將公式向下填滿，在非合計列會逐一計算數量與單價之乘積，在合計列則會自動計算本組的金額總和，效果如圖 2.19 所示。

	E2	▼		f_x	=IF(D2<>"",PRODUCT(C2:D2), SUM(OFFSET(E2,-3,,3)))	
◢	A	B	C	D	E	F
1	組別	品名	數量	單價	金額	
2	A組	產品一	130	15	1950	
3	A組	產品二	105	15	1575	
4	A組	產品三	140	12	1680	
5	合計				5205	
6	B組	產品一	130	15	1950	
7	B組	產品二	103	15	1545	
8	B組	產品三	101	12	1212	
9	合計				4707	
10	C組	產品一	126	15	1890	
11	C組	產品二	126	15	1890	
12	C組	產品三	116	12	1392	
13	合計				5172	

圖 2.19　既求乘積也加總

▶ 公式說明

　　本例中既需要求乘積也需要加總，其特點是 D 欄對應的儲存格為空白時，就將前面三個儲存格加總，否則對左邊兩個儲存格求乘積。所以本例公式首先用 IF 判斷 D 欄是否為空值，是空值則對其數量和單價求乘積，否則對公式所在儲存格上方的三個儲存格加總。

　　參照上方的 3 個儲存格只能使用 OFFSET 函數，在本書的第 6 章會有關於 OFFSET 函數的詳細說明和範例應用。

▶ 使用注意

　　① 本例公式僅僅適用於每個組的資料列都統一的情況，如果資料的列數不同則需要使用以下更複雜的公式：

=IF(D2<>"",PRODUCT(C2:D2),SUM(INDIRECT("E"&(IFERROR(LOOKUP(1,0/(A$1:A1="合計"),ROW($1:1)),1)+1)&":E"&ROW(A2)-1)))

　　② 本例的公式中，運算式 "OFFSET(E2,-3,,3)" 總是參照公式所在儲存格上方的三個儲存格，它的第一參數是參照點，第二參數代表偏移列數，第三參數代表偏移欄數，第四參數代表高度，第五參數代表寬度。最後兩個參數是非必填參數。表達式 "OFFSET(E2,-3,,3)" 的具體含義是相對於 E2（填滿公式時參照點會變化）儲存格向上偏移 3 列、高度為 3 的範圍。

▶ 範例延伸

　　思考：將 "合計" 改成 "對每個組別求平均"
　　提示：求平均值用 AVERAGE 函數。

範例 93 分別統計收入和支出（IF）

範例檔案 第 2 章 \093.xlsx

收支表中輸入的資料不太規範，要在不修改原資料的前提下分別計算收入和支出金額合計。

開啟範例檔案中的資料檔案，在 E1 儲存格輸入以下陣列公式：

=SUM(IF(B2:B13>0,B2:B13))

再在 E2 儲存格輸入以下陣列公式：

=SUM(IF(SUBSTITUTE(IF(B2:B13<>"",B2:B13,0)," 負 ","-")*1<0,SUBSTITUTE(B2:B13," 負 ","-")*1))

兩個公式分別計算收入金額和支出金額，結果如圖 2.20 所示。

E1	▼			f_x	{=SUM(IF(B2:B13>0,B2:B13))}
	A	B	C	D	E
1	日期	收支(千元)		收入	248
2	1月1日	50		支出	0
3	1月2日	23			
4	1月3日	-60			
5	1月4日	25			
6	1月5日	80			
7	1月6日				
8	1月7日	負46			
9	1月8日	50			
10	1月9日	-30			
11	1月10日				
12	1月11日	負80			
13	1月12日	20			

圖 2.20　分別統計收入和支出

▶ 公式說明

本例第一個公式中 IF 函數省略了第三參數，因此相當於將負數當作 FALSE 處理。即把負數按 FALSE 計算，而 SUM 函數加總時可以忽略陣列中的邏輯值，所以最後參與加總的值只包含正數。

第二個公式在彙總時既要排除空值又要排除正數，還要將帶有字串 "負" 的儲存格轉換成負數，然後再參與計算，所以公式比較複雜，使用了兩個 IF 函數分別排除空值和正數，最後再用 SUBSTITUTE 函數將 "負" 轉換成負號，最後用 SUM 函數彙總。

▶ 使用注意

本例中第一個公式的 IF 函數允許忽略第三參數，第二公式中的 IF 函數則不能忽略，否則公式將產生錯誤結果。因為忽略第三參數後產生邏輯值 FALSE 經過 SUBSTITUTE 函數運算之後，會變成字串字串 "FALSE"，而不再是邏輯值 FALSE，將它 "*1" 後只能得到錯誤值而非得到 0 值。錯誤值不能參與加總。

▶ 範例延伸

思考：用一個 SUM 函數統計收入與支出金額總和

提示：利用 SUBSTITUTE 函數將帶有 "負" 的儲存格轉換成負數，然後用 SUM 加總。

範例檔案 第 2 章 \094.xlsx

　　成績範圍中有人缺考，儲存格為空值，現需要參照該範圍非空白資料，將未參加考試人員姓名排除。

　　開啟範例檔案中的資料檔案，在 D1 儲存格輸入以下陣列公式：

　　=INDEX($A:$B,SMALL(IF($B$1:$B$11<>"",ROW($1:$11),ROWS($1:$11)+1),ROW()),COLUMN(A1))&""

　　按下〔Ctrl〕+〔Shift〕+〔Enter〕複合鍵後，將公式向右填滿至 E1，再選擇 D1:E1 範圍，將公式向下填滿至第 11 列，結果如圖 2.21 所示。

D1		fx	{=INDEX($A:$B,SMALL(IF($B$1:$B$11<>"",ROW($1:$11),ROWS($1:$11)+1),ROW()),COLUMN(A1))&""}						
	A	B	C	D	E	F	G	H	I	J
1	姓名	成績		姓名	成績					
2	梁愛國	76		梁愛國	76					
3	柳龍雲	57		柳龍雲	57					
4	朱未來			潘大旺	63					
5	潘大旺	63		朱真光	96					
6	朱真光	96		錢光明	65					
7	錢光明	65		趙前門	64					
8	趙前門	64		周美仁	74					
9	周至強			羅至貴	100					
10	周美仁	74								
11	羅至貴	100								

圖 2.21　排除空值

▶ 公式說明

　　本例公式有如下兩個重點。

　　首先，利用 IF 函數將 B1:B11 中空白儲存格的列號轉換成 12（運算式 ROWS($1:$11)+1 的運算結果），再透過 SMALL 函數對 IF 產生陣列排序，將 12 排在最末端。當 INDEX 函數配合這些序號去參照資料時，就會優先參照非空白儲存格的值，所有空白儲存格都排列在 E1:E11 範圍的末端。

　　其次，在公式末尾的 "&""" 可以將空白儲存格參照轉換成空值。如果刪除 "&"""，INDEX 參照空白儲存格時會顯示為 0。

▶ 使用注意

　　① 本例公式得以正常工作的前提是 A12 是空白儲存格，否則在 D10:E11 將會產生 A12:B12 的數據。如果不能確定 A12 是空白儲存格，可以將運算式 "ROWS($1:$11)+1" 改成 65536，通常該儲存格不會存放資料。

　　② 也可以將 "COLUMN(A1)" 修改成 "COLUMN(A1:B1)"，然後將公式一次性輸入到 D1:E11 範圍中，而不是先在一個儲存格輸入公式，然後向下、向右填滿。

　　③ ROWS 函數用於計算一個範圍的列數，ROW 函數用於計算儲存格的列號。任何時候 ROWS 函數都只能算出單值，而 ROW 函數的參數是多列的範圍時可以算出一個陣列，陣列的元素包含範圍中每一列的列號。

範例 95 選擇性彙總資料（IF）

範例檔案 第 2 章 \095.xlsx

僅對 A 組、C 組人員的產量彙總。開啟範例檔案中的資料檔案，在 E2 儲存格輸入以下陣列公式：

=SUM(IF(A2:A11={"A 組 ","C 組 "},C2:C11))

按下〔Ctrl〕＋〔Shift〕＋〔Enter〕複合鍵後，公式將算出 A 組和 C 組成員的產量總和，結果如圖 2.22 所示。

E2	▼	fx	{=SUM(IF(A2:A11={"A組","C組"},C2:C11))}

	A	B	C	D	E	F	G
1	組別	姓名	產量		A組與C組產量		
2	A組	鐘小月	179		794		
3	B組	朱華青	150				
4	A組	梁今明	136				
5	C組	游有慶	156				
6	D組	朱貴	179				
7	A組	龍度溪	154				
8	B組	陳胡明	153				
9	C組	周美仁	169				
10	D組	趙冰冰	152				
11	B組	劉喜仙	169				

圖 2.22　選擇性彙總資料

▶ 公式說明

本例需要對符合兩個條件之一的資料加總，因此直接使用常數陣列 "{"A 組 ","C 組 "}" 作為 IF 函數的條件，進而在 C2:C11 範圍中擷取出 "A 組" 和 "C 組" 對應的產量，而其他組別的產量將被轉換成 FALSE。由於 SUM 函數加總時會忽略陣列中的邏輯值，因此 SUM+IF 組合只會統計符合條件的資料，不符合條件的資料自動轉換成 FALSE，進而不參與加總。

▶ 使用注意

① 本例中使用 SUM 函數套用 IF 比較易於理解，表示如果滿足陣列中條件之一，就進行彙總。IF 的第三參數已省略，即表示對不符合條件的資料都當作 0 值處理。

② 本例不使用 IF 函數也可以完成，有如下幾種方式。

=SUM(SUMIF(A2:A11,{"A 組 ","C 組 "},C2))

=SUM(((A2:A11={"A 組 ","C 組 "})*C2:C11))

=SUM(((A2:A11="A 組 ")+(A2:A11="C 組 "))*C2:C11)

③ 本例公式中的常數陣列必須是橫向一維陣列，即元素之間只能使用逗號，不能使用分號，否則無法得到正確結果。

▶ 範例延伸

思考：計算 A、B、C 三組產量總和

提示：可以設定條件為 "<>D 組"。

範例 96 計算最大數字列與字串列（IF）

範例檔案 第 2 章 \096.xlsx

計算 B 欄最後出現的字串與數字所在的列號。

開啟範例檔案中的資料檔案，在 E1 儲存格輸入以下陣列公式：

=MAX(IF(ISNUMBER(B:B),ROW(A:A)))

再在 E2 儲存格輸入以下陣列公式：

=MAX(IF(ISTEXT(B:B),ROW(A:A)))

上述兩個公式可以分別算出 B 欄最後出現的數字與字串的列號，結果如圖 2.23 所示。

E1	▼	(●	fx	{=MAX(IF(ISNUMBER(B:B),ROW(A:A)))}		
	A	B	C	D		E
1	日期	產量		B列最後一個數字的行號		11
2	2008年1月1日	80		B列最後一個文字的行號		4
3	2008年1月2日	87				
4	2008年1月3日	停電				
5	2008年1月4日	106				
6	2008年1月5日	95				
7	2008年1月6日	85				
8	2008年1月7日					
9	2008年1月8日	114				
10	2008年1月9日	112				
11	2008年1月10日	84				

圖 2.23 計算最大數字列與字串列

▶ 公式說明

本例第一個公式中的運算式 "ROW（A:A）" 可以產生 1 ～ 1048576 的序列，相當於 "ROW（1:1048576）"。公式首先產生一個非空白儲存格的列號組成的陣列，再用 MAX 函數取其中的最大值。IF 函數在公式中的作用是排除空白儲存格的列號。

第二個公式同第一個公式原理相同，僅僅將排除空白儲存格的列號改成排除非字串的列號。

▶ 使用注意

① 本公式不能用於 Excel 2003，如果將檔案存為相容模式，用 Excel 2003 打開將產生錯誤值。因為 Excel 2003 不能參照整欄去參與陣列運算。

② 如果需要公式在 Excel 2003 和 Excel 2010 中都正常使用，可以修改公式使其通用。

=MAX(IF(INDIRECT("A1:A"&IF(ISERR(A1048576),65535,1048576))<>"",ROW(INDIRECT("1:"&IF(ISERR(A1048576),65535,1048576)))))

③ 本例如果改用 MATCH 函數也能達成需求，而公式會簡單得多，在後面關於 MATCH 函數的章節中會有多個範例示範。

▶ 範例延伸

思考：計算 B 欄最先出現的字串所在列

提示：將 MAX 函數改成 MIN 函數。

薪資資料所在欄的欄號全是 3 的倍數，要彙總所有薪資。開啟範例檔案中的資料檔案，在儲存格 K2 輸入如下陣列公式：

=SUM(IF(MOD(COLUMN(A:I),3)=0,A2:I10))

按下〔Ctrl〕+〔Shift〕+〔Enter〕複合鍵後，公式將算出薪資總和，結果如圖 2.24 所示。

K2	▼			*f*x	{=SUM(IF(MOD(COLUMN(A:I),3)=0,A2:I10))}					
	A	B	C	D	E	F	G	H	I	J	K
1	姓名	工號	工資	姓名	工號	工資	姓名	工號	工資		工資彙總
2	趙	354	22710	陳	288	20060	尤	325	20820		526690
3	錢	110	15080	褚	289	20270	許	101	17220		
4	孫	450	20480	衛	40	22020	何	218	16260		
5	李	87	18410	蔣	165	23290	呂	385	17770		
6	周	141	15650	沈	231	23430	施	331	16010		
7	吳	271	16360	韓	405	18280	張	80	20440		
8	鄭	238	17670	楊	294	22000	孔	90	18700		
9	王	64	23890	朱	271	20040	曹	297	18430		
10	馮	132	22700	秦	479	18060	嚴	188	20640		

圖 2.24　彙總薪資

▶ 公式說明

本例資料的特點是待加總的資料所在欄的欄號是 3 的倍數，那麼用 COLUMN 函數擷取出欄號，然後透過 IF+MOD 組合判斷欄號除以 3 的餘數是否等於 0，最後對餘數為 0 者所對應的欄的值加總。

IF 函數配合 MOD 函數應用時，會自動將不符合條件的姓名和工號轉換成 FALSE，而 SUM 函數彙總資料時會略過陣列中的 FALSE，因此最終的彙總結果中只包含 A2:I10 範圍中的薪資，不包含代表工號的數值及代表姓名的字串。

▶ 使用注意

① 在本例中，IF 函數的第三參數已經省略，在加總時將它當作 FALSE 處理。即欄號除以 3 的餘數不等於 0 時就按 FALSE 計算，否則按參數參照的範圍中的原值參與計算。

② 如果本例中工號所在欄是字串，則本例可以簡化為：

=SUM(A1:I10)

因為 SUM 函數彙總範圍中的資料時會自動忽略字串型數字，只計算數值。

③ 本例也可以採用以下陣列公式完成：

=SUM(IFERROR((MOD(COLUMN(A:I),3)=0)*A2:I10,))

④ SUM+IF 組合在工作中的應用相當多，比 SUMIF 函數更靈活，不過包含 SUM+IF 組合的公式通常都是陣列公式，輸入方式上更麻煩一些。

▶ 範例延伸

思考：計算圖 2.24 中大於 20000 的薪資總和

提示：添加一個大於 20000 的條件作為 IF 的參數即可。

範例 98 彙總資料時忽略錯誤值（IFERROR）

範例檔案 第 2 章 \098.xlsx

圖 2.25 中 B2:B11 範圍包含數值、字串型數字 (B5 儲存格) 和字串，要統計其中的數值和字串型數字總和。

開啟範例檔案中的資料檔案，在 E2 儲存格輸入以下陣列公式：

=SUM((IFERROR(B2:B11*1,0)))

按下〔Ctrl〕+〔Shift〕+〔Enter〕複合鍵後，公式可算出所有捐款總和，包含字串型數字，結果如圖 2.25 所示。

D2	▼	fx	{=SUM((IFERROR(B2:B11*1,0)))}		
	A	B	C	D	E	F
1	姓名	捐款數量		捐款合計		
2	羅至忠	800		13150		
3	張大中	1000				
4	李有花	200				
5	遊有之	350				
6	趙前門	未捐				
7	林至文	2500				
8	潘大旺	7000				
9	陳沖	捐衣服				
10	李文新	800				
11	趙雲秀	500				

圖 2.25　合計範圍的值並忽略錯誤值

▶ 公式說明

SUM 函數加總時，會忽略儲存格中的字串型數字和字串，由於本例要求將字串型數字一併加總，因此使用 "*1" 的辦法將它轉換成數值。

將字串型數字轉換成數值的同時會將字串轉換成錯誤值，導致 SUM 函數的求和結果也是錯誤值。為了解決這個問題，公式中使用了 IFERROR 函數將 SUM 函數的參數中的錯誤值轉換成數字 0，非錯誤值則保持不變。

▶ 使用注意

① SUM 函數統計一個範圍或者陣列中的資料總和時可以自動忽略字串和字串型數值，但不能忽略錯誤值。只要待彙總的資料中有一個錯誤值，那麼 SUM 函數的計算結果就一定是錯誤值。IFERROR 函數的存在價值是將錯誤值轉換成其他任意值，根據需求隨意指定，因此工作中常將 SUM 與 IFERROR 函數搭配使用。

② IFERROR 函數的功能是將錯誤值轉換成指定的值，它有兩個參數，第一參數是可能包含錯誤值的運算式、範圍或者陣列，第二參數是替換錯誤值的任意資料。例如，公式 "=IFERROR({1,2,#DIV/0!,#NAME?,2},10)" 的轉換結果是 "{1,2,10,10,2}"，其中兩個錯誤值已經轉換成數值 10。

▶ 範例延伸

思考：如果捐款數量欄填的是 "捐衣服"，那麼按價值 1000 元計算，如何修改公式

提示：將 B2:B11 替找成 IF(B2:B11="捐衣服",1000,B2:B11) 即可。

範例檔案 第 2 章 \099.xlsx

　　機台在維修或者更換原料時會停機，為了清楚地表現停機原因，將停機原因和停機時間值都組合在一起。現在需要排除儲存格中的字串，僅僅對停機時間加總。

　　開啟範例檔案中的資料檔案，在 C12 儲存格輸入以下陣列公式：

=SUM(IFERROR(SUBSTITUTE(SUBSTITUTE(C2:C11," 修機 ","")," 換原料 ","")*1,0))

　　按下〔Ctrl〕+〔Shift〕+〔Enter〕複合鍵後，公式算出所有停機時間總和，結果如圖2.26。

C12	▼	fx	{=SUM(IFERROR(SUBSTITUTE(SUBSTITUTE(C2:C11,"修機",""),"換原料","")*1,0))}		
	A	B	C	D	E
1	時間	產量	異常停機時間（分鐘）		
2	8:00-9:00	100			
3	9:00-10:00	20	修機40		
4	10:00-11:00	81			
5	11:00-12:00	91			
6	01:00-02:00		換原料60		
7	02:00-03:00	98			
8	03:00-04:00	20	修機15		
9	04:00-05:00	99			
10	06:00-07:00	15	換原料45		
11	07:00-08:00	92			
12	合計		160		

圖 2.26　計算異常停機時間

▶ **公式說明**

　　空白儲存格參與數值運算時當作 0 處理，參與字串運算時當作空字串處理。當空白儲存格作為 SUM 函數的參數時就是數值運算，作為 SUBSTITUTE 函數的參數時就是字串運算，因此使用 SUBSTITUTE 函數直接對空白儲存格執行替換會得到空字串，而空字串 "*1" 將會得到錯誤值，導致 SUM 函數加總時出錯。

　　為了解決此問題，本例公式使用 SUBSTITUTE 函數將 "修機" 和 "換原料" 替換成空字串後，再透過 IFERROR 函數將錯誤值轉換成 0，這是必不可少的步驟。

　　不過 IFERROR 函數只能在 Excel 2007、Excel 2010 和 Excel2013 中使用，不允許在 Excel 2003 中使用。

▶ **使用注意**

　　① IFERROR 函數的第一參數包含多個值時將執行陣列運算。當第一參數有多個值時，那麼第二參數的值的個數只能是一個或者等於第一參數的數量。

　　② IFERROR 函數的第二參數允許使用任意值，包含錯誤值，不過實際工作中通常都用 0，即使用 0 替代錯誤值去參與下一步運算。

▶ **範例延伸**

　　思考：假設 C 欄每個資料都有單位 "分鐘"，如 "修機 40 分鐘"，如何計算其停機時間總和

　　提示：相對於本例公式再套一層 SUBSTITUTE 函數，將 "分鐘" 替換成空字串即可。

2

邏輯函數

CHAPTER 3

字串函數

本章要點

- 格式轉換
- 字元碼運用
- 字串連結
- 字元轉換
- 字元長度計算
- 去空格
- 尋找與取代
- 擷取字串
- 清除非列印字元

相關函數

ASC、BIG5、CODE、CHAR、CONCATENATE、PROPER、LOWER、UPPER、VALUE、T、TEXT、FIXED、REPT、LEN、TRIM、FIND、REPLACE、SEARCH、SUBSTITUTE、LEFT、MID、RIGHT、CLEAN、NUMBERVALUE

範例細分

- 用公式產生分列符號
- 算出自動換列儲存格第二列數據
- 將單字轉換成第一個字母大寫
- 擷取混合字串中的數字
- 根據大陸身分證號碼判斷性別
- 顯示今天每項工程的預計完成時間
- 將數字金額顯示為大寫
- 計算年終獎金
- 計算本月星期日的個數
- 利用公式製作帶軸的圖表、且標示升降
- 分別擷取長、寬、高
- 尋找編號中重複出現的數字
- 產品規格之格式轉換
- 判斷調色配方中是否包含色粉 "B"
- 透過大陸身分證號碼計算年齡
- 從混合字串中擷取金額

格式轉換

範例 100 將全形字符轉換為半形（ASC）

範例檔案 第 3 章 \100.xlsx

將全形字元轉換為半形，可以使字元的大小統一，也會更美觀。

開啟範例檔案中的資料檔案，在 B1 儲存格中輸入以下公式：

=ASC(A2)

按下〔Enter〕鍵後，公式將全形字母轉換為半形字母，若沒有全形字母則保持不變，結果如圖 3.1 所示。

	A	B
	B2 ▾	fx =ASC(A2)
1	原始資料	轉換為半形
2	ＥＸＣＥＬ	EXCEL
3	125ＫＧ	125KG
4	ＣＨＩＮＡ	CHINA
5	諾基亞8310	諾基亞8310
6	ＢＡＧＳ	BAGS
7	char	char
8	guest	guest
9	ＧＵＥＳＴ	GUEST

圖 3.1　將全形字元轉換為半形

▶ 公式說明

ASC 函數用於將雙格式字元集語言中的全形（雙位元）字元更改成半形（單位元）字元。本例中 A2:A9 範圍的部分文字為全形、部分文字為半形，使用 ASC 函數可以將它們全部統一成半形。

▶ 使用注意

① 利用 ASC 函數將全形字母轉換為半形字母後，有以下兩個變化。其一是全形字符佔用寬度大於半形字元；其二是透過 LENB 函數計算長度時，一個全形字母的長度是 2，而一個半形字母佔用的寬度則是 1。

② ASC 函數只有一個參數，參數可以是單值也可以是範圍或者陣列，當參數是範圍或陣列時，將會執行陣列運算，產生多個計算結果。實際工作中都用單值作為 ASC 函數的參數。

▶ 範例延伸

思考：計算 "ＧＵＥＳＴ" 字串中有幾個全形字符

提示：用 LENB 函數將字串按雙位元計算長度，再用 LEN 函數將字串按單位元計算其長度，兩個結果相減即可。

範例 101 從混合字串中擷取中文（BIG5）

範例檔案 第 3 章 \101.xlsx

圖 3.2 中的 A 欄是軟體名稱，名稱中包含中文、英文和數字，英文和數字還包含半形和全形兩種狀態。要擷取軟體名稱左端的中文。

開啟範例檔案中的資料檔案，在 B2 儲存格輸入以下公式：

=LEFT(A2,LEN(A2)-(LENB(BIG5(A2))-LENB(ASC(A2))))

按下〔Enter〕鍵後，公式將算出 A2 儲存格的前置中文。按兩下儲存格的填滿控點，將公式向下填滿，結果如圖 3.2 所示。

B2	▾	_fx_	=LEFT(A2,LEN(A2)-(LENB(BIG5(A2))-LENB(ASC(A2))))

	A	B
1	數據	擷取中文
2	資料庫ＡＣＣＥＳＳ2003	資料庫
3	試算表Excel2003	試算表
4	排版軟體CareDraw 11.0	排版軟體
5	影像處理ＰＨＯＴＯshop 6.0	影像處理
6	網頁計算ＦＲＯＮＴpage2007	網頁計算
7	模具設計autoＣＡＤ2004	模具設計
8	Visual Basic6.0	

圖 3.2　從混合字串中擷取中文

▶ 公式說明

ASC 函數的功能是將全形字元轉換成半形字元，而 BIG5 函數是將半形字元轉換成全形字元。全形字元與半形字元的區別主要表現在兩個方面，其一是全形字元佔用的空間寬度大於半形字元；其二是全形字元的字數不等於位元數，而半形字元的字數才等於位元數。一個全形字占兩個位元，而半形字元只占一個位元，只有字母和數字才有全形與半形之分。

基於以上分析，本例公式中先使用 BIG5 函數，將 A2 儲存格的值轉換成全形狀態，然後用 LENB 函數計算它的字數量。接著使用 ASC 函數將 A2 儲存格的值轉換成半形狀態，並用 LENB 函數計算它的字元數量。由於中文不存在半形與全形之分，因此兩次計算結果的差異就是數字加字母的數量。

最後使用 LEN 函數計算 A2 的字元數量，該值減掉字母加數字的數量即為中文的數量。有了中文數量，透過 LEFT 函數擷取對應數量的字元即為最終結果。

▶ 使用注意

① LEN 函數用於計算字元數量，任何單字元的位元數量都是 1。LENB 函數用於計算字數量，所有全形字符都占兩個位元。

② 本例公式僅適合中文在左邊的情況，如果中文在中間，公式會複雜得多。

▶ 範例延伸

思考：統計圖 3.2 中所有中文的個數

提示：用 LEN、LENB、BIG5、LENB、ASC 函數計算中文數量，再透過 SUM 函數彙總。

字元集運用

範例 102 判斷儲存格首字元是否為字母（CODE）

範例檔案 第 3 章 \102.xlsx

判斷每個儲存格首字元是否為英文字母，包括大寫字母、小寫字母。開啟範例檔案中的資料檔案，在 B2 儲存格輸入以下公式：

=OR(AND(CODE(A2)>64,CODE(A2)<91),AND(CODE(A2)>96,CODE(A2)<123))

按下〔Enter〕鍵後，公式將對 A2 儲存格進行判斷。按兩下儲存格的填滿控點，將公式向下填滿，結果如圖 3.3 所示。

B2 ▼		f_x	=OR(AND(CODE(A2)>64,CODE(A2)<91),AND(CODE(A2)>96,CODE(A2)<123))	
	A	B	C	D
1	原始資料	首字元是否字母		
2	EXCEL	TRUE		
3	125KG	FALSE		
4	CHINA	TRUE		
5	諾基亞8310	FALSE		
6	BAGS	TRUE		
7	char	TRUE		
8	20080808	FALSE		
9	GUEST	TRUE		

圖 3.3　判斷儲存格首字元是否為字母

▶ 公式說明

本例利用 CODE 函數計算儲存格第一個字元的字元代碼，如果該代碼在 65 ～ 90 之間，或者在 97 ～ 122 之間，那麼就表示首字元是字母。其中 65 ～ 90 之間表示大寫字母，97 ～ 122 之間是小寫字母。

▶ 使用注意

① CODE 函數用於計算文字字串中第一個字元的字元集，也就是說，儲存格中不管有多少個字元，只計算第一個字元的字元集。

② CODE 函數用於計算字元的字元集，而 CHAR 函數可以根據字元集產生字元，在功能上與 CODE 相反（也有少數情況例外）。

③ 根據本例的公式，也可以簡化成如下公式。

=SUM(N(CODE(A2)>{64,96}),N(CODE(A2)<{91,123}))=3

▶ 範例延伸

思考：判斷儲存格首字元是否為數字
提示：數字 0 ～ 9 的字元碼在 48 ～ 57 之間。

分別計算每個儲存格中的數字個數。開啟範例檔案中的資料檔案，在 B2 儲存格輸入以下陣列公式：

=SUM(IFERROR((CODE(MID(A2,ROW($1:$999),1))>47)*(CODE(MID(A2,ROW($1:$999),1))<58),0))

按下〔Ctrl〕+〔Shift〕+〔Enter〕複合鍵後，公式將算出 A2 儲存格的數字個數。按兩下儲存格的填滿控點，將公式向下填滿，結果如圖 3.4 所示。

B2	fx	{=SUM(IFERROR((CODE(MID(A2,ROW($1:$999),1))>47)*(CODE(MID(A2,ROW($1:$999),1)<58),0))}

	A	B	C	D	E
1	原始資料	數字個數			
2	EXCEL	0			
3	125KG	3			
4	CHINA	0			
5	諾基亞8310	4			
6	BAGS	0			
7	char	0			
8	20080808	8			
9	GUEST	0			

圖 3.4 計算儲存格中的數字個數

▶ 公式說明

數字 0 ～ 9 的字元碼在 48 ～ 57 之間。所以本例公式使用 ROW 函數產生 1 ～ 999 的序號，再配合 MID 函數擷取第 1 個、第 2 個……第 999 個字元，接著使用 CODE 函數判斷它是否大於 47 且小於 58，如果符合條件則按照條件 1 參與加總，不符合條件則按照條件 0 參與加總。

之所以使用 ROW($1:$999)，是因為儲存格中的字元通常不會超過 999 個字，但有可能超過 99 個，從字串中擷取第 1 ～第 999 個字元可以確保不產生遺漏，同時又不會導致運算量太大。

當 ROW($1:$999) 產生的序號超出實際的儲存格字元數量時，MID 函數只能產生空字串，CODE 函數字元空字串的字元集只能得到錯誤值，因此在 CODE 以外需要使用 IFERROR 函數將錯誤值轉換為 0，然後再使用 SUM 函數加總。

▶ 使用注意

字元碼同時滿足大於 47、小於 58 兩個條件時才是數字，因此本例公式直接將兩個運算式相乘，由於只有 TRUE 乘以 TRUE 才等於 1，TRUE 乘以 FALSE 以及 FALSE 乘以 FALSE 都等於 0，所以兩個運算式相乘的結果同時滿足兩個條件者當作 1 處理，其他條件都當作 0 處理。最終的結果是同時滿足兩個條件的字元數量。

▶ 範例延伸

思考：計算儲存格中的非數字個數

提示：將 ">" 改成 "<="，將 "<" 改成 ">="，同時將兩個條件間的 "*" 改成 "+"。

範例檔案 第 3 章 \104.xlsx

分別計算每個儲存格中大寫加小寫字母的個數。開啟範例檔案中的資料檔案，在 B2 儲存格輸入以下陣列公式：

=SUM(IFERROR((CODE(UPPER(MID(A2,ROW($1:$9),1)))>64)*(CODE(UPPER(MID(A2,ROW($1:$9),1)))<91),0))

按下〔Ctrl〕+〔Shift〕+〔Enter〕複合鍵後，公式將算出 A2 儲存格的字母個數。按兩下儲存格的填滿控點，將公式向下填滿，結果如圖 3.5 所示。

B2 ▼		f_x	{=SUM(IFERROR((CODE(UPPER(MID(A2,ROW($1:$9),1)))>64)*(CODE(UPPER(MID(A2,ROW($1:$9),1)))<91),0))}		
	A	B	C	D	E
1	原始資料	字母個數			
2	EXCEL	5			
3	125KG	2			
4	CHINA	5			
5	諾基亞8310	0			
6	BAGS	4			
7	char	4			
8	20080808	0			
9	GUEST	5			

圖 3.5　計算儲存格中大寫加小寫字母的個數

▶ 公式說明

字母分為大寫和小寫兩種，而且大寫字母和小寫字母的字元碼並不連續，其中大寫字母的字元代碼在 65 ～ 90 之間，小寫字母的字元代碼在 97 ～ 122 之間。本例公式首先將所有字母都轉換成大寫，再計算其字元碼，可以減少兩次判斷，僅需要符合 "大於 64" 和 "小於 91" 兩個條件即可。

▶ 使用注意

① 本例也可以使用 LOWER 函數將所有字元轉換成小寫字母，再擷取其他字元。將比較範圍 64 和 91 分別改成 96 和 123 即可。

② UPPER 函數用於將字母轉換成大寫形式，它只對字母有效，對數字、中文和標點符號無效。由於要求同時統計大小寫字母的數量，為了避免判斷兩次，使用 UPPER 函數將字串中的字母都統一轉換成大寫形式，然後只需再計算一次大寫字母的數量即可，否則既要計算大寫字母數量還要計算小寫字母數量。

③ 本例可以利用常數陣列作比較物件來縮減公式長度，公式如下：

=SUM(IFERROR((CODE(UPPER(MID(A2,ROW($1:$999),1)))>{64,91})*{1,-1},0))

▶ 範例延伸

思考：計算儲存格中非字母個數

提示：相對於本例修改比較運算，同時將兩個條件間的 "*" 改成 "+" 即可。

按照從 "A" 到 "Z" 的順序產生大小寫字母序列
（CHAR）

範例檔案 第 3 章 \105.xlsx

在 A 欄產生大寫字母序列，在 B 欄產生小寫字母序列，都按從 "A" 到 "Z" 的順序排列。

開啟範例檔案中的資料檔案，在 A1 和 A2 儲存格分別輸入以下公式：

=CHAR(ROW(A65))

=CHAR(ROW(A65)+32)

選擇儲存格 A1:B1，將公式向下填滿至第 26 列，結果如圖 3.6 所示。

圖 3.6　產生大小寫字母序列

▶ 公式說明

本例第一個公式利用 ROW 函數產生自然數序列來作為 CHAR 函數的參數，在填滿公式時 ROW 函數將產生 65 ～ 90 的序列。由於大寫字母的字元碼正是從 65 開始，所以填滿公式時就可以產生 "A" 到 "Z" 的序列。

第二個公式在 CHAR 函數的參數 65 基礎上加 32，正好是小寫字母 "a" 的字元代碼，當公式向下填滿時，由於 ROW 的值會遞增，那麼就可以產生 "A" 到 "Z" 的字母序列。

▶ 使用注意

① 本例公式用於產生 "A" 到 "Z" 的 26 個字母的序列，如果公式下拉填滿時超過 26 個儲存格，將產生其他字元。如果需要公式填滿 26 個儲存格之後，重複產生 "A" 到 "Z" 的序列，可以使用以下公式：

=CHAR(MOD(ROW()-1,26)+65)

將公式向下填滿至 26 列之後，將再次從字母 "A" 開始迴圈。

② 如果要求字母序列從 "A" 到 "Z" 後，再繼續從 AA 開始編號，那麼可以按以下方式編寫代碼：

=SUBSTITUTE(ADDRESS(1,ROW(A1),4),1,"")

公式的含義是利用 ADDRESS 函數產生 A1、B1、C1⋯Z1、AA1、AB1⋯這種序列，然後透過 SUBSTITUTE 函數將 1 取代成空值，剩下的字元就是字母序列。

▶ 範例延伸

思考：A1 開始產生從 "Z" 到 "A" 的字母序列

提示：修改 CHAR 的參數，讓它產生 90 ～ 65 的序列。

範例 106 利用公式產生分列符號（CHAR）

範例檔案 第 3 章 \106.xlsx

利用公式使儲存格換列。

開啟範例檔案中的資料檔案，在 C2 儲存格輸入以下公式：

=A2&CHAR(10)&B2

按下〔Enter〕鍵後，公式將算出 A2 儲存格連接 B2 儲存格的字串。按兩下填滿控點，將公式向下填滿，然後按一下功能區中的〔自動換列〕按鈕，C2:C6 範圍的公式結果將自動換列。公式執行結果如圖 3.7 所示，〔自動換列〕按鈕位置如圖 3.8 所示。

	A	B	C	D	E
1	國家	首都	連接		
2	法國	巴黎	法國 巴黎		
3	英國	倫敦	英國 倫敦		
4	日本	東京	日本 東京		
5	美國	紐約	美國 紐約		

C2 ▾ fx =A2&CHAR(10)&B2

圖 3.7　自動換列

圖 3.8　自動換列按鈕

▶ 公式說明

CHAR 函數的參數為 10 時可以產生分列符號。本例利用分列符號來連接兩個儲存格的字串，再配合"自動換列"可以使公式結果顯示為 2 列。

▶ 使用注意

① CHAR 函數的參數為 10 時可以產生分列符號，但分列符號需要在儲存格設定為自動換列時才會產生作用。

② CHAR 函數還可以產生一些特殊符號，如"●"、"◎"、"↑"、"↓"、"←"、"→"、"十"。如果工作中需要使用這些符號，可以直接利用 CHAR 函數來產生符號，根據需要可以考慮是否將公式透過選擇性貼上轉換成"值"。

▶ 範例延伸

思考：如何產生全形狀態的括弧

提示：CHAR 函數的參數為 40 和 41 時可以產生括弧，再套用 BIG5 函數即轉換成全形顯示。

範例 107 算出自動換列儲存格第二列資料（CHAR）

範例檔案 第 3 章 \107.xlsx

工作表中每個儲存格都存放國名與首都名稱，輸入資料時使用了〔Alt〕+〔Enter〕複合鍵將國名與首都名分成兩列。現在需要擷取每個儲存格的首都名稱。

開啟範例檔案中的資料檔案，在 B2 儲存格輸入以下公式：

=MID(A2,FIND(CHAR(10),A2)+1,99)

按下〔Enter〕鍵後，按兩下儲存格的填滿控點，將公式向下填滿，公式將產生 A 欄的所有首都名稱，結果如圖 3.9 所示。

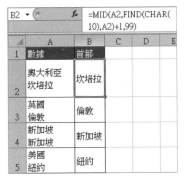

圖 3.9　算出自動換列儲存格第二列資料

▶ 公式說明

　　本公式首先使用 FIND 函數尋找分列符號的位置，然後利用 MID 函數從該位置的後一位開始擷取長度為 99 的字串，擷取結果即為分列符號之後的字元，也就是首都名稱。

▶ 使用注意

　　① 輸入資料時，使用〔Alt〕+〔Enter〕複合鍵產生的分列符號相當於 CHAR（10），所以直接在儲存格中尋找到 CHAR（10）符號的位置，擷取該位置右邊的字元即可完成需求。

　　② 本例公式中的 99 和範例 104 中的 999 一樣，都是虛數，可以理解為 "一個大於等於目標上限的數值"。本例中首都的名字有可能大於 9 個字但是不會大於 99 個字，因此採用 99，而不是 9。當然改用 100 或者 888 也可以，但是一般做法是用 N 個 9 來表示這個範圍。

　　③ FIND 函數用於尋找字元，在本章的 "尋找與取代" 小節中會有更詳盡的描述，以及更多的範例。

▶ 範例延伸

　　思考：算出自動換列儲存格第一列資料

　　提示：將 MID 函數的第二參數改成 1，第二參數改成 FIND(CHAR(10),A2) 即可。

字串連接

範例 108 根據大陸身分證號碼擷取出生年月日（CONCATENATE）

範例檔案　第 3 章 \108.xlsx

　　可根據大陸 15 位數或 18 位數的身分證號碼，計算身分證號碼擁有者的出生年月日。

　　開啟範例檔案中的資料檔案，在 C2 儲存格輸入以下公式：

　　=CONCATENATE(MID(B2,7,4-2*(LEN(B2)=15))," 年 ",MID(B2,11-2*(LEN(B2)=15),2)," 月 ",MID(B2,13-2*(LEN(B2)=15),2),"日 ")

按下〔Enter〕鍵後，按兩下儲存格的填滿控點，將公式向下填滿，公式將產生 A 欄的所有人員的出生日期，結果如圖 3.10 所示。

	A	B	C	D	E
		C2 ▾	fx	=CONCATENATE(MID(B2,7,4-2*(LEN(B2)=15)) ,"年",MID(B2,11-2*(LEN(B2)=15),2),"月",MID(B2,13-2*(LEN(B2)=15),2),"日")	
1	姓名	身份證號碼	出生年月日		
2	趙	511025198503196191	1985年03月19日		
3	錢	432503198812304352	1988年12月30日		
4	孫	511025197909306268	1979年09月30日		
5	李	130301200308090514	2003年08月09日		
6	周	130502198705293161	1987年05月29日		
7	吳	131302991229124	99年12月29日		
8	鄭	432502200512302141	2005年12月30日		
9	王	13030219890101112X	1989年01月01日		
10	馮	432512198912205152	1989年12月20日		

圖 3.10　根據身分證號碼擷取出生年月日

▶ 公式說明

本例利用 MID 函數從大陸身分證號碼中分別擷取表示出生年、月、日的字串，然後利用 CONCATENATE 函數將之與 "年"、"月"、"日" 串聯起來，形成一個新的字串。

大陸身分證長度可能是 15 位數也可能是 18 位數，15 位數身分證的第 7 和第 8 位表示年份，而 18 位數身分證則是第 7 到第 10 四位數表示年份，所以公式中透過運算式 "-2*(LEN(B2)=15)" 來調整公式，使公式通用於 15 位數身分證和 18 位數身分證。

▶ 使用注意

① 本例僅僅示範 CONCATENATE 函數用法。擷取出生年月日還可以使用 TEXT 函數來完成，公式可以更簡短。

② CONCATENATE 函數和連接運算子（＆）的功能一致，為了簡化公式常使用連接運算子 ＆ 而不是 CONCATENATE 函數。

▶ 範例延伸

思考：如果大陸身分證全是 18 位，如何簡化公式
提示：去除運算式 "-2*(LEN(B2)=15)"。

範例 109 計算平均成績及判斷是否及格（CONCATENATE）

範例檔案 第 3 章 \109.xlsx

在 E 欄顯示平均成績，同時顯示是否及格。

開啟範例檔案中的資料檔案，在 E2 儲存格輸入以下公式：

=CONCATENATE(INT(AVERAGE(B2:D2)),":",IF(AVERAGE(B2:D2)>=60,""," 不 ")," 及格 ")

按下〔Enter〕鍵後，按兩下儲存格的填滿控點，將公式向下填滿，公式將產生 A 欄的所有人員的平均成績並判斷是否及格，結果如圖 3.11 所示。

職場函數 468 招：超完整！新人工作就要用到的計算函數＋公式範例集

E2	▼	⊙	fx	=CONCATENATE(INT(AVERAGE(B2:D2)),": ", IF(AVERAGE(B2:D2)>=60,"","不"),"及格")		

▲	A	B	C	D	E	F	G
1	姓名	語文	數學	體育	平均成績		
2	甲	84	75	69	76: 及格		
3	乙	95	90	54	79: 及格		
4	丙	57	52	85	64: 及格		
5	丁	69	56	41	55: 不及格		
6	戊	91	67	80	79: 及格		
7	己	81	54	54	63: 及格		
8	庚	48	77	54	59: 不及格		
9	辛	59	71	54	61: 及格		
10	壬	80	92	77	83: 及格		

圖 3.11　計算平均成績及判斷是否及格

▶ 公式說明

　　CONCATENATE 函數的功能是將兩個或多個字串合併為一個字串。本例透過 CONCATENATE 函數連接了每個學生的平均成績、冒號以及 "及格" 或者 "不及格"。

　　在判斷是否及格時，使用了 IF 函數在空串和 "不" 之間算出一個值，然後與 "及格" 二字合併，而不是直接將 "及格" 與 "不及格" 輸入在 IF 函數的參數中，這種處理方式只是為了簡化公式長度，少寫 "及格" 二字，字串越長越能表現它的優勢。

▶ 使用注意

　　① CONCATENATE 函數有 1 ～ 255 個參數，公式結果可以將這些參數代表的字元全部串聯起來。但是 CONCATENATE 函數對於參數也有一些限制。例如，參數中單個字串不能超過 255 個字元，否則無法輸入公式。另外公式的總長度不能超過 8192 個字元，否則也無法輸入公式。

　　② 平均值有可能超過 15 位，為了便於查看，通常使用 ROUND 函數或者 INT 函數統一平均值的小數部分長度。

▶ 範例延伸

　　思考：計算平均成績且平均成績在 60 以下顯示 "不及格" ，60 ～ 90 顯示 "良好" ，
　　　　　90 以上顯示 "優秀"
　　提示：利用 IF 函數嵌套計算其評語，再與平均成績連接。

字元轉換

範例 110 將單字轉換成第一個字母大寫形式（PROPER）

範例檔案 第 3 章 \110.xlsx

　　工作表中的單字和句子全是小寫狀態，要轉換成第一個字母大寫。

　　開啟範例檔案中的資料檔案，在 B2 儲存格輸入以下公式：

=PROPER(A2)

按下〔Enter〕鍵後，公式將 A2 的英文句子轉換成第一個字母大寫，按兩下填滿控點，將公式向下填滿，結果如圖 3.12 所示。

	A	B
B2 ▾	=PROPER(A2)	
1	小寫	首字元大寫
2	that's a beautiful shot	That'S A Beautiful Shot
3	she has a beautiful face	She Has A Beautiful Face
4	fair	Fair
5	lovely	Lovely
6	pretty	Pretty
7	She cracked an angelic smile	She Cracked An Angelic Smile
8	a picturesque style of architecture	A Picturesque Style Of Architecture

圖 3.12　將單字轉換成第一個字母大寫

▶ 公式說明

本例公式利用 PROPER 函數將單字或者英文句子中的每一個單字的第一個字母轉換成大寫形式，如果單字與單字之間不存在空格，則只轉換第一個字母為大寫形式。

▶ 使用注意

① PROPER 函數的功能是將字串的第一個字母或者數字之後的第一個字母轉換成大寫，將其餘的字母轉換成小寫。

=PROPER("VERY GOOD")──→結果等於〝Very Good〞。

② 系統說明中關於 PROPER 函數的功能描述不太正確。原文是〝各單字的第一個字母轉換成大寫，其餘所有的字母則都轉換成小寫〞，而事實上，接在中文字後面的英文單字第一個字母不會轉換成大寫，數字之後的單字才會轉換成第一個字母大寫。例如：

=PROPER(" 單字 VERy 表示非常 ")──→結果是〝單字 very 表示非常〞。

=PROPER("12st")──→結果是〝12St〞。

③ UPPER 函數可以將所有字母都轉換成大寫形式，PROPER 函數只將每個單字的第一個字母轉換成大寫形式，在工作中應根據需求來選擇正確的函數名稱。

範例 111 將所有單字轉換成小寫（LOWER）

範例檔案 第 3 章 \111.xlsx

開啟範例檔案中的資料檔案，在 B2 儲存格輸入以下公式：

=LOWER(A2)

按下〔Enter〕鍵後，公式將 A2 的英文句子轉換成全部小寫，按兩下填滿控點，將公式向下填滿，結果如圖 3.13 所示。

	A	B
B2 ▾	=LOWER(A2)	
1	原資料	小寫
2	That'S A Beautiful Shot	that's a beautiful shot
3	She Has A Beautiful Face	she has a beautiful face
4	Fair	fair
5	Lovely	lovely
6	PRETTY	pretty
7	She Cracked An Angelic Smile	she cracked an angelic smile
8	A Picturesque Style Of Architecture	a picturesque style of architecture

圖 3.13　將所有單字轉換成小寫

▶ 公式說明

本例公式利用 LOWER 函數將單字或者英文句子中的所有字母轉換成小寫。

▶ 使用注意

① LOWER 函數可以將參數中的所有英文字母轉換成小寫，不管是單個字母、單字、還是句子。

② LOWER 函數有一個參數，參數可以是字串，也可以是儲存格參照。

③ LOWER 函數也可以使用陣列做參數，但必須以多儲存格陣列公式的形式輸入。例如，以下公式只能同時輸入到縱向 5 個儲存格中才能完整顯示公式的結果。

=LOWER({ "FOLWER" ;" ENGLISH" ;" BUG" ;" choose" ;" Our" })

圖 3.14　LOWER 函數使用陣列作參數

▶ 範例延伸

思考：將 FOLWER、ENGLISH、BUG、choose、Our 等單字轉成小寫並橫向存放

提示：將 5 個單字以常數陣列形式作為 LOWER 函數的參數，陣列中單字與單字之間不用分號，改用逗號。

範例 112　將所有句子轉換成第一個字母大寫，其餘小寫（LOWER）

範例檔案　第 3 章 \112.xlsx

A 欄中的英文句子大小寫狀態比較混亂，要將它們統一改寫為第一個字母大寫，其餘字母小寫的形式。

開啟範例檔案中的資料檔案，在 B2 儲存格輸入以下公式：

=UPPER(LEFT(A2))&MID(LOWER(A2),2,99)

按下〔Enter〕鍵後，公式將 A2 的英文句子轉換成第一個字母大寫，其餘全部小寫，按兩下填滿控點，將公式向下填滿，結果如圖 3.15 所示。

圖 3.15　將所有句子轉換成第一個字母大寫，其餘小寫

3

字串函數

3-13

▶ 公式說明

本例公式首先使用 LEFT 函數擷取 A2 儲存格的第一個字母，並用 UPPER 函數將它轉換成大寫形式，然後使用 LOWER 函數將 A2 儲存格的值全部轉換成小寫形式，並用 MID 函數擷取第 2 位～第 99 位的所有字串。最後透過字串連接子號將它們串聯起來即為最終結果。

▶ 使用注意

① 本例還可以改用以下公式：

=SUBSTITUTE(LOWER(A2),LEFT(LOWER(A2)),PROPER(LEFT(A2)),1)

本公式首先將原字串轉換成小寫，再將轉換後的字串中第一個字元取代成大寫，進而執行第一個字母大寫、其餘字母小寫。

② 本例也可以使用一個多儲存格陣列公式完成，不需要輸入一個公式後再填滿。即選擇 B2:B8 範圍後輸入以下公式並按下〔Ctrl〕+〔Shift〕+〔Enter〕複合鍵結束，但公式中參照範圍需要進行延伸：

=CONCATENATE(PROPER(LEFT(A2:A8)),LOWER(RIGHT(A2:A8,LEN(A2:A8)-1)))

▶ 範例延伸

思考：判斷一個英文句子的第一個字母是否為大寫狀態

提示：有如下兩種方向。

直接計算其字元代碼，字元代碼在 65 ～ 90 之間就是大寫字母，否則不是。利用 PROWER 函數將句子轉換成大寫狀態，並計算其字元集，再計算原字元代碼，將轉換前與轉換後的代碼進行比較，如果一致則是大寫狀態。

範例 113 計算字串中英文字母個數（UPPER）

範例檔案 第 3 章 \113.xlsx

儲存格中有英文、中文、標點符號，要求計算其中字母的數量。開啟範例檔案中的資料檔案，在 B2 儲存格輸入以下公式：

=SUMPRODUCT(--(NOT(EXACT(UPPER(MID(A2,ROW($1:$99),1)),LOWER(MID(A2,ROW($1:$99),1))))))

按下〔Enter〕鍵後，公式將算出 A2 儲存格的英文字母個數，按兩下填滿控點，將公式向下填滿，結果如圖 3.16 所示。

	A	B	C	D	E
1	數據	字母個數			
2	資料庫ACCESS 2007	6			
3	試算表Excel 2003	5			
4	WORD排版,不錯！	4			
5	影像處理PHOTOshop 5.0	9			
6	網頁計算FRONGpage	9			
7	模具設計autoCAD	7			
8	VisualBasic	11			

B2 ▼ fx =SUMPRODUCT(--(NOT(EXACT(UPPER(MID(A2,ROW($1:$99),1)),LOWER(MID(A2,ROW($1:$99),1))))))

圖 3.16 字串中英文字母個數

▶ 公式說明

本例公式首先利用 MID 函數將原資料中的第 1 ～第 99 個字元逐個擷取出來，並用 UPPER 函數轉換成大寫形式；然後用 LOWER 函數將所有字元轉換成小寫形式，並使用 EXACT 函數對兩次的轉換結果執行比較，如果轉換前後都相同則表示它不是字母，公式的比較結果為 TRUE，否則比較結果為 FALSE。

接著使用 NOT 函數將陣列中的 TRUE 轉換成 FALASE，將 FALSE 轉換成 TRUE。最後統計 TRUE 的數量，該統計結果為字串中的字母數量。

▶ 使用注意

① 本例中對大小寫字母進行比較時，使用了 EXACT 函數，該函數比較字串時可以區分大小寫；如果直接用等號進行比較，則不會區分大小寫。

② 本例也可以不使用 EXACT 函數，而利用 CODE 函數計算大小寫前後的字元代碼，再對字元代碼進行比較，比較後的不相同個數，就是字串中字母個數。

③ 如果要將所有字母擷取出來，那麼公式會複雜得多。以下陣列公式即可執行：

=MID(A2,MATCH(TRUE,NOT(EXACT(UPPER(MID(A2,ROW($1:$99),1)),LOWER(MID(A2,ROW($1:$99),1)))),0),SUM(--(NOT(EXACT(UPPER(MID(A2,ROW($1:$99),1)),LOWER(MID(A2,ROW($1:$99),1)))))))

▶ 範例延伸

思考：計算字串中非英文字母個數

提示：相對於本例公式，刪除 NOT 函數即可。

範例 114 將字串型數字轉換成數值（Value）

範例檔案 第 3 章 \114.xlsx

對工作表中的產量加總，但產量範圍包含數值、字串形式的數字，以及數字前有 "'" 符號的資料。

開啟範例檔案中的資料檔案，在 B11 儲存格輸入以下公式：

=SUMPRODUCT(VALUE(B2:B10))

按下〔Enter〕鍵後，公式將算出 B 欄數字的彙總，結果如圖 3.17 所示。

	A	B	C	D
	B11 ▼	fx	=SUMPRODUCT(VALUE(B2:B10))	
1	機台	產量		
2	1#	128		
3	2#	200		
4	3#	456		
5	4#	300		
6	5#	246		
7	6#	142		
8	7#	127		
9	8#	107		
10	9#	173		
11	合計	1879		

圖 3.17　彙總字串所有數字

▶ 公式說明

本例公式利用 VALUE 函數將所有字串型數字轉換成數值，再用 SUM 函數加總。

▶ 使用注意

① VALUE 函數用於將字串型數字轉換成數值，它僅有一個參數，可以是直接輸入的字串，也可以是儲存格參照。VALUE 函數不會將邏輯值 TRUE 和 FALSE 轉換成數值，如果參數中存在邏輯值或者字串，公式將算出錯誤值，例如：

	A	B	C	D	E
	A1 ▾	fx	{=VALUE({"12";FALSE;"True";"VBA"})}		
1	12				
2	#VALUE!				
3	#VALUE!				
4	#VALUE!				

圖 3.18　VALUE 函數不轉換邏輯值與字串

② VALUE 和 "--" 以及 "*1" 的功能相近，但是稍有區別，當參數是邏輯值時，VALUE 函數會將它轉換成錯誤值，但是 "--" 和 "*1" 則會將它們轉換成數值。

▶ 範例延伸

思考：不使用 VALUE 函數，仍然對圖 3.17 中的資料加總

提示：將 VALUE 函數改成 "*1" 或者 "--"。

範例 115 擷取混合字串中的數字（Value）

範例檔案 第 3 章 \115.xlsx

儲存格中既有數字，又有中文和字母，要擷取其中的數字部分。開啟範例檔案中的資料檔案，在 B2 儲存格輸入以下陣列公式：

=MAX(IFERROR(VALUE(MID(A2,MIN(FIND({0;1;2;3;4;5;6;7;8;9},A2&1234567890)),ROW($1:$15))),0))

按下〔Ctrl〕+〔Shift〕+〔Enter〕複合鍵後，公式將擷取出 A1 儲存格的數字部分，刪除字串。按兩下儲存格的填滿控點，將公式向下填滿，結果如圖 3.19 所示。

	A	B	C	D	E	F
	B2 ▾	fx	{=MAX(IFERROR(VALUE(MID(A2,MIN(FIND({0;1;2;3;4; 5;6;7;8;9},A2&1234567890)),ROW($1:$15))),0))}			
1	購物記錄	選取數字				
2	白菜125KG	125				
3	大米15袋	15				
4	菜油25公斤	25				
5	蘿蔔245.5公斤	245.5				
6	南瓜202KG	202				
7	鹽3袋	3				
8	油102.15升	102.15				
9	肉125.65KG	125.65				
10	香蕉22.5KG	22.5				

圖 3.19　擷取混合字串中的數字

職場函數468招：超完整！新人工作就要用到的計算函數＋公式範例集

▶ 公式說明

本例首先到原始資料中分別尋找 0～9 這十個數字，找到後記錄其位置。為了防止找不到而產生錯誤值，將原始資料連接"1234567890"。

找到每個數字後，形成一個包含 10 個數字的陣列。再用 MIN 函數取陣列中最小值，表示字串中數字的起始位置。然後透過 MID 函數從原資料中的數字起始位置開始擷取字串，組成一個新的陣列。再透過 VALUE 函數將陣列每一個元素轉換成數值，如果陣列某個元素包含字串則算出錯誤值。最後透過 IFERROR 函數將錯誤值轉化為 0，再用 MAX 函數從陣列中擷取最大值。該最大值即字串的數字部分。

▶ 使用注意

① 本例中的陣列 {0,1,2,3,4,5,6,7,8,9} 也可以用運算式"ROW($1:$10)-1"替代。

② 本例還可將 VALUE 函數改成求 1 次方，公式如下：

=MAX(IFERROR((MID(A2,MIN(FIND(ROW($1:$10)-1,A2&1234567890))),ROW($1:$15)))^1,0))

③ 公式中的 15 是指數值的最大長度，Excel 只能精確計算不超過 15 位的數值。

▶ 範例延伸

思考：擷取混合字串中的第一個數字

提示：相對於本例公式，在找到數字的起始位置後，直接用 MID 函數取出該位置的第一個字元即可。

範例 116 幫公式添加說明（T）

範例檔案 第 3 章 \116.xlsx

在公式中添加公式的含義，但不影響公式的運算結果。開啟範例檔案中的資料檔案，在 A1 儲存格輸入以下公式：

=CONCATENATE(" 你好 ",B2,"2016")&T(N(" 你好和 B2 儲存格加上 2016"))

按下〔Enter〕鍵後，公式將算出 CONCATENATE 函數串連的字串結果，後面 T 函數括弧中的內容將忽略，結果如圖 3.20 所示。

圖 3.20　串聯範圍中的字串

▶ 公式說明

本例公式利用文字對公式的含義進行說明，讓其他人也可以清楚地知道公式的用途或者設計方向。

為了讓說明文字不影響公式的運算結果，首先用 N 函數將它轉換成 0，再用 T 函數將 0 轉換成空字串。

▶ 使用注意

① 本例公式運算結果是字串，所以連接一個 T 函數產生的空白字串並不會對公式結果有任何影響。如果公式產生的結果是數字，那麼與空白字串相連接後就會轉換成字串，會影響公式結果參與其他運算。所以對於數值結果的公式，通常改用如下方式作說明。

E2	▾			*fx*	=SUM(A1:A5,C1:C5)+N("公式含義： 對A1:A5和C1:C5範圍求和")				
	A	B	C	D	E	F	G	H	I
1	24		119		求和公式				
2	98		11		916				
3	102		79						
4	177		116						
5	127		63						

圖 3.21　加總公式

② T 函數的原本功能是過濾數值，當參數是字串時算出字串本身，當參數是數值時算出空字串。本例中正是使用 T 函數將數值 0 轉換成空字串，避免影響公式的計算結果。

▶ 範例延伸

思考：對公式 "=SUM(N(MOD(ROW(1:100),5)=1))" 增加說明

提示：這個公式的結果是數字，可以使用 N（ "說明" ）的方式增加說明。

範例 117 將所有資料轉換成保留兩位小數再加總（TEXT）

範例檔案 第 3 章 \117.xlsx

將購物金額保留兩位小數，第三位四捨五入，最後加總。開啟範例檔案中的資料檔案，在 E2 儲存格輸入以下公式：

=SUMPRODUCT(--TEXT(B2:B11*C2:C11,"0.00"))

按下〔Enter〕鍵後，公式將算出所有物品的金額總和，且保留兩位有效值，結果如圖 3.22 所示。

E2	▾		*fx*	=SUMPRODUCT(--TEXT(B2:B11*C2:C11,"0.00"))	
	A	B	C	D	E
1	物品	重量	單價		金額合計
2	甲	197	2.5		4359.09
3	乙	186	2.2		
4	丙	191.8	1.6		
5	丁	168.1	2		
6	戊	180.5	2.9		
7	己	178.8	2.4		
8	庚	154	2.6		
9	辛	197.1	2.8		
10	壬	167.7	2.5		
11	癸	175.2	2.8		

圖 3.22　將所有資料轉換成保留兩位小數再加總

▶ 公式說明

本例中 TEXT 函數的功能和 ROUND 函數的功能一致，都可以將資料保留指定位數的小數，且將指定位數之後的資料四捨五入。但是 TEXT 函數得到的結果是字串，要參與後

續計算必須轉換成數值才行，因此本例中對 TEXT 函數的運算結果透過 "--" 轉換成數值，然後再用 SUMPRODUCT 函數彙總。

▶ 使用注意

① TEXT 函數的功能是將數值轉換為指定格式的字串，它和儲存格自訂數字格式有三個區別：

A. 自訂格式僅僅改變儲存格的顯示方式，儲存格的值不產生變化，而 TEXT 函數對參照的資料進行轉換後，再參與其他運算時以轉換後的值為準。

B. 設定儲存格格式時除使用字串和 "@" 符號外，所有格式都得到數字結果，而 TEXT 函數只能產生字串結果。

C. 設定儲存格格式可以改變儲存格的字體顏色，這一點 TEXT 函數無法完成。

② 運算式 "B2:B11*C2:C11" 屬於陣列運算，計算結果包含 10 個值，不過由於公式中使用了 SUMPRODUCT 函數來加總而不是 SUM 函數，因此不需要按〔Ctrl〕+〔Shift〕+〔Enter〕複合鍵。

▶ 範例延伸

思考：將所有資料轉換成保留 0 位小數再加總

提示：修改 TEXT 函數的第二參數，或者將 TEXT 函數修改成 INT 函數。

範例 118 根據大陸身分證號碼判斷性別（**TEXT**）

範例檔案 第 3 章 \118.xlsx

根據大陸身分證號碼計算該號碼擁有者的性別。

開啟範例檔案中的資料檔案，在 C2 儲存格輸入以下公式：

=TEXT(MOD(MID(B2,15,3),2),"[=1] 男 ;[=0] 女 ")

按下〔Enter〕鍵後，公式將算出第一個人員的性別，按兩下儲存格的填滿控點，將公式向下填滿，結果如圖 3.23 所示。

圖 3.23　根據身分證號碼判斷性別

▶ 公式說明

本例公式利用 MID 函數從大陸身分證號碼中取出代表性別的數字，再計算除以 2 的餘數。最後用 TEXT 函數根據餘數計算對應的性別，如果餘數為 1 就算出 "男"，如果餘數為 0 就算出 "女"。

▶ 使用注意

① TEXT 函數其實就是儲存格格式設定的函數版。所有 TEXT 函數能完成的功能都可以透過設定儲存格格式來完成，設定儲存格格式如圖 3.24 所示。

圖 3.24　設定儲存格格式

② TEXT 函數的第二參數只允許最多使用兩個等號和一個例外項。例如，參數 "[=1]" 小 ";[=2]" 中 ";" 大 "" 表示等於 1 時算出小，等於 2 時算出中，其餘情況算出大。

▶ 範例延伸

思考：判斷大陸身分證號碼長度是否合格（長度是 15 位和 18 位為合格）

提示：可以利用 LEN 函數計算長度，再配合 OR 函數和 TEXT 函數完成。

範例 119 根據大陸身分證號碼計算出生日期（TEXT）

範例檔案 第 3 章 \119.xlsx

根據大陸身分證號碼擷取出生日期，且顯示日期格式。

開啟範例檔案中的資料檔案，在 C2 儲存格輸入以下公式：

=IF(LEN(B2)=15,19,"")&TEXT(MID(B2,7,8-(LEN(B2)=15)*2),"# 年 00 月 00 日 ")

按下〔Enter〕鍵後，公式將算出第一個人員的出生日期。按兩下儲存格填滿控點，將公式向下填滿，結果如圖 3.25 所示。

C2	fx	=IF(LEN(B2)=15,19,"")&TEXT(MID(B2,7,8-(LEN(B2)=15)*2),"#年00月00日")		
▲	A	B	C	D
1	姓名	身份證號	出生日期	
2	諸華	511025198503196191	1985年03月19日	
3	周聯光	432503198812304352	1988年12月30日	
4	童懷禮	511025770316628	1977年03月16日	
5	華少鋒	130301200308090514	2003年08月09日	
6	朱峰	130502870529316	1987年05月29日	

圖 3.25　計算出生日期

▶ 公式說明

大陸身分證號碼有 15 位數和 18 位數兩種，15 位數身分證號碼從第 7 位數開始，共有 6 位表示出生日期；而 18 位數身分證號碼則從第 7 位數開始，共有 8 位數表示出生日期。另外，15 位長度的身分證一定是 2000 年以前辦理的，所以可以在前面添加 "19" 確保格式統一。

由於以上特點，本例使用 MID 函數從大陸身分證號碼的第 7 位開始擷取 8 位數字，如果是長度為 15 則減掉 2 位。再透過 TEXT 函數將擷取出來的字串格式化為日期格式。最後，為了讓格式統一，對 15 位長度的身分證號碼添加 "19" 字元。

▶ 使用注意

① TEXT 函數中數字 "0" 和 "?" 都是預留位置，本例中 "00 月 00 日" 中的 "0" 表示長度為 2 的月份和日期，也可以改用 "?" 替代 "0"。例如：

=IF(LEN(B2)=15,19,"")&TEXT(MID(B2,7,8-(LEN(B2)=15)*2),"# 年 ?? 月 ?? 日 ")

② TEXT 函數第二參數中的 "#" 符號也是預留位置，但卻是不確定長度的預留位置。例如，在本例中，擷取出來表示出生日期的字元有 6 位，那麼用於表示年份的長度是 2 位，因為月份和日期已經各占兩位；如果表示出生日期的字元總長度有 8 位，則用於表示年份的字元長度占 4 位。

③ 本例也可以改用其他格式顯示，例如：

=IF(LEN(B2)=15,19,"")&TEXT(MID(B2,7,8-(LEN(B2)=15)*2),"#-??-??")

▶ 範例延伸

思考：擷取出生日期，統一顯示為兩位年份

提示：相對於本例公式，刪除前置 "19" 的運算式，修改 TEXT 函數第二參數中表示年份的符號。

範例 120 顯示今天的日期及星期幾（TEXT）

範例檔案 第 3 章 \120.xlsx

在儲存格顯示資料製作日期，必須顯示英文日期和星期幾。開啟範例檔案中的資料檔案，在 A1 儲存格輸入以下公式：

=" 資料日期："&TEXT(TODAY(),"AAAA,yyyy 年 mm 月 dd 日 ")

按下〔Enter〕鍵後，公式將算出輸入公式當天的日期，以英文顯示，同時顯示星期幾，結果如圖 3.26 所示。

圖 3.26　顯示今天的日期及星期幾

▶ 公式說明

本例中首先利用 TODAY 函數算出今天日期，再用 TEXT 函數將日期格式化成英文星期與英文日期同時顯示。

▶ 使用注意

① TEXT 函數的第二參數中使用 4 個 "d" 可以將日期格式化成英文的星期。如果使用三個 "d" 則顯示為簡寫的星期，例如 "Saturday" 可以簡化成 "Sat"。

② 利用 TEXT 函數格式化日期時，"m" 用於表示月份，"d" 用於表示日期，"y" 用於表示年。本例中使用的 "mmmm" 可以產生英文的月份，如果改成 "mm" 則顯示為阿拉伯數字的月份。

③ TODAY 函數所顯示的目前日期，由控制台中 "日期和時間屬性" 設定的日期為準，如果該日期設定有誤，那麼 TODAY 函數產生的日期也會有誤。

④ TODAY 函數產生的日期會隨著時間的變化而變化，所以本例中 TEXT 函數的結果也會變化。不同日期開啟活頁簿時將會看到公式產生不同的結果。

如果需要公式結果固定，有如下兩種方法。

其一是選擇儲存格並複製，然後按一下滑鼠右鍵，在彈出的快速選單中選擇【選擇性貼上】，在對話方塊中選擇【數值】，並按一下〔確定〕按鈕，表示將公式轉換成值。

其二是進入編輯欄，選擇公式中的一段運算式後按一下〔F9〕鍵，公式立即轉換成值。

▶ 範例延伸

思考：以英文顯示今天是星期幾

提示：修改 TEXT 函數的第二參數，AAAA 代表中文，DDDD 代表中文。

範例 121 顯示今天每項工程的預計完成時間（TEXT）

範例檔案 第 3 章 \121.xlsx

假設早上 8 點鐘開工，每項工程的預計時間在工作表中已列出，要計算每項工程的預計完成時間，必須標示上午、下午。

開啟範例檔案中的資料檔案，在 C2 儲存格輸入以下公式：

=TEXT(SUM("08:00",B$2:B2),"h:mm:ss 上午 / 下午 ")

按下〔Enter〕鍵後，公式將算出第一項工程的預計完成時間，同時顯示是上午還是下午，結果如圖 3.27 所示。

	A	B	C	D	E
		fx	=TEXT(SUM("08:00",B$2:B2),"h:mm:ss 上午/下午")		
1	工程	工程時間	完成時間		
2	工程一	02:10	10:10:00 上午		
3	工程二	01:45	11:55:00 上午		
4	工程三	00:20	12:15:00 下午		
5	工程四	02:09	2:24:00 下午		
6	工程五	01:55	4:19:00 下午		
7	工程六	00:15	4:34:00 下午		
8	工程七	01:59	6:33:00 下午		
9	工程八	02:30	9:03:00 下午		

圖 3.27　顯示今天每項工程的預計完成時間

▶ 公式說明

用 TEXT 函數表示時間時可用 "h:mm:ss" 格式，其中 "h" 表示小時，"m" 表示分鐘，"s" 表示秒鐘，當加上 "上午 / 下午" 就將 24 小時制轉換成 12 小時制了，函數會自動判斷計算結果是上午還是下午。

也可以改用 "AM/PM" 來表示上午和下午。

▶ 使用注意

① 作為時間格式時，"08:00" 是字串，但它可以自動被轉換成時間值，參與數值運算。

② TEXT 函數將時間值格式化為時間格式後結果是字串，但可以用它直接參與數值運算，即使在時期格式中包含了 "上午" 或者 "下午" 後，它仍然可以直接參與運算，而不需要取代掉該中文。

例如，現在是下午 2 點 40 分整，那麼：

=TEXT(NOW(),"hh:mm:ss 上午 / 下午 ")──→結果為 "02:40:00 下午"。

=TEXT(NOW(),"hh:mm:ss 上午 / 下午 ")+2──→結果為 "2.61111"。第二個公式表明了 "02:40:00 下午" 和數值 2 可以直接相加。

▶ 範例延伸

思考：顯示今天每項工程的預計完成時間，以 24 小時制顯示

提示：相對於本例公式，刪除 "上午 / 下午" 即可。

範例 122 統計 A 欄有多少個星期日（TEXT）

範例檔案 第 3 章 \122.xlsx

A 欄存在不同日期，計算日期中共有多少個星期日。

開啟範例檔案中的資料檔案，在 C2 儲存格輸入以下公式：

=SUMPRODUCT(--(TEXT(A1:A11,"AAA")=" 日 "))

按下〔Enter〕鍵後，公式將算出 A1:A11 範圍中星期日的個數，結果如圖 3.28 所示。

	A	B	C	D
C2	▾	fx	=SUMPRODUCT(--(TEXT(A1:A11, "AAA")="日"))	
1	2008/2/5		幾個星期日	
2	2008/2/15		2	
3	2008/3/2			
4	2008/4/10			
5	2008/4/19			
6	2008/5/10			
7	2008/5/12			
8	2008/5/28			
9	2008/6/1			
10	2008/7/14			
11	2008/8/11			

圖 3.28　顯示星期日個數

▶ 公式說明

本例中首先利用 TEXT 函數將所有日期轉換成簡寫的表示形式，接著判斷產生的陣列中的每個元素是否等於 "日"，產生一個包含邏輯值 TRUE 和 FALSE 的陣列。最後利用 N 函數將邏輯值轉換成數值並彙總，即為周日的數量。

▶ 使用注意

① 以 "AAA" 作為 TEXT 函數的第二參數可以將日期轉換成簡寫的星期，如果用 "AAAA" 作為第二參數則算出完整的星期。例如：

=TEXT(2008-8-11,"aaaa")──→結果等於 "星期日"。

=TEXT(2008-8-11,"aaa")──→結果等於 "日"。

② 本例也可以用以下陣列公式完成：

=COUNT((TEXT(A1:A11,"aaa")=" 日 ")^0)

=COUNT(0/(TEXT(A1:A11,"aaa")=" 日 "))

③ TEXT 函數的第一參數是範圍,因此公式會執行陣列運算,同時產生 11 個計算結果。但是由於公式使用了 SUMPRODUCT 函數彙總而非 SUM 函數,因此輸入公式後不需要按〔Ctrl〕+〔Shift〕+〔Enter〕複合鍵。

▶ 範例延伸

思考:統計 A 欄有多少個星期日和星期六

提示:可以使用陣列,也可以分別計算星期日和星期六的個數再相加。

範例 123 將資料顯示為小數點對齊(TEXT)

範例檔案 第 3 章 \123.xlsx

將欠款調整為小數點對齊,使資料按值的大小更清楚地呈現出來。開啟範例檔案中的資料檔案,選擇 A2:C11 範圍,輸入以下公式:

=TEXT(B2,"#.0????")

按下〔Ctrl〕+〔Enter〕複合鍵,再將 C 欄儲存格的對齊方式設定為右對齊,B 欄的資料馬上轉換成小數點對齊,結果如圖 3.29 所示。

C2	fx	=TEXT(B2,"#.0??????")	
	A	B	C
1	姓名	欠款〈萬元〉	小數點對齊
2	陳深淵	123456.2	123456.2
3	朱邦國	156.5493	156.5493
4	陳真亮	263.5948	263.5948
5	古玲玲	10.2	10.2
6	朱明	182.449	182.449
7	嚴西山	23.1	23.1
8	尚敬文	5.5	5.5
9	周全	12.333	12.333
10	羅生榮	100	100.0
11	鐘小月	105.99	105.99

圖 3.29　顯示小數點對齊

▶ 公式說明

本例中利用預留位置 "?" 使所有儲存格中小數點右邊都有同樣位數的小數,佔用的寬度也一致,然後透過設定儲存格對齊方式達成資料以小數點對齊。

▶ 使用注意

① 從本例中也可以看到,預留位置 "?" 和 "0" 也有一些區別。若用 "0" 作為預留位置,原資料長度不足,將強制以 "0" 補充,而以 "?" 為預留位置則以會空格占位,原資料顯示的數值不變。

=TEXT(0.25,"0.000")──→結果等於 0.250。

=TEXT(0.25,"0.0??")──→結果等於 0.25。

② 本例在設定公式時, "?" 的個數以 B 欄中小數字數最多的數量為準。本例中最長為 B3,小數點右邊有 4 位數,所以用了 4 個 "?"。

③ 如果不確定小數部分的長度,那麼可以使用如下陣列公式執行。

=TEXT(B2,"#.0"&REPT("?",MAX(IFERROR(LEN(MID(B$2:B$11,FIND(".",B$2:B$11)+1,99)),0))-1))

公式的重點在於 TEXT 函數第二參數，先計算出 B2:B11 範圍中每個儲存格小數長度，並用 MAX 函數取最大值，然後透過 REPT 函數產生對應數量的 "?"。

▶ 範例延伸

思考：將圖 3.29 的金額顯示為統一 4 位小數

提示：設定 TEXT 函數的第二參數為 4 個 0。

範例 124 在 A 欄產生 1 ～ 12 月的英文月份名（TEXT）

範例檔案 第 3 章 \124.xlsx

開啟範例檔案中的資料檔案，在儲存格 A1 輸入以下公式：

=TEXT((ROW())&"-1","mmmm")

按下〔Enter〕鍵後，公式將算出 1 月的英文月份名，將公式向下填滿至 A12 儲存格後，結果如圖 3.30 所示。

A1	▾	f_x	=TEXT((ROW())&"-1","mmmm")		
	A	B	C	D	E
1	January				
2	February				
3	March				
4	April				
5	May				
6	June				
7	July				
8	August				
9	September				
10	October				
11	November				
12	December				

圖 3.30　在 A 欄產生 1 ～ 12 月的英文月份名

▶ 公式說明

本例公式透過 ROW 函數產生一個 1 ～ 12 的序列，當然與 "-1" 串連起來後就變成了 12 個日期。最後透過 TEXT 函數將每個日期轉換成英文月份名。

▶ 使用注意

① 日期可以用數值表示，也可以用字串表示。例如：

"39668"──表示從 1900 年 1 月 1 日開始經過 39668 天，也就是 2008 年 8 月 8 日。

"2008-8-8"──同樣表示 2008 年 8 月 8 日。

"8-8"──表示輸入資料的年份的 8 月 8 日，如果在儲存格輸入此日期是 2000 年，那麼儲存格中的 "8-8" 就表示 "2000-8-8"，如果是 2008 年輸入 "8-8"，則儲存格實際表示的時間是 "2008-8-8"。

所以本例中 TEXT 函數的第一參數用 ROW 函數產生的序列並連接 "-1"，組成一個表示日期的字串，再透過 TEXT 取英文月份。重點在於 ROW 函數填滿公式時可以產生 12 個月的第一天的日期。

② 日期形式的字串可以直接參與數值運算，例如：

="8-9"+10──如果 2014 年輸入此公式，那麼公式的計算結果是 41870，表示 2014 年 8 月 9 日累加 10 天後的日期值。

思考：在 A 欄產生 1 ～ 12 月的簡寫英文月份名

提示：修改 TEXT 函數的第二參數，將 4 個 m 改成兩個 m。

範例 125 將日期顯示為中文大寫（TEXT）

範例檔案 第 3 章 \125.xlsx

有時候為了讓工作表列印出來後的日期難以塗改，將阿拉伯數字表示的日期顯示為中文大寫。本例示範將 "2015-12-31" 轉換成中文大寫日期格式。

開啟範例檔案中的資料檔案，在儲存格 A1 輸入以下陣列公式：

=TEXT("2015-12-31","[DBNum2]yyyy 年 m 月 d 日 ")

按下〔Enter〕鍵後，公式將算出中文大寫日期格式，結果如圖 3.31 所示。

圖 3.31　將日期顯示為中文大寫

▶ 公式說明

本例主要透過 "[DBNum2]" 參數來完成阿拉伯數字轉中文大寫。另外，為了避免出現 "零壹月" 或者 "零伍日" 之類的顯示，特將表示月和日的 "m"、"d" 使用單個字元。

▶ 使用注意

① "[DBNum2]" 可以將阿拉伯數字轉換成中文大寫，而使用 "[DBNum1]" 則可以將阿拉伯數字轉換成中文小寫。例如，本公式如果改用 "[DBNum1]"，將會產生如下效果。

圖 3.32　將日期顯示為中文小寫

② 還可以使用 "[DBNum3]"，它的功能是將半形數字轉化成全形。例如：

=TEXT(123,"[DBNum3]0")──→結果顯示為 "１２３"。

③ 阿拉伯數字可以轉換成中文大寫或者中文小寫，但是這個轉換不可以逆向操作，即中文不可能透過 TEXT 函數轉換成阿拉伯數字。

④ Today 函數表示今天的日期，如果要在儲存格中將今天的日期顯示為中文大寫，那麼可用如下公式。

=TEXT(TODAY()," [DBNum2]yyyy 年 m 月 d 日")

▶ 範例延伸

思考：將日期顯示為英文格式

提示：TEXT 函數第二參數改用 "mmmm/dd/yyyy" 即可。

範例 126 將數字金額顯示為大寫（TEXT）

範例檔案 第 3 章 \126.xlsx

　　財務工作表中常需要將小寫數字轉換成大寫，可以防止別人隨意修改資料。要將 B 欄的所有資料以中文大寫形式顯示。

　　開啟範例檔案中的資料檔案，在儲存格 C2 輸入以下公式：

=IF(MOD(B2,1)=0,TEXT(INT(B2),"[dbnum2]G/ 通 用 格 式 元 整 ; 負 [dbnum2]G/ 通用格式元整;零元整;"),IF(B2>0,," 負 ")&TEXT(INT(ABS(B2)),"[dbnum2]G/ 通用格式元;;")&SUBSTITUTE(SUBSTITUTE(TEXT(RIGHT(FIXED(B2),2),"[dbnum2]0 角 0 分 ;;")," 零　角 ",IF(ABS(B2)<>0,," 零 "))," 零分 ",""))

　　按下〔Enter〕鍵後，公式將算出中文大寫格式，然後按兩下儲存格的填滿控點，將公式向下填滿，結果如圖 3.33 所示。

	A	B	C
C2		fx	=IF(MOD(B2,1)=0,TEXT(INT(B2),"[dbnum2]G/通用格式元整;負 [dbnum2]G/通用格式元整;零元整;"),IF(B2>0,,"負")&TEXT(INT(ABS(B2)),"[dbnum2]G/通用格式元;;")&SUBSTITUTE(SUBSTITUTE(TEXT(RIGHT(FIXED(B2),2),"[dbnum2]0角0分;;")," 零角",IF(ABS(B2)<>0,,"零")),"零分",""))
1	客戶	小寫	大寫
2	宏遠集團	123.45	壹佰貳拾參元肆角伍分
3	正大公司	-456.07	負肆佰伍拾陸元柒分
4	大峰公司	-100	負壹佰元整
5	福運集團	125	壹佰貳拾伍元整
6	小小塑膠廠	1003.2	壹仟零參元貳角
7	深柳製造廠	178.09	壹佰柒拾捌元玖分
8	宏鋒集團	100.07	壹佰元柒分
9	征途有限公司	5554014.45	伍佰伍拾伍萬肆仟零壹拾肆元肆角伍分
10	神州集團	100.07	壹佰元柒分

圖 3.33　將數字金額顯示為大寫

▶ 公式說明

　　本例公式將數字分成三步來轉換。如果是整數，則直接轉換成大寫形式，並添加 "元整" 字樣；然後對帶有小數的資料先格式化整數部分，再格式化小數部分，並將不符合習慣用法的字樣（如 "零角"、"零分" 等）取代掉，最後將兩段計算結果組合即可。

▶ 使用注意

　　① 本公式對空白儲存格和具有 0 值的儲存格都算出 "零元整"。如果需要遇空白儲存格就算出空白，那麼可以再對公式套一個 IF 函數進行判斷。

　　② 本公式的轉換仍是只能小寫轉換成大寫，不可能逆向轉換。如果一定要將大寫形式的金額轉換成小寫金額，需要使用 VBA 技術開發自訂函數才能執行。

▶ 範例延伸

　　思考：如果確保金額不存在負數，如何簡化本例的公式

　　提示：公式中與 "負" 相關的運算式都可以去除。

範例檔案 第 3 章 \127.xlsx

如果儲存格的資料大於 0 就算出 "大於 0"；如果儲存格的資料小於 0 則算出 "小於 0"；如果儲存格的資料等於 0 或者空白則顯示 "0"；如果儲存格中是字串則算出 "字串"；如果儲存格是錯誤值，也算出同類型的錯誤值。

開啟範例檔案中的資料檔案，在儲存格 B2 輸入以下公式：

=TEXT(A2," 大於○ ; 小於○ ; ○ ; 字串 ")

按下〔Enter〕鍵後，公式將算出中文大寫格式，然後按兩下儲存格的填滿控點，將公式向下填滿，結果如圖 3.34 所示。

	A	B	C	D	E
	B2 ▾		f_x	=TEXT(A2,"大於○;小於○;○;文字")	
1	數據	資料類型			
2	-2	小於○			
3	0	○			
4		○			
5	-5	小於○			
6	0	○			
7	0.55	大於○			
8	#DIV/0!	#DIV/0!			
9	Excel	文字			
10	台灣	文字			

圖 3.34 判斷儲存格的資料類型

▶ 公式說明

本例公式中，TEXT 函數的第二參數分為四段，分別用分號隔開。如果第一參數參照的資料大於 0 則算出第一段 "大於○"；如果參照資料小於 0 則算出第二段 "小於○"；如果參照資料等於 0 則算出第三段 "○"；如果參照資料是字串則算出第四段 "字串"。這是 TEXT 函數第二參數的規則。

▶ 使用注意

① 本例中 TEXT 函數的第二參數使用的字串 "○"，而非數字 "0"。如果直接使用數字 0，那麼將算出錯誤結果。例如：

=TEXT(5," 大於 0; 小於 0;0; 字串 ")──結果等於 "大於 5"，而非 "大於 0"。

② 如果一定要改 "○" 為 "0"，那麼公式可以改成：

=TEXT(A2," 大於 !0; 小於 !0;0; 字串 ")──在 0 前加 "!" 即可強制顯示 "0" 本身。

▶ 範例延伸

思考：判斷儲存格的資料類型，如果儲存格是錯誤值則顯示 "出錯"，其餘要求與本例一致

提示：在本例公式之外透過 ISERROR 和 IF 來判斷是否為錯誤值及算出指定值。

範例檔案 第 3 章 \128.xlsx

產量標準是 800，要求根據工作表中每個人的產量計算達成率，如果達成率大於等於 1 就顯示倍數；如果達成率小於 1 但不等於 0 就顯示為百分比；如果產量是空白，則公式也算出為空白。

開啟範例檔案中的資料檔案，在儲存格 C2 輸入以下公式：

=TEXT(B2/800,"[>=1]0.0 倍 ;[>0]0.00%;")

按下〔Enter〕鍵後，公式將算出達成率，且以三種要求的格式顯示。然後按兩下儲存格的填滿控點，將公式向下填滿，結果如圖 3.35 所示。

	A	B	C	D	E	F
			fx	=TEXT(B2/800,"[>=1]0.0倍;[>0]0.00%;")		
1	姓名	產量	達成率			
2	趙	518	64.75%			
3	錢	933	1.2倍			
4	孫	781	97.63%			
5	李	626	78.25%			
6	周	580	72.50%			
7	吳					
8	鄭	703	87.88%			
9	王	975	1.2倍			
10	馮	849	1.1倍			
11	陳	573	71.63%			

圖 3.35　以不同格式顯示達成率

▶ 公式說明

在本公式中，TEXT 函數的第二參數分為四段進行設定。第一段表示達成率大於等於 1 時顯示為倍數，結果保留小數點右邊一位；第二段表示達成率在 0 ～ 1 之間則顯示為百分比，結果保留小數點右邊兩位；第三段只有一個分號，其他留空，表示結果為 0 時什麼都不顯示；第四段忽略不寫，因為達成率不可能出現字串。

▶ 使用注意

① TEXT 函數的第二參數分為四段，但並非必選。在使用 TEXT 函數時可以僅僅輸入其中任何一段。

② 如果某一段僅僅用分號而不寫代碼，則表示該段顯示空白。如果僅僅使用三個分號，則表示什麼資料類型都不顯示。例如：

=TEXT(A1,"0.00;;;@")──→ 如果 A1 大於 0 或者是字串就顯示，如果等於 0 或者小於 0 就不顯示。

▶ 範例延伸

思考：計算達成率，但僅僅顯示小於 100% 的達成率

提示：TEXT 函數的第二參數可以用 "[<1]0.00%;;;" 。

範例 129 計算字母 "A" 的首次出現位置、忽略大小寫（TEXT）

範例檔案 第 3 章 \129.xlsx

計算每個單字中字母 "A" 的出現位置，忽略大小寫。如果多次出現就計算第一次出現的位置，如果沒有則算出 "沒找到"。

開啟範例檔案中的資料檔案，在儲存格 B2 輸入以下公式：

=TEXT(SEARCH("a",A2&"a"),"[>"&LEN(A2)&"] 沒找到；第 "&SEARCH("a",A2&"a")&" 個 ")

按下〔Enter〕鍵後，公式將算出 A 欄單字中字母 "A" 第一次出現的位置。然後按兩下儲存格的填滿控點，將公式向下填滿，結果如圖 3.36 所示。

	A	B	C	D	E	F
	B2 ▾ (	fx	=TEXT(SEARCH("a",A2&"a"),"[>"&LEN(A2)&"] 沒找到;第"&SEARCH("a",A2&"a")&"個")			
1	單詞	A的位置				
2	Still	沒找到				
3	After	第1個				
4	Face	第2個				
5	Sister	沒找到				
6	father	第2個				
7	english	沒找到				
8	Office-fans	第9個				
9	Cathy	第2個				

圖 3.36　計算字母 "A" 的首次出現位置

▶ 公式說明

本例公式中 TEXT 函數不是對儲存格的資料進行格式化，而是對字母 "a" 在單字中的出現位置進行格式化。為了避免未找到目標而產生錯誤值，首先在原資料後添加一個字母 "a"，在尋找時如果其位置大於原單字長度，則表示單字中不存在 "a"，那麼顯示 "沒找到"；否則顯示字母 "a" 的出現位置。

▶ 使用注意

① 尋找字串中是否包含某字元常用兩個函數：FIND 和 SEARCH，其中 FIND 函數尋找資料時會區分大小寫，而 SEARCH 函數不區分大小寫。例如：

=FIND("a","ABCabc")──→結果等於 4。

=SEARCH("a","ABCabc")──→結果等於 1。

② 如果本例要求未找到時顯示 "第 0 個"，那麼公式可以大大簡化。

=TEXT(IFERROR(SEARCH("a",A2),0)," 第 0 個 ")

當單字中沒有 a 時，函數 SEARCH 的運算結果是錯誤值，因此採用 IFERROR 函數將計算結果轉換成 0，進而避免後續的計算出錯。

▶ 範例延伸

思考：計算字母 "a" 的首次出現位置、忽略大小寫。結果僅僅表示顯示出現位置的數字，如果單字中不存在 "a" 則顯示 0

提示：相對於本例公式可以大大地簡化，將第二參數改用 "[>"&LEN(A2)&"]!0"。

公司規定工作時間長於 3 年者年終獎金為 1500 元，長於 1 年者年終獎金為 1000 元，1 年及以下者 500 元。現在需要計算所有員工的年終獎金。

開啟範例檔案中的資料檔案，在儲存格 C2 輸入以下公式：

=TEXT(B2,"[>3]15!0!0;[>1]1!0!0!0;5!0!0;")

按下〔Enter〕鍵後，公式將算出第一個員工年終獎金，按兩下儲存格的填滿控點，將公式向下填滿，結果如圖 3.37 所示。

C2	▼	fx	=TEXT(B2,"[>3]15!0!0;[>1]1!0!0!0;5!0!0;")			
	A	B	C	D	E	F
1	姓名	工作時間	年終獎金			
2	寧湘月	4	1500			
3	張秀文	0	500			
4	錢光明	4	1500			
5	趙萬	6	1500			
6	嘗語明	1	500			
7	陳金貴	停薪留職				
8	朱邦國	2	1000			
9	尚敬文	4	1500			
10	文月章	4	1500			

圖 3.37　計算年終獎金

▶ 公式說明

本例公式中，TEXT 函數的第二參數仍然對四種資料類型設定了不同計算值。第二參數分為四段，第一段表示大於 3 時算出 1500；第二段表示大於 1 時算出 1000；第三段表示除前面兩個範圍外的資料都算出 500；第四段只有分號，表示第一參數參照的儲存格是字串時算出空字串。

▶ 使用注意

① 數字和字母 "A"、"B"、"D"、"Y"、"S" 等在 TEXT 函數的第二參數中都有著特殊作用，所以在設定計算值時都必須使用強制字元 "!"，否則公式會產生錯誤值。例如：

=TEXT(9,"[>5]1000;500")──→結果等於 1009。

=TEXT(9,"[>5]1!0!0!0;5!0!0")──→結果等於 1000。

② 在 TEXT 函數的第二參數中，強制符號 "!" 一次只能限制一個字元（右邊一個字元）。所以本例中，TEXT 函數的第二參數中用了多少個 0 就要用多少個 "!"。

③ 如果不使用 "!"，那麼可以透過雙引號執行同等功能，公式如下：

=TEXT(B2,"[>3]""1500"";[>1]""1000"";""500"";")

▶ 範例延伸

思考：工作時間大於等於 3 年者年終獎金為 1500 元，1～3 年之間 500 元，如何計算每位員工的年終獎金

提示：TEXT 函數的第二參數可以設定為大於等於 3 時算出 1500，其餘都算出 500。

3
字串函數

範例 131 計算周日完工的工程個數（TEXT）

範例檔案 第 3 章 \131.xlsx

工作表中有 9 個工程的開工時間和預計完工天數，計算完工日期中星期日完工的工程數量。

開啟範例檔案中的資料檔案，在儲存格 E2 輸入以下陣列公式：

=COUNT((TEXT(B2:B10+C2:C10-1,"AAA")=" 日 ")^0)

按下〔Ctrl〕+〔Shift〕+〔Enter〕複合鍵後，公式將算出周日完工的工程個數，結果如圖 3.38 所示。

	A	B	C	D	E	F
		fx	{=COUNT((TEXT(B2:B10+C2:C10-1,"AAA")="日")^0)}			
1	工程	開工日期	預計天數		星期日完成的工程個數	
2	工程一	2013/2/18	225		2	
3	工程二	2014/7/27	232			
4	工程三	2014/4/11	324			
5	工程四	2014/4/24	230			
6	工程五	2014/2/8	219			
7	工程六	2013/2/9	300			
8	工程七	2014/9/1	254			
9	工程八	2014/9/16	225			
10	工程九	2014/11/5	288			

圖 3.38 計算周日完工的工程個數

▶ 公式說明

本例中首先用開工日期加上預計天數再減 1 來，計算完工日期，然後透過 TEXT 函數將日期轉換成簡寫的星期，並與 "日" 字作比較，得到一個 TRUE 和 FALSE 組成的陣列。最後將陣列執行 0 次方運算，進而將 TRUE 轉換成 1，將 FALSE 轉換成錯誤值，利用 COUNT 函數計算陣列中的數字個數即可得到星期日完工的工程數量。

▶ 使用注意

① 因為開工日也算工程日，所以在計算完工日時必須用開工時期加上預計天數後，再減掉 1 天，否則計算出的日期將延後一天。

② TEXT 函數的第二參數使用 "AAA" 表示將日期轉換成簡寫的中文狀態的星期，用 "AAAA" 則表示完整的中文狀態的星期。

③ 最後計算周日數量時也可以利用 SUM 函數來完成，例如以下陣列公式：

=SUM(N(TEXT(B2:B10+C2:C10-1,"AAA")=" 日 "))

④ 所有大於 0 的資料的零次方都等於 0。

▶ 範例延伸

思考：計算週六完工的工程個數

提示：相對於本例公式，將 "日" 改成 "六" 即可。

範例檔案 第 3 章 \132.xlsx

在某些工作表中，日期欄的日期一定是從小到大排列的，如果某個日期小於前一個日期說明該日期輸入錯誤。本例要求檢驗 A 欄日期是否全部升冪排列，對不合要求的日期以 "日期有誤" 標示在右方。

開啟範例檔案中的資料檔案，在儲存格 B3 輸入以下公式：

=TEXT(N(A3 ＜ =A2),";; 日期有誤 ;")

按下〔Enter〕鍵後，公式將對 A3 儲存格的日期是否升冪進行判斷。按兩下儲存格的填滿控點，將公式向下填滿，結果如圖 3.39 所示。

	A	B	C	D
		f$_x$ =TEXT(N(A2<=A3),";;日期有誤;")		
1	日期	檢驗日期是否升冪		
2	2008/1/2			
3	2008/1/15			
4	2008/2/5			
5	2008/2/9			
6	2008/2/5	日期有誤		
7	2008/3/5			
8	2008/4/8			
9	2008/6/8			
10	2008/6/20			

圖 3.39　檢驗日期是否升冪排列

▶ 公式說明

本例公式中 "A3 ＜ =A2" 的運算結果是邏輯值 TRUE 或者 FALSE，透過 N 函數將之轉換成數值後才利於 TEXT 函數運算。

TEXT 函數的第二參數在第三段處使用 "日期有誤" 作為第一參數為 0 時的計算值。其餘三段為空白表示顯示為空白。

▶ 使用注意

① 由於本例中第一參數比較的結果只有 0 和 1 兩個值產生，那麼公式也可以改成如下。

=TEXT(N(A3>=A2),"[=0] 日期有誤 ;")

② 也可以直接用減法，再設定結果為負數時的計算值，公式如下。

=TEXT(A3-A2,"; 日期有誤 ;")

③ 本例也可以採用 IF 函數完成，公式如下。

=IF(A2<N(A1)," 日期有誤 ","")

使用 N 的目的是將標題 "日期" 轉換成 0，進而避免公式產生錯誤值。

▶ 範例延伸

思考：將與前一個儲存格的日期不在同一個月的日期標示為 "跨月"

提示：用 "M" 作為 TEXT 函數的第二參數計算每個日期的月份。

範例檔案 第 3 章 \133.xlsx

開啟範例檔案中的資料檔案，在儲存格 B2 輸入以下公式：

=SUBSTITUTE(TEXT(A2&" ？ ","@@@@@")," ？ ","")

按下〔Enter〕鍵後，公式將算出 A2 儲存格的重複 5 次顯示。按兩下儲存格的填滿控點，將公式向下填滿，結果如圖 3.40 所示。

B2	▼	*fx*	=SUBSTITUTE(TEXT(A2&" ？ ","@@@@@")," ？ ","")		
	A	B		C	D
1	原始資料	重複5次			
2	5	55555			
3	A	AAAAA			
4	ber	berberberberber			
5	Asc	AscAscAscAscAsc			
6	123	123123123123123			
7	綠色食品	綠色食品綠色食品綠色食品綠色食品綠色食品			

圖 3.40　將資料重複 5 次顯示

▶ 公式說明

本例首先用原資料連接 "？"，使數字轉換成字串，然後用 TEXT 函數將每個數據重複 5 次顯示，再用 SUBSTITUTE 函數將輔助字元 "？" 刪除。

▶ 使用注意

① 將 TEXT 函數的第二參數設定為 N 個 "@" 就可以將資料重複 N 次。例如：

=TEXT(" — ","@@@@")→ 結果等於 "————" 但是這種方法對數字無效，即使透過數字連接空字串，進而將數字轉換成字串仍然無效。例如：

=TEXT(A2&"","@@@@")→ 當 A2 是 5 時，公式結果然是 5，而不是 "5555"

為了處理這個問題，本例中使用數字連接一個範圍中，沒有出現過的符號 "？"，將之修改成字串再完成重複 5 次操作，最後用取代函數刪除。

② 本例中使用輔助符號 "？" 時，一定要確保所有儲存格中沒有 "？"。否則公式會破壞原資料。處理辦法是再找一個範圍中不曾出現的字元，可以用特殊符號 "々" 等。

③ 如果範圍中只有字串，沒有數字，那麼可以不使用輔助符號和取代函數：

=TEXT(A2,"@@@@@")

▶ 範例延伸

思考：將儲存格第一個字元重複 3 次顯示

提示：用 LEFT 函數擷取第一個字元，再用 TEXT 函數完成重複三次顯示，其餘字元保持不變。

範例 **134** 將表示起迄時間的數字格式轉換成時間格式（**TEXT**）

範例檔案 第 3 章 \134.xlsx

為了加快資料登錄速度，在儲存格輸入工程的起迄時間時，可以只輸入表示時間的數字，而不用按照規定格式 "00：00-00：00" 處理。輸入完成後再利用函數一次性轉換為正確的時間格式。

開啟範例檔案中的資料檔案，在儲存格 C2 輸入以下公式：

=TEXT(B2,"#!:00-00!:00")

按下〔Enter〕鍵後，公式將把 B2 儲存格的數字按照時間格式顯示。按兩下儲存格的填滿控點，將公式向下填滿，結果如圖 3.41 所示。

	A	B	C
1	工程	起止時間	時間格式
2	工程1	8550912	8:55-09:12
3	工程2	9251025	9:25-10:25
4	工程3	10271102	10:27-11:02
5	工程4	11141235	11:14-12:35
6	工程5	12461325	12:46-13:25
7	工程6	12551340	12:55-13:40
8	工程7	14001455	14:00-14:55
9	工程8	15001625	15:00-16:25
10	工程9	16351722	16:35-17:22
11	工程10	18001820	18:00-18:20

圖 3.41　將表示起迄時間的數字格式轉換成時間格式

▶ 公式說明

本例公式透過 TEXT 函數將 7 位（第一位數是 0 時不顯示）或者 8 位數字格式轉換成起迄時間格式。公式中的 "#" 也可改用 "00"，表示公式所有結果的長度都一致。

▶ 使用注意

① 本例公式中 TEXT 函數的第二參數使用了冒號 "："，必須使用強制字元 "！"，否則公式將出現錯誤值 #VALUE!。

② 公式中的所有 0 也可以改用 "#" 來完成，公式如下。

=TEXT(B2,"#!:##-##!:##")

③ 如果不想用轉換符號 "!"，那麼可以使用兩個雙引號取代，公式如下。

=TEXT(B2,"#"":""00-00"":""00")

▶ 範例延伸

思考：將圖 3.41 中 C 欄資料轉換成 B 欄的格式

提示：可以用取代函數將 "："和 "-" 取代掉。

範例 135 根據起迄時間計算時間差（TEXT）

範例檔案　第 3 章 \135.xlsx

以範例 134 的資料為例，計算每個工程經過了多長時間，以 "小時.分鐘" 的形式作為時間格式。

開啟範例檔案中的資料檔案，在儲存格 C2 輸入以下公式：

=TEXT(INT(((TEXT(RIGHT(B2,4),"#!:00")-TEXT(LEFT(B2,3+(LEN(B2)=8)),"#!:00"))*24*60)/60)+MOD(((TEXT(RIGHT(B2,4),"#!:00")-TEXT(LEFT(B2,3+(LEN(B2)=8)),"#!-:00"))*24*60),60.1)%,"0 小時 00 分鐘 ")

按下〔Enter〕鍵後，公式將算出工程 1 的時間，以 "X 小時.y 分鐘" 的形式顯示。按兩下儲存格的填滿控點，將公式向下填滿，結果如圖 3.42 所示。

❸
字串函數

```
=TEXT(INT(((TEXT(RIGHT(B2,4),"#!:00")-TEXT(
LEFT(B2,3+(LEN(B2)=8)),"#!:00"))*24*60)/60)+MOD(
((TEXT(RIGHT(B2,4),"#!:00")-TEXT(LEFT(B2,3+(
LEN(B2)=8)),"#!:00"))*24*60),60.1)%,"0小時00分鐘")
```

	A	B	C	D	E	F
1	工程	起止時間	經過時間			
2	工程1	8550912	時00分鐘")			
3	工程2	9251026	1小時.01分鐘			
4	工程3	10271102	0小時.35分鐘			
5	工程4	11141235	1小時.21分鐘			
6	工程5	12461325	0小時.39分鐘			
7	工程6	12551340	0小時.45分鐘			
8	工程7	14001455	0小時.55分鐘			
9	工程8	15001625	1小時.25分鐘			
10	工程9	16351722	0小時.47分鐘			
11	工程10	18001820	0小時.20分鐘			

圖 3.42　根據起迄時間計算時間差

▶ 公式說明

　　本例公式分別利用 LEFT 函數和 RIGHT 函數擷取出兩段時間並相減，得到一個以 "天" 為單位的包含小數的值，然後將計算結果轉換成帶小數的以小時為單位的值。其中整數部分已被除以 60 轉成小時，小數部分則轉換成百分制，以分鐘為單位。

▶ 使用注意

　　① Excel 的計算精確度不高，而且常常出現浮點運算偏差。有時兩個數值相差明明是 10，Excel 卻當作 9.99999999 處理，造成結果與實際值不同。假設本例 B3 的值是 "9251025"，那麼本公式的運算結果將是 "0 小時 .60 分鐘"，而不是 "1 小時 .0 分鐘"，這是浮點運算偏差引起的，目前無法避免。

　　② LEFT 函數用於從一個字串的左邊第一位開始擷取指定長度的字元，它的第一參數代表字元源，第二參數代表長度。例如，公式 "=LEFT(123456,3)" 的結果是擷取左邊 3 個字元 123。

▶ 範例延伸

　　思考：根據起迄時間計算時間差，以分鐘為單位

　　提示：分別擷取兩段時間並求差，然後乘以 24，再乘以 60 即可轉成以分鐘為單位。

範例 136 將數字轉化成電話號碼格式（TEXT）

範例檔案 第 3 章 \136.xlsx

　　為了確保輸入速度，在輸入資料時只輸入電話號碼，要求用公式後轉換成電話號碼格式，包含括弧和 "-"。

　　開啟範例檔案中的資料檔案，在儲存格 C2 輸入以下公式：

=TEXT(A2,"(0000)0000-0000")

　　按下〔Enter〕鍵後，公式將算出 A2 儲存格資料的電話號碼格式。按兩下儲存格的填滿控點，將公式向下填滿，結果如圖 3.43 所示。

圖 3.43　將數字轉化成電話號碼格式

▶ 公式說明

本例公式主要透過 TEXT 函數對參照資料在適當的地方添加括弧與橫線，其餘位置僅使用預留位置即可。

▶ 使用注意

如果電話號碼只有 8 位數，即沒有輸入區號，那麼公式結果將產生 4 個 0。為了讓公式更通用，可以使用 LEN 函數計算數字長度，再透過 IF 函數判斷是否需要添加區號，公式如下：

=TEXT(A2,IF(LEN(A2)=8,"","(0000)")&"0000-0000")

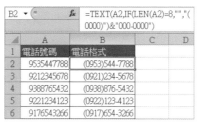

圖 3.44　通用公式

▶ 範例延伸

思考：假設 A 欄中還有手機號碼，例如 "912345678"，將手機號碼保留原格式，其他要求與本例一致，如何修改公式

提示：對 TEXT 函數的第二參數再加一個 IF 函數進行判斷長度，根據長度選擇格式。

範例 137　在 A1:A7 產生星期一～星期日的英文全稱（TEXT）

範例檔案　第 3 章 \137.xlsx

開啟範例檔案中的資料檔案，選擇儲存格 A1:A7，再輸入以下陣列公式：

=TEXT(ROW(1:7)+1,"dddd")

按下〔Ctrl〕＋〔Shift〕＋〔Enter〕複合鍵後，公式將算出一周 7 天的英文名稱，結果如圖 3.45 所示。

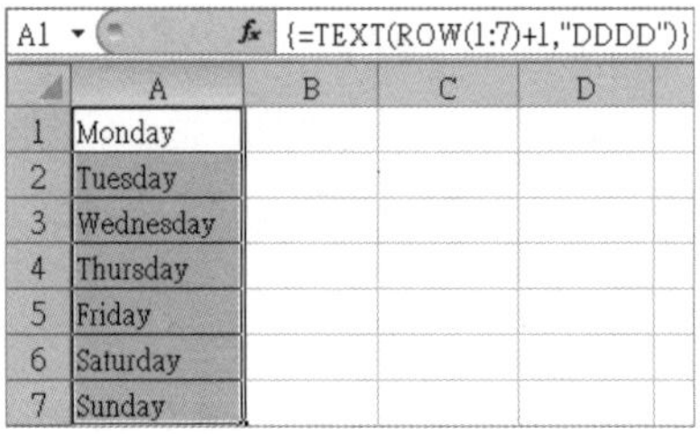

圖 3.45　產生星期一～星期日的英文全稱

▶ 公式說明

　　本例公式透過 ROW 函數產生 "{2;3;4;5;6;7;8}" 的序列，然後利用 TEXT 函數將這個序列的每一個數值轉換成代表星期的英文全稱。

▶ 使用注意

　　① 1900 年 1 月 2 日是星期一，所以產生星期一～星期日的序列，只需要先產生 1900 年 1 月 2 日～ 1900 年 1 月 8 日這個日期序列，然後透過 TEXT 函數將日期轉換成英文的星期即可。

　　② Excel 的日期格式預設是 1900 年作為起始日期。所以輸入 1 並設定為日期格式時，系統當作 1900 年 1 月 1 日處理。本例公式正是利用這個特點，對日期格式簡寫，只產生 2 ～ 8 的序列，代表 1900 年 1 月 2 日～ 1900 年 2 月 8 日。

　　③ 將公式中的 "DDDD" 改成 "AAAA" 則可產生中文的星期全稱。

　　④ 如果需將星期一～星期日的英文單字顯示在一個儲存格中，可以按〔F9〕鍵完成。操作方法是：仍然使用本例公式，當輸入公式後，進入編輯欄，選擇公式，再按一下鍵盤上的〔F9〕鍵，公式將會自動轉換成 "={"Monday";"Tuesday";"Wednesday";"Thursday";"Friday";"Saturday";"Sunday"}"，此時刪除等號並返回即可。

▶ 範例延伸

　　思考：在 A1:G1 產生星期一～星期日的英文全稱

　　提示：將公式中的 ROW 函數改成 COLUMN 函數即可。

範例 138　將彙總金額保留一位小數並顯示千分位分隔符號（FIXED）

範例檔案　第 3 章 \138.xlsx

　　統計所有物品的合計金額，將結果保留一位小數，第二位進行四捨五入，同時在結果中顯示千分位分隔符號。

　　開啟範例檔案中的資料檔案，在 E2 儲存格輸入以下陣列公式：

　　=FIXED(SUM(--FIXED(B2:B11*C2:C11,1)),1,FALSE)

　　按下〔Ctrl〕+〔Shift〕+〔Enter〕複合鍵後，公式將算出所有物品的合計金額，並轉換成千分位分隔符號，結果如圖 3.46 所示。

E2	▼	(	f_x	=FIXED(SUMPRODUCT(--FIXED(B2: B11*C2:C11,1)),1,FALSE)	

	A	B	C	D	E	F
1	物品	重量	單價		金額合計	
2	甲	591.12	2.5		13,077.2	
3	乙	557.91	2.2			
4	丙	575.43	1.6			
5	丁	504.42	2			
6	戊	541.38	2.9			
7	己	536.34	2.4			
8	庚	462	2.6			
9	辛	591.18	2.8			
10	壬	502.95	2.5			
11	癸	525.51	2.8			

圖 3.46　將彙總金額保留一位小數並顯示千分位分隔符號

▶ 公式說明

　　本例首先將每個物品的重量乘以單價得到金額，再以 FIXED 函數將每個金額保留一位小數，對第二位小數四捨五入，且用 SUM 函數彙總。最後再用 FIXED 函數將合計金額轉換成帶有千分位分隔符號的金額。

▶ 使用注意

　　① FIXED 函數可以將數字按指定的小數位數進行取整，將該位右邊的資料進行四捨五入，這和 ROUND 函數的功能一致。但是與 ROUND 函數相比，FIXED 函數也具有自身的特點，包括如下三點。

　　首先，ROUND 函數的運算結果是數值，而 FIXED 函數的運算結果是字串。其次，ROUND 函數省略第二參數時，預設當作 0 處理，而 FIXED 函數省略第二參數時預設當作 2 處理。

　　最後，FIXED 函數具有第三參數，透過第三參數可以將結果添加千分位分隔符號。

　　② 本例也可以用 TEXT 函數替代 FIXED 函數，不過計算結果不能顯示千分位分隔符號，公式如下：

　　=TEXT(SUMPRODUCT(--TEXT(B2:B11*C2:C11,"0.0")),"0.0")

▶ 範例延伸

　　思考：將彙總金額保留 0 位小數
　　提示：忽略 FIXED 函數的第二參數即可。

範例 139 將資料對齊顯示，將空白以 "．" 填滿（REPT）

範例檔案 第 3 章 \139.xlsx

　　開啟範例檔案中的資料檔案，在 C2 儲存格輸入以下公式：

　　=BIG5(REPT("．",10-LEN(B2))&B2)

　　按下〔Enter〕鍵後，公式將 B 欄資料轉換為全形顯示，確保每個資料佔用同樣寬度，並將儲存格空白以 "．" 填滿。然後按兩下儲存格填滿控點，將公式向下填滿，結果如圖 3.47 所示。

	A	B	C	D
	fx	=BIG5(REPT(".",10-LEN(B2))&B2		
1	章節	頁數	對齊	
2	第一章	第1頁	‧‧‧‧‧‧‧第１頁	
3	第一節	第1頁	‧‧‧‧‧‧‧第１頁	
4	第二節	第89頁	‧‧‧‧‧‧第８９頁	
5	第三節	第350頁	‧‧‧‧‧第３５０頁	
6	第四節	第780頁	‧‧‧‧‧第７８０頁	
7	第二章	第781頁	‧‧‧‧‧第７８１頁	
8	第一節	第781頁	‧‧‧‧‧第７８１頁	
9	第二節	第1125頁	‧‧‧‧第１１２５頁	
10	第三節	第1380頁	‧‧‧‧第１３８０頁	

圖 3.47　將資料對齊顯示，將空白以 "‧" 填滿

▶ 公式說明

　　本例公式使用了 REPT 函數對儲存格填滿 "‧"，填滿個數等於總數 10 與原數據長度之差，以確保每個公式的最終長度都是 10。最後再用 BIG5 函數將半形字元轉換為全形，使每個字元的佔用寬度一致。

▶ 使用注意

　　① 本例將半形字元改成全形字符，使每個字元佔用寬度一致，如此可以簡單地完成儲存格字元對齊。

　　② 如果必須使用全形字符，以確保字元美觀並符合閱讀習慣，那麼公式將會複雜一些：

　　=REPT("‧",10-(LENB(BIG5(B2))-LENB(B2)))&B2

　　本公式計算原資料中半形字元的個數，再按半形字元的個數填滿相對個數的 "‧" 符號，使所有儲存格中雖然字元長度不一致，但仍然可以對齊顯示。

▶ 範例延伸

　　思考：假設本例 B 欄的資料只有數字，沒有中文，如何簡化公式
　　提示：不需要轉換成全形也可以對齊，因此可以不使用 BIG5 函數。

範例 140 利用公式製作簡易圖表（REPT）

範例檔案 第 3 章 \140.xlsx

　　根據每月的盈虧資料，利用公式製作簡易的 "圖表"。開啟範例檔案中的資料檔案，選擇 D2:D7 儲存格，再輸入以下公式：

　　=IF(B2>0,REPT(" ",5)&" ｜ "&REPT(" ■ ",ABS(B2))&B2&REPT(" ",5-ABS(B2)),REPT(" ",5-ABS(B2)-LEN(B2)/2)&B2&REPT(" ■ ",ABS(B2))&" ｜ "&REPT(" ",5))

　　按下〔Ctrl〕+〔Enter〕複合鍵後，公式將產生一個簡易的 "圖表"，"圖表" 中有直條圖，還有每個柱條的資料標示，結果如圖 3.48 所示。

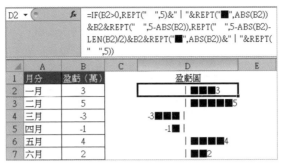

图表公式列内容：
D2 ▼ | f_x | =IF(B2>0,REPT(" ",5)&"|"&REPT("■",ABS(B2))&B2&REPT(" ",5-ABS(B2)),REPT(" ",5-ABS(B2)-LEN(B2)/2)&B2&REPT("■",ABS(B2))&"|"&REPT(" ",5))

	A	B	C	D	E
1	月分	盈虧〈萬〉		盈虧圖	
2	一月	3		|■■■3	
3	二月	5		|■■■■■5	
4	三月	-3		-3■■■|	
5	四月	-1		-1■|	
6	五月	4		|■■■■4	
7	六月	2		|■■2	

圖 3.48　利用公式製作簡易圖表

▶ 公式說明

本例公式首先判斷盈虧資料是正數還是負數，對於正數，在"圖表"左側以空格填滿，右側以相當於資料個數的黑方格填滿，形成"圖表"系列的柱條，並標示資料大小。如果是負數則相反。其中符號"|"左右的字元個數都相等，才能確保"圖表"左右對齊。

▶ 使用注意

① REPT 函數的功能是按照給定的次數重複顯示字串，它有兩個參數，第一參數是需要重複顯示的字串。第二參數是指定字串重複次數的正數。如果第二參數是小數，則截尾取整，如果第二參數是負數或者字串則算出錯誤值。例如：

=REPT(12,2)──→結果等於 1212。

=REPT(12,2.9)──→結果仍然等於 1212。

=REPT(12,0)──→結果等於空白。

=REPT(12,-3)──→結果是錯誤值。

② REPT 對參照資料重複顯示時，比 TEXT 函數強大一些，不管是數字還是字串都可以。

▶ 範例延伸

思考：本例公式完成的圖表左右的空格或者"■"都以 5 為填滿長度，如何修改公式可以使公式通用，當盈虧資料在 1 ～ 20 之間都可以正確產生"圖表"

提示：相對於本例公式，只需要將 5 修改成 A2:A7 的最大值即可，用 MAX 函數。

範例 141 利用公式製作帶座標軸及標示升降的圖表（REPT）

範例檔案 第 3 章 \141.xlsx

根據每月的盈虧資料，利用公式製作帶 X 軸和 Y 軸的"圖表"，並在"圖表"系列中標示本月資料相對於上月是升、降還是平。

開啟範例檔案中的資料檔案，在 D2 儲存格輸入以下陣列公式：

=IF(A2<>"",A2&" ","")&IF(A2="",REPT(" ",(MAX(ABS(B$2:B$8))+6)*2),IF(B2>0,REPT(" ",4+MAX(ABS(B$2:B$8)))&IF(ROW()=2," ",IF(B2=OFFSET(B2,-1,0),"→",IF(B2>OFFSET(B2,-1,0)," ↑"," ↑ ")))&REPT(" ■",ABS(B2))&B2&REPT(" ",4+MAX(ABS(B$2:B$8))-ABS(B2)),REPT(" ",4+MAX(ABS(B$2:B$8))-ABS(B2)-LEN(B2)/2)&B2&REPT(" ■ ",ABS(B2))&IF(ROW()=1,"

```
",IF(B2=OFFSET(B2,-1,0)," → ",IF(B2>OFFSET(B2,-1,0)," ↑ "," ↓ "))&REPT("
",4+MAX(ABS(B$2:B$8))))))
```

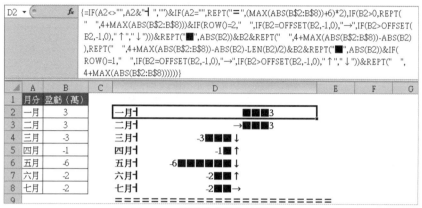

圖 3.49　利用公式製作簡易圖表

按下〔Ctrl〕+〔Shift〕+〔Enter〕複合鍵後，再將公式向下填滿至 D9，公式結果將產生一個帶座標軸及標示升降的 "圖表"。結果如圖 3.49 所示。

▶ 公式說明

本例和前一個範例的方向一致，但透過 IF 函數將中間的 " | " 符號變成了表示升、降、平的符號。同時透過一些特殊符號組成了座標軸。

▶ 使用注意

本例中 "→"、"↑"、"↓" 三個符號分別表示平、升、降，由當月資料相對於上月資料比較結果來決定顯示哪一個符號。

▶ 範例延伸

思考：如果盈虧資料包括小數，需要如何修改公式才能使圖表中的顯示值與方塊個數相同

提示：對每個參照資料利用 ROUND 函數進行捨入。

字元長度計算

範例 142 計算儲存格中的數字個數（LEN）

範例檔案 第 3 章 \142.xlsx

開啟範例檔案中的資料檔案，在 B2 儲存格輸入以下公式：

=LEN(A2)*2-LENB(A2)

按下〔Enter〕鍵後，公式將算出 A2 儲存格數字個數，按兩下儲存格的填滿控點，將公式向下填滿，結果如圖 3.50 所示。

B2	▼	*f*	=LEN(A2)*2-LENB(A2)	

	A	B	C
1	原始資料	數字個數	
2	奧運2008	4	
3	諾基亞8310	4	
4	桑塔納800	3	
5	1997香港	4	
6	疏菜50公斤	2	
7	大米125.5公斤	5	
8	山楂5袋	1	
9	白菜333千克	3	

圖 3.50　計算儲存格中的數字個數

▶ 公式說明

　　本例中利用 LEN 函數計算儲存格字元個數，然後乘以 2 減掉字數，就可以得到儲存格中的數字個數。

▶ 使用注意

　　① LEN 函數的功能是算出字串中的字元數。字元數不區分半形與全形。

　　② LEN 函數只有一個非必填參數，參數可以是字串、儲存格、陣列或者運算式。但是參數是錯誤值時，LEN 的計算結果仍是錯誤值。例如：

　　=len(123)──→結果等於 3。

　　=len(123*123)──→結果等於 5。

　　=LEN(#DIV/0!)──→結果等於錯誤值。

　　=LEN("#DIV/0!")──→結果等於 7，#DIV/0! 在本公式中是字串，不是錯誤值。

　　③ LENB 函數的功能是計算字數。其中中文的字數是 2，半形的數字和字母字數是 1，而全形的數字和字母字數是 2。

　　④ 如果字串中既有數字又有英文，那麼本例公式就要出錯，此時應該參考範例 103。

▶ 範例延伸

　　思考：計算圖 3.50 中中文個數

　　提示：用字串的字數減掉字元數即可。

範例 143 將數字倒序排列（LEN）

範例檔案 第 3 章 \143.xlsx

　　開啟範例檔案中的資料檔案，在 B2 儲存格輸入以下陣列公式：

　　=TEXT(SUM(IFERROR(MID(A2,ROW($1:$15),1)*10^(ROW($1:$15)-1),0)),REPT(0,LEN(A2)))

　　按下〔Ctrl〕+〔Shift〕+〔Enter〕複合鍵後，公式將算出 A2 儲存格數字的倒序排列方式，按兩下儲存格的填滿控點，將公式向下填滿，結果如圖 3.51 所示。

圖 3.51　將數字倒序排列

▶ 公式說明

　　本例公式利用 MID 函數分別擷取每個字串中的第 1 ～第 15 個數字，並將它們分別進行 1 次方、10 次方、100 次方……等乘冪運算，然後將所有數值彙總進而執行倒序排列原來的每個數字。當字元長度不足 15 位時會出錯，因此採用 IFERROR 函數除錯。

　　為了讓原本以 0 結尾的數值在倒序後可以正常顯示前置的 0，公式中使用了 TEXT 函數將結果轉換成字串，且在前面添加 0 作為預留位置。

▶ 使用注意

　　① 在本例中 LEN 函數主要有兩個作用。其一是從字串中逐位擷取字元時，為了使擷取次數剛好等於字元個數，使用了 LEN 計算儲存格字元數；其二是用 TEXT 函數將結果格式化為字串時，需要 0 做預留位置，而 0 的個數必須與儲存格字符數相同，故再次使用 LEN 函數計算字元數。

　　② 如果儲存格中有小數，本例公式將會出錯，因為逐位擷取字元時會將小數點也擷取出來，而小數點是不能參與運算的。可以改用如下公式。

=TEXT(SUM(MID(A2*10^(LEN(A2)-LEN(INT(A2))-(LEN(A2)>LEN(INT(A2)))),ROW(INDIRECT("1:"&LEN(A2*10^(LEN(A2)-LEN(INT(A2))-(LEN(A2)>LEN(INT(A2)))))),1)*10^(ROW(INDIRECT("1:"&LEN(A2*10^(LEN(A2)-LEN(INT(A2))-(LEN(A2)>LEN(INT(A2)))))))-1)),REPT(0,LEN(A2*10^(LEN(A2)-LEN(INT(A2))-1))))/10^(LEN(A2)-LEN(INT(A2))--(LEN(A2)>LEN(INT(A2))))

　　③ 本例公式中 "ROW(1：15)" 中的 15 代表 Excel 計算精確度──最高 15 位。

▶ 範例延伸

　　思考：將帶有小數的數字刪除小數點進而成為整數
　　提示：計算原資料長度，再減掉其整數部分的長度得到 N，將資料乘以 10 的 N 次方。

範例 144 計算英文句子中有幾個單字（LEN）

範例檔案 第 3 章 \144.xlsx

　　開啟範例檔案中的資料檔案，在 B2 儲存格輸入以下公式：
=LEN(A3)-LEN(SUBSTITUTE(A3," ",""))+1
　　按下〔Enter〕鍵後，公式將算出 A2 儲存格的單字數量。按兩下儲存格的填滿控點，將公式向下填滿至 B7 儲存格，結果如圖 3.52 所示。

職場函數 468 招：超完整！新人工作就要用到的計算函數+公式範例集

	A	B	C
	B2 ▾	fx	=LEN(A2)-LEN(SUBSTITUTE(SUBSTITUTE(A2,"'"," ")," ",""))+1

	A	B	C
1	英文語句	單詞個數	
2	That's a beautiful shot	5	
3	She has a beautiful face	5	
4	She cracked an angelic smile	5	
5	She looped the curtain up	5	
6	The path loops around the pond	6	
7	What are you looking at	5	

圖 3.52　計算英文句子中有幾個單字

▶ 公式說明

　　本例公式首先使用 SUBSTITUTE 函數將英文句子中可能出現的「'」取代成空格,接著將所有空格取代成空字串,相當於刪除所有分隔符號。然後使用 LEN 函數統計減掉分隔符號後的字元數量。

　　由於單字數量等於分隔符號的數量加 1,例如,一句話中有兩個分隔符號,那麼代表該句子中包含 3 個單字。基於此原則,最後使用 LEN 函數計算 A2 儲存格的原本字元數量,再減掉刪除分隔符號後的字元數量,兩者之差加 1 即為單字數量。

▶ 使用注意

　　① 要計算一個字元在一個字串中出現了多少次,Excel 沒有提供現成的函數來完成,通用的做法是使用 SUBSTITUTE 函數將該字元取代成空字串,然後分別計算取代前後的字元數量,兩者之差即為指定字元在目前字串中的出現次數。

　　② 本例要求計算單字的數量,其實重點就在於計算分隔符號的數量。英文句子中包含空格和「'」兩種分隔符號,因此統計「'」和空格的數量後就能計算出單字數量。

　　③ SUBSTITUTE 函數用於取代字元,在本章後面的小節中會有詳細說明。

　　Excel 未提供刪除字元的函數,因此採用將字元取代成空字串的方向來執行。

▶ 範例延伸

　　思考:計算英文短句字母個數

　　提示:可以利用 SUBSTITUTE 函數將「'」或者空格取代成空白,再計算字元數。

去空格

範例 145 將英文句子規格化（TRIM）

範例檔案 第 3 章 \145.xlsx

　　圖 3.53 中的英文句子中存在多餘的空格,且第一個字母未大寫。現在需要刪除多餘的空格,以及將第一個字母大寫。

　　開啟範例檔案中的資料檔案,在 B2 儲存格輸入以下公式:

=PROPER(LEFT(A2))&TRIM(RIGHT(A2,LEN(A2)-1))

按下〔Enter〕鍵後，公式將算出沒有多餘空格的英文句子，且將第一個字母大寫。然後按兩下儲存格填滿控點，將公式向下填滿，結果如圖 3.53 所示。

B2	▼	f_x	=PROPER(LEFT(A2))&TRIM(RIGHT(A2,LEN(A2)-1))

	A	B
1	小寫	去除多餘空格且首字母大寫
2	that's a beautiful shot	That's a beautiful shot
3	she has a beautiful face	She has a beautiful face
4	She cracked an angelic smile	She cracked an angelic smile
5	She looped the curtain up	She looped the curtain up
6	the path loops around the pond	The path loops around the pond
7	What are you looking at	What are you looking at

圖 3.53　將英文句子規格化

▶ 公式說明

本例中首先利用 PROPER 函數將英文句子的第一個字母轉換成大寫形式，再將剩下的字串中間多餘的空格刪除。所謂多餘的空格是指單字與單字之間超過一個的空格。

▶ 使用注意

① TRIM 函數可以將單字與單字之間超過一個的空格取代為一個。如果本身只有一個空格則保持不變。它有一個參數，可以是字串，也可以是儲存格參照，還可以是運算式。

② TRIM 函數刪除空格時對單字之間的空格處理方式是刪除超過一個以上的空格，對於句首或者句末的空格則全部刪除。例如：

=TRIM("go on")──→結果等於"go on"。將"go"和"on"之間兩個空格保留一個。

=TRIM(" go on ")──→結果是"go on"。將首尾的空格全部刪除。

③ TRIM 函數可以刪除的空格是指字元集中代碼為 32 的字元，可以用 CHAR（32）來產生空格。

④ 如果需要刪除字符串中的所有空格，不能使用 TRIM 函數，必須用 SUBSTITUTE 函數來完成。例如：

=SUBSTITUTE("ABCDEF",""," ")──→結果等於"ABCDEF"。

範例 146 分別擷取省、市、縣名（TRIM）

範例檔案 第 3 章 \146.xlsx

地名中用"/"將省、市、縣名隔開，現在需要分別擷取其中的省、市、縣名。開啟範例檔案中的資料檔案，在 B2 儲存格輸入以下公式：

=TRIM(MID(SUBSTITUTE($A2,"/",REPT(" ",10)),COLUMN(A2)*10-9,10))

按下〔Enter〕鍵後，公式將算出省名。選擇 B2，將公式向右填滿至 D2；再選擇儲存格 B2:D2，將公式向下填滿至第 8 欄，結果如圖 3.54 所示。

| B2 | ▼ | f_x | =TRIM(MID(SUBSTITUTE($A2,"/",REPT(" ",100)), COLUMN(A2)*100-99,100)) |

▲	A	B	C	D
1	地名	省	市	縣〈鎮〉
2	四川省/成都市/金牛區	四川省	成都市	金牛區
3	廣東省/東莞市/長安鎮	廣東省	東莞市	長安鎮
4	四川省/內江市/資中縣	四川省	內江市	資中縣
5	廣東省/東莞市/高步鎮	廣東省	東莞市	高步鎮
6	湖北省/武漢市/漢陽縣	湖北省	武漢市	漢陽縣
7	湖北省/武漢市/武昌	湖北省	武漢市	武昌
8	廣東省/廣州市/花都	廣東省	廣州市	花都

圖 3.54　分別擷取省、市、縣名

▶ 公式說明

　　本例公式首先利用 SUBSTITUTE 函數將分隔符號 "/" 取代成 10 個空格，再從第一個字開始擷取 10 個字元，最後將擷取的字串刪除空格即得到省名。

　　同理，將公式向右填滿時，再從第 11 個字元開始擷取 10 個字元，並將擷取出的字串刪除空格，得到市名。

▶ 使用注意

　　① 範例中省、市、縣名都不超過 10 個字元才可以使用本公式。如果不能預計需要擷取的字串最大長度是多少，可以將數字設定得大一些。例如：

　　=TRIM(MID(SUBSTITUTE($A2,"/",REPT("",100)),COLUMN(A2)*100-99,100))

　　② 本例中的空格都產生在擷取字串的首尾，可以全部透過 TRIM 函數刪除，不會出現任何一個多餘空格的情況。

　　③ 如果目標字元本身就有空格，那麼就不可使用本例的公式，否則有可能將原資料中的空格也刪除。可以改成如下公式，使用一個不常用的符號 "㊣" 作輔助：

　　=SUBSTITUTE(MID(SUBSTITUTE($A2,"/",REPT(" ㊣ ",100)),COLUMN(A2)*100-99,100)," ㊣ ","")

▶ 範例延伸

　　思考：從 "四川省 / 成都市 / 金牛區" 字串中擷取省、市、縣名存放於 A1:A3

　　提示：相對於本例公式，將 ROW 函數改用 COLUMN 函數並縱向填滿。

尋找與取代

範例 147 擷取英文名字（FIND）

範例檔案 第 3 章 \147.xlsx

　　將英文姓名中擷取名字。

　　開啟範例檔案中的資料檔案，在 B2 儲存格輸入以下公式：

　　=LEFT(A2,FIND("",A2)-1)

按下〔Enter〕鍵後，公式將算出第一個人的名字。按兩下儲存格填滿控點，將公式向下填滿，結果如圖 3.55 所示。

B2	▾	fx	=LEFT(A2,FIND(" ",A2)-1)

	A	B	C	D
1	姓名	名字		
2	Aaron Shaw	Aaron		
3	Abe Walter	Abe		
4	Adah Taylor	Adah		
5	Austin Taylor	Austin		
6	Betty Williams	Betty		
7	Bonnie Walter	Bonnie		
8	Daisy Tyler	Daisy		
9	Ford Taylor	Ford		
10	Hugo White	Hugo		
11	Jack Williams	Jack		
12	John Walter	John		

圖 3.55　擷取英文名字

▶ 公式說明

英文姓名的特點是名字在前、姓在後，中間用空格隔開，因此擷取名字部分就需要尋找空格所在位置，將該位置之前的字元取出即可。

▶ 使用注意

① FIND 函數用來尋找一個字串在另一個字串中第一次出現的位置。如果尋找不到則產生錯誤值。尋找時會區分大小寫。它有三個參數，第一參數表示要尋找的字串；第二參數表示包含要尋找目標的字串；第三參數表示從第幾個字元開始尋找，如果忽略第三參數就表示從第一個位置開始。例如：

=FIND("A","AaronShaw")→結果等於 1。

=FIND("a","AaronShaw"，3)→結果等於 9。

=FIND("A","AaronShaw",3)→結果是錯誤值。

② 利用 FIND 函數在尋找英文字母時要區分大小寫，例如在 "Ace" 中尋找 "C" 的結果是 0，而 SEARCH 函數在尋找字母時則忽略大小寫，在 "Ace" 中尋找 "C" 的結果是 2。

▶ 範例延伸

思考：在 "AaronShaw" 尋找字母 "a" 的出現位置，不區分大小寫尋找

提示：透過轉換函數將 "a" 和 "AaronShaw" 的大小寫狀態轉換為一致即可。

範例 148 將分數形式的字元轉換成小數（FIND）

範例檔案 第 3 章 \148.xlsx

"1/2" 類型的資料是字串，SUM 函數不能對之進行運算，本例要求將分數轉換成小數，利於彙總。

開啟範例檔案中的資料檔案，在 B2 儲存格輸入以下公式：

=(LEFT(A2,FIND("/",A2)-1)+RIGHT(A2,LEN(A2)-FIND("/",A2)))/2

按下〔Enter〕鍵後，公式將第一個分數轉換成小數。按兩下儲存格填滿控點，將公式

職場函數 468 招：超完整！新人工作就要用到的計算函數＋公式範例集

向下填滿，結果如圖 3.56 所示。

B2 =(LEFT(A2,FIND("/",A2)-1)+RIGHT(A2,LEN(A2)-FIND("/",A2)))/2

	A	B	C	D	E
1	分數形式	小數			
2	5/6	5.5			
3	12/9	10.5			
4	105/35	70			
5	11/58	34.5			
6	23/45	34			
7	104/999	551.5			
8	53/95	74			
9	10/19	14.5			
10	25/30	27.5			

圖 3.56　將分數形式的字元轉換成小數

▶ 公式說明

本例利用 FIND 函數尋找分數線的位置，然後分別擷取分數線左邊和右邊的數字並相加，再除以 2 得到分數所代表的數值。

▶ 使用注意

① 利用 FIND 函數尋找不到目標時將算出錯誤值。所以本例 A2:A10 範圍存在一個不帶“/”的數字時公式結果就會出錯。為了除錯可以將公式修改成如下。

=IF(ISERROR(FIND("/",A2)),A2,(LEFT(A2,FIND("/",A2)-1)+RIGHT(A2,LEN(A2)-FIND("/",A2)))/2)

② 本例也可以採用 AVERAGE 函數來完成，公式如下。

=AVERAGE(LEFT(A2,FIND("/",A2)-1),RIGHT(A2,LEN(A2)-FIND("/",A2)))

▶ 範例延伸

思考：用一個公式計算圖 3.56 中所有儲存格中分數總和

提示：利用本例同樣的方向，將每個儲存格的“/”符號位置找出來，再分別擷取它左、右邊的數字並相加，組成一個陣列，再對陣列中每個元素彙總。簡單地說，就是將本例公式儲存格參照改成範圍，再外套一個 SUM 函數即可。

範例 149 將單位為“雙”與“片”混合的數量彙總（FIND）

範例檔案 第 3 章 \149.xlsx

盤點表中某產品（例如鞋子）以“雙”為單位，但部分產品又以“片”為單位。以“片”為單位的產品資料又有兩種計數方式：整數和分數。現在需要將不同單位的數據全部轉換成“雙”為單位並彙總。

開啟範例檔案中的資料檔案，在 E2 儲存格輸入以下公式：

=SUM(IF(ISNUMBER(FIND("/",C2:C9)),(LEFT(C2:C9,FIND("/",C2:C9)-1)+RIGHT(C2:C9,LEN(C2:C9)-FIND("/",C2:C9)))/2,C2:C9*IF(B2:B9=" 片 ",0.5,1)))

按下〔Ctrl〕+〔Shift〕+〔Enter〕複合鍵後，公式將算出所有產品彙總數量，以"雙"為單位，結果如圖 3.57 所示。

E2 ▾		fx	{=SUM(IF(ISNUMBER(FIND("/",C2:C9)),(LEFT(C2:C9,FIND("/",C2:C9)-1)+RIGHT(C2:C9,LEN(C2:C9)-FIND("/",C2:C9)))/2, C2:C9*IF(B2:B9="片",0.5,1)))}

▲	A	B	C	D	E	F
1	產品	單位	數量		總數量（雙）	
2	A	片	42/666		1957.5	
3	B	片	50/55			
4	C	雙	25			
5	D	片	33/66			
6	E	片	111/12			
7	F	片	12/545			
8	G	片	1/2222			
9	H	片	50			

圖 3.57　將單位為"雙"與"片"混合的數量彙總

▶ 公式說明

本例公式首先利用 FIND 函數尋找"/"符號在每個儲存格出現的位置，如果結果是錯誤值，那麼表示它不是分數形式，直接乘以一個係數即可。該係數由 B 欄的單位決定，如果是"片"則係數為 0.5，相當於將片轉換成雙；如果是"雙"則使用係數 1。

而對於 FIND 函數尋找"/"時沒有出錯的資料，則分別擷取其左邊和右邊的數據並相加，除以 2 得到單位為"雙"的合計數。最後利用 SUM 函數將所有資料全部彙總。

▶ 使用注意

① 使用本例公式時必須確保 C2:C9 範圍中的"/"符號一致，全部是半形狀態或者全部是全形狀態，否則需要判斷兩次，公式會更複雜。

② ISNUMBER 函數用於判斷參數是否為數值。當使用 FIND 函數尋找字元失敗時會算出錯誤值，將它配合 ISNUMBER 函數使用可以判斷尋找是否成功。

▶ 範例延伸

思考：計算圖 3.57 中有多少個字元"/"

提示：利用 FIND 函數尋找"/"的位置，產生一個陣列，再用 COUNT 函數統計找到的個數。

範例 150 擷取公式所在工作表的名稱（FIND）

範例檔案　第 3 章 \150.xlsx

工作表中以月份命名。而工作表的表頭需要顯示資料的月份，所以需要用公式參照工作表名稱，當工作表名稱修改時，儲存格的月份也相對改變。

開啟範例檔案中的資料檔案，在 A2 儲存格輸入以下公式：

=MID(CELL("filename",A1),FIND("]",CELL("filename",A1))+1,99)

按下〔Enter〕鍵後，公式將算出目前工作表名稱，結果如圖 3.58 所示。

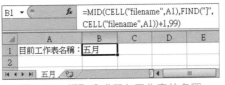

圖 3.58　擷取公式所在工作表的名稱

▶ 公式說明

　　本例公式中運算式"CELL("filename",A1)"用於獲取目前檔的完整路徑和工作表簿名稱、工作表名稱。格式如下。

　　E:\ 範例檔案 \ 第 3 章 \[150.xlsx] 五月

　　由於只需要擷取"]"之後的字元串，因此使用 FIND 函數從運算式"CELL("filename",A1)"的計算結果中尋找"]"，算出"]"的位置，最後使用 MID 函數擷取該位置之後的長度為 99 的字串。

　　此處使用 99 是因為工作表的名稱長度不可能大於 99 位，透過 MID 函數擷取 99 位字元實際上仍然只擷取有效長度的字串。相對於計算出"]"之後的實際長度，再用該值作為 MID 函數的第三參數的方法而言，本例的方向可以使公式更簡短。

▶ 使用注意

　　① 使用 CELL 函數擷取工作表的名稱時有一個前提：活頁簿必須已經保存過。CELL 函數不能擷取未保存的活頁簿的路徑、活頁簿名稱或者工作表名稱。

　　② 如果需要擷取公式所在活頁簿的活頁簿名稱，則需要分別計算"["和"]"的位置，然後透過 MID 函數取出兩個符號之間的字元。公式如下：

　　=MID(CELL("filename"),FIND("[",CELL("filename"))+1,FIND("]",CELL("filename"))-FIND("[",CELL("filename"))-1)

▶ 範例延伸

　　思考：擷取目前文件存放的磁碟機代碼

　　提示：利用 CELL 函數擷取活頁簿的路徑，利用 FIND 函數尋找"："的位置，最後用 LEFT 函數擷取磁碟機代碼。

範例 151 擷取括弧中的字串（FIND）

範例檔案 第 3 章 \151.xlsx

　　部分參賽者資料中除姓名外，還有備註，在括弧中，要將備註單獨擷取出來。開啟範例檔案中的資料檔案，在 B2 儲存格輸入以下公式：

　　=IFERROR(MID(A2,FIND("(",A2)+1,FIND(")",A2)-FIND("(",A2)-1),"")

　　按下〔Enter〕鍵後，公式將算出 A2 儲存格括弧中的字元，如果不存在則以空白顯示。按兩下儲存格填滿控點，將公式向下填滿，結果如圖 3.59 所示。

	A	B	C	D	E
B2	fx	=IFERROR(MID(A2,FIND("(",A2)+1,FIND(")",A2)-FIND("(",A2)-1),"")			
1	參賽者資料	擷取備註			
2	趙大鵬				
3	劉雲(第三屆冠軍)	第三屆冠軍			
4	劉松(首次參賽)	首次參賽			
5	張明、黃越(團體組)	團體組			
6	黃飛				
7	吳申麗(第一屆亞軍)	第一屆亞軍			
8	梁才(又名梁材)、吳宏	又名梁材			
9	甄麗麗				
10	張華英(第二屆冠軍)	第二屆冠軍			

圖 3.59　根據產品規格計算產品體積

▶ 公式說明

　　本例公式兩次利用 FIND 函數擷取左括弧和右括弧的位置，然後將括弧中的備註擷取出來。

　　為了防止不存在括弧時公式算出錯誤值，透過 IFERROR 函數將錯誤值轉換成空字串。

▶ 使用注意

　　① 使用公式尋找左、右括弧時，必須將字串 " (" 和 ") " 用引號括起來。

　　② 使用公式時特別需要注意括弧的半形與全形狀態須與儲存格中的括弧一致。最好的辦法是直接將儲存格中的括弧複製到公式中。

　　③ 如果存在多個括弧，即 A 欄同一儲存格中有很多個備註時，通常使用巨集表函數來完成。在本書第 9 章中會介紹。

　　④ 本例也可以使用 SUBSTITUTE 函數將左括弧和右括弧都取代成 999 個空格，然後利用 MID 函數從第 1000 個字元處開始擷取 999 個字元，再刪除空格即為最終結果。完整公式如下。

　　=TRIM(MID(SUBSTITUTE(SUBSTITUTE(A2,"(",REPT("",999)),")",REPT("",999)),1000,999))

▶ 範例延伸

　　思考：如果擷取備註時需要保留括弧，如何修改公式

　　提示：對公式中三個 FIND 的結果相對地加 1 或者減 1。

範例 152 分別擷取長、寬、高（FIND）

範例檔案 第 3 章 \152.xlsx

　　從表示規格的儲存格資料中擷取長、寬、高的資料。開啟範例檔案中的資料檔案，在 C2 儲存格輸入以下公式：

　　=MID($B2,FIND("@",SUBSTITUTE($B2," (","@",COLUMN(A1)))+1,FIND("@",SUBSTITUTE($B2,") ","@",COLUMN(A1)))-FIND("@",SUBSTITUTE($B2," (","@",COLUMN(A1)))-1)

　　按下〔Enter〕鍵後，將 C2 儲存格的公式向右填滿至 E2；選擇 C2:E2 範圍再雙擊填滿控點，將公式向下填滿，結果如圖 3.60 所示。

C2 =MID($B2,FIND("@",SUBSTITUTE($B2,"（","@",COLUMN(A1)))+1,FIND("@",SUBSTITUTE($B2,"）","@",COLUMN(A1)))-FIND("@",SUBSTITUTE($B2,"（","@",COLUMN(A1)))-1)

	A	B	C	D	E	F	G	H
1	產品	規格	長	寬	高			
2	甲	長（125）、寬（135）、高（255）	125	135	255			
3	乙	長（120）、寬（125）、高（256）	120	125	256			
4	丙	長（125）、寬（135）、高（257）	125	135	257			
5	丁	長（121）、寬（135）、高（258）	121	135	258			
6	戊	長（125）、寬（138）、高（259）	125	138	259			
7	己	長（125）、寬（135）、高（260）	125	135	260			
8	庚	長（145）、寬（137）、高（261）	145	137	261			

圖 3.60　分別擷取長、寬、高

▶ 公式說明

利用 FIND 函數尋找字元只能尋找目標首次出現的位置，而 SUBSTITUTE 函數卻可以設定對第幾次出現的字元進行取代。所以將 SUBSTITUTE 和 FIND 函數搭配運用，就可以執行對目標字元第幾個字元進行尋找。其個數可以隨意指定。

本例利用 SUBSTITUTE 函數將左、右括弧取代成“@”，再用 FIND 函數尋找“@”的位置。然後利用 MID 函數將左、右括弧之間的字串擷取出來。當公式向右填滿時，可以擷取第二、第三個括弧中的資料。

▶ 使用注意

① FIND 函數和 SUBSTITUTE 函數套用執行尋找指定目標出現第 N 次時的位置，可以解決工作中的很多問題。但是注意 SUBSTITUTE 函數的第四參數需要使用 COLUMN 函數來執行參數動態變化。

② 如果本例的公式中有“@”字元出現，就要將公式中的“@”修改成其他非常用字符，避免公式出錯。

▶ 範例延伸

思考：如果某產品只有長、寬，如何讓公式結果不出現錯誤值

提示：利用 IFERROR 函數排錯。

範例 153 計算密碼字串中的字元個數（FIND）

範例檔案 第 3 章 \153.xlsx

計算不包含中文和標點符號的密碼字串中的字元個數。開啟範例檔案中的資料檔案，在 B2 儲存格輸入以下陣列公式：

=COUNT(FIND(CHAR(ROW(65:90)),A2),FIND(CHAR(ROW(97:122)),A2),FIND(ROW(1:10)-1,A2))

按下〔Ctrl〕+〔Shift〕+〔Enter〕複合鍵後，公式將算出這一組密碼的字元個數，結果如圖 3.61 所示。

B2 {=COUNT(FIND(CHAR(ROW(65:90)),A2),FIND(CHAR(ROW(97:122)),A2),FIND(ROW(1:10)-1,A2))}

	A	B	C	D	E	F
1	密碼	不重複字元數				
2	M123inM32AN125Mn	9				

圖 3.61　計算密碼字串中的字元個數

▶ 公式說明

本例公式首先利用 ROW 函數產生 65 ～ 90 的序列，用它作為 CHAR 函數的參數就可以產生 "A" ～ "Z" 的序列，然後用 FIND 函數從 A2 的字串中逐一尋找大寫字母出現的位置，產生一個包含錯誤值和數字的陣列。最後利用 COUNT 函數對陣列計數，得到大寫字母個數。同理，再利用 FIND 函數尋找小寫字母的個數和數字的個數。三者相加即是密碼的字元總數。

▶ 使用注意

① 本例公式還可以進一步簡化，有如下兩種方向。其一是大寫字母、小寫字母和數字都透過 CHAR 函數產生，公式如下：

=COUNT(FIND(CHAR(CHOOSE({1,2,3},ROW(65:90),ROW(97:122),ROW(48:57))),A2))

其二是先計算字母個數，再計算數字個數，最後兩者相加。此公式較簡短。

=COUNT(FIND(CHAR(ROW(65:90)+{0,32}),A2),FIND(CHAR(ROW(1:10)-1,A2))

② 由於密碼中只有數字和英文字母，所以也可以改用如下陣列公式完成。

=COUNT(FIND(CHAR(ROW(48:122)),A2))

▶ 範例延伸

思考：計算密碼字串中字元個數（不區分字母的大小寫）

提示：將原始資料轉換成大寫，再尋找 "A" ～ "Z" 的大寫字母出現次數和數字出現次數即可。

範例 154 通訊錄單欄轉三欄（FIND）

範例檔案 第 3 章 \154.xlsx

通訊錄是一欄多列排列，要將其按三欄多列方式排列。開啟範例檔案中的資料檔案，在 C2 儲存格輸入以下陣列公式：

=MID(INDEX($A:$A,SMALL(IF(IFERROR(FIND(C$1,$A$1:$A$15),FALSE),ROW($1:$15),100000),ROW(A1))),LEN(C$1)+1,100)

按下〔Ctrl〕+〔Shift〕+〔Enter〕複合鍵後，將公式向右填滿至 E2；再選擇 C2:E2 儲存格，將公式向下填滿至第 6 列，結果如圖 3.62 所示。

C2	▼	fx	{=MID(INDEX($A:$A,SMALL(IF(IFERROR(FIND(C$1,$A$1:$A$15), FALSE),ROW($1:$15),100000),ROW(A1))),LEN(C$1)+1,100)}				
▲	A	B	C	D	E	F	G	H
1	姓名：劉松		姓名：	手機：	工作地：			
2	手機：13512345678		劉松	13512345678	廣東省			
3	工作地：廣東省		張濤	13687654321	江蘇省			
4	姓名：張濤		劉松	13512345678	廣東省			
5	手機：13687654321		張華天	13513546874	廣東省			
6	工作地：江蘇省		胡清松	13516532487	上海市			
7	姓名：劉松							
8	手機：13512345678							
9	工作地：廣東省							
10	姓名：張華天							
11	手機：13513546874							
12	工作地：廣東省							

圖 3.62 通訊錄單欄轉三欄

本例公式首先透過 FIND 函數到 A 欄的通訊錄中尋找與標題對應的項目，並將所有尋找到的項目算出列號，將列號作為 INDEX 函數的參數從小到大取出 A 欄的值。當公式填滿時，可以逐個擷取每個人的姓名、手機與工作地等資料。

為了避免標題與內文同時顯示在 C2:E6 範圍，例如 "手機：13512345678"，需要將標題字串刪除，所以本例中利用 MID 函數排除標題字元。當然，也可以使用取代函數 SUBSTITUTE 來替代 MID 函數在本例中的作用。

▶ 使用注意

① 本例公式使用了 10000 和 100，其實還可以用很多其他數值來替代。例如 10000 在本公式中的作用是大於 A 欄的非空列，只要大於非空列的列就行了，用 1000 或者 1000000 都可以，為了簡寫也可以改用 10^5。而 MID 函數的第三參數 100 也可以改用 50 或者 10000 等值，只要大於 A 欄任意儲存格字元數量即可。

② INDEX 函數屬於參照函數，在本書第 6 章會有詳細說明和更多的範例。

▶ 範例延伸

思考：計算 A 欄中有多少個廣東人

提示：利用 FIND 函數尋找 "廣東"，並用 COUNT 計數。

範例 155　將 15 位數大陸身分證號碼升級為 18 位數 （REPLACE）

範例檔案　第 3 章 \155.xlsx

將大陸身分證號碼長度是 15 位數的轉換成 18 位數，18 位數者保持不變。

開啟範例檔案中的資料檔案，在 C2 儲存格輸入以下陣列公式：

=IF(LEN(B2)=18,B2,LEFT(REPLACE(B2,7,,19),17)&MID("10X98765432",MOD(SUM(MID(REPLACE(B2,7,,19),ROW(INDIRECT("1:17")),1)*2^(18-ROW(INDIRECT("1:17")))),11)+1,1))

按下〔Ctrl〕+〔Shift〕+〔Enter〕複合鍵後，公式對第一個身分證號碼進行轉換，結果如圖 3.63 所示。

| C2 | fx | {=IF(LEN(B2)=18,B2,LEFT(REPLACE(B2,7,,19),17)&MID("10X98765432",MOD(SUM(MID(REPLACE(B2,7,,19),ROW(INDIRECT("1:17")),1)*2^(18-ROW(INDIRECT("1:17")))),11)+1,1))} | | | |

	A	B	C	D	E	F
1	姓名	身份證號	升為18位			
2	羅新華	511025198503196191	511025198503196191			
3	趙秀文	432503198812304352	432503198812304352			
4	周長傳	511025770316628	511025197703166286			
5	李湖雲	1303012003080090514	1303012003080090514			
6	趙國	130502870529316	130502198705293161			
7	古玲玲	511025198905266121	511025198905266121			
8	陳賢月	130503881229417	130503198812294174			
9	劉佩佩	432503890618622	432503198906186222			
10	張未明	13050119891228617X	13050119891228617X			

圖 3.63　將 15 位數身分證號碼升級為 18 位數

▶ 公式說明

本例公式主要有兩個重點。其一是將 6 位數表示日期的字串取代成 8 位數，例如字串 "780912" 取代為 "19780912"；其二是將 15 位數身分證號碼在末尾添加一個檢驗碼，檢驗碼是從 "10X98765432" 字串中擷取出來的。

▶ 使用注意

① 本例公式適用於 1900 年以後出生者的身分證號碼轉換，18XX 年出生者不適用。但由於工作中不可能遇到這種身分證號碼，故此忽略。

② B 欄的身分證號碼必須要以字串形式輸入，否則將產生錯誤。因為 Excel 對數字的計算精確度只有 15 位，在儲存格輸入超過 15 位的數字時，Excel 只記錄前 15 位數字，後面的值截去，以 0 代替，那麼身分證號碼轉換後也會產生錯誤。

▶ 範例延伸

思考：將 18 位數身分證號碼轉換成 15 位數

提示：將第七、八位和最後一位字元取代為空即可。

範例 156 將產品型號規格化（REPLACE）

範例檔案 第 3 章 \156.xlsx

因產品增加，型號編碼規則改變，新的產品編號和老產品編號不統一。現在需要統一修改編碼："ACER" 字串後面必須有 "00"，如果已經有則忽略，否則添加 "00"。

開啟範例檔案中的資料檔案，在 B2 儲存格輸入以下公式：

=IF(MID(A2,5,2)="00",A2,REPLACE(A2,5,,"00"))

按下〔Enter〕鍵後，公式將算出第一個產品型號的新編號。按兩下儲存格的填滿控點，將公式向下填滿，結果如圖 3.64 所示。

B2	▼	fx	=IF(MID(A2,5,2)="00",A2,REPLACE(A2,5,,"00"))			
	A	B	C	D	E	F
1	產品型號	規範化				
2	ACER1402	ACER001402				
3	ACER1071	ACER001071				
4	ACER1103	ACER001103				
5	ACER67SA	ACER0067SA				
6	ACER1020	ACER001020				
7	ACER00848	ACER00848				
8	ACER00969-	ACER00969-A				
9	ACER924	ACER00924				
10	ACER0024	ACER0024				

圖 3.64　將產品型號規格化

▶ 公式說明

本例公式首先透過 MID 函數擷取第五、六個字元，然後用 IF 函數執行判斷，如果是 "00" 則保持原編號不變，否則利用 REPLACE 函數從第四個字元之後插入 "00" 字元。

▶ 使用注意

① REPLACE 函數的功能是使用其他字串並取代指定位置開始、指定長度的字串。它有 4 個參數，第一參數是要取代其部分字元的字串；第二參數是待取代字元的起始位置；

第三參數是被取代字串的長度；第四參數是取代後的新字串。其中第三、四參數為非必填參數。

② REPLACE 函數本身是取代函數，如果忽略第三參數，則相當於插入新字符串。本例中正是運用這種原理，第五、六位數不是 "00" 時則插入 "00"。

③ 本例也可以使用以下公式：

=REPLACE(A2,5,,REPT(0,2*(MID(A2,5,2)<>"00")))

▶ 範例延伸

思考：將圖 3.64 中 B 欄的編碼 "R" 字後面的兩個 "0" 刪除

提示：利用 REPLACE 函數將第五位數開始的兩位字元取代成空白。

範例 157 分別擷取小時、分鐘、秒（REPLACE）

範例檔案 第 3 章 \157.xlsx

A 欄中存放了字串型的時間，要將表示小時、分鐘、秒鐘的數字擷取出來。

開啟範例檔案中的資料檔案，選擇 B2:D2 範圍，然後輸入以下公式：

=REPLACE(REPLACE($A$1&$A2,FIND(B$1,$A$1&$A2),100,),1,FIND(A$1,$A$1&$A2)+1,)

按下〔Ctrl〕+〔Enter〕複合鍵後，公式將分別算出 A2 的小時、分鐘和秒。按兩下儲存格填滿控點，將公式向下填滿，結果如圖 3.65 所示。

B2	▾	f_x	=REPLACE(REPLACE($A$1&$A2,FIND(B$1, $A$1&$A2),100,),1,FIND(A$1,$A$1&$A2)+1,)			
	A	B	C	D	E	F
1	時間	小時	分鐘	秒		
2	12小時25分鐘18秒	12	25	18		
3	123小時5分鐘29秒	123	5	29		
4	5小時26分鐘6秒	5	26	6		
5	12小時7分鐘7秒	12	7	7		
6	3小時12分鐘59秒	3	12	59		
7	10小時50分鐘09秒	10	50	09		
8	1小時0分鐘1秒	1	0	1		

圖 3.65　分別擷取小時、分鐘、秒

▶ 公式說明

本例公式主要透過兩步完成。例如，B2 儲存格計算小時的公式，第一步是尋找 "小時" 出現的位置，並將該位置開始的、到最後位置的所有字元全部取代掉。第二步再將目標字元左邊的字元全部取代掉，剩下的就是目標數值。

在尋找和取代前，使用了輔助儲存格 A1。在公式拖曳時，A1 會變成 B1、C1，方便定位尋找目標。

▶ 使用注意

① 本例公式中有多處儲存格參照，特別需要注意相對參照與絕對參照。

② 由於本例 "時間"、"小時"、"分鐘" 都是雙字元，所以本例的公式有些取巧，使用了 "FIND(A$1,$A$1&$A2)+1" 來計算目標資料左邊的字元個數。如果字元個數並非雙字元，為了公式的通用性，可以改用如下公式。

=REPLACE(REPLACE($A$1&$A2,FIND(B$1,$A$1&$A2),100,),1,FIND(A$1,$A$1&$A2)+LEN($A$1)-1,)

▶ 範例延伸

思考：分別擷取小時、分鐘、秒，且儲存格中也將顯示單位 "小時" 、 "分鐘" 和 "秒"
提示：可以用兩種方向。其一是取代字串時，延後兩個位置；其二是在本例公式基礎上用連接子將標題連接即可。

範例 158 將年級或者專業與班級名稱分開（SEARCH）

範例檔案 第 3 章 \158.xlsx

將年級與班級名稱分開，資料來源的特點是班級名稱總以字母開始。

開啟範例檔案中的資料檔案，在 B2 儲存格輸入以下陣列公式：

=REPLACE(A2,MAX(IFERROR(SEARCH(CHAR(ROW($65:$90)),A2),0)),10,)

再在 C2 儲存格輸入以下陣列公式：

=REPLACE(A2,1,MAX(IFERROR(SEARCH(CHAR(ROW($65:$90)),A2),0))-1,)

選擇 B2:C2 再按兩下儲存格填滿控點，將公式向下填滿，結果如圖 3.66 所示。

	A	B	C	D	E
	fx	{=REPLACE(A2,MAX(IFERROR(SEARCH(CHAR(ROW($65:$90)),A2),0)),10,)}			
1	班級	年級/專業	班級		
2	一年級A班	一年級	A班		
3	一年級B(重點)班	一年級	B(重點)班		
4	財務專業a班	財務專業	a班		
5	會計專業B班	會計專業	B班		
6	三年級D班	三年級	D班		
7	才藝班C班	才藝班	C班		
8	財務專業b班	財務專業	b班		

圖 3.66　將年級或者專業與班級名稱分開

▶ 公式說明

本例兩個陣列公式都利用 CHAR 函數產生 "A" 到 "Z" 的陣列，然後用 SEARCH 函數到目標字串中尋找字母的出現位置。再利用 MAX(IFERROR()) 組合從這個包含數字與錯誤值的陣列中取出數值，即字母的出現位置。最後 B、C 欄各自根據需要，取代掉字母前面或者後面的字元。

▶ 使用注意

① SEARCH 函數用於在一個字串中尋找到一個字串的起始位置。它有三個參數，第一參數是要尋找的字串；第二參數是要在其中尋找的字串；第三參數是尋找起始位置，預設從第一個字元開始尋找。

② SEARCH 函數和 FIND 函數都是尋找函數，但是在功能上有如下兩點區別。其一，利用 FIND 函數尋找字串的起始位置要區分字元的大小寫，而 SEARCH 函數不區分。

其二，SEARCH 函數第一參數支援萬用字元，而 FIND 函數不支援萬用字元。

▶ 範例延伸

思考：計算 "A" 在單字 "banana" 中第二次出現的位置，不區分大小寫
提示：可以用 SEARCH 函數配合 SUBSTITUTE 函數完成。

範例 159 擷取各軟體的版本號（SEARCH）

範例檔案 第 3 章 \159.xlsx

從包含軟體名稱和版本號的字串中擷取版本，其中版本號存放在括弧中。開啟範例檔案中的資料檔案，在 B2 儲存格輸入以下公式：

=REPLACE(REPLACE(A2,1,SEARCH("(",A2),),LEN(REPLACE(A2,1,SEARCH("(",A2),)),1,)

按下〔Enter〕鍵後，公式將算出第一個軟體的版本號。按兩下儲存格填滿控點，將公式向下填滿，結果如圖 3.67 所示。

B2 ▾	*fx*	=REPLACE(REPLACE(A2,1,SEARCH("(",A2),), LEN(REPLACE(A2,1,SEARCH("(",A2),)),1,)			
	A	B	C	D	E
1	軟體名稱	版本號			
2	Excel(2007)	2007			
3	PhotoShop(6.0)	6.0			
4	Access(2003)	2003			
5	Flash(7.5)	7.5			
6	FrontPage(2007)	2007			
7	MasterCam(10.0)	10.0			
8	Word(2003)	2003			
9	WPS(2008)	2008			
10	WINDOWS(VISTA)	VISTA			

圖 3.67　擷取各軟體的版本號

▶ 公式說明

本例公式利用 SEARCH 函數尋找出括弧 "(" 在儲存格中的出現位置，再用 REPLACE 函數將該位置之前的字串取代成空，進而刪除版本號左邊的字元。然後再用 REPLACE 函數將最右邊的 ")" 取代成空白。

▶ 使用注意

① 本例公式其實就是尋找括弧中的字串。利用 SEARCH 函數尋找出括弧的出現位置是解題的突破口。但括弧 "(" 在英文和中文狀態下輸入時會有所區別，設定公式時最好將儲存格中的括弧複製到公式中，而不是手動輸入括弧。

② 本例也可以改用如下兩個公式來完成。

=REPLACE(REPLACE(A2,LEN(A2),1,),1,SEARCH("(",REPLACE(A2,LEN(A2),1,)),)

=SUBSTITUTE(REPLACE(A2,1,SEARCH("(",A2),),")","")

③ 本例的公式並沒有除錯處理，當 A 欄中不存在括弧時公式會出錯。以下公式可以除錯，當沒有括弧時會算出 "無版本號"。

=IFERROR(SUBSTITUTE(REPLACE(A2,1,SEARCH("(",A2),),")",""),"無版本號")

▶ 範例延伸

思考：擷取軟體名稱

提示：用 SEARCH 函數計算左括弧的出現位置，並將該位置後面的字元取代成空白。

範例 160 店名分類（SEARCH）

範例檔案 第 3 章 \160.xlsx

如果店名包含“小吃”、“酒吧”、“茶”、“咖啡”、“電影”、“休閒”、“網咖”就歸於“餐飲娛樂”類；如果店名包含“乾洗”、“醫院”、“藥”、“茶”、“蛋糕”、“麵包”、“物流”、“駕校”、“開鎖”、“家政”、“裝飾”、“搬家”、“維修”、“仲介”、“衛生”、“旅館”就歸於“便民服務”類；如果店名包含“游樂場”、“旅行社”、“旅遊”就歸於“旅遊”業。

開啟範例檔案中的資料檔案，在 B2 儲存格輸入以下公式：

=IF(COUNT(SEARCH({" 小吃 "," 酒吧 "," 茶 "," 咖啡 "," 電影 "," 休閒 "," 網咖 "},A2))=1," 餐飲娛樂 ",IF(COUNT(SEARCH({" 乾洗 "," 醫院 "," 藥 "," 茶 "," 蛋糕 "," 麵包 "," 物流 "," 駕校 "," 開鎖 "," 家政 "," 裝飾 "," 搬家 "," 維修 "," 仲介 "," 衛生 "," 旅館 "},A2))=1," 便民服務 ",IF(COUNT(SEARCH({" 遊樂場 "," 旅行社 "," 旅遊 "},A2))=1," 旅遊 ")))

按下〔Enter〕鍵後，公式將算出第一個軟體的版本號。按兩下儲存格填滿控點，將公式向下填滿，結果如圖 3.68 所示。

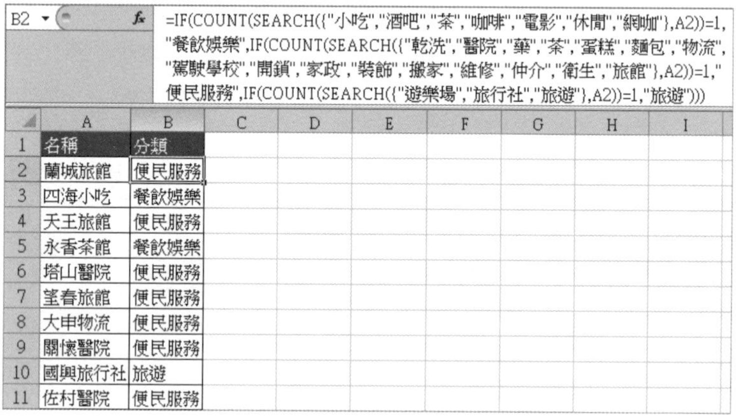
B2 =IF(COUNT(SEARCH({"小吃","酒吧","茶","咖啡","電影","休閒","網咖"},A2))=1,"餐飲娛樂",IF(COUNT(SEARCH({"乾洗","醫院","藥","茶","蛋糕","麵包","物流","駕駛學校","開鎖","家政","裝飾","搬家","維修","仲介","衛生","旅館"},A2))=1,"便民服務",IF(COUNT(SEARCH({"遊樂場","旅行社","旅遊"},A2))=1,"旅遊")))

	A	B
1	名稱	分類
2	蘭城旅館	便民服務
3	四海小吃	餐飲娛樂
4	天王旅館	便民服務
5	永香茶館	餐飲娛樂
6	塔山醫院	便民服務
7	笙春旅館	便民服務
8	大申物流	便民服務
9	關懷醫院	便民服務
10	國興旅行社	旅遊
11	佐村醫院	便民服務

圖 3.68　店名分類

▶ 公式說明

本例使用了常數陣列作為 SEARCH 函數的第一參數，不需要按陣列形式輸入公式。公式透過尋找陣列中每一個元素在店名中的位置進而產生一個新的陣列，再用 COUNT 對陣列計數即可判斷名稱中是否包含陣列中的某個元素。

▶ 使用注意

① 常數陣列中每一個元素都需要用半形雙引號將字串括住，否則無法輸入公式。

② 如果還有更多的關鍵字，通常都使用輔助區來存放，而不是全寫在公式中。

▶ 範例延伸

思考：計算 A 欄中有多少個店屬於“餐飲娛樂”業

提示：用 SEARCH 函數尋找關鍵字，再用 COUNT 函數計數。

範例 161 尋找編號中重複出現的數字（SEARCH）

範例檔案 第 3 章 \161.xlsx

計算 A 欄的編號中有多少個數字出現重複，以及重複的是哪幾個數字。

開啟範例檔案中的資料檔案，在 B2 儲存格輸入以下陣列公式：

=COUNT(SEARCH((ROW($1:$10)-1)&"*"&(ROW($1:$10)-1),A2))

再在 C2 儲存格輸入以下公式：

=IF(COUNT(SEARCH("0*0",A2)),0,"")&SUBSTITUTE(SUMPRODUCT(ISNUMBER(SEARCH(ROW($1:$9)&"*"&ROW($1:$9),A2))*ROW($1:$9)*10^(9-ROW($1:$9))),0,)

選擇 B2:C2 儲存格，按兩下儲存格填滿控點，將公式向下填滿（B 欄的公式需要使用〔Ctrl〕+〔Shift〕+〔Enter〕複合鍵，而 C 欄的公式不是陣列公式），結果如圖 3.69 所示。

B2	▼	fx	{=COUNT(SEARCH((ROW($1:$10)-1)&"*"&(ROW($1:$10)-1),A2))}			
	A	B	C	D	E	F
1	編號	重複數字個數	重複出現的數字			
2	2407734147295400	4	0247			
3	1887536965129400	6	015689			
4	7828618588660380	3	068			
5	4601045215167740	6	014567			
6	5672907168889420	6	026789			
7	2612333131495950	5	12359			

圖 3.69　尋找編號中重複出現的數字

▶ 公式說明

本例兩個公式都利用了 SEARCH 函數支援萬用字元這一特點，在數字中分別尋找 "0*0"、"1*1"、"2*2"……"9*9"，若能查到就算出其位置，否則算出錯誤值。最後用 COUNT 函數統計數字個數即可得到重複數字的個數。

第二個公式則將 0 和 {1;2;3;4;5;6;7;8;9} 分開尋找。如果尋找到 "0*0"，則算出 0，否則算出空白。然後再對 1～9 是否重複進行尋找。尋找結果透過轉換得到一個由該數值本身和 0 組成的陣列。再將該陣列第一個數值進行乘冪運算且彙總，就可以得到一個包含所有重複出現過的字元和 0 的數值，最後將 0 取代掉，再和前面尋找 "0*0" 的結果串連，得到最後的結果。

▶ 使用注意

第一個公式只需要統計重複出現的值的個數，所以直接尋找 0～9 每個數字是否重複。第二個公式需要將每個值擷取出來，則必須將 0 和其他 9 個數字分開尋找，否則無法正確處理 0 值。另外，第二個公式的結果是從小到大排除重複值，也可以反向取值：

=SUBSTITUTE(SUMPRODUCT(ISNUMBER(SEARCH(ROW($1:$9)&"*"&ROW($1:$9),A2))*ROW($1:$9)*10^ROW($1:$9)),0,)&IF(COUNT(SEARCH("0*0",A2)),0,"")

▶ 範例延伸

思考：尋找編號中不重複出現的數字個數

提示：相對於本例第一個公式，利用 IF 函數將尋找結果為錯誤值的轉成 1 再彙總。

當桃園縣成為直轄市後，以往的 "桃園縣桃園市" 名稱需要將前置的 "桃園縣" 去除。本例中 A2:A8 的位址中如果出現 "桃園縣桃園市" 就修改成 "桃園縣"，其餘保持不變。

開啟範例檔案中的資料檔案，在 B2 儲存格輸入以下陣列公式：

=SUBSTITUTE(A2,IF(ISERROR(SEARCH(" 桃園市 ",A2)),""," 桃園縣 "),"")

按下〔Enter〕鍵後，公式將根據 A2 的位址決定是否刪除其縣市名稱。按兩下儲存格填滿控點，將公式向下填滿，結果如圖 3.70 所示。

B2	▼	fx	=SUBSTITUTE(A2,IF(ISERROR(SEARCH("桃園市",A2)),"","桃園縣"),"")		
	A		B	C	D
1	地址		新地址		
2	桃園縣桃園市力行路		桃園市力行路		
3	桃園縣桃園市三元街		桃園市三元街		
4	桃園縣桃園市三民路		桃園市三民路		
5	桃園市三和街		桃園市三和街		
6	桃園縣桃園市大仁路		桃園市大仁路		
7	桃園縣桃園市大同路		桃園市大同路		
8	桃園縣桃園市大有路		桃園市大有路		

圖 3.70　刪除多餘的縣市名稱

▶ 公式說明

本例公式利用 SUBSTITUTE 函數將 "桃園縣" 三字取代成空白。但是 "桃園縣" 和 "桃園市" 必須同時出現才能取代，否則保持不變。所以本公式在取代之前使用 SEARCH 函數尋找 "桃園市"，如果尋找結果是錯誤值，表示位址中不包含 "桃園市"，那麼算出空值即可，否則將 "桃園縣" 三字取代成空值。

▶ 使用注意

① SUBSTITUTE 函數的功能是將指定的字串取代成新的字串。它有 4 個參數，第一參數是需要取代其中字元的字串，或對含有字串的儲存格的參照；第二參數是待取代的原字串；第三參數是取代後的新字串；第四參數表示取代第幾次出現的字串。

② SUBSTITUTE 函數的第四參數是非必填參數，如果忽略該參數，則將所有相同字元都取代掉，否則只取代指定次數的字串。例如：

=SUBSTITUTE("ACERAFTER","A","B")──→結果是 "BCERBFTER"。

=SUBSTITUTE("ACERAFTER","A","B"，1)──→結果是 "BCERAFTER"。

▶ 範例延伸

思考：取代 "ACERAFTERACE" 字串第二次和第三次出現的 "A"

提示：兩個 SUBSTITUTE 函數嵌套使用，取代兩次。

記錄工程的開工日期和竣工日期時，輸入格式沒有規範，要計算每個工程開工到竣工的天數。

開啟範例檔案中的資料檔案，在 D2 儲存格輸入以下公式：

=SUBSTITUTE(C2,".","-")-SUBSTITUTE(B2,".","-")

按下〔Enter〕鍵後，公式將算出工程 1 的天數。按兩下儲存格填滿控點，將公式向下填滿，結果如圖 3.71 所示。

D2 ▼		fx	=SUBSTITUTE(C2,".","-")-SUBSTITUTE(B2,".","-")	
▲	A	B	C	D	E
1	工程	開工日	竣工日	工程天數	
2	工程1	2008.1.2	2008.2.4	33	
3	工程2	2008.1.8	2008.1.29	21	
4	工程3	2008.2.8	2008.2.28	20	
5	工程4	2008.2.28	2008.3.8	9	
6	工程5	2008.3.9	2008.4.30	52	
7	工程6	2008.4.1	2008.6.11	71	
8	工程7	2008.4.28	2008.6.9	42	
9	工程8	2008.5.20	2008.7.30	71	
10	工程9	2008.5.21	2008.7.29	69	
11	工程10	2008.5.29	2008.9.20	114	

圖 3.71　將日期規格化再求差

▶ 公式說明

本例公式計算兩個日期的差，但是日期格式不規範，所以求差前需要將 "." 取代成 "-"。SUBSTITUTE 函數就可以完成需求，分別將竣工日期和開工日期規格化後再求差得到天數。如果需要將天數轉換成月，則需要用到 DATEDIF 函數。

▶ 使用注意

① 本例中 SUBSTITUTE 函數的第四參數已被省略，表示將所有 "." 都取代成 "-"。

② 本例如果利用陣列作為參數，可以使公式更簡短。

=SUMPRODUCT(SUBSTITUTE(B2:C2,".","-")*{-1,1})

本公式以範圍作為 SUBSTITUT 的參數，可以對範圍中每個儲存格的 "." 完成取代，最後乘以常數陣列 "{-1，1}"，表示用第二個值減第一個值。

③ 日期允許是數值格式也允許是字串格式。例如，41820 代表 2014 年 6 月 30 日，字串 "2014/6/30" 也代表 2014 年 6 月 30 日，可以透過兩者相減算出零值來確定它們所代表的日期相同，公式如下：

="2014/6/30"-41820

事實上，用 "2014 年 6 月 30 日" 減掉 41820 仍然等於 0。

▶ 範例延伸

思考：用一個公式計算 10 個工程的總天數

提示：將 "使用注意" 第 2 點公式中的範圍改成 B2:C10 即可。

範例 164 擷取兩個符號之間的字串（SUBSTITUTE）

範例檔案 第 3 章 \164.xlsx

產品規格中有兩個 "*"，現在需要擷取每個產品型號中 "*" 號之間的字元。開啟範例檔案中的資料檔案，在 C2 儲存格輸入以下公式：

=TRIM(MID(SUBSTITUTE(B2,"*",REPT("",50)),FIND("*",B2),100))

按下〔Enter〕鍵後，公式將算出第一個規格兩個 "*" 號之間的字串。按兩下儲存格填滿控點，將公式向下填滿，結果如圖 3.72 所示。

	A	B	C	D	E	F	G
	C2	fx	=TRIM(MID(SUBSTITUTE(B2,"*",REPT(" ",50)),FIND("*",B2),100))				
1	產品	規格	選取中間段數值				
2	甲	12*453*24	453				
3	乙	452*25*22	25				
4	丙	41*325*212	325				
5	丁	124*532*24	532				
6	戊	1235*512*23	512				
7	己	234*531*264	531				
8	庚	512*31*451	31				
9	辛	13*246*135	246				
10	壬	235*13*462	13				
11	癸	236*56*124	56				

圖 3.72　擷取兩個符號之間的字串

▶ 公式說明

本例公式首先將符號 "*" 取代成 50 個空格，然後從第一個空格處開始擷取 100 個字元。這些字元剛好包含目標字串和空格，所以最後利用 TRIM 函數將空格取代掉就得到目標字串。

▶ 使用注意

① 本例公式中的數字 50 和 100 都不是固定的，改用 100 和 200 或者 300 和 600 也列，只要數值大於儲存格的字元數量就可以。也可以利用公式計算出字元數量，而不是由用戶指定。公式如下：

=TRIM(MID(SUBSTITUTE(B2,"*",REPT("",LEN(B2))),FIND("*",B2),LEN(B2)*2))

② 如果本例中 "*" 與 "*" 之間的字元存在空格，則不能使用本例公式，可以將空格轉換成其他的不常用字符。公式如下：

=SUBSTITUTE(MID(SUBSTITUTE(B2,"*",REPT("@",LEN(B2))),FIND("*",B2),LEN(B2)*2),"@","")

▶ 範例延伸

思考：擷取最後一個 "*" 號之後的字串

提示：利用總字元數減掉取代 "*" 之後的字元數量之差可以計算共有多少個 "*"。再用 SUBSTITUTE 函數配合 FIND 函數計算最後一個 "*" 的位置，最後用 MID 函數取值。

範例 165 產品規格之格式轉換（SUBSTITUTE）

範例檔案 第 3 章 \165.xlsx

產品規格使用了 "長：33* 寬：30* 高：50" 這種格式，要轉換成 "長 (33)* 寬 (30)* 高 (50)" 這種格式。

開啟範例檔案中的資料檔案，在 B2 儲存格輸入以下公式：

=SUBSTITUTE(SUBSTITUTE(A2,"：","("),"*",")*")&")"

按下〔Enter〕鍵後，公式將算出第一個產品規格轉換後的字串。按兩下儲存格填滿控點，將公式向下填滿，結果如圖 3.73 所示。

	A	B	C	D
	產品規格	**格式轉換**		
2	長：33*寬：30*高：50	長(33)*寬(30)*高(50)		
3	長：40*寬：20*高：35	長(40)*寬(20)*高(35)		
4	長：40*寬：22*高：37	長(40)*寬(22)*高(37)		
5	長：39*寬：23*高：37	長(39)*寬(23)*高(37)		
6	長：37*寬：28*高：40	長(37)*寬(28)*高(40)		
7	長：39*寬：28*高：45	長(39)*寬(28)*高(45)		
8	長：36*寬：23*高：51	長(36)*寬(23)*高(51)		
9	長：40*寬：23*高：50	長(40)*寬(23)*高(50)		
10	長：45*寬：28*高：55	長(45)*寬(28)*高(55)		

圖 3.73　產品規格式轉換

▶ 公式說明

本例需要將冒號轉換成左、右括弧，而括弧是分散的，所以需要進行兩次取代。首先利用 SUBSTITUTE 函數將冒號取代成左括弧，然後將取代後的字串中的 "*" 號取代成 ")*"，最後在字串末尾添加一個右括弧即可。

▶ 使用注意

① 輸入公式時，為了確保準確性，最好將儲存格中的冒號複製到公式中，避免出錯。因為在半形與全形狀態下輸入的冒號是不同的，當公式中的冒號與儲存格中的冒號不同時無法完成取代，在輸入公式時要確保公式中的冒號與 A 欄的冒號一致，都用全形冒號或者半形冒號。

② SUBSTITUTE 函數雖然可以將一個多次出現的符號全部取代掉，但是一次只能取代一個符號，對於本例中多個符號取代的需求，必須使用 SUBSTITUTE 函數嵌套才行。

③ 如果需要將一個多次出現的字元只取代掉其中兩個或者 3 個，同樣也不能透過陣列完成，而是使用函數嵌套完成。

▶ 範例延伸

思考：產品規格格式轉換，僅保留數字和 "*"，例如 "4020*35"

提示：SUBSTITUTE 函數嵌套三個，分別將 "長："、"寬：" 和 "高：" 取代掉。

範例 166 判斷調色配方中是否包含色粉 "B"（SUBSTITUTE）

範例檔案 第 3 章 \166.xlsx

B 欄中有不同產品的配方，因經過鑑定確認色粉 "B" 含有毒素，禁止使用，現在需要要尋找哪些產品使用了色粉 "B"。

開啟範例檔案中的資料檔案，在 C2 儲存格輸入以下公式：

=LEN(SUBSTITUTE(B2,"B",""))<>LEN(B2)

按下〔Enter〕鍵後，公式將判斷第一個產品中是否包含色粉 "B"，算出邏輯值 TRUE 或者 FALSE。按兩下儲存格填滿控點，將公式向下填滿，結果如圖 3.74 所示。

C2 =LEN(SUBSTITUTE(B2,"B",""))<>LEN(B2)

	A	B	C	D	E
1	產品	調色配方	是否包含B色料		
2	甲	A:38 B:28 C:34	TRUE		
3	乙	A:38 C:24 E:38	FALSE		
4	丙	B:30 D:40 F:30	TRUE		
5	丁	A:35 C:40 C:25	FALSE		
6	戊	B:5 D:25 F:70	TRUE		
7	己	A:38 D:28 E:34	FALSE		
8	庚	C:70 D:28 F:2	FALSE		
9	辛	D:8 E:12 F:80	FALSE		
10	壬	A:38 B:40 C:22	TRUE		

圖 3.74　判斷調色配方中是否包含色粉“B”

▶ 公式說明

本例公式利用 SUBSTITUTE 函數將調色配方中的“B”取代成空，再與取代前進行比較，如果不相等則表示包含字元“B”。

▶ 使用注意

① SUBSTITUTE 函數取代字元時不區分大小寫，所以如果本例中配方不僅包含“B”還有“b”那麼就需要取代兩次，或者將配方轉換成大寫後再進行取代。兩種方向的公式如下。

=OR(LEN(SUBSTITUTE(B2,"B",""))<>LEN(B2),LEN(SUBSTITUTE(B2,"b",""))<>LEN(B2))

=LEN(SUBSTITUTE(UPPER(B2),"B",""))<>LEN(B2)

② 本例使用了字元取代的方向來完成需求，也可以改用尋找，新的公式如下。

=NOT(ISERROR(FIND("B",B2)))

▶ 範例延伸

思考：判斷調色配方中色粉“B”佔用的比例是否超過 20%

提示：查換出“B:”的出現位置及“C:”的位置，將該位置前、後的字元全部替為空白，就可以得到色粉“B”的值。

範例 167 擷取姓名與省名（SUBSTITUTE）

範例檔案 第 3 章 \167.xlsx

A 欄中的員薪資料包括姓名、性別、民族、出生年份、身高、省籍和學歷。每項資料用“|”隔開。現在需要擷取姓名和學歷部分。

開啟範例檔案中的資料檔案，在 B2 儲存格輸入以下公式：

=TRIM(MID(A2,1,FIND("|",A2)-1)&MID(SUBSTITUTE(A2,"|",REPT(" ",100)),500,100))

按下〔Enter〕鍵後，公式將算出第一位員工的姓名與省份。按兩下儲存格填滿控點，將公式向下填滿，結果如圖 3.75 所示。

| B2 | ▼ | fx | =TRIM(MID(A2,1,FIND("|",A2)-1)&MID(SUBSTITUTE(A2,"|", REPT(" ",100)),500,100)) |

	A	B	C	D
1	員工資料	姓名與省份		
2	張大年|男|漢族|1977年|1.76CM|四川高中	張大年 四川		
3	黃飛虎|男|彝族|1979年|1.79CM|西藏中專	黃飛虎 西藏		
4	劉華|女|漢族|1985年|1.70CM|廣東大專	劉華 廣東		
5	梁寬|男|高山族|1990年|1.78CM|四川高中	梁寬 四川		
6	劉番番|女|漢族|1985年|1.62CM|北京大學	劉番番 北京		
7	劉華麗|女|漢族|1990年|1.65CM|廣西高中	劉華麗 廣西		
8	張邦|男|漢族|1987年|1.70CM|陝西高中	張邦 陝西		
9	羅俊鋒|男|漢族|1991年|1.79CM|上海初中	羅俊鋒 上海		
10	劉申明|男|漢族|1980年|1.76CM|四川高中	劉申明 四川		

圖 3.75　擷取姓名與省名

▶ 公式說明

　　本公式透過 SUBSTITUTE 函數將分隔符號 "|" 取代成 100 個空格，然後從第 500 個字元開始取數，取出 100 個再刪除空格，那麼剩下的就是省名。

　　擷取姓名則簡單得多，從第一個字元開始擷取字元，其長度等於第一個 "|" 出現的位置減 1。

▶ 使用注意

　　① 本例公式結果中姓名與省份之間有一個空格，如果不需要空格而是冒號，可以改用如下公式。

　　　　=MID(A2,1,FIND("|",A2)-1)&":"&TRIM(MID(SUBSTITUTE(A2,"|",REPT(" ",100)),500,100))

　　② 公式中的 500 代表第 5 個 "|"，即透過 MID 函數取第 5 個 "|" 之後的字串。

▶ 範例延伸

　　思考：擷取民族與學歷

　　提示：修改 MID 函數的第二、第三參數就可以任意擷取每個專案資料。

範例 168 擷取最後一次短跑成績（SUBSTITUTE）

範例檔案 第 3 章 \168.xlsx

　　學校規定每人參加 4 次 60 米短跑，4 次的短跑成績都被保存在同一個儲存格中，利用 "|" 分隔開，其中部分人員因某些原因只參加了兩次或者三次。要擷取最後一次短跑的時間。

　　開啟範例檔案中的資料檔案，在 B2 儲存格輸入以下公式：

　　＝REPLACE(A2,1,FIND(" 々 ",SUBSTITUTE(A2,"|"," 々 ",LEN(A2)-LEN(SUBSTITUTE(A2,"|",)))),)

　　按下〔Enter〕鍵後，公式將算出第一位人員的最後一次成績。按兩下儲存格填滿控點，將公式向下填滿，結果如圖 3.76 所示。

B2 fx =REPLACE(A2,1,FIND("々",SUBSTITUTE(A2,"|","々",LEN(A2)-LEN(SUBSTITUTE(A2,"|",)))),)

<table>
<tr><th></th><th>A</th><th>B</th><th>C</th><th>D</th><th>E</th><th>F</th></tr>
<tr><td>1</td><td>60米短跑成績</td><td>最後一次成績</td><td></td><td></td><td></td><td></td></tr>
<tr><td>2</td><td>10.2|10.4|10|9.5</td><td>9.5</td><td></td><td></td><td></td><td></td></tr>
<tr><td>3</td><td>10.4|10|10.66</td><td>10.66</td><td></td><td></td><td></td><td></td></tr>
<tr><td>4</td><td>10.3|10.7|11|11.59</td><td>11.59</td><td></td><td></td><td></td><td></td></tr>
<tr><td>5</td><td>11.5|12.3</td><td>12.3</td><td></td><td></td><td></td><td></td></tr>
<tr><td>6</td><td>10.5|11.8|12|11.5</td><td>11.5</td><td></td><td></td><td></td><td></td></tr>
<tr><td>7</td><td>12|12.4</td><td>12.4</td><td></td><td></td><td></td><td></td></tr>
<tr><td>8</td><td>11|11.6|11.8|12</td><td>12</td><td></td><td></td><td></td><td></td></tr>
<tr><td>9</td><td>11.5|12.56|13|13.1</td><td>13.1</td><td></td><td></td><td></td><td></td></tr>
</table>

圖 3.76　擷取最後一次短跑成績

▶ 公式說明

本例公式首先計算總字元數和取代掉“|”之後的字元數的差來取得儲存格中“|”的個數。然後利用 SUBSTITUTE 函數將最後一個“|”取代成一個不常用的符號“々”，再用 FIND 函數尋找“々”的位置，該位置即“|”最後一次出現的位置。最後利用 REPLACE 函數將該位置之前的所有字元取代成空白，即得到最後一次成績。

▶ 使用注意

① FIND 函數總是尋找目標字元第一次出現的位置，而 SUBSTITUTE 函數配合 LEN 函數，可以取代目標字元最後一次出現時的字元，將這三個函數嵌套即完成尋找字串最後一次出現的位置。這種嵌套在工作中極為常用。

② “々”符號屬於日語字元，工作中不常見，所以用它作為輔助字元不會產生衝突。

③ 本例也可以利用 LOOKUP 函數的模糊尋找來執行，公式如下。

=LOOKUP(10^15,--(RIGHT(A2,ROW($1:99))))

▶ 範例延伸

思考：擷取第二次短跑成績

提示：相對於本例公式，修改第一個 SUBSTITUTE 函數第四參數即可。

範例 169 根據產品規格計算產品體積（SUBSTITUTE）

範例檔案 第 3 章 \169.xlsx

產品規格包含長、寬、高，現在需要根據規格計算其體積。開啟範例檔案中的資料檔案，在 C2 儲存格輸入以下公式：

=PRODUCT(TRIM(MID(SUBSTITUTE(B2,"*",REPT("",99)),{1,100,199},99))*1)

按下〔Enter〕鍵後，公式將算出產品“A”的體積，按兩下儲存格填滿控點，將公式向下填滿，結果如圖 3.77 所示。

	A	B	C	D	E	F
1	產品	規格	體積			
2	A	125*25*456	1425000			
3	B	108*25*400	1080000			
4	C	109*24*389	1017624			
5	D	115*26*425	1270750			
6	E	117*26*436	1326312			
7	F	115*25*456	1311000			
8	G	107*30*550	1765500			
9	H	108*28*500	1512000			
10	I	110*30*480	1584000			

C2 = `=PRODUCT(TRIM(MID(SUBSTITUTE(B2,"*",REPT(" ",99)),{1,100,199},99))*1)`

圖 3.77　根據產品規格計算產品體積

▶ 公式說明

本例公式首先透過 SUBSTITUTE 函數將產品規格中的 "*" 取代成 99 個空格，然後利用 MID 函數分別從字串的第 1 位、第 100 位、第 199 位開始取出 99 位字元，這三段長度為 99 的字串中包含產品規格中的三個數字以及空格。最後利用 TRIM 函數刪除空格，並用 "*1" 將其轉換成數值，進而便於 PRODUCT 函數求乘積。

陣列 {1,100,199} 的規律是 1 的基數上加上 99 的 0 倍、1 倍和 2 倍，進而得到 1、100 和 199。

▶ 使用注意

① 由於 Excel 的計算精確度是最高 15 位，因此公式中的陣列 {1,100,199} 也可以改用 {1,16,31}。

② 直接用字串形數字作為 PRODUCT 的函數可以正確計算乘積，但是如果參數是陣列，陣列中全是字串形數字，則 PRODUCT 函數無法對它們求乘積。

③ 利用產品規格中的長、寬、高計算體積用巨集表函數是最方便的，在第 9 章中將會講到巨集表函數的用法。

▶ 範例延伸

思考：利用 FIND 函數計算字串 "125*25*456" 中 "*" 的最後出現位置

提示：重點在 FIND 的函數第三參數上。可以使用一個陣列做 FIND 函數的第三參數，從字串中逐位開始尋找，得到一個包含數字和錯誤值的陣列，最後透過 IFERROR 函數將錯誤值轉換成 0 值，再用 MAX 函數求最大值。

擷取字串

範例 170 從地址中擷取縣名（LEFT）

範例檔案 第 3 章 \170.xlsx

開啟範例檔案中的資料檔案，在 B2 儲存格輸入以下公式：

=LEFT(A2,FIND(" 縣 ",A2))

按下〔Enter〕鍵後，公式將從第一個地址中擷取縣名。按兩下儲存格填滿控點，將公式向下填滿，結果如圖 3.78 所示。

圖 3.78　從地址中擷取縣名

▶ 公式說明

本例公式中用 FIND 函數尋找 "縣" 字在位址中的位置，再透過 LEFT 函數將第一個字開始到該位置結束的所有字元擷取出來。

▶ 使用注意

① LEFT 函數用於擷取字串中左邊的、指定長度的字串。它有兩個參數，第一參數是包含要擷取的字元的字串；第二參數是擷取的長度，即字元個數。第二參數是非必填參數，如果忽略參數則當作 0 處理。例如：

=LEFT("ABCD",2)─→結果等於 "AB"。

=LEFT("ABCD")─→結果等於 "A"。

② 如果 LEFT 函數第一參數是數字，最後擷取出來的字串總是字串。如果需要 LEFT 的運算結果參與後續的數值運算，可以利用 "--" 或者 "*1" 等方式轉換成值。例如：

=LEFT(1234,2)<20─→結果等於 FALSE，因為 LEF 的結果是字串 "12"。

=--LEFT(1234,2)<20─→結果等於 TRUE。

▶ 範例延伸

思考：擷取圖 3.78 中的鄉名

提示：利用 FIND 函數尋找 "縣"，利用 REPLACE 函數將縣名取代成空白，再利用 FIND 函數尋找 "鄉" 的位置，最後透過 LEFT 函數取左邊的鄉名。

範例 171 計算小學參賽者人數（LEFT）

範例檔案 第 3 章 \171.xlsx

開啟範例檔案中的資料檔案，在 E2 儲存格輸入以下陣列公式：

=COUNT(0/(LEFT(B2:B11)=" 小 "))

按下〔Ctrl〕+〔Shift〕+〔Enter〕複合鍵後，公式將算出小學參賽者人數，結果如圖 3.79 所示。

E2 fx {=COUNT(0/(LEFT(B2:B11)="小"))}

	A	B	C	D	E
1	姓名	班級	參賽項目		小學人數
2	趙	小學三年級	書法		5
3	錢	國中一年級	鋼琴		
4	孫	高中一年級	繪畫		
5	李	小學五年級	書法		
6	周	小學四年級	舞蹈		
7	吳	國中三年級	繪畫		
8	鄭	高中二年級	書法		
9	王	小學四年級	繪畫		
10	馮	高中一年級	鋼琴		
11	陳	小學六年級	舞蹈		

圖 3.79　計算小學參賽者人數

▶ 公式說明

本例公式利用 LEFT 函數擷取每個班級名稱的首字元，並檢查其是否為“小”，進而產生一個由邏輯值 TRUE 和 FALSE 組成的陣列。然後用 0 除以這個陣列，將 TRUE 轉換成 0，將 FALSE 轉換成錯誤值。最後透過 COUNT 函數計算陣列中的數字個數就得到小學生個數。

由於 COUNT 函數統計陣列中的數字個數會忽略錯誤值，因此用 0 除以包含 TRTE/FALSE 的陣列時就排除了 FALSE，只計算 TRUE 的個數。

▶ 使用注意

① 本例中 LEFT 函數僅用了一個參數，表示擷取每個儲存格的第一個字元。

② 如果 LEFT 函數使用第二參數，且第二參數值大於第一參數的字元長度，運算結果也不會出錯。它擷取出的結果正是第一參數的所有字元。例如：

=LEFT("ABCD",6)⟶結果等於“ABCD”，與第二參數是 4 時結果一致。

③ 本例還可以利用 SUMPRODUCT 函數來計數，公式如下。

=SUMPRODUCT(--(LEFT(B2:B11)=" 小 "))

▶ 範例延伸

思考：計算國中加高中參賽者人數

提示：用兩個條件分別取值，然後兩個條件的運算結果相加，再配合 SUM 函數計算總人數。

範例 172 透過身分證號碼計算年齡（LEFT）

範例檔案 第 3 章 \172.xlsx

開啟範例檔案中的資料檔案，在 C2 儲存格輸入以下公式：

=TEXT(TODAY(),"YYYY")-(IF(LEN(B2)=18,"",19)&LEFT(REPLACE(B2,1,6,""),2+(LEN(B2)=18)*2))

按下〔Enter〕鍵後，公式將算出第一個人員的年齡。按兩下儲存格填滿控點，將公式向下填滿，結果如圖 3.80 所示。

C2 =TEXT(TODAY(),"YYYY")-(IF(LEN(B2)=18,"",19)&LEFT(REPLACE(B2,1,6,""),2+(LEN(B2)=18)*2))

	A	B	C	D
1	姓名	身份證號	歲數	
2	諸真花	511025198503196191	30	
3	陳沖	432503198812304352	27	
4	趙月峨	511025770316628	38	
5	周全	130301200308090514	12	
6	劉子中	130502870529316	28	
7	周少強	511022198808266121	27	
8	姚達開	432503790809513	36	
9	李有花	130312197812286622	37	
10	古山忠	430501197508305121	40	

圖 3.80　透過身分證號碼計算年齡

▶ 公式說明

本例公式首先利用 TEXT 函數將 TODAY 函數轉換成今年的年份，再從身分證號碼中擷取出生年份，兩者相減取得年齡。

從身分證號碼中擷取年份時，需要區別身分證號碼長度。如果長度是 18 位，則從第 7 位數開始取出 4 位數，否則擷取兩位，再在前面添加 “19” 。

▶ 使用注意

本例中用公式計算年齡時僅僅比較年份。例如，今天是 2008 年，身分證持有人出生年份是 1988 年，那麼計算方式就是“2008-1988=20” 。如果需要更細緻一些的計算，將月、日也加入計算範圍，例如，今天是 2008 年 8 月 10 日，出生日期是 1988 年 8 月 9 日，那麼算 20 歲；如果出生日期是 1988 後 8 月 11 日，那麼算 20 歲。若以這種方式計算身分證持有者的年齡，則改用如下公式。

=DATEDIF(TEXT((IF(LEN(B2)=18,"",19)&LEFT(REPLACE(B2,1,6,""),6+(LEN(B2)=18)*2)),"0000-00-00"),TODAY(),"Y")

▶ 範例延伸

思考：透過身分證號碼計算持有人是幾月出生

提示：如果這種身分證號碼長度為 18 位，則取第九、十兩位數，否則取第七、八兩位數。

範例 173 從混合字串中取重量（LEFT）

範例檔案 第 3 章 \173.xlsx

購物表中數量一欄除物品的重量外還有單位，現在需要將重量單獨擷取出來乘以單價計算金額。

開啟範例檔案中的資料檔案，在 D2 儲存格輸入以下公式：

=LOOKUP(9E+307,--LEFT(B2,ROW($1:$10)))*C2

按下〔Enter〕鍵後，公式將算出第一個物品的金額。按兩下儲存格填滿控點，將公式向下填滿，結果如圖 3.81 所示。

	A	B	C	D	E
1	物品	數量	單價	金額	
2	白菜	200公斤	3	600	
3	白米	3袋	120	360	
4	馬鈴薯	89KG	2.9	258.1	
5	茄子	50公斤	3.2	160	
6	菜油	10桶	28	280	
7	蔥	45公斤	18	810	
8	富筍	59KG	4.5	265.5	
9	花椒	900G	12	10800	
10	牛肉	40KG	15	600	

圖 3.81　從混合字串中取重量

▶ 公式說明

　　本例利用陣列作為 LEFT 函數第二參數，表示分別取 1 位、2 位、3 位……然後透過 LOOKUP 函數取其中最大值，該最大值替代 B 欄的數字部分，最後將它與單價相乘得到金額。

▶ 使用注意

　　① 利用陣列作為 LEFT 函數的參數，它可以產生一個新的陣列。在本例中以 D2 的公式為例，LEFT 產生的陣列為 "{"2";"20";"200";"200 公 ";"200 公斤 ";"200 公斤 ";"200 公斤 ";"200 公斤 ";"200 公斤 ";"200 公斤 "}"，它的長度從 1 開始遞增，直到最長為止。

　　② LOOKUP 函數可以從陣列中算出等於或者小於第一參數的數值，在本例中它的第一參數是 9E+07，它的概念就是一個非常大的數，LOOKUP 函數從 LEFT 函數產生的陣列中去尋找時，自然是尋找不到等於這個值的資料。那麼它就是從這個陣列中找出的小於 9E+307 但卻是陣列中的最大值，也就是位數最多的數值，進而完成數字擷取，而忽略字串。

　　③ 9E+307 是大數值的科學計數形式，它等於 $9*10^{37}$，可以理解為一個很大的數值" 即可，實際的值可以不用追究。事實上也可以使用 10^{15} 來替代 9E+307，因為 Excel 最多只支援 15 位數的運算，將最大值設定為 30 位數或者 100 位數沒有意義。

▶ 範例延伸

　　思考：取出 "123.456" 中的小數部分，即將小數點左邊的資料刪除

　　提示：利用 FIND 函數尋找小數點的位數，用 LEFT 函數擷取小數點及左邊的字元，再用取代函數將之取代成空白。

範例 174 將金額分散填滿（LEFT）

範例檔案 第 3 章 \174.xlsx

　　將金額分散填滿到每個數值對應的儲存格中去，如果 "拾萬"、"億" 等單位無數值則以空格填滿。

　　開啟範例檔案中的資料檔案，選擇 B2:L2 儲存格，然後輸入以下公式：
=LEFT(RIGHT(""&$A2*100,13-COLUMN()))

按下〔Ctrl〕+〔Enter〕複合鍵後，公式會把這一個金額分散填滿至 11 個儲存格中。按兩下儲存格填滿控點，將公式向下填滿，結果如圖 3.82 所示。

	A	B	C	D	E	F	G	H	I	J	K	L
1	金額	億	仟萬	佰萬	拾萬	萬	仟	佰	拾	元	角	分
2	366530494.22	3	6	6	5	3	0	4	9	4	2	2
3	908084235.41	9	0	8	0	8	4	2	3	5	4	1
4	571656192.35	5	7	1	6	5	6	1	9	2	3	5
5	15587.00					1	5	5	8	7	0	0
6	11111.00					1	1	1	1	1	0	0
7	7.89									7	8	9
8	25558.50					2	5	5	5	8	5	0
9	17899.00					1	7	8	9	9	0	0
10	694613619.82	6	9	4	6	1	3	6	1	9	8	2

B2 儲存格公式：=LEFT(RIGHT(" "&$A2*100,13-COLUMN()))

圖 3.82　將金額分散填滿

▶ 公式說明

　　本例公式首先將原資料乘以 100，以消除金額中的小數點，再將原資料前面添加一個空格，然後利用 RIGHT 函數取右邊 "N" 位資料，這個數字 "N" 將隨著公式的拖曳產生變化，而利用 LEFT 函數取左邊第一位數時也會逐個擷取，隨公式拖曳而變化。

▶ 使用注意

　　① 本例公式僅僅適用於整數部分不超過 9 位的資料，即數值大於等於 10 億時公式無法正確運算。

　　② 本例公式中有如下兩個重點。其一，將原資料乘以 100，避過小數問題。其二，在原資料前添加空格，當原金額小於該儲存格的單位（如萬、億）時，LEFT 函數只能擷取該空格，不能從原資料中取數字。

　　③ 如果 A 欄的金額有 3 位小數，應使用 ROUND 函數將它保留兩位小數。

▶ 範例延伸

　　思考：如果金額不存在小數，如何修改公式

　　提示：不需要乘以 100，RIGHT 函數的第二參數也需要修改。

範例 175 擷取成績並計算平均成績（MID）

範例檔案　第 3 章 \175.xlsx

　　各科成績都是科目與成績混合在一個儲存格，要只擷取成績並計算平均值。開啟範例檔案中的資料檔案，在 F1:F3 儲存格分別輸入以下公式：

　　=AVERAGE(MID(A2:A7,4,LEN(A2:A7)-3)*1)

　　=AVERAGE(MID(B2:B7,4,LEN(B2:B7)-3)*1)

　　=AVERAGE(MID(C2:C7,4,LEN(C2:C7)-3)*1)

　　上述三個公式分別計算三個年級的平均成績，結果如圖 3.83 所示。

F1		f_x	{=AVERAGE(MID(A2:A7,4,LEN(A2:A7)-3)*1)}			

	A	B	C	D	E	F	G
1	一年級	二年級	三年級		一年級平均	83.33	
2	語文：58	地理：80	地理：89		二年級平均	77.00	
3	數學：78	化學：90	化學：90		三年級平均	80.67	
4	地理：89	語文：79	體育：89				
5	化學：90	數學：78	生物：68				
6	體育：85	體育：75	語文：70				
7	生物：100	生物：60	數學：78				

圖 3.83　擷取成績並計算平均成績

▶ 公式說明

本例公式利用 MID 函數從每個儲存格第 4 個字元開始取數，擷取長度為總長度減 3。最後對取出的資料透過 "*1" 轉換成數值，並用 AVERAGE 函數計算其平均值。

▶ 使用注意

① 利用 MID 函數可以擷取字串中指定位置、指定長度的字串，它有三個參數，第一參數是包含要擷取字元的字串；第二參數是字串中要擷取的第一個字元的位置；第三參數表示擷取出來的新字串的長度。例如：

=MID("ABCD",2,2)──→結果等於 "BC"。

=MID("ABCD",2,10)──→結果等於 "BCD"，第三參數超過可擷取的字元時會忽略超過的那部分值。

② MID 函數的結果總是字串。當第一參數是數字時，擷取出來的數字是字串型數字，不可直接參與數值運算，可以透過 "*1" 或者 "--" 轉換成數值。例如：

=MID(1234,2,2)>50──→結果等於 TRUE。

=--MID(1234,2,2)>50──→結果等於 FALSE。

③ 由於本例字串的特殊性及 MID 函數的特性，也可以有取巧的辦法，即直接對 MID 函數的第三參數賦予一個偏大的值，Excel 會自動忽略超過實際長度的部分。新公式如下：

=AVERAGE(--MID(A2:A7,4,99))

▶ 範例延伸

思考：利用 MID 函數從 "English" 中擷取最後兩個字母

提示：MID 函數的第二參數需要使用 LEN 函數計算總長度再減 2 來取得位置。

範例 176 從混合字串中擷取金額（MID）

範例檔案 第 3 章 \176.xlsx

現金支出表中，包括中文、字母和數字，數字位置和長度不固定，現在需要擷取數字部分。

開啟範例檔案中的資料檔案，在 C2 儲存格輸入以下公式：

=LOOKUP(10^15,--MID(B2,MIN(FIND({1;2;3;4;5;6;7;8;9},B2&123456789)),ROW($1:$15)))

按下〔Enter〕鍵後，公式將算出混合字串中的數字部分。按兩下儲存格填滿控點，將公式向下填滿，結果如圖 3.84 所示。

| C2 | ▼ (| *fx* | =LOOKUP(10^15,--MID(B2,MIN(FIND({1;2;3;4;5;6;7;8;9}, B2&123456789)),ROW($1:$15))) | | | |

▲	A	B	C	D	E	F
1	日期	現金支出表	選取金額			
2	2014年1月2日	購書89元	89			
3	2014年1月3日	購水果120元	120			
4	2014年1月4日	理髮20元	20			
5	2014年1月4日	買洗髮水25元	25			
6	2014年1月6日	上網10.5元	10.5			
7	2014年1月7日	買水果40元	40			
8	2014年1月8日	上網9元	9			
9	2014年1月9日	買香皂5元	5			
10	2014年1月10日	買VCD10元	10			
11	2014年1月11日	買餅乾15.5元	15.5			

圖 3.84　從混合字串中擷取金額

▶ 公式說明

本例公式需要從混合字串中擷取數字，而數字是集中在一起的。利用這個特點可以得到以下方向：從字串中的第一個數字開始的位置擷取字串，長度分別是 1 位、2 位、3 位……15 位，然後從中擷取最大值即可。

公式中 FIND 函數用於計算數字 1～9 的每個數字在原字串中的位置，然後利用 MIN 函數取最小值，即最左邊的數字的位置。MID 函數從此位置開始擷取字串，分別擷取 1 位、2 位、3 位……15 位，最後利用 LOOKUP 函數從中尋找最大值。

▶ 使用注意

① Excel 的計算精確度是 15 位，因此使用 MID 函數從 B2 儲存格的字串中擷取最大 15 位數值，進而產生一個包含 15 個元素的陣列。如果將 15 改成 99、100 也可以。

② 本例的重點在於使用 FIND+MIN 組合找到第一個數字的位置。

③ LOOKUP 函數是尋找與參照函數，在本書的第 6 章會有更詳細的說明和提供更多範例。

▶ 範例延伸

思考：如果 B 欄只有數字和中文混合，不包含字母，如何簡化公式

提示：可以透過 MID 與 SEARCHB、LEN 等函數配合來執行。SEARCHB 第一參數為 "?" 可以計算數字的起始位置。

範例 177 從打卡鐘資料擷取打卡時間（MID）

範例檔案 第 3 章 \177.xlsx

A 欄是考勤表中擷取的資料，其編號規則是：前 5 位數是持卡人編號，之後 12 位數是年、月、日、小時、分鐘，最後三位數表示部門編號。打卡時間以 7:30 為準，計算哪些人遲到。

開啟範例檔案中的資料檔案，在 B2 儲存格輸入以下公式：

=730<--MID(A2,14,4)

職場函數 468 招：超完整！新人工作就要用到的計算函數＋公式範例集

按下〔Enter〕鍵後，公式將對第一個人員是否遲到進行判斷。按兩下儲存格填滿控點，將公式向下填滿，結果如圖 3.85 所示。

	A	B	C
	卡機數據	是否遲到	
1			
2	655192008050728001	FALSE	
3	889842008050709011	FALSE	
4	523372008050728038	FALSE	
5	797042008050738021	TRUE	
6	692052008050727014	FALSE	
7	642732008050734043	TRUE	
8	860992008050728028	FALSE	
9	430322008050719008	FALSE	
10	564672008050734014	TRUE	
11	445212008050704009	FALSE	

B2 ▼ fx =730<--MID(A2,14,4)

圖 3.85　從打卡鐘資料擷取打卡時間

▶ 公式說明

打卡鐘資料中第 14 位開始共 4 位數表示打卡時間，因此本例使用了 MID 函數擷取該 4 位數字並將其轉換成數值，接著與 "730"（即早上 7 點 30 分）進行比較，得到邏輯值 TRUE 或者 FALSE。

▶ 使用注意

① 利用 MID 函數擷取數字時必須轉換成數值才能與另一個數值進行比較，否則 MID 函數的結果永遠大於任何數字。因為任何字串都大於所有數字。例如：

="1">100──→結果 TRUE。

② 如果需要對遲到者標示 "遲到"，未遲到者忽略，那麼可以利用 IF 函數來完成。

=IF(730>--MID(A2,14,4)," 遲到 ","")

③ 數值 0730 和數值 730 的值完全一致，但是字串型數值 0730 和字串型數字 730 則不相等。因此以下公式的計算值是 FALSE。

="0730"="730"

▶ 範例延伸

思考：擷取打卡鐘資料中的年、月、日

提示：利用 MID 函數擷取。

範例 178 根據打卡鐘資料判斷員工所屬部門（RIGHT）

範例檔案　第 3 章 \178.xlsx

打卡鐘資料的編碼規則是：最後三個編號 001 為生產部，038 為業務部，014 為總務部，011 為人事部，008 為飲食部，021 是保全部，043 為採購部，009 為送貨部，028 為財務部。要求根據打卡鐘的資料判斷員工的所屬部門。

開啟範例檔案中的資料檔案，在 B2 儲存格輸入以下公式：

=HLOOKUP(RIGHT(A2,3),{"001","038","014","011","008","021","043","009","028";" 生產部 "," 業務部 "," 總務部 "," 人事部 "," 飲食部 "," 保全部 "," 採購部 "," 送貨部 "," 財務部 "},2,0)

按下〔Enter〕鍵後，公式將算出第一個員工的所屬部門。按兩下儲存格填滿控點，將公式向下填滿，結果如圖 3.86 所示。

| B2 | ▼ | fx | =HLOOKUP(RIGHT(A2,3),{"001","038","014","011","008","021","043","009","028";"生產部","業務部","總務部","人事部","飲食部","保全部","採購部","送貨部","財務部"},2,0) |

	A	B	C	D	E
1	卡機數據	部門			
2	65519200805080728001	生產部			
3	88984200805080709011	人事部			
4	52337200805080728038	業務部			
5	79704200805080738021	保全部			
6	69205200805080727014	總務部			
7	64273200805080734043	採購部			
8	86099200805080728028	財務部			
9	43032200805080719008	飲食部			
10	56467200805080734014	總務部			
11	44521200805080704009	送貨部			

圖 3.86　根據打卡鐘資料判斷員工所屬部門

▶ 公式說明

　　本例公式首先利用 RIGHT 函數擷取右邊三位代表部門的數字，然後利用 HLOOKUP 函數從包含編號與部門名稱的二維陣列中尋找目前編號，並算出編號對應的部門名稱。

▶ 使用注意

　　① RIGHT 函數用於擷取字元中右邊指定長度的字元，它有兩個參數，第一參數表示包含待擷取字元的字串，第二參數表示擷取長度，是一個非必填參數。當忽略第二參數時則將它當作預設值 1 處理。本函數的計算結果總是字串，例如：

　　=RIGHT(456)──→結果等於字串 6，而非數值 6。

　　=RIGHT(123，2)>100──→結果等於 TRUE。因為 RIGHT 的結果是字串 23，任意字串都大於一切數值。

　　② HLOOKUP 是尋找與參照函數，在本書第 6 章會有詳細說明和更多的範例。

▶ 範例延伸

　　思考：擷取打卡鐘資料中表示部門以外的所有字串

　　提示：用 RIGHT 函數取出部門編碼，然後用取代函數將它取代成空字串。

範例 179 根據身分證號碼統計男性人數（RIGHT）

範例檔案 第 3 章 \179.xlsx

　　開啟範例檔案中的資料檔案，在 D2 儲存格輸入以下公式：

　　=SUMPRODUCT(MOD(LEFT(RIGHT(B2:B11,1+(LEN(B2:B11)=18))),2))

　　按下〔Enter〕鍵後，公式將算出男性人數，結果如圖 3.87 所示。

	A	B	C	D	E
1	姓名	身份證		男性人數	
2	尚敏文	511025198503196191		7	
3	朱未來	432503198812304351			
4	朱志明	511025770316628			
5	文月章	130301200308090514			
6	劉專洪	130502870529316			
7	龔麗麗	432503860923517			
8	劉百萬	511022196802306112			
9	陳深淵	130301199906205153			
10	陳金來	432502780651742			
11	王文今	51102519770613517X			

圖 3.87　根據身分證號碼統計男性人數

▶ 公式說明

　　長度為 15 位數的身分證號碼中最後一位數表示性別，而長度為 18 位數的身分證號碼中第 17 位數表示性別。本例公式利用 RIGHT 函數擷取 15 位數身分證的右邊一位數和 18 位數身分證的右邊兩位數，再用 LEFT 函數取左邊一位數，並求該值除以 2 的餘數，最後對餘數是 1 的資料個數彙總，得到性別為男的總人數。

　　運算式 "1+(LEN(B2:B11)=18)" 的含義是當身分證號碼的長度是 15 位數時算出數值 1，當身分證號碼的長度為 18 位數時，則算出數值 2。

▶ 使用注意

　　① MOD 函數可以自動將字串型數字轉換成數值，所以本例中利用 LEFT 函數擷取出來的數字不需要經過 "--" 或者 "*1" 轉換，直接參與運算即可。

　　② 本例也可以換一個方向執行需求，先用 LEFT 函數取出左邊 17 位字元，再用 RIGHT 函數擷取最後一位數字，最後計算該值除以 2 的餘數並將餘數彙總。公式如下。

　　=SUMPRODUCT(MOD(RIGHT(LEFT(B2:B11,17)),2))

　　③ RIGHT 和 LEFT 兩個函數一為取右邊多個字元，一為取左邊多個字元。它們有兩個共同點。

　　其一，第二參數忽略時都當作 1 處理。其二，當第二參數大於第一參數的字數總數時，函數只取有效位數。

▶ 範例延伸

　　思考：根據身分證號碼統計女性人數

　　提示：MOD 函數的運算結果為 0 時代表身分證號碼持有者是女性。

範例 180 從中文與數字混合字串中擷取溫度資料（RIGHT）

範例檔案 第 3 章 \180.xlsx

　　天氣狀況描述中包含天氣與溫度，要擷取其中表示溫度的字串。開啟範例檔案中的資料檔案，在 C2 儲存格輸入以下陣列公式：

　　=MAX(IFERROR(--RIGHT(LEFT(B2,LEN(B2)-1),ROW($1:$10)),0))

按下〔Ctrl〕+〔Shift〕+〔Enter〕複合鍵後，公式將算出第一天的溫度狀況。按兩下儲存格的填滿控點，將公式向下填滿，結果如圖 3.88 所示。

C2		fx	{=MAX(IFERROR(--RIGHT(LEFT(B2,LEN(B2)-1),ROW($1:$10)),0))}		
	A	B	C	D	E
1	日期	天氣	溫度		
2	2014年1月1日	多雲 29.4℃	29.4		
3	2014年1月2日	陰雨 22.7℃	22.7		
4	2014年1月3日	小雨 18.9℃	18.9		
5	2014年1月4日	晴 29.8℃	29.8		
6	2014年1月5日	多雲28℃	28		
7	2014年1月6日	偏北風 36.5℃	36.5		
8	2014年1月7日	雷陣雨 17.5℃	17.5		
9	2014年1月8日	小雨 21℃	21		
10	2014年1月9日	晴 33℃	33		

圖 3.88　從中文與數字混合字串中擷取溫度資料

▶ 公式說明

本例公式首先利用 LEFT 函數將每個儲存格右邊的 "℃" 去除，保留左邊的字符串資料，然後利用 RIGHT 函數分別擷取右邊 1 位、2 位、3 位……10 位，進而組成一個陣列。

當透過 "--" 方式將陣列轉換成數值後，陣列中將會包含錯誤值和所有數值，其中錯誤值來自字串轉換結果，數值則來自字串右邊的第 1 位、第 2 位……，數字個數等於數字的長度。

公式的最後一次運算是透過 MAX 函數從陣列中擷取最大值，最大值即為取代 "℃" 後位於右端的數字。要瞭解公式的所有計算步驟和方向，最好的辦法是選擇儲存格，然後按一下功能區〔公式〕→〔評估值公式〕，在對話方塊中查看每一個運算步驟。

▶ 使用注意

① 本例每個字串右邊都是 "℃"，如果數字右邊的字元長度不同則需要變換其他方向。

② 本例中的運算式 "ROW（1:10）" 是為了簡化公式而寫的。它需要設定公式時人為估計 B 欄的最大儲存格長度，ROW 產生的序列只要在 1 到該最大長度之間即可。所以本例中的 "ROW（1:10）" 也可以改用 "ROW（1:20）"，實際數值視情況而定。

③ 本例還可以使用 LOOKUP 函數求最大值。公式如下：

=LOOKUP(10^15,--RIGHT(LEFT(B2,LEN(B2)-1),ROW($1:$15)))

▶ 範例延伸

思考：計算 9 天中的最高溫度

提示：相對於本例公式將儲存格參照改成範圍參照，然後使用 TRANSPOSE 函數將 ROW(1:10) 轉置方向即可。

範例 181 將字串位數統一（RIGHT）

範例檔案 第 3 章 \181.xlsx

將 A 欄的編號格式長度統一，以最長者為基準，位數不足者以 0 填滿。

開啟範例檔案中的資料檔案，在 B2 儲存格輸入以下陣列公式：

=TEXT(RIGHT(A2,LEN(A2)-1),"!"&LEFT(A2)&REPT(0,MAX(LEN(A$2:A$10))-1))

按下〔Ctrl〕+〔Shift〕+〔Enter〕複合鍵後，公式將算出第一個編號。按兩下儲存格的填滿控點，將公式向下填滿，結果如圖 3.89 所示。

	A	B	C	D	E
B2	{=TEXT(RIGHT(A2,LEN(A2)-1),"!"&LEFT(A2) &REPT(0,MAX(LEN(A$2:A$10))-1))}				
1	編號	統一位數			
2	A3	A0003			
3	B145	B0145			
4	A15	A0015			
5	B017	B0017			
6	C0047	C0047			
7	A280	A0280			
8	C117	C0117			
9	A6	A0006			
10	A078	A0078			

圖 3.89　將字串位數統一

▶ 公式說明

本例利用 LEN 函數計算 A 欄每個儲存格的字元數量，並取出最大值。然後用 RIGHT 函數將編號中的數字擷取出來，將它的格式設定為長度等於 A 欄字元數量的最大值，長度不足時以 0 補齊。

因為 TEXT 函數的第二參數中有 A、B、C、D 等字母，由於 A、B、D 都有特殊含義，為防止產生錯誤，需要在字母前添加轉換符號 "!"，進而去除字元的特殊功能。

▶ 使用注意

① 字母中，A、B、D、M、H 等字元都有特殊含義，如果用它們作為 TEXT 函數的第二參數，而且必須算出字母本身時，都只能使用強制字元 "!"，否則會產生錯誤值。

字母 "AAA" 可以算出中文的星期。例如：

=TEXT(123,"AAA")⟶結果等於 "三"，表示 1900 年第 123 天是星期三。

② 字母 "BB" 則用於佛曆演算法。西元前 543 年是佛曆元年，那麼以下公式：

=TEXT(123,"BB")⟶結果等於 43，佛曆年的簡寫。

=TEXT(123,"BBB")⟶結果等 2443，即 1900 第 123 天時是佛曆 2443（1900+543 = 2443）年。

▶ 範例延伸

思考：將 "BB789" 格式化為 8 位數，數字部分長度不足者以 * 號填滿

提示：以 789 作為 TEXT 函數的第一參數，第二參數中的 "B" 和 "*" 都需要用 "！" 作為強制顯示字元本身，否則無法取得正確結果。

範例檔案 第 3 章 \182.xlsx

將姓名按得分多少進行降冪排列，如果多人同分，必須全部列出來。開啟範例檔案中的資料檔案，在 D2 儲存格輸入以下陣列公式：

=INDEX(A:A,RIGHT(LARGE(B$2:B$11*1000+ROW($2:$11),ROW()-1),3))

按下〔Ctrl〕+〔Shift〕+〔Enter〕複合鍵後，公式將算出得分最高人員的姓名。按兩下儲存格的填滿控點，將公式向下填滿，結果如圖 3.90 所示。

	A	B	C	D	E	F	G
			f_x	{=INDEX(A:A,RIGHT(LARGE(B$2:B$11*1000+ ROW($2:$11),ROW()-1),3))}			
1	姓名	平均分		排序			
2	趙前門	89		羅傳志			
3	陳麗麗	94		周蒙			
4	游有之	81		陳麗麗			
5	劉佩佩	82		朱明			
6	李有花	82		周華章			
7	朱明	93		趙前門			
8	胡不群	82		胡不群			
9	周蒙	96		李有花			
10	周華章	92		劉佩佩			
11	羅傳志	98		游有之			

圖 3.90　對所有人員按平均分排序

▶ 公式說明

本例中需要將姓名重排，那麼利用 INDEX 函數，並套用 ROW 函數作為參數即可。但是為了區分分數相同者，同時便於列出來，故將原資料擴大到 1000 倍，再加列號，然後再進行比較。同分者因所有列的列號不同，就可以執行分別取值。

公式中 LARGE 取最大值是以原平均分為標準，而最後作為 INDEX 的參數對 A 欄參照資料時卻僅以列號為標準，在 A 欄取對應列的資料。這是本公式中 RIGHT 的作用。

▶ 使用注意

① 本例中將原來的平均分擴大到 1000 倍，但並非必須是 1000 倍，由於本例中的資料特點，擴大到 100 倍、1000 倍、10000 倍都可以，這要根據總數據的列數來決定。規律是擴大倍數必須是 10 的正整數次方，而且必須大於資料列。本例資料列數小於 100，那麼擴大倍數只大於等於 10^2 即可；如果資料列數在 10000 ～ 10000 之間，那麼需要擴大到 10^5 倍。

② INDEX 函數屬於尋找與參照函數，在本書的第 6 章會有詳細說明和更多的範例。

▶ 範例延伸

思考：本例中同分數者以出現順序倒序排的，如"劉佩佩"和"李有花"兩位，如果需要同分數者以 A 欄的排列順序一致，如何設定公式

提示：將原公式中"*1000"後面的"+"改成"-"，然後在 Right 前面加上"1000-"即可。

清除非列印字元

範例 183 清除非列印字元（CLEAN）

範例檔案 第 3 章 \183.xlsx

圖 3.91 中 A 欄和 B 欄的入庫表中包含很多非列印字元，利用 SUM 函數直接對 B2：B14 範圍加總時只能得到 540，會遺漏掉一半的資料。要不修改資料來源的情況下對入庫數量加總。

開啟範例檔案中的資料檔案，在 D2 儲存格輸入以下公式：

=SUMPRODUCT(--CLEAN(B2:B14))

按下〔Enter〕鍵後，公式將算出入庫數量總和，結果如圖 3.91 所示。

	A	B	C	D	E
	fx	=SUMPRODUCT(--CLEAN(B2:B14))			
1	日期	入庫		入庫數量	
2	2014年7月2日	85		1019	
3	2014年7月3日	77			
4	2014年7月4日	79			
5	2014年7月5日	64			
6	2014年7月6日	65			
7	2014年7月7日	89			
8	2014年7月8日	50			
9	2014年7月9日	88			
10	2014年7月10日	91			
11	2014年7月11日	86			
12	2014年7月12日	78			
13	2014年7月13日	89			
14	2014年7月14日	78			

圖 3.91　對入庫數量加總

▶ 公式說明

由於 B2:B14 範圍中存在很多非列印字元，導致入庫數量自動變成字串，進而使 SUM 函數不能對它們加總。

本例公式先用 CLEAN 函數去除 B2:B14 範圍的非列印字元，然後透過 "--" 將字串型數字轉換成數值，最後使用 SUMPRODUCT 函數對轉換後的數值加總。

▶ 使用注意

① 從 WORD 或者 ERP 軟體中匯出資料到工作表中易產生非列印字元，包含分列符號、返回符號、定位字元之類，它們會影響儲存格的數值參與運算的結果。CLEAN 函數的功能是清除這些非列印字元，它總共可以清除 32 種非列印字元，包含 CHAR 函數的參數是 0、1、2、3……31 時產生的字元。

② CLEAN 函數清除掉資料來源中包含的非列印字元後會算出字串，而字串不能直接參與加總或者用於求平均值等運算，因此使用 CLEAN 函數後通常需要使用 VALUE 函數、N 函數或者 "--"、"*1" 等方法將其轉換成數值。

③ 空格不算非列印字元，刪除多餘的空格可用 TRIM 函數，而刪除所有空格則用取代函數 SUBSTITUTE。

範例檔案 第 3 章 \184.xlsx

公司有多名售貨員，每位售貨員製表的習慣都不同，部分人員使用 "元" 替代小數點來記錄金額，而部分人員將小數點寫為句號 "。" ，還有部分儲存格中存在空格，進而導致 SUM 函數無法對這些金額加總。要對 B2:B11 範圍的金額加總，不能遺漏任意儲存格的值。

開啟範例檔案中的資料檔案，在 E2 儲存格輸入以下陣列公式：

=SUM(NUMBERVALUE(IFERROR(NUMBERVALUE(B2:B11," 元 "),B2:B11)," 。"))

按下〔Ctrl〕+〔Shift〕+〔Enter〕複合鍵後，公式將算出零售金額總和，結果如圖 3.92 所示。

圖 3.92　將 B 欄的字串轉換成數值再加總

▶ 公式說明

本例公式首先使用 NUMBERVALUE 函數將 B2:B11 範圍的值去除非列印字元，包含空格、分列符號之類，同時將 "元" 轉換成小數點，然後使用 SUM 函數對轉換後的值加總。

對於 "890。7" 這類字串，NUMBERVALUE 函數無法將其轉換成數值，只能算出錯誤值，因此在 NUMBERVALUE 之外使用 IFERROR 函數將錯誤值還原為 B2:B11 範圍的值。最後再在外層添加一個 NUMBERVALUE 函數將 "。" 轉換成小數點 "." ，並用 SUM 函數彙總轉換後的所有值。

▶ 使用注意

① NUMBERVALUE 函數的功能是將字串轉換成數值，轉換過程包含去除空格、去除分列符號、將指定字元轉換成小數點、將指定字元轉換成千分位分隔符號、對百分號（ % ）執行數值運算等。在本例中，NUMBERVALUE 函數發揮了三個作用——去除非列印字元、將 "。" 和 "元" 轉換成小數點。

② 本例也可以使用 SUBSTITUTE 函數替代 NUMBERVALUE 函數，公式如下。

=SUMPRODUCT(--SUBSTITUTE(SUBSTITUTE(SUBSTITUTE(B2:B11," 。 ","."), " 元 ",".")," "," "))

③ NUMBERVALUE 函數是一個很好的函數，它不僅僅將字串型數字轉換成數值，還會刪除非列印字元、將指定字元取代成小數點，較之 TRIM、VALUE 和 CLEAN 函數的功能都更多。

統計函數

範例及電子書下載位址
https://goo.gl/QoVUot

本章要點

- 平均值
- 計算符合條件的目標數量
- 極值與中值

- 排次序
- 頻率分佈

相關函數

AVERAGE、AVERAGEA、AVERAGEIF、AVERAGEIFS、COUNT、COUNTA、
COUNTBLANK、COUNTIF、COUNTIFS、MAX、DMAX、MEDIAN、MIN、DMIN、
SMALL、LARGE、MODE、RANK、FREQUENCY

範例細分

- 計算各業務員的平均獎金
- 計算二年級所有人員的平均獲獎率
- 去掉首尾求平均
- 統計出勤異常人數
- 統計範圍中不重複資料個數
- 擷取不重複資料
- 中式排名
- 計算國文成績大於 90 分者的最高總成績
- 計算得票最少者有幾票
- 將成績按升冪排列
- 查看產品曾經銷售的所有價位
- 計算並列第三者個數

- 計算大於等於第十名者總和
- 哪種產品生產次數最多
- 列出被投訴多次的工作人員編號
- 對學生成績排名
- 分別統計每個分數區間的人員個數
- 蟬聯冠軍最多的次數
- 計算三個不連續區間的頻率分布
- 計算字串的頻率分佈
- 奪冠排行榜
- 誰蟬聯冠軍次數最多
- 中式排名
- 誰獲得第二名

平均值

範例 185 計算平均成績（忽略缺考人員）（AVERAGE）

範例檔案 第 4 章 \185.xlsx

將所有人的成績計算出平均值，結果保持兩位小數，忽略其中的缺考人員成績。

開啟範例檔案中的資料檔案，在 D2 儲存格輸入以下公式：

=ROUND(AVERAGE(B2:B10),2)

按下〔Enter〕鍵後，公式將算出 B 欄的所有人員的平均成績，結果如圖 4.1 所示。

D2	▾	fx	=ROUND(AVERAGE(B2:B10),2)	
▲	A	B	C	D	E
1	姓名	成績		平均成績	
2	胡東來	98		81.86	
3	鐘正國	缺考			
4	張世後	89			
5	周至夢	57			
6	陳金貴	53			
7	趙興文	91			
8	劉文喜	缺考			
9	陳英	88			
10	陳金來	97			

圖 4.1 計算平均成績

▶ 公式說明

本例公式透過 AVERAGE 函數計算平均分，並將缺考人員忽略不計，然後用 ROUND 函數將結果保留兩位小數。

▶ 使用注意

① AVERAGE 函數可以算出參數的算術平均值，也就是將範圍中的值加總，再除以範圍中的資料個數。但是計算時會忽略字串和範圍中的邏輯值、字串型數字。AVERAGE 函數有 1～255 個參數，第 2～255 個參數是非必填參數。參數可以是數值、邏輯值、字串、儲存格參照及陣列。

（2）AVERAGE 函數對直接輸入到參數中的邏輯值、字串型數字可以進行計算，而對於儲存格參照和陣列中的邏輯值和字串型數字卻會忽略，除非利用 "*1" 之類的方式將其轉換成值。例如：

=AVERAGE(100,TRUE,FALSE,"300")──→結果等於 100.25。

=AVERAGE(100,A1,A10,A100)──當 A1 是 TRUE、A10 是 FALSE，A100 是 "300" 時，公式結果等於 100，因為 A1、A10、A100 都被忽略不計。

▶ 範例延伸

思考：計算表 "Sheet1"、"Sheet2" 和 "Sheet3" 的 A1:A10 範圍的平均值

提示：用三個範圍做 AVERAGE 函數的參數。

範例 186 計算產線一和產線三女員工的平均薪資（AVERAGE）

範例檔案 第 4 章 \186.xlsx

開啟範例檔案中的資料檔案，在 F2 儲存格輸入以下陣列公式：

=AVERAGE(IF((B2:B10=" 產線一 ")+(B2:B10=" 產線三 ")*(C2:C10=" 女 "),D2:D10))

按下〔Ctrl〕+〔Shift〕+〔Enter〕複合鍵後，公式將算出產線一和產線三女員工的平均薪資，結果如圖 4.2 所示。

F2	{=AVERAGE(IF((B2:B10="產線一")+(B2:B10="產線三")*(C2:C10="女"),D2:D10))}					
	A	B	C	D	E	F
1	姓名	部門	性別	工資		產線一所有職員和產線三女職工平均工資
2	趙大年	產線一	男	24000		19200
3	錢英姿	產線二	女	17000		
4	孫軍	產線一	男	20000		
5	趙芳芳	產線一	女	17000		
6	錢三金	產線三	男	19000		
7	孫紋	產線一	女	18000		
8	趙一曼	產線二	女	20000		
9	錢芬芳	產線三	女	17000		
10	孫大勝	產線三	男	23000		

圖 4.2　產線一和產線三女員工的平均薪資

▶ 公式說明

本例公式使用了三個運算式 "（B2:B10=" 產線一 "）"、"（B2:B10=" 產線三 "）"、"（C2:C10=" 女 "）" 作為 IF 的條件參數，但是因為三個條件的關係不同，所以條件之間用加號也用乘號。當使用 IF 函數將不符合條件的資料排除後，再用 AVERAGE 函數計算平均值。

▶ 使用注意

① 本例中的條件 "產線一" 與 "產線三" 只要滿足一個即可求平均值，所以兩個條件之間用 "+"；條件 "產線三" 與 "女" 需要同時滿足時才可求平均值，所以兩個條件之間用 "*"。

② 本例的公式也可以按如下方式修改。

=AVERAGE(IF((B2:B10=" 產線一 ")+(B2:B10&C2:C10=" 產線三女 "),D2:D10))

▶ 範例延伸

思考：計算產線一、產線二和產線三女員工的平均薪資

提示：可以分解為三個條件，即 "產線一"、"產線二" 和 "產線三女"。也可以只用一個條件完成，即不等於 "產線三男"。

範例 187 計算各業務員的平均獎金（AVERAGE）

範例檔案 第 4 章 \187.xlsx

　　公司規定，業務員的業績達到 8 萬元時，給獎金 1500 元，以後每增加 1 萬元加 300 元獎金。不足 1 萬元時忽略。現在需要計算 10 名業務員的平均獎金。

　　開啟範例檔案中的資料檔案，在 D2 儲存格輸入以下陣列公式：

=AVERAGE(1500+300*(INT((C2:C11-80000)/10000)))

　　按下〔Ctrl〕+〔Shift〕+〔Enter〕複合鍵後，公式將算出 10 名業務員的平均資金，結果如圖 4.3 所示。

D2	▼	f_x {=AVERAGE(1500+300*(INT((B2:B11-80000)/10000))))}		
	A	B	C	D	E
1	業各員	業績		平均獎金
2	柳花花	147000		2130
3	趙霊秀	132000		
4	朱貴	99000		
5	張世後	149000		
6	朱文濤	123000		
7	張明東	102000		
8	朱千文	84000		
9	古貴明	119000		
10	羅正宗	97000		
11	柳三秀	16000		

圖 4.3　計算各業務員的平均獎金

▶ 公式說明

　　本例首先計算每位業務員的獎金總和，將前 80000 元業績的獎金和 80000 元以外的業績對應的獎金分開計算。前 80000 元業績對應的獎金為 1500 元，其餘獎金的演算法是總業績減掉 80000 元，然後除以 10000 元並取整數部分，再乘以 300。將之相加得到一個包含所有業務員獎金的陣列，最後用 AVERAGE 函數對陣列求平均。

▶ 使用注意

　　① 因要求不足 10000 元時不算獎金，所以計算獎金前需要利用 INT 將不足 10000 元的業績忽略。

　　② 本例中每位員工業績低於 80000 元或者低於 80000 元時，按 80000 計算的規則來設定公式。當業績小於 80000 元時，還有其他的扣獎金規則，需要對參數 1500 做調整。例如，業績不足 80000 元時給 1000 元獎金，公式如下。

=AVERAGE(1000+(C2:C11>=80000)*500+300*(INT((C2:C11-80000)/10000)))

▶ 範例延伸

　　思考：如果業績超過 150000 元後只按 150000 元來計算資金，其餘規則與本例一致，如何修改公式

　　提示：可以利用 IF 函數將 150000 元以上的資料減掉再計算獎金。

範例 188 計算平均薪資（不忽略無薪人員）（AVERAGEA）

範例檔案 第 4 章 \188.xlsx

計算所有人員的平均薪資，請假、工傷等無薪人員也計算在內。平均薪資保留兩位小數，第三位四捨五入。

開啟範例檔案中的資料檔案，在 D2 儲存格輸入以下公式：

=ROUND(AVERAGEA(B2:B10),2)

按下〔Enter〕鍵後，公式將算出 9 位員工的平均薪資，結果如圖 4.4 所示。

	A	B	C	D
D2 ▾		fx	=ROUND(AVERAGEA(B2:B10),2)	
1	姓名	工資		平均工資
2	羅至貴	98		63.67
3	朱君明	請假		
4	胡東來	89		
5	李有花	57		
6	朱邦國	53		
7	趙黃山	91		
8	鄭君	工傷		
9	游有慶	88		
10	張正文	97		

圖 4.4　計算平均薪資

▶ 公式說明

本例利用 AVERAGEA 函數計算所有人員的平均薪資，將結果保留兩位小數。對於請假、工傷等無薪人員的薪資按照 0 元計算，計算平均值時不忽略無薪人員。

▶ 使用注意

① AVERAGEA 函數用於計算所有參數的算術平均數。它有 1 ~ 255 個參數，其中第 2 ~ 255 參數是非必填參數。參數可以是字串、數字、邏輯值、儲存格參照、陣列、名稱等。

② AVERAGEA 函數和 AVERAGE 函數在對參數的處理上有一些不同。對於直接輸入的邏輯值 TRUE、FALSE，AVERAGEA 函數都要計算在內。其中 TRUE 按 1 計算，FALSE 則按 0 計算；對於參照中的字串和字串型數字都按 0 計算；直接在參數中輸入字串會導致公式產生錯誤值。例如：

=AVERAGEA(100,"100")──→結果等於 100，忽略參數中的字串型數字。

=AVERAGEA(100,B1)──當 B1 為字串型數字"100"時，公式結果為 50，將參照中的字串當作 0 計算。

=AVERAGEA(100,TRUE,FALSE)──→結果等於 33.667，所有邏輯值都要參與運算。

=AVERAGEA(100,"AA")──→結果是錯誤值，參數中不能有字串。

▶ 範例延伸

思考：利用 AVERAGE 函數執行本例要求

提示：利用 IF 和 ISNUMBER 函數配合，將字串轉換成 0 再計算平均。

範例檔案 第 4 章 \189.xlsx

公司要求男員工生產 A 產品，女員工生產 B 產品。A 產品用於出口，B 產品用於內銷。要計算平均出口量，即 A 產品的平均產量。

開啟範例檔案中的資料檔案，在 F2 儲存格輸入以下陣列公式：

=AVERAGEA((C2:C11="A")*D2:D11)

按下〔Ctrl〕＋〔Shift〕＋〔Enter〕複合鍵後，公式將算出 A 產品的平均產量，結果如圖 4.5 所示。

圖 4.5　計算 A 產品平均出口量

▶ 公式說明

本例要求參與計算的資料是 "A" 產品的產量，但人數卻以所有人計算，所以公式以 "(C2:C11="A")*D2:D11" 為參數，不需要透過 IF 函數排除部分資料。

▶ 使用注意

① 本例要求將男性成員參與求平均，那麼公式無須排除男性，所以將條件與資料參照範圍直接相乘，形成一個包含 0 和產量的陣列，最後再求平均值。事實上，本例使用 AVERAGEA 和 AVERAGE 兩個參數都可以得到同樣結果。例如 AVERAGE 公式：

=AVERAGE((C2:C11="A")*D2:D11)

② AVERAGEA 函數可以將參數中直接輸入的邏輯值計算在內，但是對於陣列中的邏輯值的處理方式卻和 AVERAGE 一樣，都會忽略，例如，如下兩個公式的結果是不同的：

=AVERAGE(IF(C2:C11="A",D2:D11))

=AVERAGEA((C2:C11="A")*D2:D11)

▶ 範例延伸

思考：如果圖 4.5 中 D4 儲存格沒有產量，而是 "請假"，如何修改公式
提示：必須使用 IF 函數將字串轉換成 0，但不能轉換成 FALSE。

範例 190 計算平均成績，成績空白也計算（AVERAGEA）

範例檔案 第 4 章 \190.xlsx

對所有人員的成績求平均，如果該員考分為空白也參與運算。開啟範例檔案中的資料檔案，在 D2 儲存格輸入以下陣列公式：

=AVERAGEA(B2:B11*1)

按下〔Ctrl〕+〔Shift〕+〔Enter〕複合鍵後，公式將算出每人的平均成績，結果如圖 4.6 所示。

	A	B	C	D
1	姓名	成績		平均成績
2	姚秀貞	63		67.3
3	劉玲玲	69		
4	朱貴	77		
5	李華強			
6	劉喜仙	89		
7	黃明秀	79		
8	石鬧明	65		
9	張三月	63		
10	柳星華	75		
11	趙光文	93		

D2 ▼ fx {=AVERAGEA(B2:B11*1)}

圖 4.6 計算平均成績

▶ 公式說明

AVERAGEA 函數和 AVERAGE 函數在求平均值時都會忽略空白儲存格。而本例要求空白儲存格也計算，所以將參數中參照的範圍乘以 1 即可將空值轉換成 0，然後再求平均。

▶ 使用注意

① 對於本例，使用參照範圍乘以 1 轉換成空值為 0 是最簡單的。如果改用 IF 函數來執行，那麼公式會更長。如下兩個公式都可以執行本例的功能。

=AVERAGEA(IF(B2:B11=0,0,B2:B11))

=AVERAGEA(IF(B2:B11="",0,B2:B11))

上述兩個公式看似矛盾，其實公式結果一致。空白儲存格要用符號「""」表示，而空白儲存格作為參照參與數值運算時，是當作 0 處理的，所以兩個公式都可以得到正確結果。

② 如果 B 欄成績區存在字串，例如「缺考」，那麼就必須使用 IF 函數來完成轉換，公式如下：

=AVERAGEA(IF(ISNUMBER(B2:B11),B2:B11,0))

▶ 範例延伸

思考：計算平均成績，如果成績為 0 或者空白，都忽略不計

提示：使用 IF 函數將 0 值和空白轉換為 FALSE。

範例 191 計算二年級所有人員的平均獲獎率（AVERAGEA）

範例檔案 第 4 章 \191.xlsx

計算二年級所有人員的平均獲獎率，結果以百分比顯示，保留兩位小數。開啟範例檔案中的資料檔案，在 E2 儲存格輸入以下陣列公式：

=TEXT(AVERAGEA(IF(LEFT(A2:A10,3)=" 二年級 ",B2:B10/C2:C10)),"0.00%")

按下〔Ctrl〕+〔Shift〕+〔Enter〕複合鍵後，公式將算出二年級所有人員的平均獲獎率，結果如圖 4.7 所示。

E2		fx	{=TEXT(AVERAGEA(IF(LEFT(A2:A10,3)= "二年級",B2:B10/C2:C10)),"0.00%")}	
	A	B	C	D	E
1	班級	獲獎次數	總人數		二年級平均獲獎率
2	一年級一班	12	87		12.47%
3	一年級二班	9	75		
4	一年級三班	8	73		
5	二年級一班	8	87		
6	二年級二班	11	69		
7	二年級三班	7	57		
8	三年級一班	8	65		
9	三年級二班	8	64		
10	三年級三班	7	57		

圖 4.7　計算二年級所有人員的平均獲獎率

▶ 公式說明

本例公式首先用 LEFT 函數和 IF 函數配合，判斷 A 欄的班級是否為 "二年級"，如果是則利用獲獎次數除以總人數，否則算出 FALSE，進而產生一個由 FALSE 與獲獎率組成的陣列，然後再對該陣列求平均，忽略邏輯值 FALSE。

最後再利用 TEXT 函數將平均值轉換成百分比，並保留兩位小數。

▶ 使用注意

① 對於這種基於條件求平均，而且判斷條件是陣列而不是範圍參照的情況，必須用 AVERAGEA 函數套用 IF 來完成。雖然 Excel 2010 有專業的兩個條件平均函數 AVERAGEIF、AVERAGEIFS，但是這兩個函數的一個缺點是，條件必須是儲存格或者範圍參照，不能是陣列。也就是只能直接參照儲存格，若儲存格進行運算後的值作為參數就無法計算。所以對 AVERAGEA 函數套用 IF 函數在工作中很靈活，運用極廣。

② 將數字保留兩位小數可以用 ROUND 函數完成，但是要同時顯示成百分比形式就必須使用 TEXT 函數。

▶ 範例延伸

思考：計算一、三年級所有人員的平均獲獎率

提示：使用兩個條件作為 IF 函數的參數。

範例 192 統計前三名人員的平均成績（AVERAGEA）

範例檔案 第 4 章 \192.xlsx

開啟範例檔案中的資料檔案，在 D2 儲存格輸入以下公式：

=AVERAGEA(LARGE(B2:B11,{1,2,3}))

按下〔Enter〕鍵後，公式將算出前三名的平均成績，結果如圖 4.8 所示。

E2	▾	fx	=AVERAGEIF(B2:B9,"支出",C2)		
	A	B	C	D	E
1	季度	收支	金額(仟元)		每季度平均支出
2	一季度	收入	56		68.5
3	一季度	支出	53		
4	二季度	收入	54		
5	二季度	支出	78		
6	三季度	收入	73		
7	三季度	支出	65		
8	四季度	收入	69		
9	四季度	支出	78		

圖 4.8　統計前三名人員的平均成績

▶ 公式說明

本例公式中的 LARGE 函數利用陣列 "{1,2,3}" 作為第二參數，表示分別擷取前三名成績，然後再透過 AVERAGEA 函數取平均值。

▶ 使用注意

① AVERAGEA 函數可以直接用陣列作為參數，使它較之於 AVERAGEIF、AVERAGEIFS 有更廣的應用範圍。

② 如果本例是計算一個較大範圍中的前 10 名人員的平均成績，那麼為了公式簡化，就不能使用 "{1;2;3;4;5;6;7;8;9;10}" 作為參數，而是用以下公式：

=AVERAGEA(LARGE(B2:B11,ROW(1:10)))

此公式是陣列，必須使用〔Ctrl〕+〔Shift〕+〔Enter〕複合鍵輸入公式才可以使公式正確運算，否則只能算出第一名的成績。

③ 本例公式也可以改用如下陣列公式。

=AVERAGEA(LARGE(B2:B11,row(1:3)))

▶ 範例延伸

思考：統計後三名人員的平均成績

提示：相對於本例公式，將 LARGE 函數改用 SMALL 函數。

範例 193 求每季平均支出金額（AVERAGEIF）

範例檔案 第 4 章 \193.xlsx

工作表中有每季收入和支出金額（仟元），要計算平均支出金額。開啟範例檔案中的資料檔案，在 E2 儲存格輸入以下公式：

=AVERAGEIF(B2:B9," 支出 ",C2)

按下〔Enter〕鍵後，公式將算出每季平均支出金額，結果如圖 4.9 所示。

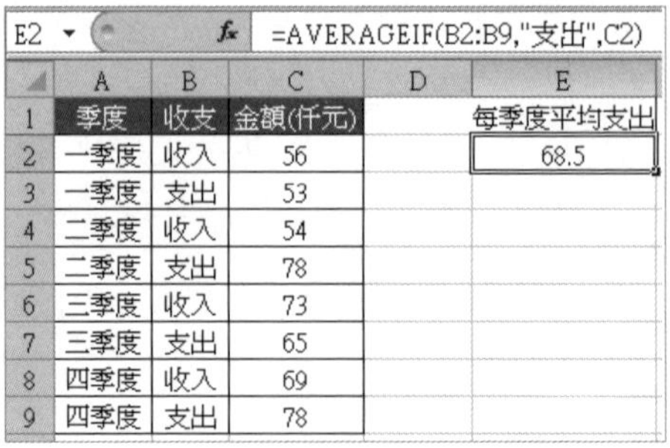

圖 4.9 每季平均支出金額

▶ 公式說明

本例公式中以"支出"作為 AVERAGEIF 的條件對金額存放範圍"C2:C9"計算平均值，AVERAGEIF 的第三參數屬於簡寫，相當於"C2:C9"。

▶ 使用注意

① AVERAGEIF 函數用於計算符合指定條件的資料的算術平均值，可以設定一個條件。它有三個參數，第一參數是包括條件的範圍；第二參數是條件；第三參數是要計算平均值的實際儲存格。第三參數是非必填參數，如果忽略，則實際加總範圍以第一參數為準。

② AVERAGEIF 函數的第三參數與 SUMIF 函數的第三參數一致，都可以使用簡寫。即只需要標明該範圍左上角一個儲存格，實際運算時會自動將該儲存格擴充至與第一參數的寬度、高度一致的範圍。例如，如下兩個公式結果完全一致：

=AVERAGEIF(A1:C9,"A",D1)

=AVERAGEIF(A1:C9,"A",D1:C9)

③ AVERAGEIF 函數的第一參數參照範圍和第三參數參照範圍可以不在相同的起迄列，也可以不在相同的工作表中。例如，以下公式：

=AVERAGEIF(A1:C9,"A",Sheet4!E8:G16)

▶ 範例延伸

思考：求每季的平均流動金額，即將收入、支出一起計算

提示：可以使用"<>"作為 AVERAGEIF 的第二參數。

範例 194 計算每個產線產量大於 250 的平均產量（AVERAGEIF）

範例檔案 第 4 章 \194.xlsx

僅僅對產量大於 250 的產線計算平均值。開啟範例檔案中的資料檔案，在 E2 儲存格輸入以下公式：

=AVERAGEIF(B2:C11,">250")

按下〔Enter〕鍵後，公式將算出產量大於 250 的平均產量，結果如圖 4.10 所示。

E2	▼	⊙	*fx*	=AVERAGEIF(B2:C11,">250")

▲	A	B	C	D	E
1	部門	白班	晚班		高於250者平均值
2	產線一	216	295		274
3	產線二	227	238		
4	產線三	288	235		
5	產線四	275	239		
6	產線五	204	284		
7	產線六	242	216		
8	產線七	248	222		
9	產線八	252	274		
10	產線九	252	232		
11	產線十	213	272		

圖 4.10　計算每個產線產量高於 250 的平均產量

▶ 公式說明

　　本例中，AVERAGEIF 函數的條件範圍和計算平均的資料相同，所以忽略了 AVERAGEIF 函數的第三參數。第二參數"＞250"表示僅僅對大於250的產量計算平均，忽略其餘資料。

▶ 使用注意

　　① AVERAGEIF 函數可以使用比較運算子來限制求平均的條件。主要包括"＞"、"＞="、"＜"、"＜="、"＜＞"、"="。如果限制條件是等號"="時，可以忽略不寫。例如，如下三個公式的結果完全相同：

　　=AVERAGEIF(B2:C11，"=250",D1)

　　=AVERAGEIF(B2:C11,250,D1)

　　=AVERAGEIF(B2:C11，"250",D1)

　　② 本例也可以改用 AVERAGE 函數和 IF 函數套用來完成，公式如下。

　　=AVERAGE(IF(B2:C11>250,B2:C11))

　　此公式需要執行陣列運算，輸入公式後必須按〔Ctrl〕+〔Shift〕+〔Enter〕複合鍵結束。

▶ 範例延伸

　　思考：對圖 4.10 中高於平均值的儲存格計算平均值

　　提示：可以將 AVERAGEIF 函數與 AVERAGE 函數嵌套使用，也可以只用 AVERAGE 函數來完成。

範例 195　去掉首尾求平均（AVERAGEIFS）

範例檔案　第 4 章 \195.xlsx

　　對 10 位評委的評分去掉最高分和最低分，再計算平均分。

　　開啟範例檔案中的資料檔案，在 D2 儲存格輸入以下公式：

　　=AVERAGEIFS(B2:B11,B2:B11,">"&MIN(B2:B11),B2:B11,"<"&MAX(B2:B11))

　　按下〔Enter〕鍵後，公式將算出去掉首尾後的平均分，結果如圖 4.11 所示。

| D2 | ▼ | fx | =AVERAGEIFS(B2:B11,B2:B11,">"& |
| | | | MIN(B2:B11),B2:B11,"<"&MAX(B2:B11)) |

	A	B	C	D	E	F
1	評審	評分		去首尾求平均		
2	評審1	7.5		8.45		
3	評審2	8.5				
4	評審3	10				
5	評審4	7.8				
6	評審5	9.1				
7	評審6	8.7				
8	評審7	8.7				
9	評審8	8.9				
10	評審9	7.4				
11	評審10	8.4				

圖 4.11　去掉首尾求平均

▶ 公式說明

　　本例公式會忽略 10 個評分中的最大值和最小值，僅對剩下的評分計算平均值。函數 AVERAGEIFS 的條件使用了 MIN 函數計算最小值，以及 MAX 函數計算最大值，然後透過比較運算子排除最大值和最小值。

　　公式的整體含義是當 B2:B11 範圍的值大於最小值而且小於最大值時，那麼對它們計算平均值。

▶ 使用注意

　　① 本例的公式是忽略最大值和最小值再求平均，和電視中歌唱大賽的 "去掉一個最高分、去掉一個最低分"，然後再求平均分是完全不同的。本例去掉最高分和最低分，如果有多個評分等於最高或者最低分都會忽略不計。

　　② 如果要求只去除一個最高分和一個最低分，不能使用 AVERAGEIFS 函數來完成，有如下兩種方法執行。

　　=TRIMMEAN(B2:B11,2/10)──→在 10 個資料中去掉兩個極值再求平均。

　　=(SUM(B2:B11)-MIN(B2:B11)-MAX(B2:B11))/(COUNT(B2:B11)-2)──→範圍的總和減掉最大值和最小值，再除以資料個數減 2。

▶ 範例延伸

　　思考：計算 A1:D100 範圍中前三名以外的資料的平均值

　　提示：可以使用小於第三名的資料作為 AVERAGEIFS 函數的計算條件。

範例 196　計算產線二女員工的平均薪資（AVERAGE）

範例檔案　第 4 章 \196.xlsx

　　工作表中有三個產線的薪資，要計算產線二女員工的平均薪資。開啟範例檔案中的資料檔案，在 F2 儲存格輸入以下公式：

　　=AVERAGEIFS(D2:D10,B2:B10," 產線二 ",C2:C10," 女 ")

　　按下〔Enter〕鍵後，公式將算出產線二女員工的平均薪資，結果如圖 4.12 所示。

| F2 | ▼ | fx | =AVERAGEIFS(D2:D10,B2:B10,"產線二",C2:C10,"女") |

	A	B	C	D	E	F
1	姓名	部門	性別	工資		產線二女員工平均工資
2	趙大年	產線一	男	2400		1850
3	錢英姿	產線二	女	1700		
4	孫軍	產線一	男	2000		
5	趙芳芳	產線一	女	1700		
6	錢三金	產線三	男	1900		
7	孫紋	產線一	女	1800		
8	趙一曼	產線二	女	2000		
9	錢芬芳	產線三	女	1700		
10	孫大勝	產線三	男	2300		

圖 4.12　計算產線二女員工的平均薪資

▶ 公式說明

　　按單條件計算平均值用 AVERAGEIF 函數，而按多條件計算平均值則應使用 AVERAGEIFS 函數，直接在 AVERAGEIFS 函數的參數中列出所有條件和條件範圍即可。本例公式的條件是 "B2:B10," 產線二 ",C2:C10," 女 ""，表示第一條件是 B2:B10 範圍的值等於產線二，C2:C10 範圍的值等於女。

▶ 使用注意

　　① 本例中要求根據兩個條件求平均，如果有更多的條件，也可以全部列出來作為 IF 函數的第一參數，進而將不符合條件的數值排除。

　　② 本例中 IF 函數的第三參數已忽略，表示 FALSE。對於陣列中的邏輯值，AVERAGE 會自動忽略，字串也可以忽略，所以本例公式中 IF 的第三參數除了用數字以外，用任何資料作為參數都不影響結果。例如：

　　=AVERAGE(IF((B2:B10=" 產線二 ")*(C2:C10=" 女 "),D2:D10,""))

　　=AVERAGE(IF((B2:B10=" 產線二 ")*(C2:C10=" 女 "),D2:D10,"0"))

　　=AVERAGE(IF((B2:B10=" 產線二 ")*(C2:C10=" 女 "),D2:D10,TRUE()))

　　但是用 0 作為 IF 函數的第三參數就會產生錯誤結果。

▶ 範例延伸

　　思考：計算產線一男員工的平均薪資

　　提示：修改 IF 函數的參數。

4

統計函數

4-13

計算符合條件的目標數量

範例 197 計算生產線異常機台個數（COUNT）

範例檔案 第 4 章 \197.xlsx

生產中途停電、待料、維修等各種因素會造成機台產量異常，要計算因各種原因造成停機的機台數量。

開啟範例檔案中的資料檔案，在 F2 儲存格輸入以下公式：

=COUNT(C2:C11)

按下〔Enter〕鍵後，公式將算出生產線異常機台個數，結果如圖 4.13 所示。

	A	B	C	D	E	F
1	機台	產量	停機時間(分鐘)	停機原因		生產異常機台數
2	1#	642	-			3
3	2#	793	-			
4	3#	610	20	修機		
5	4#	765	-			
6	5#	605	80	待料		
7	6#	795	-			
8	7#	689	-			
9	8#	400	120	修機		
10	9#	755	-			
11	10#	756	-			

圖 4.13　計算生產線異常機台個數

▶ 公式說明

本例利用 COUNT 函數統計 C 欄中包含任意數字的儲存格個數，進而得到生產線異常機台個數。COUNT 函數只計算有數值的儲存格數量，自動忽略字串。

▶ 使用注意

① COUNT 函數的功能是算出包含數字的儲存格的個數以及算出參數清單中的數字個數。它有 1～255 個參數，其中第 2～255 個參數是非必填參數。參數可以是數字、字串、儲存格參照、陣列及名稱、錯誤值等。

② COUNT 函數在計算數字個數時，僅計算數字、日期和直接輸入到參數中的字串型數字、邏輯值。對於參照儲存格中和陣列中的邏輯值、字串型數字必須透過 "*1" 等方式轉換才可進行計算。

③ 對於空白儲存格，乘以 1 之後將轉換成 0，COUNT 計數時會將 0 計算在內。

▶ 範例延伸

思考：利用圖 4.13 中 D 欄的資料計算生產線異常機台個數

提示：將 D2:D11 乘以 1 後，可以將空白儲存格與字串區分開來，再用 COUNT 函數計數。該結果與範圍的總列數之差，即是停機的機台個數。

範例 198 計算及格率（COUNT）

範例檔案 第 4 章 \198.xlsx

開啟範例檔案中的資料檔案，在 D2 儲存格輸入以下陣列公式：

=TEXT(COUNT(0/(B2:B11>=60))/COUNT(B2:B11),"0.00%")

按下〔Ctrl〕+〔Shift〕+〔Enter〕複合鍵後，公式將算出 10 名學生的及格率，結果如圖 4.14 所示。

| D2 | fx | {=TEXT(COUNT(0/(B2:B11>=60)) /COUNT(B2:B11),"0.00%")} |

	A	B	C	D	E	F
1	姓名	成績		及格率		
2	趙	94		60.00%		
3	錢	85				
4	孫	41				
5	李	74				
6	周	59				
7	吳	69				
8	鄭	92				
9	王	41				
10	馮	98				
11	陳	45				

圖 4.14　計算及格率

▶ 公式說明

本例公式首先計算成績大於等於 60 分的人數，再計算總人數，兩者之商即是及格率。最後利用 TEXT 函數將及格率轉換成百分比，且保留兩位小數。

▶ 使用注意

① 本例公式中的運算式 "B2:B11>=60" 的計算結果是一個由邏輯值 TRUE 和 FALSE 組成的陣列。對於陣列中的邏輯值，COUNT 會自動忽略。本例中需要計算陣列中 TRUE 的個數，因此將陣列作為 0 的除數，當 0 除以該陣列後，邏輯值 FALSE 被轉換成錯誤值 "#DIV/0!"，而邏輯值 TRUE 卻被轉換成 0，此時透過 COUNT 函數統計數字 0 的個數，統計結果將等於原來的陣列中的 TRUE 的個數。

② 本例公式還可以換一個方向來完成，公式如下。

=TEXT(COUNT((B2:B11>=60)^0)/COUNT(B2:B11),"0.00%")

本公式將邏輯值 TRUE 和 FALSE 計算 0 次方，進而將 TRUE 轉換成 1，而 FALSE 則轉換成錯誤值 "#NUM!"，便於 COUNT 統計 TRUE 的個數，自動忽略其 FALSE。

▶ 範例延伸

思考：統計 60 ～ 80 分之間的人員個數

提示：將兩個條件相乘得到一個陣列，再用 0 除以該陣列，作為 COUNT 的參數即可求出 60 ～ 80 之間的資料個數。

範例 199 統計屬於餐飲娛樂業的店名個數（COUNT）

範例檔案 第 4 章 \199.xlsx

　　如果店名包含 "小吃"、"酒吧"、"茶"、"咖啡"、"電影"、"休閒"、"網咖" 就歸於 "餐飲娛樂" 類；如果店名包含 "乾洗"、"醫院"、"藥"、"茶"、"蛋糕"、"麵包"、"物流"、"駕訓班"、"開鎖"、"家政"、"裝飾"、"搬家"、"維修"、"仲介"、"清潔"、"旅館" 就歸於 "便民服務" 類；如果店名包含 "遊樂場"、"旅行社"、"旅遊" 就歸於 "旅遊" 業。

　　開啟範例檔案中的資料檔案，在 C2 儲存格輸入以下陣列公式：

　　=COUNT(SEARCH({" 小吃 "," 酒吧 "," 茶 "," 咖啡 "," 電影 "," 休閒 "," 網咖 "},A2:A11))

　　按下〔Ctrl〕+〔Shift〕+〔Enter〕複合鍵後，公式將算出餐飲娛樂業的店名個數，結果如圖 4.15 所示。

C2	▼	fx	{=COUNT(SEARCH({"小吃","酒吧","茶館","咖啡","電影","休閒","網咖"},A2:A11))}

	A	B	C
1	店名		餐飲娛樂業個數
2	蘭城旅館		2
3	四海小吃		
4	天王旅館		
5	永香茶館		
6	塔山醫院		
7	望春旅館		
8	大申物流		
9	關懷醫院		
10	國興旅行社		
11	佐村醫院		

圖 4.15　統計屬於餐飲娛樂業的店名個數

▶ 公式說明

　　本例公式利用陣列 "{" 小吃 "," 酒吧 "," 茶 "," 咖啡 "," 電影 "," 休閒 "," 網咖 "}" 作為 SEARCH 函數的參數，在 A2:A11 範圍中分別搜索陣列中每一個字串的起始位置，形成一個二維陣列，最後用 COUNT 函數統計陣列中的數值個數。

▶ 使用注意

　　① SEARCH 函數和 FIND 函數都可以尋找字串在另一個字元中的起始位置，但 FIND 函數區分字母的大小寫，不支援萬用字元，SEARCH 函數則相反。在工作中可以根據需求選擇適用的函數。

　　② 使用 SEARCH 函數尋找字元時，若找到目標則算出數值，找不到目標則算出錯誤值。COUNT 函數用於計算數值的個數，會自動忽略錯誤值，因此本例直接用 SEARCH 函數作為 COUNT 函數的參數參與運算，不需要使用 IFERROR 函數檢查錯誤。

▶ 範例延伸

　　思考：統計不屬於餐飲娛樂業的店名個數

　　提示：COUNT 函數配合 ISERROR 函數完成。

範例 200 統計各分數區間人數（COUNT）

範例檔案 第 4 章 \200.xlsx

統計 10 位學生的成績在各個分數區間的人數。

開啟範例檔案中的資料檔案，在 E2 儲存格輸入以下陣列公式：

=COUNT(0/((B$2:B$11>ROW(A6)*10)*(B$2:B$11<=ROW(A7)*10)))

按下〔Ctrl〕+〔Shift〕+〔Enter〕複合鍵後，公式將算出 60 ～ 70 分之間的人數。按兩下儲存格的填滿控點，將公式向下填滿，結果如圖 4.16 所示。

	A	B	C	D	E	F
	E2		fx	{=COUNT(0/((B$2:B$11>ROW(A6)*10)*(B$2:B$11<=ROW(A7)*10)))}		
1	姓名	成績		分數段	人數	
2	劉百萬	96		60-70	5	
3	趙冰冰	81		70-80	0	
4	柳龍雲	61		80-90	1	
5	游三妹	69		90-100	4	
6	胡秀文	96				
7	梁文興	64				
8	王文今	95				
9	肖小月	68				
10	陳越	97				
11	仇有千	66				

圖 4.16 統計各分數區間人數

▶ 公式說明

本例中 E2 儲存格的公式透過 "大於 60" 和 "小於等於 70" 兩個條件相乘，得到一個由邏輯值 TRUE 和 FALSE 組成的陣列，再用 0 除以該陣列，進而將 1 轉換成 0，將 FALSE 轉換成錯誤值，最後用 COUNT 統計其中 0 的個數，自動忽略錯誤值。

當公式向下填滿後，60 和 70 將相對變成 70 和 80，直到計算完成所有設定的分數區間。

▶ 使用注意

① 本例也可以換一個方向，將邏輯值執行 0 次方運算，進而執行 0 值轉換成錯誤值，讓 COUNT 函數統計時僅統計符合條件的個數，公式如下。

=COUNT(((B$2:B$11>ROW(A6)*10)*(B$2:B$11<=ROW(A7)*10))^0)

② 本例也可以用 SUM 函數對陣列加總，公式如下。

=SUM((B$2:B$11>ROW(A6)*10)*(B$2:B$11<=ROW(A7)*10))

▶ 範例延伸

思考：統計 60 分以下以及 80 分以上的分數個數

提示：相對於本例公式，修改分段方式和比較運算子即可。

範例檔案 第 4 章 \201.xlsx

工作表中有 10 個人員對不同選手的投票統計，要統計被投票的選手個數。

開啟範例檔案中的資料檔案，在 D2 儲存格輸入以下陣列公式：

=COUNT(0/(MATCH(B2:B11,B2:B11,)=(ROW(2:11)-1)))

按下〔Ctrl〕+〔Shift〕+〔Enter〕複合鍵後，公式將算出選手個數，結果如圖 4.17 所示。

	A	B	C	D	E
1	投票者	選手		有幾個選手	
2	陳真亮	趙大朋		4	
3	張大中	李雲			
4	劉子中	張升			
5	李文新	李雲			
6	孔貴生	趙大朋			
7	張三月	張升			
8	劉年好	李雲			
9	張珍華	趙大朋			
10	趙月峨	張升			
11	劉專洪	趙祖			

D2 的公式：{=COUNT(0/(MATCH(B2:B11,B2:B11,)=(ROW(2:11)-1)))}

圖 4.17 統計選手個數

▶ 公式說明

本例實際上就是求單欄範圍中的不重複資料個數。公式中首先利用 MATCH 函數計算每個儲存格的資料在範圍中的出現順序，然後與序列 "{1;2;3;4;5;6;7;8;9;10}" 進行比較，得到一個由邏輯值 TRUE 和 FALSE 組成的陣列。陣列中 TRUE 的個數就表示不重複資料的個數。最後透過 0 除以陣列，將陣列中的 TRUE 轉換成 0，將 FALSE 轉換成錯誤值，便於 COUNT 函數計數。

▶ 使用注意

① 本例公式不管範圍中是中文、數字，還是字母，甚至範圍中的空白，都可以統計出不重複資料個數。

② 計算不重複資料個數還可以用 COUNTIF 函數套用 SUM 函數來完成。公式如下：

=SUM(1/COUNTIF(B2:B11,B2:B11))──適用於範圍中沒有空白儲存格的情況。

=SUM((IF(B2:B11<>"",1/COUNTIF(B2:B11,B2:B11))))──適用於所有狀況，可以計算多列多欄的不重複資料個數。

▶ 範例延伸

思考：姓名為兩個字的選手個數

提示：相對於本例公式，在條件中添加一個字元數等於 2 的條件即可。使用 LEN 函數計算字元數。

開啟範例檔案中的資料檔案，在 D2 儲存格輸入以下公式：

=COUNTA(B2:B11)

按下〔Enter〕鍵後，公式將算出出勤異常人數，結果如圖 4.18 所示。

	A	B	C	D
		fx		=COUNTA(B2:B11)
1	姓名	異常狀況		異常人數
2	古貴明			3
3	羅軍	遲到		
4	朱志明			
5	鐘秀月	請假		
6	梁桂林			
7	古玲玲			
8	黃興明			
9	古真	曠課		
10	張正文			
11	徐大鵬			

圖 4.18　統計出勤異常人數

▶ 公式說明

本例利用 COUNTA 函數統計 B2:B11 範圍的非空白儲存格個數來計算出勤異常人數。

COUNTA 函數會統計指定範圍中的非空白儲存格數量，不管儲存格中是數值還是字串。

▶ 使用注意

① COUNTA 函數用於統計參數清單中非空值的儲存格個數。它有 1 ~ 255 個參數，第 2 ~ 255 參數是非必填參數。COUNTA 僅僅統計參數清單中的資料個數，忽略空白儲存格。所謂資料，包括所有類型的資訊，如數字、中文、字母、標點、空字串（符號："")及錯誤值等。例如：

=COUNTA(TRUE,0,"",10,)──→結果等於 5。

=COUNTA({1,2,"",FALSE,0})──→結果等於 5。

=COUNTA(0/0,a1000000000000,ISNA)──→結果等於 3。除空白儲存格外，任何資訊都會被 COUNTA 計數，即 COUNTA 函數僅忽略空儲存格，儲存格中有其他任何字元都會累加到運算結果之中。

② 如果在參數中參照同一儲存格兩次，COUNTA 函數也會計算兩次。例如：

=COUNTA(C1:C4,A1:C1)──→若其中 C1 儲存格非空白，將會計算兩次。

▶ 範例延伸

思考：統計目前表 A 欄空白儲存格個數

提示：利用 1048576 列減掉非空白儲存格個數。

範例檔案 第 4 章 \203.xlsx

A2:A12 範圍包含不規則的合併儲存格，要求在每個儲存格中編寫連續的自然數編號。

開啟範例檔案中的資料檔案，選擇 A2:A13 範圍，輸入以下公式：

=COUNTA(A$1:A1)

按下〔Ctrl〕+〔Enter〕複合鍵後，公式將在合併儲存格中算出編號，結果如圖 4.19 所示。

A2		f_x	=COUNTA(A$1:A1)	
	A	B	C	D
1	編號	姓名		
2	1	柳洪文		
3				
4	2	陳麗麗		
5	3	龔月新		
6				
7				
8	4	徐大鵬		
9				
10				
11				
12				
13	5	劉麗		

圖 4.19　在不規則的合併儲存格中產生編號

▶ 公式說明

函數 COUNTA 的功能是計算非空白儲存格的數量，而 A2 儲存格上方有 1 個非空白儲存格，因此在 A2 儲存格中的公式 "=COUNTA(A$1:A1)" 將算出數值 1；A4 儲存格上方有兩個非空白儲存格（A2 儲存格有公式後不再是空白儲存格）；A5 儲存格上方有 3 個非空白儲存格；A8 儲存格上方有 4 個非空白儲存格……由於合併儲存格有這種規律，因此可以直接、簡單地完成需求，使用函數 COUNTA 計算上方範圍的非空白儲存格數量即可。

由於合併儲存格不允許填滿公式，因此需要選擇所有儲存格後再一次性輸入公式。

▶ 使用注意

① 由於 A2:A13 範圍中每個儲存格的公式的計算範圍都不同，因此設定 COUNTA 的參數時要使用相對參照。

② 同時在多個儲存格中輸入公式必須選擇多個儲存格後再輸入公式，最後按〔Ctrl〕+〔Enter〕複合鍵。只按〔Enter〕鍵則只能輸入一個公式，按〔Ctrl〕+〔Shift〕+〔Enter〕複合鍵則無法輸入公式。

▶ 範例延伸

思考：在圖 4.19 中的 A2:A13 範圍中產生倒序的編號

提示：選擇 A13:A2 範圍（從下向上選擇），然後再輸入公式。公式中 COUNTA 的參數用 "F$14:F14"，由於 A14 儲存格是空白的，因此需要在 COUNTA 之後再加 1。

開啟範例檔案中的資料檔案，在 D2 儲存格輸入以下公式：

=COUNTBLANK(B2:B11)

按下〔Enter〕鍵後，公式將算出未檢驗完成的產品數，結果如圖 4.20 所示。

	A	B	C	D
	抽樣產品	檢驗結果		未檢驗完成數
2	A	合格		3
3	B			
4	C	不合格		
5	D	合格		
6	E	合格		
7	F			
8	G	不合格		
9	H	不合格		
10	I	合格		
11	J			

圖 4.20 統計未檢驗完成的產品數

▶ 公式說明

本例利用 COUNTBLANK 函數統計 B2:B11 範圍中的空白儲存格個數，進而計算未檢驗完成的產品數。

▶ 使用注意

① COUNTBLANK 函數用於統計範圍中的空白儲存格個數。它只有一個參數，這個參數只能是儲存格或者範圍參照，其他任何類型的參數都無法計算。

② COUNTBLANK 函數在統計空白儲存格時，除了沒有任何的內容的儲存格會計算在內之外，對於有公式、但公式算出空字串的儲存格也將計算在內。例如：

=COUNTBLANK(A1)──→如果儲存格 A1 的公式是 "=IF(ROW(),"",0)"，那麼目前公式的結果將算出 1。

③ COUNTBLANK 不支援陣列，包括常數陣列和陣列。對於常數陣列，COUNTBLANK 不允許它作為函數的參數，輸入公式後按一下返回鍵會提示公式錯誤；對於陣列，則公式運算後產生錯誤值。

▶ 範例延伸

思考：統計 A1:C100 範圍中有公式，但公式結果算出空白的儲存格個數

提示：公式運算結果為空白這種儲存格與其他儲存格的區別在於它顯示為空白，但是乘以 1 後結果為錯誤值。而真正的空白儲存格乘以 1 之後結果等於 0。根據這個特點設定公式，並用 COUNT 函數計算即可。

範例 205 統計產量達成率（COUNTIF）

範例檔案 第 4 章 \205.xlsx

公司規定，產量不低於 800 即達標。要統計 10 名員工的達成率，結果顯示為百分比形式，保留兩位小數。

開啟範例檔案中的資料檔案，在 D2 儲存格輸入以下公式：

=TEXT(COUNTIF(B2:B11,">=800")/COUNT(B2:B11),"0.00")

按下〔Enter〕鍵後，公式將算出產量達成率，結果如圖 4.21 所示。

D2		f_x	=TEXT(COUNTIF(B2:B11,">=800")/ COUNT(B2:B11),"0.00")	
	A	B	C	D	E
1	姓名	產量		未達成率	
2	陳金貴	856		0.90	
3	吳國慶	936			
4	劉麗麗	1049			
5	周文明	785			
6	陳年文	899			
7	魏秀秀	996			
8	程前和	881			
9	鐘小月	1013			
10	曹莽	870			
11	鐘正國	822			

圖 4.21　統計產量達成率

▶ 公式說明

本例利用 COUNTIF 函數計算大於等於 800 的產量個數，再除以總人數得到達標率。最後利用 TEXT 函數將結果格式化為百分比，且保留兩位小數。

▶ 使用注意

① COUNTIF 函數用於計算範圍中滿足給定條件的儲存格的個數。它有兩個參數，第一參數表示待統計的範圍，必須是儲存格參照；第二參數表示統計條件，支持萬用字元 "*" 和 "?"，可以是數字、運算式、儲存格參照或字串。

② COUNTIF 是條件計算函數，只能設定單個計數條件，如果需要設定多個條件，應改用 COUNTIFS 函數，或者將 SUM 函數與 COUNTIF 套用來執行。

③ 條件計數也可以使用 SUM 函數來完成，不過使用 SUM 函數必須用陣列公式，而 COUNTIF 函數卻可以用普通公式完成。

▶ 範例延伸

思考：統計圖 4.21 中不等於 1000 的產量個數

提示：統計不等於某數值的個數，可用 COUNTIF 函數，條件中需要使用 "<>"。

範例 206 根據畢業學校統計中學學歷人數（COUNTIF）

範例檔案 第 4 章 \206.xlsx

開啟範例檔案中的資料檔案，在 D2 儲存格輸入以下公式：

=COUNTIF(B2:B11,"* 中學 ")

按下〔Enter〕鍵後，公式將算出中學學歷人數，結果如圖 4.22 所示。

| D2 | ▼ | *f* =COUNTIF(B2:B11,"*中學") |

◢	A	B	C	D
1	姓名	畢業學校		中學程度人數
2	張無忌	機電大學		5
3	劉麗芬	財會中學		
4	黃大明	襄陽中學		
5	陳志朋	武漢大學		
6	吳忠	志遠小學		
7	林玲	朋程中學		
8	張芳芳	星星中學		
9	陳真	國防大學		
10	柳開明	北京大學		
11	洪鋒	明南中學		

圖 4.22　統計中學學歷人數

▶ 公式說明

本例利用 COUNTIF 函數統計 "中學" 二字結尾的資料個數，進而統計出中學學歷的人數。

▶ 使用注意

① COUNTIF 函數第二參數支援萬用字元："*"、"?"、"~"。其中 "*" 表示任意長度（包括長度為 0）的字串；"?" 表示長度為 1 的字元；"~" 通常在統計 "*" 和 "?" 兩個符號本身時才使用。例如：

=COUNTIF(A1:B6,"~*")→表示統計 A1:A6 範圍中等於符號 "*" 的儲存格個數。

=COUNTIF(A1:B6,"*")→表示統計 A1:A6 範圍中非字串個數，不包含邏輯值及字串型數字。

=COUNTIF(A1:B6,"??A")→表示統計 A1:A6 範圍中以字母 "A" 結尾，總長度為 3 的儲存格個數。

② COUNTIF 函數對數值進行統計時僅僅支援整數不超過 15 位的數值，超過 15 位統計結果會不準確，而對於字串運算則沒有長度 15 位的限制。

▶ 範例延伸

思考：統計小學學歷人數

提示：相對於本例公式，將 "中學" 改成 "小學" 即可。

範例 207　計算兩欄資料相同的個數（COUNTIF）

範例檔案 第 4 章 \207.xlsx

A 欄是三好學生，B 欄是少先隊員，計算同是三好學生和少先隊員的人數。

開啟範例檔案中的資料檔案，在 D2 儲存格輸入以下公式：

=SUMPRODUCT(COUNTIF(A2:A11,B2:B11))

按下〔Enter〕鍵後，公式將算出同是三好學生和少先隊員的人數總和，結果如圖 4.23 所示。

| | D2 | ▾ | | fx | =SUMPRODUCT(COUNTIF(A2:A11,B2:B11)) |

	A	B	C	D
1	三好學生	少先隊員		同是三好學生和少先隊員人數
2	李進	陳明		8
3	張震	張麗麗		
4	陳沖	陳蕎芳		
5	劉化	劉明		
6	張麗麗	周泰		
7	陳蕎芳	李進		
8	劉明	張震		
9	黃鋒	鐘琳		
10	張越秀	劉化		
11	陳明	張越秀		

圖 4.23　計算兩欄資料相同的個數

▶ 公式說明

　　本例公式分別利用 "A2:A11" 和 "B3:B11" 兩個範圍作為 COUNTIF 函數的參數，計算 B3:B11 範圍中的每個儲存格在 A3:A11 範圍的出現次數，然後用 SUM 函數加總，得到兩個範圍相同資料的個數。

▶ 使用注意

　　① 本例中 COUNTIF 函數的第二參數使用了範圍，那麼公式結果一定是一個陣列。陣列由第二參數中每個儲存格在第一參數代表的範圍中出現的次數組成，陣列的高度與寬度等於第二參數的高度與寬度。

　　② 本例公式的前提是三好學生或者少先隊員中都不存在多人同名，否則計算結果將與事實不符。

　　③ 利用 COUNTIF 函數統計一個儲存格在一個範圍中的出現次數時，若以空白儲存格做條件，將會忽略。盡量使第一參數中仍然包括空白儲存格，但是以空字串作條件卻不會忽略。

　　=COUNTIF(A1:A3,A4)──→如果 A1:A4 都是空白儲存格，那麼公式結果為 0。

　　=COUNTIF(A1:A3,"")──→結果 A1:A3 是空白儲存格，那麼公式結果為 3。

▶ 範例延伸

　　思考：統計姓 "陳" 的少先隊員個數

　　提示：使用帶萬用字元的條件 "陳 *" 作為 COUNTIF 的參數。

範例檔案 第 4 章 \208.xlsx

表中為同一班級在三年中前十名的名單，現在需要統計連續三次進入前十名的人數。

開啟範例檔案中的資料檔案，在 E2 儲存格輸入以下陣列公式：

=SUM(COUNTIF(C2:C11,IF(COUNTIF(A2:A11,B2:B11),B2:B11)))

按下〔Ctrl〕+〔Shift〕+〔Enter〕複合鍵後，公式將算出連續三次進入前十名的人數，結果如圖 4.24 所示。

	A	B	C	D	E
	一年級	二年級	三年級		連續三次進行前十名人數
2	李進	張麗麗	張越秀		5
3	張震	陳蕎芳	劉化		
4	陳沖	劉明	張麗麗		
5	劉化	曹雄	陳蕎芳		
6	張麗麗	陳明	劉明		
7	胡麗芬	李進	郝少俠		
8	劉明	李申	張震		
9	黃鋒	陳沖	陳沖		
10	張越秀	劉化	龔魚番		
11	陳明	張越秀	劉徹		

圖 4.24　統計連續三次進入前十名的人數

▶ 公式說明

本例首先計算 B2:B11 範圍中每個儲存格在 A2:A11 範圍中的出現次數，然後透過 IF 函數將出現次數為 0 的姓名排除，將出現次數為 1 的姓名參與下一次計算，統計其在 C2:C11 範圍中的出現次數，最後將出現次數加總即得到三次進入前十名的人數。

▶ 使用注意

① 本例是求三個範圍中的相同資料個數，公式利用兩個 COUNTIF 函數嵌套，分兩次統計三個範圍中的相同資料個數。如果有更多的範圍，也可以使用 COUNTIF 函數多次嵌套來完成計算。

② 本例還可以使用如下公式，減少 IF 函數進而縮減公式長度。

=SUM(COUNTIF(A2:A11,B2:B11)*COUNTIF(C2:C11,B2:B11))

本公式分別統計 B2:B11 範圍中每個單位格在 A2:A11 範圍和 C2:C11 範圍中的出現次數，再將兩者相乘，只有 B2:B11 中每個儲存格資料在其他兩個範圍都出現過，才會算出 1，否則算出 0。最後利用 SUM 函數將這個由 1 和 0 組成的陣列加總。

▶ 範例延伸

思考：統計 A1:A10、B1:B10、C1:C10、D1:D10 和 E1:10 五個範圍共有項的個數

提示：利用 "使用注意" 第二點中的公式修改，使用 4 個 COUNTIF，然後相乘，並用 SUM 加總。

個人申請加入社團，現由三個組分別投票，申請人至少獲得兩票才算通過。現在需要統計淘汰者人數。

開啟範例檔案中的資料檔案，在 E2 儲存格輸入以下陣列公式：

=SUMPRODUCT(--(COUNTIF(A2:C11,A2:C11)=1))

按下〔Enter〕鍵後，公式將算出淘汰者人數，結果如圖 4.25 所示。

E2 ▾			f_x	=SUMPRODUCT(--(COUNTIF(A2:C11,A2:C11)=1))	
	A	B	C	D	E
1	A組投票	B組投票	C組投票		淘汰者人數
2	趙	楊	韓		10
3	錢	朱	李		
4	孫	秦	周		
5	李	尤	吳		
6	周	蔣	鄭		
7	吳	沈	王		
8	鄭	韓	許		
9	王	趙	何		
10	馮	錢	呂		
11	陳	陳	沈		

圖 4.25 統計淘汰者人數

▶ 公式說明

本例統計淘汰者人數，即姓名在 A1:C11 範圍僅僅出現一次的人數。所以利用 COUNTIF 函數對範圍中每一個儲存格的出現次數進行統計，然後將次數大於 1 的排除，加總出現次數等於 1 的人員數量。

▶ 使用注意

① 本例也可以使用如下陣列公式來完成。

=COUNT((COUNTIF(A2:C11,A2:C11)=1)^0)

=COUNT(0/(COUNTIF(A2:C11,A2:C11)=1))

② 本例三個組的資料都集中在一起，所以可以使用一個 COUNTIF 函數計算淘汰者人數。如果三個範圍分散，或者在三個工作表，那麼需要逐一計算，再與總人數求差，公式如下。

=20-SUM(COUNTIF(A2:A11,B2:B11))-SUM(COUNTIF(B2:B11,C2:C11))-SUM(COUNTIF(C2:C11,A2:A11))

▶ 範例延伸

思考：統計兩個指定範圍中大於 100 的資料個數

提示：用兩個 COUNTIF 分別計算兩個範圍中大於 100 的資料個數，然後相加。COUNTIF 的第一參數不可使用多範圍。

範例 210 統計範圍中不重複資料個數（COUNTIF）

範例檔案 第 4 章 \210.xlsx

計算周一～周日補課的課程表中共有幾個科目，即統計不重複資料個數。開啟範例檔案中的資料檔案，在 D2 儲存格輸入以下陣列公式：

=SUMPRODUCT(1/COUNTIF(B2:B8,B2:B8))

按下〔Enter〕鍵後，公式將算出不重複資料個數，結果如圖 4.26 所示。

D2	▼	fx	=SUMPRODUCT(1/ COUNTIF(B2:B8,B2:B8))	
▲	A	B	C	D	E
1	時間	課程表		科目總數
2	Monday	歷史		4
3	Tuesday	英語		
4	Wednesday	英語		
5	Thursday	化學		
6	Friday	歷史		
7	Saturday	物理		
8	Sunday	英語		

圖 4.26　統計範圍中不重複資料個數

▶ 公式說明

本例公式利用 COUNTIF 函數分別統計 B2:B8 每個儲存格在範圍中的出現次數，得到一個陣列 "{2;3;3;1;2;1;3}"。然後用 1 除以這個陣列，陣列中的 1 保持不變，而大於 1 的數值會全部轉換為分數，當對這些分數進行加總後，所有大於 1 的資料都加總成 1。進而得到不重複資料個數。

例如，陣列中有 3 個 3，表示某個資料在範圍中出現了三次。如果直接加總將得到 9，而透過 1 分別除以 3 個 3 得到 3 個 1/3，再將 3 個 1/3 加總後就可以得到 1。透過這個方向就可完美地執行不重複資料個數的計算。

▶ 使用注意

① 本例中的公式用於計算範圍中不重複資料的個數，對單欄範圍、單列範圍或者多列多欄範圍都生效。而本例公式可以適用於多列多欄。如果待計算範圍是 B1:D10，那麼只能使用本例的公式。

② 如果本例的 B1:B8 範圍中有空白儲存格，那麼需要修改成如下公式。

=SUM(IF(B2:B8<>"",1/COUNTIF(B2:B8,B2:B8)))

此公式是陣列公式，需要按〔Ctrl〕+〔Shift〕+〔Enter〕複合鍵才能得到正確結果。

▶ 範例延伸

思考：假設圖 4.26 中的部分科目有三個字，僅僅統計長度為 2 的科目總數

提示：相對於本例公式，在 COUNTIF 前利用 IF 和 LEN 排除字元數等於 2 的科目，然後再計數。

範例 **211** 統計三個品牌的手機銷量（COUNTIF）

範例檔案 第 4 章 \211.xlsx

根據銷售記錄統計諾基亞、摩托羅拉和聯想三個品牌的手機銷量。開啟範例檔案中的資料檔案，在 D2 儲存格輸入以下公式：

=SUM(COUNTIF(B2:B11,"*"&{"諾基亞"," 摩托羅拉 "," 聯想 "}&"*"))

按下〔Enter〕鍵後，公式將算出三個品牌的手機銷量，結果如圖 4.27 所示。

	A	B	C	D
D2		fx	=SUM(COUNTIF(B2:B11,"*"&{"諾基亞"," 摩托羅拉","聯想"}&"*"))	
1	時間	已售產品		諾基亞、摩托羅拉和聯想已售出手機個數
2	08:50	諾基亞N73		8
3	09:20	摩托羅拉A760		
4	10:40	諾基亞8310		
5	10:40	聯想S530		
6	11:50	摩托羅拉A768I		
7	13:00	三星SGH--A188		
8	14:20	LENOVO聯想E520		
9	15:00	LENOVO聯想I966		
10	15:10	諾基亞6120		
11	16:00	三星F488E		

圖 4.27　統計三個品牌的手機銷量

▶ 公式說明

本例需要計算諾基亞、摩托羅拉和聯想三個品牌的銷量，但產品型號中有些非相關字元，所以需要在 COUNTIF 的第二參數使用前置與後置的萬用字元 "*"。同時，由於需要計算數量的產品有多個，故使用常數陣列作為 COUNTIF 的第二參數。當計算出每個產品的數量後，用 SUM 函數加總。

▶ 使用注意

① 本例公式中的萬用字元寫在大括弧外面，用字串連接子連接起來，是為了減少公式長度。如果需要寫在括弧裡面也可以，公式如下。

=SUM(COUNTIF(B2:B11,{"* 諾基亞 *","* 摩托羅拉 *","* 聯想 *"}))

② COUNTIF 的第二參數使用常數陣列時，雖然公式需要進行陣列運算，但是不需要按陣列公式的形式輸入公式。

▶ 範例延伸

思考：計算聯想手機的銷量

提示：僅計算一個產品的銷量，無須使用陣列參數，也不需要 SUM 函數，但 COUNTIF 的第二參數需要使用萬用字元。

範例 212 對比聯想手機和摩托羅拉手機的銷量（COUNTIF）

範例檔案 第 4 章 \212.xlsx

開啟範例檔案中的資料檔案，在 D2 儲存格輸入以下公式：

=SUM(COUNTIF(B2:B11,{"* 聯想 *","* 摩托羅拉 *"})*{1,-1})

按下〔Enter〕鍵後，公式將算出三大品牌的手機銷量，結果如圖 4.28 所示。

	A	B	C	D
	時間	已售產品		聯想比摩托羅拉手機的銷量高多少
2	08:50	諾基亞N73		1
3	09:20	摩托羅拉A760		
4	10:40	諾基亞8310		
5	10:40	聯想S530		
6	11:50	摩托羅拉A768I		
7	13:00	三星SGH--A188		
8	14:20	LENOVO聯想E520		
9	15:00	LENOVO聯想I966		
10	15:10	諾基亞6120		
11	16:00	三星F488E		

（D2 儲存格公式：=SUM(COUNTIF(B2:B11,{"*聯想*","*摩托羅拉*"})*{1,-1}）

圖 4.28　對比聯想手機和摩托羅拉手機的銷量

▶ 公式說明

本例以常數陣列作為 COUNTIF 函數的參數，分別統計出聯想手機和摩托羅拉手機的銷量，然後再乘以一個常數陣列 "{1,-1}"，將聯想手機的銷量保持正數，而對於摩托羅拉手機的銷量卻轉換成負數。最後將兩個資料加總就得到聯想手機銷量與摩托羅拉手機銷量的差值。

▶ 使用注意

① COUNTIF 函數只能設定一個計數的條件，但使用陣列作為參數再配合 SUM 函數就可以完成多條件計數。不過這些條件之間是 OR（或者）的關係，只要滿足條件之一就參與加總，而 COUNTIFS 函數執行多條件計數時，條件與條件之間是 AND（而且）的關係，同時滿足所有條件才計數。

② 根據需要，也可以為 COUNTIF 函數指定更多的條件，例如，用範圍或者常數陣列作為計數條件。

③ 當 COUNTIF 函數的第二參數是常數陣列時，儘管公式會執行陣列運算，但輸入公式後不需要按〔Ctrl〕+〔Shift〕+〔Enter〕複合鍵。

▶ 範例延伸

思考：計算聯想手機的銷量占總銷量的百分比

提示：用 "*" 作為 COUNTIF 的第二參數可以計算總銷量，然後將聯想手機的銷量除以總銷量，再轉換成百分比形式即可。

範例 213 統計冠軍榜前三名（COUNTIF）

範例檔案 第 4 章 \213.xlsx

總共 11 屆運動會，要求統計獲得冠軍最多的前三名。如果有多人並列則一起列出來。
開啟範例檔案中的資料檔案，在 D2 儲存格輸入以下陣列公式：

=INDEX(B:B,SMALL(IF(COUNTIF(B$2:B$12,B$2:B$12)*((MATCH(B$2:B$12,B$2:B$12,)=ROW($2:$12)-1))>=LARGE(COUNTIF(B$2:B$12,B$2:B$12)*((MATCH(B$2:B$12,B$2:B$12,)=ROW($2:$12)-1)),3),ROW($2:$12)),ROW(A1)))

按下〔Ctrl〕+〔Shift〕+〔Enter〕複合鍵後，公式將算出奪冠最多的人員名單。將公式結向下填滿，結果如圖 4.29 所示。

	D2 ▾	fx	{=INDEX(B:B,SMALL(IF(COUNTIF(B$2:B$12,B$2:B$12)*((

MATCH(B$2:B$12,B$2:B$12,)=ROW($2:$12)-1))>=LARGE(
COUNTIF(B$2:B$12,B$2:B$12)*((MATCH(B$2:B$12,B$2:
B$12,)=ROW($2:$12)-1)),3),ROW($2:$12)),ROW(A1)))}

▲	A	B	C	D	E	F	G
1	運動會	冠軍		冠軍榜前三名			
2	第1屆	趙大鵬		趙大鵬			
3	第2屆	張濤		張濤			
4	第3屆	劉松		劉松			
5	第4屆	羅俊鋒		陳雲亮			
6	第5屆	陳雲亮					
7	第6屆	趙大鵬					
8	第7屆	劉松					
9	第8屆	朱越明					
10	第9屆	張濤					
11	第10屆	陳雲亮					
12	第11屆	趙大鵬					

圖 4.29　統計冠軍榜前三名

▶ 公式說明

本例的公式首先計算每個人員獲得冠軍的次數，運算結果為
"{3;2;2;1;2;3;2;1;2;2;3}"，然後再利用該陣列乘以運算式 "(MATCH(B$2:B$12,B$2:B$12,)=ROW($2:$12)-1)"，進而消除當某人多次奪冠時重複顯示在陣列中的奪冠次數。例如，趙大鵬奪冠 3 次，在 COUNTIF 產生的陣列中將產生 3 個 3，經過轉換後僅留下 1 個 3，便於下一步運算，SMALL 函數取最小值時，不會將第一名重複擷取三次。轉換之後的陣列為 "{3;2;2;1;2;0;0;1;0;0;0}"。

取得每人的奪冠次數之後，再利用 IF 函數取得大於等於奪冠次數第三名的資料在範圍中的列號，如第一名趙大鵬處在 B 欄第二列，第二名張濤在 B 欄第三列……這些列號會再次組成一個陣列。最後用 SMALL 函數分別從陣列中取出第一個、第二個、第三個最大值，將之作為 INDEX 函數的參數從 B 欄擷取姓名。

本例奪冠次數最多者是趙大鵬，得冠三次。而張濤、劉松、陳雲亮三人各奪冠兩次，並列第二名，那麼公式僅僅取出此四人的姓名，羅俊鋒在奪冠次數排名中是第五名，而非第三名，所以忽略不計（沒有第四名）。

▶ 使用注意

① 利用運算式 "COUNTIF(B$2:B$12,B$2:B$12)" 可以取得所有人奪冠次陣列成的陣列。但是此時不能直接利用 LARGE 函數取前三名,因為 LARGE 函數取值時不會忽略重複值。例如,陣列中有 2 個 3、2 個 2,那麼第一個最大值是 3,第二個最大值還是 3,而不是 2。如果需要忽略重複值再取最大值,需要將原陣列乘以運算式 "(MATCH(B$2:B$12,B$2:B$12,)=ROW($2:$12)-1)",進而將重複出現的部分忽略。

② 本例需要擷取得冠次數前三名的人員名單,那麼公式的方向是利用 IF 函數取大於等於 LARGE 函數產生的第三個最大值,而不是取大於第四個最大值。這是有很大區別的。舉一個實例更有利於理解 LARGE 函數的取值方式。

=COUNT(0/({3,3,2,2,2,2,1}>LARGE({3,3,2,2,2,2,1},4)))——→結果等於 2。

=COUNT(0/({3,3,2,2,2,2,1}>=LARGE({3,3,2,2,2,2,1},3)))——→結果等於 6。

③ 本例公式沒有排除錯誤,將公式向下拖拉時,當公式填滿的儲存格個數超過符合條件的姓名個數時,將會產生錯誤值。所以為除錯,可以使用 IFERROR 函數將錯誤值轉換成空白,公式如下。

=IFERROR(INDEX(B:B,SMALL(IF(COUNTIF(B$2:B$12,B$2:B$12)*((MATCH(B$2:B$12,B$2:B$12,)=ROW($2:$12)-1))>=LARGE(COUNTIF(B$2:B$12,B$2:B$12)*((MATCH(B$2:B$12,B$2:B$12,)=ROW($2:$12)-1)),3),ROW($2:$12)),ROW(A1))),"")

還可以換一種方向,修改 INDEX 的第二參數,讓公式超過有效資料個數的範圍時參照一個儲存格,再將參照結果連接空字串,進而轉換成空白值,公式如下。

=INDEX(B:B,SMALL(IF(COUNTIF(B$2:B$12,B$2:B$12)*((MATCH(B$2:B$12,B$2:B$12,)=ROW($2:$12)-1))>=LARGE(COUNTIF(B$2:B$12,B$2:B$12)*((MATCH(B$2:B$12,B$2:B$12,)=ROW($2:$12)-1)),3),ROW($2:$12),10^6),ROW(A1)))&""

還可以使用 T 函數完成轉換,公式如下。

=T(INDEX(B:B,SMALL(IF(COUNTIF(B$2:B$12,B$2:B$12)*((MATCH(B$2:B$12,B$2:B$12,)=ROW($2:$12)-1))>=LARGE(COUNTIF(B$2:B$12,B$2:B$12)*((MATCH(B$2:B$12,B$2:B$12,)=ROW($2:$12)-1)),3),ROW($2:$12),10^6),ROW(A1))))

由於 INDEX 函數參照一個空白儲存格時總算出數字 0 值,而函數 T 可以將任意數字轉換成空字串,所以使用 T 函數也是一種檢查錯誤方案。

不過使用 T 函數將 INDEX 函數參照的 0 值轉換成空字串有一個前提條件,條件為 B 欄參照的目標資料只能是字串,否則會將所有結果都轉換成空字串。

▶ 範例延伸

思考:將冠軍榜中只獲得一次冠軍的人名列出來

提示:相對於本例公式,將條件 "大於等於第三個最大值" 修改成 "等於 1" 即可,其餘條件保持不變。

範例 214 統計真空、假空白儲存格個數（COUNTIF）

範例檔案 第 4 章 \214.xlsx

空白儲存格分為兩種：真空白儲存格和假空白儲存格。真空白儲存格是儲存格中什麼內容都沒有；對於假空白儲存格，若利用 LEN 函數計算其長度時儘管會等於 0，但儲存格中有公式，例如「=""」。本例要求分別統計“成績”工作表 C2:C11 範圍中真空白儲存格個數和假空白儲存格個數。其中 C1:C9 範圍有同樣的公式「=IF(B2>80," 及格 ","")」，而 C10:C11 則沒有公式。

開啟範例檔案中的資料檔案，進入“統計”工作表，在 B1 儲存格輸入以下公式：

=COUNTIF(成績 !C2:C11,"=")

再在 B2 儲存格輸入以下公式：

=COUNTIF(成績 !C2:C11,"")-COUNTIF(成績 !C2:C11,"=")

按下〔Enter〕鍵後，兩個公式將分別算出真空白儲存格和假空白儲存格的數量，圖 4.30 所示為資料來源，圖 4.31 所示為運算結果。

C2 =IF(B2>80,"及格","")

	A	B	C	D	E
1	姓名	成績	是否及格		
2	趙簡時	100	及格		
3	周無趣	59			
4	劉鋒	82	及格		
5	林玲	61			
6	張包	83	及格		
7	曹雲	81	及格		
8	古大破	79			
9	陸小哄	98	及格		
10	劉真	缺考			
11	張震	缺考			

成績 / 統計

圖 4.30 資料來源

B1 =COUNTIF(成績!C2:C11,"=")

	A	B	C	D	E
1	真空儲存格	2			
2	非真空單格	3			

成績 / 統計

圖 4.31 運算結果

▶ 公式說明

以“=”作為 COUNTIF 的第二參數，可以計算真空白儲存格的個數；而利用空字串（符號：""）作為第二參數，則可以計算所有空白儲存格的個數，但儲存格中有空格者例外。

▶ 使用注意

① 統計假空白儲存格個數還可以使用如下陣列公式。

=COUNT(0/((C2:C11="")*ISERROR(C2:C11%)))

② 還可以透過 Excel 的“定位條件”對話方塊中的“空值”來區分真空和假空，定位空值時只能定位真空白儲存格。

▶ 範例延伸

思考：統計範圍中真空白儲存格以外的所有儲存格個數

提示：用“*”作為 COUNTIF 的第二參數即可。

範例 215 對名冊表進行混合編號（COUNTIF）

範例檔案 第 4 章 \215.xlsx

工作表中 B 欄存放班級名稱和人員姓名，現在需要對班級進行編號。為了和姓名的編號加以區分，需要以大寫狀態顯示；然後再對學生姓名編號，以阿拉伯數字顯示。

開啟範例檔案中的資料檔案，在 A1 儲存格輸入以下公式：

=IF(RIGHT(B1)<>" 班 ",ROW()-COUNTIF($B$1:B1,"?? 班 "),TEXT(COUNTIF($B$1:B1,"?? 班 "),"[DBNum2]0"))

按下〔Enter〕鍵後，公式將算出大寫的編號“壹”。按兩下儲存格的填滿控點，將公式向下填滿，結果如圖 4.32 所示。

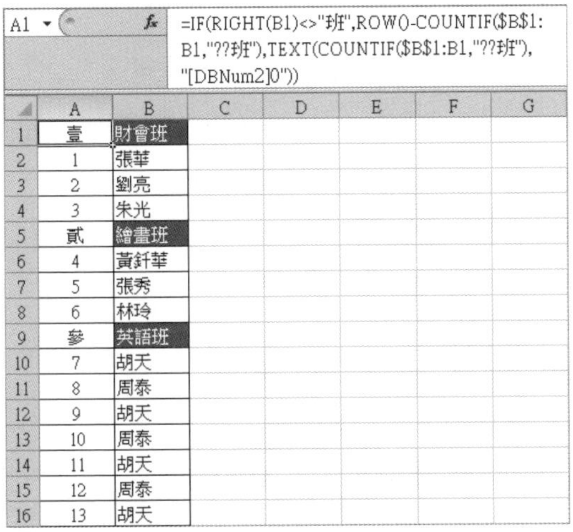

A1 =IF(RIGHT(B1)<>"班",ROW()-COUNTIF($B$1:B1,"??班"),TEXT(COUNTIF($B$1:B1,"??班"),"[DBNum2]0"))

	A	B	C	D	E	F	G
1	壹	財會班					
2	1	張華					
3	2	劉亮					
4	3	朱光					
5	貳	繪畫班					
6	4	黃Easy華					
7	5	張秀					
8	6	林玲					
9	參	英語班					
10	7	胡天					
11	8	周泰					
12	9	胡天					
13	10	周泰					
14	11	胡天					
15	12	周泰					
16	13	胡天					

圖 4.32　對名冊表進行混合編號

▶ 公式說明

本例公式透過統計末尾字元是“班”的儲存格的數量來產生班級的編號，再用 TEXT 函數將編號轉換成中文大寫。然後用目前列號減掉班級的個數產生學生編號，其中需要注意 COUNTIF 的第一參數的絕對參照狀態，冒號之前是絕對參照，冒號之後是相對參照，當公式向下填滿時才能產生動態範圍的計數結果。

▶ 使用注意

① 使用本例公式的前提是所有學生的名字最後一個字都不是“班”，否則編號會產生錯誤。

② 如果要求每個班的編號都從 1 開始，而不是在前一班的編號上累加，可以改用如下陣列公式。

=IF(RIGHT(B1)<>" 班 ",ROW()-LOOKUP(1,0/(RIGHT($B$1:B1)=" 班 "),ROW($1:1)),TEXT(COUNT(0/(RIGHT($B$1:B1)=" 班 ")),"[DBNum2]0"))

▶ 範例延伸

思考：本例中的班級編號方式不變，將學生的編號轉換成中文小寫

提示：相對於本例公式，將 IF 的第二參數添加一個 TEXT 函數，將其轉換為中文。

範例檔案 第 4 章 \216.xlsx

從產品銷售記錄表中擷取今日已售產品的名稱，忽略重複出現者。開啟範例檔案中的資料檔案，在 D2 儲存格輸入以下陣列公式：

=INDEX(B:B,MATCH(0,COUNTIF($D$1:D1,B$2:B$11),0)+1)

按下〔Ctrl〕+〔Shift〕+〔Enter〕複合鍵後，公式將算出第一個產品名稱。按兩下儲存格的填滿控點，將公式向下填滿，結果如圖 4.33 所示。

D2	▼	*fx*	{=INDEX(B:B,MATCH(0,COUNTIF($D$1: D1,B$2:B$11),0)+1)}		
◢	A	B	C	D	E
1	時間	售出產品		今日銷售產品	
2	09:00	電鍋		電鍋	
3	09:30	冰箱		冰箱	
4	10:20	電鍋		空調	
5	11:00	空調		電話	
6	13:20	電話		電話	
7	14:00	電話			
8	14:50	冰箱			
9	15:00	空調			
10	15:50	吸塵器			
11	16:40	電鍋			

圖 4.33　擷取不重複資料

▶ 公式說明

　　本例首先使用 D1 儲存格作為輔助範圍，利用 COUNTIF 函數計算每個產品在 D1 儲存格的出現次數，算出的結果是一個全部為 0 的陣列。然後用 MATCH 函數從陣列中尋找 0 第一次出現的位置，結果為 1。最後利用 INDEX 函數從產品範圍中取出第一個產品名稱。

　　當公式向下填滿至 D3 儲存格時，則計算每一個產品在 D1:D2 範圍的出現次數。D2 的產品名稱屬於已銷售產品，因此 COUNTIF 函數計算的結果將是由 0 和 1 組成的陣列。然後再從該陣列中尋找數字 0 第一次出現的位置，則將會跳過第一個產品而算出第二個產品第一次出現的位置。最後再用 INDEX 函數從產品範圍中擷取第二個產品。當公式再次向下填滿時，同樣的道理，會跳過前兩個產品，找到第三個產品第一次出現的位置並擷取出來，直到找出最後一個產品為止。當公式超過產品數量時，將產生錯誤值。

▶ 使用注意

　　① 本例公式中 COUNTIF 的第一參數非常重要，必須採用混合參照的方式才能產生動態的範圍參照，進而使公式在不同儲存格時能計算不同產品名稱在不同範圍中出現的次數，並排除已經出現過的產品，僅從剩下的產品中取值。

　　② MATCH 函數後面加 1 表示從 B1 儲存格的下一個儲存格開始擷取資料。

▶ 範例延伸

　　思考：從陣列 "電鍋、冰箱、電鍋、空調、電話、電話、冰箱" 中取唯一值
　　提示：相對於本例公式，用陣列取代 B2:B11，並去除 INDEX 第二參數中的 "+1"。

職場函數 468 招：超完整！新人工作就要用到的計算函數＋公式範例集

　　Excel 的排名函數 RANK 屬於美式排名，當出現兩人並列第一名時就不存在第二名。而我們常用另一種排名法，即忽略重複值進行排名，當兩人並列第一名時，第三高成績以第二名處理，而不是第三名，這屬於中式排名。

　　要對工作表中 10 人的成績進行中式排名。開啟範例檔案中的資料檔案，在 D2 儲存格輸入以下陣列公式：

　　=SUM(IF(B$2:B$11>B2,1/COUNTIF(B$2:B$11,B$2:B$11)))+1

　　按下〔Ctrl〕+〔Shift〕+〔Enter〕複合鍵後，公式將算出第一個學生成績的排名。按兩下儲存格的填滿控點，將公式向下填滿，結果如圖 4.34 所示。

	A	B	C	D	E	F
	姓名	成績		中式排名		
2	劉子中	88		5		
3	鄭中雲	99		1		
4	仇有千	66		7		
5	張三月	97		2		
6	朱真光	78		6		
7	蔣有國	99		1		
8	王豹	89		4		
9	胡華	97		2		
10	陳金貴	97		2		
11	陳文民	96		3		

D2 儲存格公式：{=SUM(IF(B$2:B$11>B2,1/COUNTIF(B$2:B$11,B$2:B$11)))+1}

圖 4.34　中式排名

▶ 公式說明

　　本例公式首先利用 IF 函數排除小於等於第一個成績的資料，僅僅對大於第一個成績的資料計算個數。而此個數是忽略重複值的。也就是說某個大於 B2 儲存格的值出現多次時，僅計算一次，只要統計出大於 B2 的資料個數，那麼 B2 在範圍忽略重複值的排名只需再加 1 即可。

▶ 使用注意

　　① 本例公式是範例 216 中公式的變體，範例 216 的公式可以計算忽略重複值的資料個數，而本例公式則計算忽略重複值的排名。

　　② 本例公式僅適用於對範圍中的所有值執行中式排名，對於常數陣列如"{1;5;7;5;4;1;2}"則無法完成排序。

　　③ 本例公式也可以改用如下方式：

　　=SUM(IF(B$2:B$11>=B2,1/COUNTIF(B$2:B$11,B$2:B$11)))

▶ 範例延伸

　　思考：計算中式排名方式下第二名成績是多少

　　提示：用 IF 函數和 MAX 函數，從小於最大值的資料中取最大值。

範例 218 計算奪冠次數最多者的姓名（COUNTIF）

範例檔案 第 4 章 \218.xlsx

圖 4.35 中 B2:B12 範圍是所有奪冠者的姓名，部分人員多次獲得冠軍，要找出獲得冠軍次數最多者的姓名。

開啟範例檔案中的資料檔案，在儲存格 D2 輸入如下陣列公式：

=INDEX(B:B,MIN(IF(MAX(COUNTIF(B2:B12,B2:B12))=COUNTIF(B2:B12,B2:B12),ROW(2:12))))

按下〔Ctrl〕+〔Shift〕+〔Enter〕複合鍵後，公式將算出奪冠次數最多者的姓名，結果如圖 4.35 所示。

	A	B	C	D	E
			fx	=INDEX(B:B,MIN(IF(MAX(COUNTIF(B2:B12,B2:B12))=COUNTIF(B2:B12,B2:B12),ROW(2:12))))	
1	運動會	冠軍		奪冠最多者	
2	第1屆	周長傳		周長傳	
3	第2屆	趙秀文			
4	第3屆	羅生門			
5	第4屆	朱琴			
6	第5屆	張坦然			
7	第6屆	陳沖			
8	第7屆	周長傳			
9	第8屆	朱琴			
10	第9屆	羅生門			
11	第10屆	諸光堊			
12	第11屆	周長傳			

圖 4.35 計算奪冠次數最多者的姓名

▶ 公式說明

本例公式首先使用 COUNTIF 函數統計每個姓名的出現次數，產生一個一維的陣列。然後透過 IF 函數將陣列中的最大值轉換成對應的列號，非最大值則轉換成 FALSE。接著使用 MIN 函數從陣列中擷取最小值，用該值作為 INDEX 函數的第二參數可以參照 B 欄奪冠次數最多者的姓名。

公式的重點在於透過 COUNTIF 函數找出每個姓名的出現次數，然後才能找出其中最大值及最大值對應的列號。

▶ 使用注意

① 運算式 "MAX(COUNTIF(B2:B12,B2:B12))" 用於計算最多的奪冠次數，在本書的範例 75 中已講過此類方向。本例需要參照最多奪冠次數對應的儲存格的值，因此需要先用 IF 函數獲得最多奪冠次數對應的列號，然後再透過 INDEX 函數參照該列的值。

② 如果有多人並列第一，本例公式只取第一人姓名。

▶ 範例延伸

思考：當有多人並列第一時，取最後一人的姓名。

提示：將 MIN 改成 MAX 即可。

範例 219 計算產量在 60 ～ 80 之間的合計與人員個數（COUNTIFS）

範例檔案 第 4 章 \219.xlsx

計算產量在 60 ～ 80 之間的合計與人員個數。開啟範例檔案中的資料檔案，在儲存格 E1 輸入如下公式用於計算 60 ～ 80 之間的合計：

=SUMIFS(B2:B11,B2:B11,">=60",B2:B11,"<=80")

在儲存格 E2 輸入以下公式，用於計算成績在 60 ～ 80 之間的資料個數：

=COUNTIFS(B2:B11,">=60",B2:B11,"<=80")

按下〔Enter〕鍵後，兩個公式分別算出產量 60 ～ 80 之間的合計與人員個數，結果如圖 4.36 所示。

	A	B	C	D	E
	=COUNTIFS(B2:B11,">=60",B2:B11,"<=80")				
1	姓名	產量		60到80之間產量之和	275
2	寧湘月	55		60-80之間人員個數	4
3	羅生榮	66			
4	趙光文	44			
5	林至文	55			
6	朱千文	66			
7	趙光明	77			
8	趙黃山	88			
9	陳坡	44			
10	趙冰冰	55			
11	陳新年	66			

圖 4.36 計算產量在 60 ～ 80 之間的合計與人員個數

▶ 公式說明

COUNTIF 函數是條件計數函數，而 COUNTIFS 函數則是多條件計數函數。本例要求計算產量在 60 ～ 80 之間的人數，屬於雙條件計數，因此採用 ">=60" 和 "<=80" 作為計數條件，而計數範圍則是 B2:B11。

▶ 使用注意

① COUNTIFS 函數用於多條件計數，有 1 ～ 254 個參數。由於一個計數條件對應一個計數範圍，因此計數時最多支持 127 個條件。

② COUNTIFS 函數的參數規則是條件範圍、條件、條件範圍、條件……如此交錯排列的，如果一個條件範圍出現多次，則不允許省略後面的條件範圍，必須輸入完整。

③ COUNTIFS 函數的參數個數一定是偶數，SUMIFS 函數的參數個數一定是奇數。

④ 儘管 SUM+COUNTIF 函數也可以執行多條件計數，但是 SUM+COUNTIF 組合往往需要執行陣列運算，輸入公式後需要按〔Ctrl〕+〔Shift〕+〔Enter〕複合鍵，否則公式無法獲得正確結果。使用 COUNTIFS 函數執行多條件計數不需要執行陣列運算。

▶ 範例延伸

思考：假設圖 4.36 中 C 欄是性別，要求計算不及格的男性人數

提示：用 "<60" 和 "男" 作計數條件即可。

範例 220 統計大於 80 分的三好學生個數（COUNTIFS）

範例檔案 第 4 章 \220.xlsx

開啟範例檔案中的資料檔案，在 E2 儲存格輸入以下公式：

=COUNTIFS(B2:B11," 三好學生 ",C2:C11,">80")

按下〔Enter〕鍵後，公式將算出大於 80 分的三好學生個數，結果如圖 4.37 所示。

E2	fx	=COUNTIFS(B2:B11,"三好學生",C2:C11,">80")			
	A	B	C	D	E	F
1	姓名	成員	分數		大於80分的三好學生個數	
2	柳龍雲	三好學生	93		3	
3	羅生榮		79			
4	計尚雲	少先隊員	98			
5	張白雲		84			
6	歐陽華	三好學生	85			
7	朱千文	少先隊員	94			
8	鄭麗		96			
9	劉專洪	三好學生	71			
10	諸有光	少先隊員	75			
11	張未明	三好學生	90			

圖 4.37　統計大於 80 分的三好學生個數

▶ 公式說明

本例公式利用兩個條件作為 COUNTIFS 的參數，用於計算 B 欄滿足 "三好學生"、C 欄滿足 ">80" 條件的資料個數。

▶ 使用注意

① COUNTIFS 函數用於計算某個範圍中滿足多重條件的儲存格數目。它有 1 ～ 254 個參數，可以設定 1 ～ 127 個限制條件。其中奇數參數是範圍，偶數參數是條件。條件可以是數字、運算式、儲存格參照或字串形式，但奇數個參數只能是範圍參照。

② COUNTIFS 的條件使用空白儲存格時，當作 0 處理。例如：

=COUNTIFS(A1:F20,0)——統計範圍中 0 值個數。

=COUNTIFS(A1:F20,H1)——如果 H1 儲存格是空白，則公式相當於前一個公式，它可以計算範圍中 0 值的個數。

③ COUNTIFS 函數支援萬用字元作為條件，包括 "*"、"?" 和 "~"。

④ COUNTIFS 函數的條件可以使用 ">"、"<"、">="、"<="、"<>" 和 "=" 等比較運算子，其中等於某個條件時可以忽略不寫。

▶ 範例延伸

思考：計算既非三好學生、又非少先隊員的人員個數

提示：以空字串作為計數的條件即可。

統計業績在 6 萬元～ 8 萬元之間的女業務員人數（COUNTIFS）

第 4 章 \221.xlsx

開啟範例檔案中的資料檔案，在 E2 儲存格輸入以下公式：

=COUNTIFS(B2:B11," 女 ",C2:C11,">60000",C2:C11,"<=800000")

按下〔Enter〕鍵後，公式將算出業績在 6 萬～ 8 萬之間的女業務員人數，結果如圖 4.38 所示。

E2	fx	=COUNTIFS(B2:B11,"女",C2:C11,">60000",C2:C11,"<=800000")

	A	B	C	D	E	F
1	姓名	性別	業績		業績在6萬8萬之間的女業務員個數	
2	周璧明	女	96818		3	
3	李有花	男	64221			
4	童懷禮	女	77082			
5	周蒙	男	95238			
6	周錦	女	57307			
7	吳國慶	男	84364			
8	陳金貴	男	96203			
9	鐘正國	男	96775			
10	張志堅	女	77948			
11	陳沖	男	66492			

圖 4.38 統計業績在 6 萬～ 8 萬之間的女業務員人數

▶ 公式說明

本例公式使用了三個條件作為 COUNTIFS 的參數，計算同時滿足三個條件的儲存格數量。

▶ 使用注意

① COUNTIFS 函數用於多條件計數，但是條件與條件之間是 AND 的關係。也就是說 COUNTIFS 只能計算同時滿足多個條件的儲存格數量，如需滿足多條件之一則計數，那麼使用陣列參數，再配合 SUM 函數。

② COUNTIFS 函數多條件計數時，可以使用 SUM 函數來替代，大多情況下多條件計數都可以用 SUM 函數來完成，而不需要使用 COUNTIFS。COUNTIFS 函數的公式是普通公式，SUM 函數進行多條件計數時必須用陣列公式。SUM 函數不能完成需要使用萬用字元的計數。

③ 本例的公式可改用 SUM 函數來完成，陣列公式如下。

=SUM((B2:B11=" 女 ")*(C2:C11>60000)*(C2:C11<=800000))

▶ 範例延伸

思考：統計業績大於 8 萬的男業務員人數
提示：以 "男" 和 ">80000" 作為條件即可。

範例 222 統計二班和三班獲數學競賽獎的人數（COUNTIFS）

範例檔案 第 4 章 \222.xlsx

開啟範例檔案中的資料檔案，在 E2 儲存格中輸入以下公式：

=SUM(COUNTIFS(B2:B11,{" 二班 "," 三班 "},C2:C11," 數學 *"))

按下〔Enter〕鍵後，公式將算出二班和三班獲數學競賽獎的人數，結果如圖 4.39 所示。

E2	fx	=SUM(COUNTIFS(B2:B11,{"二班","三班"},C2:C11,"數學*"))			
	A	B	C	D	E	F
1	姓名	班級	獲獎		二班和三班獲數學競賽獎人數	
2	趙	一班	數學競賽第一名		4	
3	錢	三班	英語競賽第二名			
4	孫	二班	數學競賽第三名			
5	李	一班	數學競賽第一名			
6	周	一班	物理競賽第二名			
7	吳	三班	數學競賽第三名			
8	鄭	二班	英語競賽第三名			
9	王	三班	數學競賽第二名			
10	馮	二班	物理競賽第一名			
11	陳	二班	數學競賽第二名			

圖 4.39　統計二班和三班獲數學競賽獎的人數

▶ 公式說明

本例公式中，COUNTIFS 函數有三個條件："二班"、"三班"和"數字 *"。其中"二班"、"三班"表示滿足條件之一即參與計數，而它們與"數學 *"之間的關係是"而且"，必須同時滿足條件才執行計數運算。

▶ 使用注意

① 對於滿足條件之一就計數者，必須使用陣列或者範圍作為參數，再配合 SUM 函數才能完成。而使用常數陣列作為參數時，公式可以用普通公式形式輸入。用範圍作為參數時，必須使用〔Ctrl〕+〔Shift〕+〔Enter〕複合鍵結束才能得到所有條件的計數結果，否則僅能算出範圍中左上角儲存格作為條件的運算結果。

② 因獲數學競賽獎者有第一、二、三名，所以公式中需要使用萬用字元"數學 *"。

③ 如果本例要求計算二班、三班中獲數學競賽獎和英語競賽獎的人數，那麼公式不能按如下方式設定兩個陣列參數。

=SUM(COUNTIFS(B2:B11,{" 二班 "," 三班 "},C2:C11,{" 數學 *"," 英語 *"}))

此公式的計算結果是獲數學競賽獎的二班人數和獲英語競賽獎的三班人數總和，事實上計算二班、三班中獲數學競賽獎和英語競賽獎的人數需要用兩個 COUNTIFS 來完成。

▶ 範例延伸

思考：統計三班獲物理競賽獎及英語競賽獎的人數。

提示：需要使用常數陣列做 COUNTIFS 的參數。

極值與中值

範例 223 計算 A 欄最後一個非空白儲存格列號（MAX）

範例檔案 第 4 章 \223.xlsx

開啟範例檔案中的資料檔案，在 D2 儲存格輸入以下陣列公式：

=MAX((A:A<>"")*ROW(A:A))

按下〔Ctrl〕+〔Shift〕+〔Enter〕複合鍵後，公式將算出 A 欄最後一個非空白儲存格的列號，結果如圖 4.40 所示。

	A	B	C	D
				{=MAX((A:A<>"")*ROW(A:A))}
1	2008年8月1日	星期五		最大資料行
2	2008年8月2日	星期六		11
3				
4	2008年8月4日	星期一		
5	2008年8月5日	星期二		
6	2008年8月6日	星期三		
7	2008年8月7日	星期四		
8	2008年8月8日	星期五		
9	2008年8月9日	星期六		
10				
11	2008年8月11日	星期一		

圖 4.40 計算 A 欄最後一個非空白儲存格列號

▶ 公式說明

本例首先使用運算式 "A:A<>""" 判斷 A 欄每一個儲存格是否非空白，產生一個由 TRUE 和 FALSE 組成的陣列，再與 1 ～ 1048576 組成的陣列相乘。非空白列算出列號，空白列則算出 0。最後利用 MAX 函數取列號中的最大值，即最後一個非空白列的列號。

▶ 使用注意

① 在 Excel 2007、2010 和 2013 中，ROW(A:A) 相當於 ROW（1:1048576）。

② 本例公式僅僅適用於 Excel 2007、2010 和 2013，在 Excel 2003 中使用會出現錯誤值。Excel 2003 不支援整欄進行陣列運算，通常都使用 A1:A65535，即比整欄少一個儲存格，公式如下。

=MAX((A1:A65535<>"")*ROW(1:65535))

③ MAX 函數用於計算參數中的最大值，它有 1 ～ 255 個參數，第 2 ～ 255 參數是非必填參數。

④ MAX 函數會將直接輸入到參數中的邏輯值和字串型數字進行計算，而對於陣列中的字串型數值則直接忽略。例如，陣列公式 "=MAX(LEFT(1234,ROW(1:3)))" 的結果等於 0。

▶ 範例延伸

思考：計算第一列最後一個非空白儲存格欄號

提示：相對於本例公式，將 "A:A" 修改成 "1:1"，將 ROW 函數改用 COLUMN 函數。

範例 224 計算女員工的最大年齡（MAX）

範例檔案 第 4 章 \224.xlsx

開啟範例檔案中的資料檔案，在 D2 儲存格輸入以下陣列公式：

=MAX((B2:B11=" 女 ")*C2:C11)

按下〔Ctrl〕+〔Shift〕+〔Enter〕複合鍵後，公式將算出女員工的最大年齡，結果如圖 4.41 所示。

	A	B	C	D	E
	姓名	性別	年齡		女員工最大年齡
2	張未明	男	28		38
3	鐘小月	男	31		
4	張徹	女	29		
5	朱君明	男	38		
6	程前和	男	31		
7	趙黃山	女	30		
8	吳國慶	女	38		
9	趙前門	男	24		
10	陳文民	女	22		
11	孫二興	女	34		

E2 ▾ *fx* {=MAX((B2:B11="女")*C2:C11)}

圖 4.41　計算女員工的最大年齡

▶ 公式說明

本例首先對 B2:B11 範圍中的每一個儲存格判斷是否等於 "女"，得到一個由邏輯值 TRUE 和 FALSE 組成的陣列。然後用陣列乘以 C2:C11 範圍的資料，得到所有女員工的年齡和 0 值組成的陣列。最後用 MAX 函數從陣列中獲取最大值。

任意數值乘以 TRUE 等於數值本身，任意數值乘以 FALSE 都等於 0，本例公式正是基於此原理而設計的，運算式 "(B2:B11=" 女 ")" 能產生 TRUE 和 FALSE 組成的陣列，而將它與 C2:C11 相乘後則得到女員工的年齡和 0，所以男員工的年齡都已被轉換成 0。

▶ 使用注意

① MAX 函數可以對 1 ～ 255 個數或者陣列取最大值。以範圍作為參數時，可以使用普通公式；以常數陣列作為參數時，也可以使用普通公式；以陣列作為參數時則必須使用陣列公式形式輸入公式，否則公式僅算出陣列中第一個值。

② 如果 MAX 函數的參數中沒有字串，那麼公式算出 0；如果參數有任意個錯誤值都算出錯誤，但可以利用 IFERROR 函數排除錯誤值。例如：

=MAX(IFERROR((B2:B11=" 女 ")*C2:C11,0))

③ MAX 函數相當於第二參數為 1 時的 LARGE 函數的功能，LARGE 函數允許計算第一大值、第二大值、第三大值……MAX 函數只能計算第一大值。

▶ 範例延伸

思考：計算男、女員工最大年資

提示：直接用範圍 C2:C11 作為 MAX 的參數，以普通公式輸入公式即可。

範例檔案 第 4 章 \225.xlsx

　　每日售出多個產品，且每天的銷售產品名稱可能不一致，要計算一天中銷售金額最高是多少元。

　　開啟範例檔案中的資料檔案，在 E2 儲存格輸入以下陣列公式：

=MAX(SUMIF(A2:A11,A2:A11,C2:C11))

　　按下〔Ctrl〕+〔Shift〕+〔Enter〕複合鍵後，公式將算出單日最高銷售金額，結果如圖 4.42 所示。

E2	▼		ƒx	{=MAX(SUMIF(A2:A11,A2:A11,C2:C11))}	
	A	B	C	D	E	F
1	日期	產品	金額		單日最大銷售金額	
2	2014/8/1	電話	800		59700	
3	2014/8/1	電鍋	650			
4	2014/8/2	熱水器	7200			
5	2014/8/2	電視	45000			
6	2014/8/3	洗衣機	39000			
7	2014/8/3	電話	800			
8	2014/8/3	吸塵器	14000			
9	2014/8/4	電視	42000			
10	2014/8/4	顯示器	13500			
11	2014/8/4	手錶	4200			

圖 4.42　計算單日最高銷售金額

▶ 公式說明

　　本例首先利用 SUMIF 函數加總每一天的銷售金額，然後透過 MAX 函數擷取最大值，進而取得單日最高銷售金額。

▶ 使用注意

　　① 本例重點在於加總每日的銷售金額，產生一個陣列。而這個陣列中每日的銷售金額將出現多次，但並不影響 MAX 函數最大值。

　　② 如果需要計算銷售金額最多是哪一天，可以使用以下公式：

=TEXT(INDEX(A:A,MAX(IF(SUMIF(A2:A11,A2:A11,C2:C11)=MAX(SUMIF(A2:A11,A2:A11,C2:C11)),ROW(2:11)))),"yyyy-m-d")

　　本公式算出每日的銷售金額後，再比較是否等於最高銷售金額。如果等於最高銷售金額則算出該值所對應的列號。然後利用 MAX 函數取出最大列號作為 INDEX 函數的參數，在 A 欄擷取對應的日期值。該日期值以數值形式顯示，為了讓它顯示為標準的日期格式，使用 TEXT 函數進行格式轉換。

▶ 範例延伸

　　思考：計算最高銷售金額當日售出幾件產品

　　提示：先用 SUMIF 函數計算每日的銷售金額，再將銷售金額中的最大值進行比較，得到一個 TRUE 和 FALSE 組成的陣列，陣列中的 TRUE 的個數即為當日銷售的產品個數。

範例 226 尋找第一名學生的姓名（MAX）

範例檔案 第 4 章 \226.xlsx

開啟範例檔案中的資料檔案，在 D2 儲存格輸入以下公式：

=INDEX(A2:A10,MATCH(MAX(B2:B10),B2:B10,))

按下〔Enter〕鍵後，公式將算出第一名學生的姓名，結果如圖 4.43 所示。

圖 4.43　尋找第一名學生的姓名

▶ 公式說明

　　本例公式首先用 MAX 函數擷取最高成績，再用 MATCH 函數計算最高成績在 B2:B10 範圍中出現的位置。最後用 INDEX 函數參照該位置對應於 A 欄的學生姓名。

▶ 使用注意

　　① MATCH 函數用於尋找一個資料在某範圍中的出現位置，該範圍只能是一列或者一欄，否則公式無法運行。

　　② 本例也可以使用 LOOKUP 函數來完成。公式如下。

=LOOKUP(1,0/(B2:B10=MAX(B2:B10)),A2:A10)

　　③ 如果本例中有多人並列第一名，那麼公式僅僅擷取最先出現的姓名。如果需要列出所有姓名，可以使用如下公式。

=T(INDEX(A:A,SMALL(IF(MAX(B$2:B$10)=B$2:B$10,ROW($2:$10),1048576),ROW(A1))))

　　本公式可以算出所有並列第一名的人員姓名。當公式向下填滿，超過第一名人員的數量時，公式將算出空白。

▶ 範例延伸

　　思考：使用 MAX 函數計算第二名成績

　　提示：先用 IF 函數將最大值排除，再對剩餘的資料計算最大值。當然實際工作中最好使用 LARGE 函數，公式更簡潔。

範例 227 統計每季最高產量合計（MAX）

範例檔案 第 4 章 \227.xlsx

產線中共有 9 個生產組，要按季加總產量的最高產量，即分別計算 4 個季的產量總和，然後取其中的最大值。

開啟範例檔案中的資料檔案，在 G2 儲存格輸入以下陣列公式：

=MAX(SUBTOTAL(9,OFFSET(B2,,COLUMN(B:E)-2,ROWS(2:10),1)))

按下〔Ctrl〕+〔Shift〕+〔Enter〕複合鍵後，公式將算出季最高產量合計，結果如圖 4.44 所示。

G2	▼		*fx*	{=MAX(SUBTOTAL(9,OFFSET(B2,,COLUMN(B:E)-2,ROWS(2:10),1)))}		
▲	A	B	C	D	E	F	G
1	組別	第1季	第2季	第3季	第4季		季最高產值
2	A組	614	692	628	558		6319
3	B組	634	731	786	793		
4	C組	713	538	723	606		
5	D組	778	548	825	698		
6	E組	687	781	563	646		
7	F組	771	508	544	786		
8	G組	686	629	800	666		
9	H組	770	529	741	626		
10	I組	552	674	709	662		

圖 4.44　統計季最高產量合計

▶ **公式說明**

本例需要合計每個季的產量，然後再取最大值。但是 MAX 函數和 SUM 函數本身都不支援二維以上的陣列運算（計算結果是一維陣列而非單個值），所以必須借用 SUBTOTAL 函數來處理 OFFSET 產生的二維陣列，然後才可以使用 MAX 函數取最大值。

本例公式中，首先使用 OFFSET 函數產生 4 個一維陣列，組成一個二維陣列，然後使用 SUBTOTAL 函數對每一個一維陣列加總。得到一個新的由 4 個季產量合計組成的一維陣列，最後利用 MAX 函數從一維陣列中取出最大值。

▶ **使用注意**

① 利用 OFFSET 函數將範圍轉換成二維陣列，再用 SUBTOTAL 函數按需求的運算類型運算後轉換成一維陣列。這種轉換在工作中較常見，它可以彌補 SUM、MAX 等函數在二維、三維運算方面的不足。

② 本例也可以使用如下簡單的陣列公式來完成，只不過公式的通用性不夠好。當插入資料列後公式會繼續延長。當資料列足夠多時公式的長度可能會超過 Excel 指定的最大值。

=MAX(B2:E2+B3:E3+B4:E4+B5:E5+B6:E6+B7:E7+B8:E8+B9:E9+B10:E10)

▶ **範例延伸**

思考：計算四季的合計產量中的最大值，即每季合計後再求最大值
提示：相對於本例公式，修改 ROW 和 COLUMN 兩個參數即可。

4

統計函數

4-45

範例 228 根據達成率計算員工獎金（MAX）

範例檔案 第 4 章 \228.xlsx

公司規定，達成率小於 80%，獎金只有 2000 元；達成率在 80% ~ 90% 之間獎金為 2500 元；在 90% ~ 100% 之間獎金為 3000 元，在 100% ~ 105% 之間獎金 4500 元，高於 105% 則可獲獎金為 5500 元。現在需要計算每個員工的獎金。

開啟範例檔案中的資料檔案，在 C2 儲存格輸入以下公式：

=MAX((B2>{0,0.8,0.9,1,1.05})*{2000,2500,3000,4500,5500})

按下〔Enter〕鍵後，公式將算出第一個員工的獎金。按兩下儲存格的填滿控點，將公式向下填滿，結果如圖 4.45 所示。

C2	▼		f_x	=MAX((B2>{0,0.8,0.9,1,1.05})*{2000,2500,3000,4500,5500})		
	A	B	C	D	E	
1	姓名	達成率	獎金			
2	龍度溪	52.14%	2000			
3	黃明秀	92.90%	3000			
4	陳強生	80.42%	2500			
5	魯華美	95.71%	3000			
6	劉五強	108.84%	5500			
7	黃興明	73.40%	2000			
8	鄒之前	103.23%	4500			
9	羅新華	56.32%	2000			
10	凡克明	78.45%	2000			

圖 4.45　根據達成率計算員工獎金

▶ 公式說明

本例首先根據要求列出兩個常數陣列。第一個陣列是達成率 "{0,0.8,0.9,1,1.05}"，第二個陣列是每個達成率對應的獎金。

公式利用待計算獎金的達成率乘以第一個陣列，結果是由 TRUE 和 FALSE 組成的陣列。然後用這個陣列乘以對應的獎金陣列，陣列中的邏輯值 TRUE 被轉換成對應的獎金，而 FALSE 則轉換成 0。最後利用 MAX 函數取這個新陣列中的最大值，即該員工應得的獎金。

▶ 使用注意

① 本例也可以改用 LOOKUP 函數來完成獎金計算，公式如下。

=LOOKUP(B2,{0,0.8,0.9,1,1.05}+0.001,{2000,2500,3000,4500,5500})

② 本例 MAX 的參數儘管執行了陣列運算，但是由於參數使用了常數陣列，因此輸入公式後不需要按〔Ctrl〕+〔Shift〕+〔Enter〕複合鍵。

③ 輸入常數陣列時，有時會將 "}" 誤寫為 ")"，導致輸入公式後 Excel 彈出 "您鍵入的公式有錯誤"，此時手動修改該符號即可。

▶ 範例延伸

思考：如果本例中的達成率大於 105% 時按 105% 計算，如何修改公式

提示：分別將公式中兩個陣列的最後一個資料刪除即可。

範例 229 擷取產品最後報價和最高報價（MAX）

範例檔案 第 4 章 \229.xlsx

根據市場的供需變化，同一產品在不同時期的單價會有所不同。圖 4.46 中的單價表包含不同產品的客戶報價，以及同一產品在不同時間的報價。現在需要要擷取 B 產品最後一次的客戶報價及最高單價。

開啟範例檔案中的資料檔案，在 F1 儲存格輸入以下陣列公式：

=INDEX(C:C,MAX((A2:A11="B")*ROW(2:11)))

再在 F2 儲存格輸入以下公式：=MAX((A2:A11="B")*C2:C11)

按下〔Ctrl〕+〔Shift〕+〔Enter〕複合鍵後，兩個公式將分別算出最後報價和最高報價，結果如圖 4.46 所示。

F1	▼		fx	{=INDEX(C:C,MAX((A2:A11="B")*ROW(2:11)))}

	B	C	D	E	F
1	單位簽訂時間	單價		B產品最後一個報價	14
2	2008年8月1日	12		B產品最高報價	16
3	2008年8月1日	16			
4	2008年8月3日	12			
5	2008年8月3日	15			
6	2008年8月5日	15			
7	2008年8月5日	11			
8	2008年8月5日	14			
9	2008年8月8日	14			
10	2008年8月9日	13			
11	2008年8月10日	15			

圖 4.46　擷取產品最後報價和最高報價

▶ 公式說明

第一個公式中，先計算 B 產品所在列的列號，再用 MAX 函數取最大值，即 B 產品最後一次出現的位置。最後用 INDEX 函數根據列號從 C 欄中擷取該單價。

第二個公式則利用運算式 "(A2:A11="B")" 乘以單價來排除 B 產品以外的所有單價，再用 MAX 函數取 B 產品的最大單價。

▶ 使用注意

① 直接用範圍作為 MAX 函數的參數時，公式不會執行陣列運算。但在本例公式中需要執行陣列運算 "(A2:A11="B")*ROW(2:11)"，然後才計算最大值，因此需要按〔Ctrl〕+〔Shift〕+〔Enter〕複合鍵。

② 如果需要計算最後單價簽訂時間和最高單價簽訂時間，可以使用如下陣列公式。

=TEXT(INDEX(B:B,MAX((A2:A11="B")*ROW(2:11))),"yyyy-m-d")

=TEXT(INDEX(B:B,MAX(IF(MAX((A2:A11="B")*C2:C11)=(A2:A11="B")*C2:C11,ROW(2:11)))),"yyyy-m-d")

▶ 範例延伸

思考：計算圖 4.46 中最後一個產品是什麼

提示：先計算 A 欄最後一個非空白儲存格列號，再用 INDEX 參照數據。

範例 230 計算衛冕失敗最多的次數（MAX）

範例檔案 第 4 章 \230.xlsx

某運動員成績總在第一名～第四名之間。有時連續幾屆衛冕成功，有時連續幾屆衛冕失敗。現在需要要計算衛冕失敗最多的次數。

開啟範例檔案中的資料檔案，在 D2 儲存格輸入以下陣列公式：

=MAX(FREQUENCY(ROW(2:11),((B2:B10=" 第一名 ")<>(B3:B11=" 第一名 "))*ROW(2:10)))

按下〔Ctrl〕+〔Shift〕+〔Enter〕複合鍵後，公式將算出連續衛冕失敗最多的次數，結果如圖 4.47 所示。

	A	B	C	D	E
		fx		{=MAX(FREQUENCY(ROW(2:11),((B2:B10="第一名")<>(B3:B11="第一名"))*ROW(2:10)))}	
1	時間	名次		最多連續幾屆未得第一名	
2	第1屆	第一名		4	
3	第2屆	第一名			
4	第3屆	第三名			
5	第4屆	第一名			
6	第5屆	第三名			
7	第6屆	第四名			
8	第7屆	第二名			
9	第8屆	第三名			
10	第9屆	第一名			
11	第10屆	第四名			

圖 4.47　計算衛冕失敗最多的次數

▶ 公式說明

本例計算衛冕失敗的次數，即 B 欄中連續不等於 "第一名" 的儲存格累計數量。公式首先透過兩個錯位一列的範圍 "B2:B10=" 第一名 ""、"B3:B11=" 第一名 "" 分別產生兩個 TRUE 和 FALSE 組成的陣列，再用不等號連接兩個陣列得到新的陣列。該陣列同樣由邏輯值 TRUE 和 FALSE 組成，不過其中第一個 FALSE 剛好對應範圍中的 "第一名"，而每一個TRUE 則剛好對應 "第一名" 以外的其他資料。再用該陣列乘以對應的儲存格列號，使陣列中的 FALSE 轉換成 0，而 TRUE 轉換成列號。最後利用 FREQUENCY 函數計算該陣列在 2 ～ 11 的序列中的頻率分佈，可以得到第一輪衛冕失敗的次數。再用 MAX 取其中最大值。

▶ 使用注意

① FREQUENCY 函數的第二參數的高度不需要和第一參數的高度相同，不管兩個參數的類型是範圍參照還是陣列。

② FREQUENCY 函數用於計算頻率分佈，在本章的最後一小節中會有詳細說明。

▶ 範例延伸

思考：計算獲得第幾名的次數最多

提示：利用 COINTIF 函數計算每一個儲存格資料的出現次數，再用 MAX 取最大值。

大陸規定薪資以 3500 元作為個人所得稅的計算基數，3500 元以內不扣所得稅，超過 3500 元的部分才扣稅。個人所得稅計算方式如表 4-1 所示。

表 4-1　個人所得稅計算方式

薪資	稅率	速算扣除數（元）
（3）00	0	0
5000	0.03	0
8000	0.1	（1）5
（1）500	0.2	555
（3）500	0.25	（1）05
58500	0.3	（2）55
83500	0.35	5505
83500 以上	0.45	（1）505

表 4-1 中的 "薪資" 表示員工納稅前的總薪資，"稅率" 表示扣稅的比例；0.03 即為 3%，表示稅率；"速算扣除數" 是一個用於簡化計算應納稅額的資料，它指在級距和稅率不變的條件下，全額累進稅率的應納稅額比超額累進稅率的應納稅額多納的一個常數。

目前大陸規定薪資以 3500 元作為扣稅基數，3500 元以內不扣稅，超過 3500 元的部分才扣稅。表 4-1 中的稅率僅針對 3500 元以外的薪資而設定。如果薪資少於等於 3500，那麼不扣稅；薪資大於 3500 且小於等於 5000 時按 0.03 計稅；工資大於 3500 且小於 8000 時按 0.1 計稅，但需減掉 105 元；薪資大於 3500 且小於 12500 時按 0.2 計算，但需減掉 555 元……

圖 4.48 所示為某公司的職員薪資表，要求根據薪資計算每位員工應繳納的個人所得稅金額。

開啟範例檔案中的資料檔案，在 I2 儲存格輸入以下公式：

=MAX((H2-3500)*{0.03;0.1;0.2;0.25;0.3;0.35;0.45}-{0;105;555;1005;2755;5505;13 505},0)

按下〔Enter〕鍵後，公式將產生第一位員工的個人所得稅。按兩下儲存格填滿控點，將公式向下填滿，結果如圖 4.48 所示。

I2	▼	🔎	*fx*	=MAX((H2-3500)*{0.03;0.1;0.2;0.25;0.3;0.35;0.45}-{0;105;555;1005;2755;5505;13505},0)						
	A	B	C	D	E	F	G	H	I	J
1	姓名	基本工資	職務津貼	加班工資	保險	獎懲	食住扣費	應發工資	所得稅	實發工資
2	黃花秀	18000	5000	3200	880	1500	1500	25320	4450	20870
3	朱貴	18000	5500	3200		2000	1800	26900	4845	22055
4	鄭麗	21000	4300	1000	1280		3000	22020	3625	18395
5	梁愛國	18000	2600	2500	960	-1000	1800	19340	2955	16385
6	鐘小月	18000	9000	13000		500	1500	39000	7895	31105
7	吳尊	18000	1750	3200	880		3000	19070	2887.5	16182.5
8	張明秀	18000	5500	5000	1800	3000	5000	24700	4295	20405
9	陳秀敏	18000	7580	1000	1800	5000	5000	24780	4315	20465

圖 4.48　某公司的職員薪資表

❹
統計函數

▶ 公式說明

本例公式中使用了兩個常數陣列，其中 "{0.03;0.1;0.2;0.25;0.3;0.35;0.45}" 剛好對應於表 4-1 中的第二欄，代表每一個範圍的稅率；"{0;105;555;1005;2755;5505;13505}" 剛好對應於表 4-1 中的第三欄，代表速算扣除數。

本例公式首先使用 H2 儲存格的薪資減掉 3500 元基數，得到需要扣稅的金額，然後將它乘以每一級稅率，得到一個包含 7 個元素的一維陣列。接著再用此陣列減掉速算扣除數得到每一級的實際稅金。

此時得到的結果是一個一維陣列，包含 7 級稅金，最終結果應該取其中最大的一個，因此在公式外面使用 MAX 函數計算最大值。

由於薪資有可能小於 3500 元，此時所得稅的計算結果是負數。實際工作中會將小於等於 3500 元的薪資所對應的所得稅設定為 0，因此本例公式中的 MAX 函數的參數中添加了一個 0，其用意當計算出的 7 級稅額都小於 0 時，最終取 0 值作為所得稅。

▶ 使用注意

① 本例公式執行陣列運算，但是由於參與陣列運算的資料來自常數陣列，因此輸入公式後可以不按〔Ctrl〕+〔Shift〕+〔Enter〕複合鍵，亦即本例公式不是陣列公式。

② 個人所得稅的計算方向有很多，還可以使用如下公式計算所得稅。

=SUM(TEXT
(H2-3500-{0;1500;4500;9000;35000;55000;80000},"0;\0")*
{0.03;0.07;0.1;0.05;0.05;0.05;0.1})

公式中 TEXT 函數的第二參數 "0;\0" 的含義是：如果第一參數的值大於 0，那麼保持不變。如果第一參數的值小於 0 則按 0 值處理。"\0" 中的 "\" 屬於轉換符號，可以消除具有特殊功能的數字 "0" 的特殊功能，使其僅僅代表字元 "0" 而已。事實上也可以使用 IF 函數來執行這個功能，只是公式會長很多：

=SUM(IF(H2-3500-{0;1500;4500;9000;35000;55000;80000}>
0,H2-3500-{0;1500;4500;9000;35000;55000;80000},0)
*{0.03;0.07;0.1;0.05;0.05;0.05;0.1})

③ 本例還可以按如下方式編寫公式。

=ROUND(MAX((H2-3500)*5%*{0.6,2,4,5,6,7,9}-5*{0,21,111,201,551,1101,2701},0),2)

④ 個人所得稅的稅率通常會每幾年變化一次，因此上述公式並不能一直使用下去，當政府修改稅率時，公式的設計也必須跟著更新。

▶ 範例延伸

思考：加總圖 4.48 中 8 個人的所得稅。

提示：相對於本例公式，將公式中 H2 修改成 H2:H9 計算所得稅額，然後再用 SUM 函數加總。

範例 232 計算國文成績大於 90 分者的最高總分（DMAX）

範例檔案 第 4 章 \232.xlsx

計算資料庫中第 5 欄資料的最高分，但前提是該生國文成績大於 90 分。

開啟範例檔案中的資料檔案，在 G4 儲存格輸入以下公式：

=DMAX(A1:E11,5,G1:G2)

按下〔Enter〕鍵後，公式將算出國文成績大於 90 分者對應的最高總分，結果如圖 4.49 所示。

	A	B	C	D	E	F	G
							G4 fx =DMAX(A1:E11,5,G1:G2)
1	姓名	性別	國文	數學	總分		國文
2	趙興文	男	94	94	188		>90
3	陳強生	女	77	76	153		
4	仇有千	女	58	51	109		188
5	張朝明	男	89	100	189		
6	吳鑫	女	95	64	159		
7	周鑒明	女	87	73	160		
8	闇文明	男	72	80	152		
9	錢單文	女	53	81	134		
10	朱真光	女	80	70	150		
11	柳星華	女	67	77	144		

圖 4.49　計算國文成績大於 90 分者的最高總分

▶ 公式說明

本例使用資料庫函數對資料範圍 A1:E11 第 5 欄中滿足 G1:G2 範圍設定條件的資料計算最大值。

G1:G2 範圍的條件可以根據需求改變或者刪除，公式將根據條件算出相對的最大值。

▶ 使用注意

① DMAX 函數相當於可以對滿足指定條件的資料計算最大值。它有三個參數，第一參數是參照範圍，該範圍必須包含資料標題；第二參數用於指定函數所使用的欄，即對資料範圍中實際計算最大值的欄，可以使用標題名稱，也可以指定欄號；第三參數是非必填參數，它是包含所指定條件的儲存格範圍。該範圍必須指定求最大值的限制條件。在本例中，僅對國文成績大於 90 分者計算最高成績。

② 本例 DMAX 第二參數也可以改用標題名稱，表示計算該標題欄的資料，公式為

=DMAX(A1:E11," 總分 ",G1:G2)

但，如需要計算多欄資料的最大值，那麼數字方式在公式填滿時佔有更大的優勢。

▶ 範例延伸

思考：計算總分小於 150 的最大值

提示：修改 G1:G2 範圍的條件即可。

範例 233 根據下拉清單計算不同專案的最大值（DMAX）

範例檔案 第 4 章 \233.xlsx

圖 4.50 的資料庫中包括不同類別產品銷售額、利潤額和利潤，在 G4 儲存格建立下拉清單，清單中包括“銷售額”、“利潤額”和“利潤”，要下拉清單變化時，可以計算電器類相對項目的最大值。

開啟範例檔案中的資料檔案，在 G5 儲存格輸入以下公式：

=DMAX(A1:E11,G4,G1:G2)

按下〔Enter〕鍵後，公式將算出電器產品對應於 G4 儲存格指定項目的最大值，結果如圖 4.51 所示。

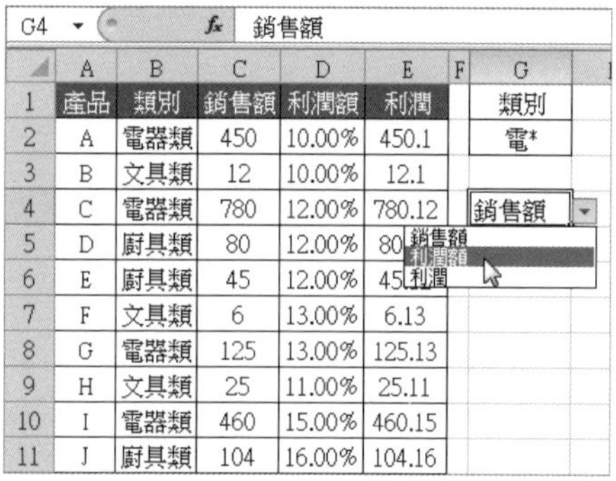

G4 | 銷售額

	A	B	C	D	E	F	G
1	產品	類別	銷售額	利潤額	利潤		類別
2	A	電器類	450	10.00%	450.1		電*
3	B	文具類	12	10.00%	12.1		
4	C	電器類	780	12.00%	780.12		銷售額
5	D	廚具類	80	12.00%	80		銷售額
6	E	廚具類	45	12.00%	45		利潤額
7	F	文具類	6	13.00%	6.13		利潤
8	G	電器類	125	13.00%	125.13		
9	H	文具類	25	11.00%	25.11		
10	I	電器類	460	15.00%	460.15		
11	J	廚具類	104	16.00%	104.16		

圖 4.50　資料庫

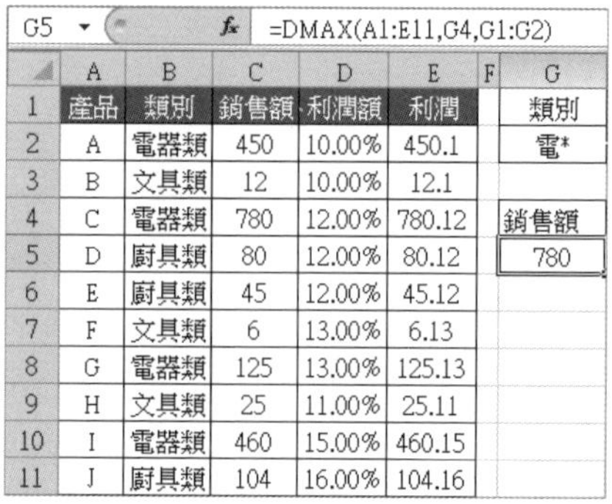

G5 | =DMAX(A1:E11,G4,G1:G2)

	A	B	C	D	E	F	G
1	產品	類別	銷售額	利潤額	利潤		類別
2	A	電器類	450	10.00%	450.1		電*
3	B	文具類	12	10.00%	12.1		
4	C	電器類	780	12.00%	780.12		銷售額
5	D	廚具類	80	12.00%	80.12		780
6	E	廚具類	45	12.00%	45.12		
7	F	文具類	6	13.00%	6.13		
8	G	電器類	125	13.00%	125.13		
9	H	文具類	25	11.00%	25.11		
10	I	電器類	460	15.00%	460.15		
11	J	廚具類	104	16.00%	104.16		

圖 4.51　計算電器類的銷售額

▶ 公式說明

本例公式中 DMAX 函數的第二參數參照輔助儲存格 G4 的內容，而 G4 儲存格可以透過下拉清單選擇不同項目，所以本公式也可以隨 G4 儲存格的變化而計算不同的項目數量。

也可以將 G2 儲存格建立下拉清單，從中選擇“文具類”、“電器類”、“廚具類”等項目，進而執行對不同類別的產品求最大值。

▶ 使用注意

① DMAX 函數的第二參數可以使用萬用字元，這使 DMAX 函數較 MAX 函數有更多的適用範圍。DMAX 函數的可用萬用字元包括“*”、“?”和“~”。其中“~”符號是當字串包含“*”和“?”符號本身，而不是將“*”和“?”當作萬用字元運用時才用。

② 本例中 G4 儲存格的下拉清單是數字時，公式需要將第二參數強制轉換成字串。例如：=DMAX(A1:E11,G4&"",G1:G2)

▶ 範例延伸

思考：計算圖 4.50 中文具類和電器類的最高銷售額

提示：將條件範圍 G2 修改成“<> 廚 *”。

計算成績的中間值，即大於該值和小於該值的成績次數相等。

開啟範例檔案中的資料檔案，在 D2 儲存格輸入以下公式：

=MEDIAN(B2:B11)

按下〔Enter〕鍵後，公式將算出中間成績，結果如圖 4.52 所示。

	A	B	C	D
	D2 ▼		fx	=MEDIAN(B2:B11)
1	試跑次數	成績(秒)		中間成績
2	第1次	11.48		12.7
3	第2次	11.44		
4	第3次	13.78		
5	第4次	13.21		
6	第5次	12.7		
7	第6次	12.7		
8	第7次	12.78		
9	第8次	12.88		
10	第9次	11.48		
11	第10次	12		

圖 4.52　計算中間成績

▶ 公式說明

本例公式利用 MEDIAN 函數取 B2:B11 範圍的中間值。如果有更多範圍需要計算中間值，直接將範圍位址添加到 MEDIAN 的參數中即可。

▶ 使用注意

① MEDIAN 函數用於計算中間值。它有 1 ～ 255 個參數，第 2 ～ 255 參數是非必填參數。函數的參數中不能包含字串，否則將出現錯誤值。但參照的範圍中有字串卻會忽略。例如：

=MEDIAN("A"，12，10)──→結果是錯誤值。

=MEDIAN(A1，12，10)──→當 A1 是字母 "A" 時，公式的結果是 11，已經忽略字母。

② 中間值和平均值在特殊情況下相同，但是在大多數情況下是不同的。平均值是一組資料相加然後除以這些數的個數計算得出；而中間值是一組資料中間位置的數；即一半資料比中值大，另一半數據的值比中值小。

③ 如果 MEDIAN 函數的參數中包含的數字個數是奇數，那麼中間值是這些資料按順序排列之後位置處於最中間的值；如果參數中包含偶數個數字，函數 MEDIAN 將算出位於中間的兩個數的平均值。例如：

=MEDIAN(2,3,4,100)──→結果等於 3.5。

=MEDIAN(2,3,4)──→結果等於 3。

▶ 範例延伸

思考：計算中間值與平均值的差異

提示：分別用 MEDIAN 和 AVERAGE 統計中間值與平均值。

工作表中的內容每天都會更新，填入當日資料，但月底後將存檔，所以要求表頭顯示一個資料日期，該日期每天會發生變化，總顯示目前日期，但到了月底後時間就不再變化，永遠停在月底的日期。

開啟範例檔案中的資料檔案，在 B1 儲存格輸入以下公式：

=MIN("2014-9-30",TODAY())

按下〔Enter〕鍵後，公式將算出目前日期，如果今天的日期大於 2014 年 9 月 30 日，則顯示 2014 年 9 月 30 日，結果如圖 4.53 所示。

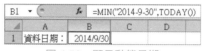

圖 4.53　顯示動態日期

▶ 公式說明

本例公式利用 2014 年 9 月 30 日和今天的日期兩個資料作為 MIN 函數的參數。公式只顯示值最小的那一個參數值。

▶ 使用注意

① MIN 函數用於計算參數清單中的最小值。它有 1 ～ 255 個參數，第 2 ～ 255 參數是非必填參數。參數可以是數值、字串、參照、邏輯值、名稱、陣列等。但參數中直接輸入字串，公式將產生錯誤值，而參數參照的範圍中存在字串時，卻會忽略不計。對於邏輯值，如果直接輸入到參數欄表中，將轉換成值再計算，而對於參照範圍中的邏輯值則會忽略。例如：

=MIN(TRUE,123,4)──→ 結果等於 1，TRUE 被轉換成 1 再參與運算。

=MIN(A1,123,4)──→ 如果儲存格 A1 是 TRUE，那麼公式結果是 4，忽略 A1 的值；如果 A1 儲存格是字串同樣會忽略。

=MIN({TRUE,123,4})──→ 結果等於 4，忽略參數中的邏輯值。

② 如果需要計算最小值時不忽略邏輯值，應使用 MINA 函數。

③ 本例中的字串 "2014-9-30" 是以字串形式存在的，MIN 函數會將它轉換成數值 41912 再參與計算。

▶ 範例延伸

思考：計算 A1:B10 和 G1:J10 兩個範圍中的最小值

提示：直接用兩個範圍作為 MIN 函數的參數，MIN 會自動忽略範圍中的字串。如果範圍中有錯誤值，可以先用 IFERROR 函數消除數值。

範例 236 根據工作時間計算可休假天數（MIN）

範例檔案 第 4 章 \236.xlsx

公司規定 A 級別的員工年資滿一年可享有 5 天特休假，B 級員工年資滿一年可享有 4 天特休假，C 級員工年資滿 1 年可以享有 3 天特休假，每個級別每增加一年，休假天數也增加一天，但最高不超過 10 天。要計算表中每位員工的可休假天數。

開啟範例檔案中的資料檔案，在 D2 儲存格輸入以下公式：

=MIN(SUM((B2={"A","B","C"})*{5,4,3})+(C2-1),10)

按下〔Enter〕鍵後，公式將算出第一位員工的休假天數。按兩下儲存格填滿控點，將公式向下填滿，結果如圖 4.54 所示。

	A	B	C	D	E	F	G
	姓名	級別	年資	年休假天數			
2	趙全	A	6	10			
3	鏡明芳	A	3	7			
4	孫大力	B	6	9			
5	李惠	B	0.5	3.5			
6	周泵	C	7	9			
7	吳小泉	C	4	6			
8	鄭大同	A	4	8			
9	王明麗	B	5	8			
10	馮英	B	7	10			
11	陳華	B	1	4			

D2 ▾ fx =MIN(SUM((B2={"A","B","C"}){5,4,3})+(C2-1),10)*

圖 4.54 計算可休假天數

▶ 公式說明

本例根據級別和滿一年時的可休假天數列出兩個常數陣列。將 B2 員工的級別與級別常數陣列進行比較，可以得到 TRUE 和 FALSE 組成的陣列，將此資料與可休假天數的陣列相乘，則將 FLASE 轉換成 0，將 TRUE 轉換成休假天數，然後用 SUM 函數取出該天數。

計算出第一年對應的休假天數後，再將工作時間減 1 即可到其餘時間的可休假天數。兩者相加即為該員工可休假天數。但因規定不能超過 10 天，所以最後用 MIN 函數取前面的計算結果與 10 之間的最小值。

▶ 使用注意

① 本例計算第一年對應的可休假天數時，也可以用 LOOKUP 函數來完成，公式如下。

=MIN(LOOKUP(CODE(B2),CODE({"A","B","C"}),{5,4,3})+(C2-1),10)

② 也可以用 MAX 函數替代 SUM 函數，公式如下。

=MIN(MAX((B2={"A","B","C"})*{5,4,3})+(C2-1),10)

③ SUM 函數的參數執行了陣列運算，但是陣列運算來自常數陣列，因此輸入公式後可以不按〔Ctrl〕+〔Shift〕+〔Enter〕複合鍵。

▶ 範例延伸

思考：如果工作時間小於 1 年，則沒有特休假，如何修改公式

提示：在公式後面乘以"工作時間大於等於 1"的運算式即可。

4
統計函數

4-55

範例 237 計算最佳成績（MIN）

範例檔案 第 4 章 \237.xlsx

工作表中存放了 10 次 100 米短跑的成績，要計算第幾次測試的成績最好。

開啟範例檔案中的資料檔案，在 D2 儲存格輸入以下公式：

=MATCH(MIN(B2:B11),B2:B11,)

按下〔Enter〕鍵後，公式將計算最佳成績，結果如圖 4.55 所示。

	A	B	C	D
		fx	=MATCH(MIN(B2:B11),B2:B11,0)	
1	姓名	短跑成績（秒）		第幾次成績最好
2	詹華美	14.74		7
3	古至龍	15.46		
4	吳國慶	15.52		
5	周美仁	17.48		
6	仇有千	15.48		
7	周錦	16.4		
8	趙國	13.9		
9	張開來	15.91		
10	程前和	15.09		
11	李文新	15.41		

圖 4.55　計算最佳成績

▶ 公式說明

　　本例利用 MIN 函數取出短跑時間的最小值，再用 MATCH 函數計算該值在 B2:B11 中的位置。如果需要計算跑出最佳成績的次數，則 MATCH 函數改成 COUNTIF 函數。

▶ 使用注意

　　① 如果時間採用字串形式記錄（如：14'74"），那麼可以使用取代函數將儲存格中的分、秒符號取代成空字串，再將取代後的字串轉換成值。公式如下。

　　=MATCH(MIN(--SUBSTITUTE(SUBSTITUTE(B2:B11,"'",""),"""","")),--SUBSTITUTE(SUBSTITUTE(B2:B11,"'",""),"""",""),)

　　② 本例也可以將 MATCH 函數改用 MIN 函數完成。

　　=MIN(IF(MIN(B2:B11)=B2:B11,ROW(2:11)-1))

　　本例中將等於最小值的所有儲存格轉換為該儲存格的列號減 1，不等於最小值的儲存格轉換成 FALSE，最後用 MIN 函數取最小值即可得到最佳成績的排序。如果有多個成績並列，只取第一次出現的序號。

　　③ 如果最佳成績只出現一次，沒有重複，那麼可以改用 SUM 函數來完成，公式如下。

　　=SUM((MIN(B2:B11)=B2:B11)*(ROW(B2:B11)-1))

▶ 範例延伸

　　思考：如果有多次成績並列第一，如何找出所有最佳成績

　　提示：改用 SMALL 函數。

範例 238 計算文具類產品和家具類產品的最小利率（MIN）

範例檔案 第 4 章 \238.xlsx

開啟範例檔案中的資料檔案，在 D2 儲存格輸入以下公式：

=TEXT(MIN(IF(ISNUMBER(SEARCH("？具類 ",A2:A11)),B2:B11)),"0.00%")

按下〔Ctrl〕+〔Shift〕+〔Enter〕複合鍵後，公式將算出文具類產品和家具類產品的最小利率，結果如圖 4.56 所示。

	A	B	C	D
	fx	{=TEXT(MIN(IF(ISNUMBER(SEARCH("？具類",A2:A11)),B2:B11)),"0.00%")}		
1	產品	利率		廚具和家具類最小利率
2	洗衣機（家電類）	11.20%		10.60%
3	電炒鍋（廚具類）	11.00%		
4	筆筒（文具類）	14.90%		
5	電視（家電類）	10.60%		
6	洗衣粉（洗滌具類）	9.60%		
7	菜刀（廚具類）	11.30%		
8	文具盒（文具類）	15.30%		
9	毛筆（文具類）	14.50%		
10	收音機（家電類）	14.50%		
11	香皂（洗滌具類）	15.60%		

圖 4.56 計算文具類產品和家具類產品的最小利率

▶ 公式說明

MIN 函數本身不支援萬用字元，但本例需要使用萬用字元，所以借用支援萬用字元的 SEARCH 函數來轉換，進而尋找帶有 "具類" 二字，且長度僅為 3 的產品的最小利率。

▶ 使用注意

① SEARCH 和 COUNTIF 等函數支援萬用字元，工作中常借用它們來執行尋找與計數之外的協助工具，使其他不支援萬用字元操作的函數，也可以執行使用萬用字元才能完成的運算。尋找函數 FIND 只能找到目標首次出現的位置，但是配合取代函數 SUBSTITUTE 後就能執行尋找目標第二次出現的位置或者第三次出現的位置，這種方向也和本例一樣，借助其他函數作輔助，進而擴大目前函數的適用範圍，增強其功能。

② 在本例中，如果要計算最大值則不能在公式中使用 IF 函數，而計算最小值卻必須使用 IF 函數，否則計算結果總為 0。例如：

=TEXT(MAX(ISNUMBER(SEARCH("（？具類 ",A2:A11))*B2:B11),"0.00%")——
可以正確擷取最大值。

=TEXT(MIN(ISNUMBER(SEARCH("（？具類 ",A2:A11))*B2:B11),"0.00%")——
不可以正確擷取最小值。

▶ 範例延伸

思考：計算文具類最小利率

提示：不需要使用萬用字元，也就不再用 SEARCH 函數。改用 RIGHT 來判斷是否滿足條件。

每個投票者可以給自己喜歡的兩個歌手投票，現在需要要統計得票最少的歌手有幾票。

開啟範例檔案中的資料檔案，在 E2 儲存格輸入以下陣列公式：

=MIN(COUNTIF(B2:C11,B2:C11))

按下〔Ctrl〕+〔Shift〕+〔Enter〕複合鍵後，公式將算出得票最少者的票數，結果如圖 4.57 所示。

E2	▾		f_x	{=MIN(COUNTIF(B2:C11,B2:C11))}	
	A	B	C	D	E
1	投票者	歌手一	歌手二		得票最少者有幾票
2	趙前門	劉青青	趙麗華		2
3	羅新華	趙麗華	張華靚		
4	錢單文	劉青青	趙麗華		
5	梁愛國	王明秀	劉青青		
6	陳胡明	張華靚	趙麗華		
7	張大中	劉青青	王明秀		
8	陳坡	劉青青	趙麗華		
9	張世後	趙麗華	劉青青		
10	朱文濤	劉青青	趙麗華		
11	周全	劉青青	趙麗華		

圖 4.57　計算得票最少者有幾票

▶ 公式說明

本例首先利用 COUNTIF 函數計算每位歌手的得票數量，然後用 MIN 函數取其最小值。

▶ 使用注意

① 本例僅計算得票最少者的票數。如果需要統計有多少人得票最少，即得票並列最少者，可以使用如下陣列公式。

=COUNT(1/IF(COUNTIF(B2:C11,B2:C11)=MIN(COUNTIF(B2:C11,B2:C11)),COUNTIF(B2:C11,B2:C11)))/MIN(COUNTIF(B2:C11,B2:C11))

② 本例的公式不適用於範圍中有空白儲存格的情況，例如，某人僅僅對一個歌手投票，另一個儲存格保持空白，那麼應改用如下陣列公式完成計算。

=MIN(IF(B2:C11<>"",COUNTIF(B2:C11,B2:C11)))

▶ 範例延伸

思考：計算有多少位歌手

提示：也就是求多列多欄的不重複資料個數。用 1 除以每位歌手的得票數，再加總即可。

範例 240 根據工程的難度係數計算獎金（MIN）

範例檔案 第 4 章 \240.xlsx

由於每個人的工程難度係數不同，工程按照難度係數發放獎金，用 5000 元乘以難度係數後作為最終的獎金，但是高於 5000 元時按 5000 元計算。要根據圖 4.58 中 A 欄的難度係數計算最終獎金。

開啟範例檔案中的資料檔案，在 B2 儲存格輸入以下陣列公式：

=MIN(A2*5000,5000)

按下〔Enter〕鍵後，公式將算出第一位員工的獎金。按兩下儲存格填滿控點，將公式向下填滿，結果如圖 4.58 所示。

B2		fx	=MIN(A2*5000,5000)	
	A	B	C	D
1	難度係數	獎金		
2	0.66	3300		
3	1.21	5000		
4	0.91	4550		
5	1.38	5000		
6	1.23	5000		
7	0.71	3550		
8	1.48	5000		
9	0.8	4000		
10	0.55	2750		
11	1.16	5000		

圖 4.58　根據工程的難度係數計算獎金

▶ 公式說明

本例公式將難度係數乘以 5000，如果結果大於 5000，則取值 5000，否則取難度係數與獎金 5000 的乘積。

▶ 使用注意

① 本例也可以利用 IF 函數來完成，公式如下。

=IF(A2>=1,5000,A2*5000)

=IF(A2>=1,INT(A2),A2)*5000

顯然，利用 MIN 的方向可以使公式更簡短。

② 如果本例修改條件，當難度係數超過 1.3 時，按 1.3 計算。公式修改如下。

=MIN(A2,1+(A2>1.3)*0.3)*5000

▶ 範例延伸

思考：利用 IF 函數完成 "使用注意" 中第 2 點的獎金計算方式

提示：需要使用兩個 IF 函數嵌套。

範例 241 計算五個班第一名人員的最低成績（MIN）

範例檔案 第 4 章 \241.xlsx

五個班的成績在同一活頁簿的不同工作表中，要計算每個班級的最高成績，再從五個最高成績中找到最低成績。

開啟範例檔案中的資料檔案，在 D2 儲存格輸入以下公式：

=MIN(SUBTOTAL(4,INDIRECT({" 一 "," 二 "," 三 "," 四 "," 五 "}&" 班 !B2:b11")))

按下〔Enter〕鍵後，公式將算出五個班中第一名人員的最低成績，結果如圖 4.59 所示。

D2	▼	fx	=MIN(SUBTOTAL(4,INDIRECT({"一", "二","三","四","五"}&"班!B2:b11")))	
▲	A	B	C	D	E
1	姓名	成績		五個班中第一名人員的最低成績	
2	劉越堂	66		94	
3	朱通	92			
4	胡開山	94			
5	劉五強	79			
6	周文明	74			
7	李範文	99			
8	張志堅	69			
9	蔣文明	78			
10	石開明	85			
11	歐陽華	75			

圖 4.59　計算五個班中第一名人員的最低成績

▶ 公式說明

本例要求先對五個班計算最大值，再從最大值中取最小值，這需要涉及二維陣列的運算，而 MIN 函數和 MAX 函數都無法將多維陣列轉換成一維陣列，所以本例借用 SUBTOTAL 函數來執行。

公式首先利用 INDIRECT 函數參照五個工作表中的範圍，然後用 SUBTOTAL 函數對每個範圍計算最大值，產生一個包含五個數值的陣列。最後對該陣列擷取最小值。

▶ 使用注意

① INDIRECT 函數可以將字串運算式轉化成範圍參照，特別在多個工作表操作時它佔有不可取代的地位。本例中利用 INDIRECT 函數產生一個二維陣列，包含所有待計算的範圍。如果直接對五個範圍計算最大值，產生的結果是一個，而不是五個。

例如以下公式：

=MAX(一班 : 五班 !B2:B11)

② 本例中 SUBTOTAL 函數的功能是計算五個工作表的 B2:B11 範圍的最大值，產生包含 5 個元素的陣列。MAX 函數也可以計算最大值，但不具備產生陣列的功能。

▶ 範例延伸

思考：計算五個班所有人員的最低成績

提示：將五個班的工作表參照作為 MIN 函數的參數即可。

範例 242 計算售價超過 850 元的產品最低利率（DMIN）

範例檔案 第 4 章 \242.xlsx

根據資料範圍中的資料，計算售價超過 850 元的產品的最低利率。開啟範例檔案中的資料檔案，在 F5 儲存格輸入以下公式：

=DMIN(A1:D11,F4,F1:F2)

按下〔Enter〕鍵後，公式將算出售價超過 850 元的產品的最低利率，結果如圖 4.60 所示。

F5		▼		f_x	=DMIN(A1:D11,F4,F1:F2)	
	A	B	C	D	E	F
1	產品	銷售額	成本	利率		銷售額
2	A	937	592	36.8%		>850
3	B	1191	490	58.9%		
4	C	902	469	48.0%		利率
5	D	722	436	39.6%		36.8%
6	E	705	475	32.6%		
7	F	808	410	49.3%		
8	G	865	433	49.9%		
9	H	847	471	44.4%		
10	I	908	552	39.2%		
11	J	755	700	7.3%		

圖 4.60　計算售價超過 850 元的產品的最低利率

▶ 公式說明

本例的統計區是 A1:D11，統計項目是 F4 儲存格的下拉清單選定的項目。目前值為 "利率"。而統計的條件區是 F1:F2，表示對銷售額大於 850 元的產品進行計算。

DMIN 函數的第一、第三參數只能是範圍參照，而第二參數除本例的參照方式外，也可以直接輸入參數。

▶ 使用注意

① DMIN 函數算出清單中滿足指定條件的記錄欄位中的最小數字。它有三個參數。第一參數是待計算範圍，也稱為資料庫；第二參數是待統計最小值的欄位或者欄，可以用欄位名做參數，也可以用欄號做參數；第三參數是包含所指定條件的儲存格範圍，可以忽略。

② 本例中 F4 儲存格使用了下拉清單，從下拉清單中選擇 "銷售額"，那麼公式的結果就是銷售額高於 850 元這類產品中的最低銷售額；如果選擇 "成本"，那麼公式結果就是銷售額高於 850 元這類產品的最低成本。

③ 本例中 DMIN 的第二參數 "F4" 改成 "4" 可以得到同樣的計算結果。

▶ 範例延伸

思考：計算所有產品的最低利率

提示：相對於本例公式，刪除公式的第三參數或者刪除條件區 F1:F2 的數據。

範例 243 計算文具類和廚具類產品的最低單價（DMIN）

範例檔案 第 4 章 \243.xlsx

根據資料範圍中的資料，計算文具類和廚具類產品的最低單價。開啟範例檔案中的資料檔案，在 D4 儲存格輸入以下公式：

=DMIN(A1:B11,2,D1:D2)

按下〔Enter〕鍵後，公式將算出文具類和廚具類產品的最低單價，結果如圖 4.61 所示。

D4	▼	fx	=DMIN(A1:B11,2,D1:D2)	
	A	B	C	D
1	產品	單價		產品
2	洗衣機（家電類）	937		＊〈?具類）
3	電炒鍋（廚具類）	89		
4	筆筒（文具類）	25		5
5	電視（家具類）	722		
6	洗衣粉（洗滌用具類）	12		
7	菜刀（廚具類）	15		
8	文具盒（文具類）	5		
9	毛筆（文具類）	8		
10	收音機（家電類）	25		
11	香皂（洗滌用類）	5		

圖 4.61　文具類和廚具類產品的最低單價

▶ 公式說明

本例透過 DMIN 函數計算文具類和廚具類產品的最低單價。為了縮短公式長度，利用萬用字元同時表達出兩種產品都符合的條件。

▶ 使用注意

① DMIN 函數主要基於指定條件求最小值，MIN 函數配合 IF 函數也可以完成。但是像本例中利用萬用字元才能完成的計算，MIN 函數就無能為力了。

② 使用 DMIN 函數時，如果需要填滿公式，以計算不同專案的值，第二參數通常使用數字會更靈活。例如，"COLUMN（A1）"或者"ROW（A1）"，當公式向右或者向下填滿時，公式計算的欄（字元）會產生動態的變化。

③ DMIN 函數支援多個條件限制。例如，本例中還可以添加單價大於 50 的條件，將條件列在 D1:D2 範圍之後，再修改 DMIN 函數的參數參照範圍即可。

▶ 範例延伸

思考：計算洗滌用具類產品的最低單價

提示：修改 D2 儲存格的條件。

開啟範例檔案中的資料檔案，在 D2 儲存格輸入以下公式：

=SMALL(B2:B11,3)

按下〔Enter〕鍵後，公式將算出第三個最小成績，結果如圖 4.62 所示。

圖 4.62　計算第三個最小成績

▶ 公式說明

　　本例利用 SMALL 函數計算 B2:B11 範圍中第三個最小成績。其中第二參數決定了取數的條件。

▶ 使用注意

　　① SMALL 函數可以取資料集中第 K 個最小值。它有兩個參數，第一參數是包含尋找目標的陣列或者範圍；第二參數表示目標資料在陣列或資料範圍中的從小到大的排列位置。

　　② SMALL 函數的第一參數可以是範圍參照及陣列，第二參數只能是數字或者包含數字的儲存格參照或者陣列，例如：

　　=SMALL(A1:A10,B1)——表示從 A1:A10 中擷取最小值，其順序等於 B1 的值。

　　=SMALL({1,2,45,20,FALSE},3)——結果是常數陣列中的第三個最小值 20。

　　③ SMALL 函數計算最小值時忽略邏輯值 TRUE 和 FALSE，以及字串型數字。如果需要將邏輯值和字串型數字一併計算，那麼需要利用 "--" 或者 "*1" 等方式轉換成數值。例如：

　　=SMALL(1*{1,2,45,20,FALSE},3)

▶ 範例延伸

　　思考：計算第一個最大值

　　提示：可以用 COUNT 計算第一參數的個數，作為 SMALL 的第二參數。

範例 245 計算最後三名成績的平均值（SMALL）

範例檔案 第 4 章 \245.xlsx

開啟範例檔案中的資料檔案，在 D2 儲存格輸入以下公式：

=AVERAGE(SMALL(B2:B11,{1,2,3}))

按下〔Enter〕鍵後，公式將算出最後三名成績的平均值，結果如圖 4.63 所示。

	A	B	C	D	E
	D2		fx	=AVERAGE(SMALL(B2:B11,{1,2,3}))	
1	姓名	成績		最後三名平均成績	
2	朱華青	94		66	
3	羅正宗	90			
4	徐大鵬	96			
5	胡不群	69			
6	黃花秀	93			
7	周語懷	78			
8	張坦然	69			
9	游有慶	97			
10	陳英	60			
11	王豹	88			

圖 4.63　計算最後三名成績的平均值

▶ 公式說明

本例利用常數陣列作為 SMALL 函數的第二參數，表示分別擷取最後三個最低分，然後再用 AVERAGE 函數計算平均值。

▶ 使用注意

① SMALL 函數的第二參數使用陣列可以計算多個最小值，產生的結果是陣列。

② 對於 SMALL 函數的第二參數使用陣列也有多種用法，本例中使用常數陣列，那麼雖然公式進行了陣列運算，卻可以按普通公式的形式輸入公式。如果使用陣列作為第二參數，則必須使用陣列公式的形式輸入公式。對於有顯著規律的數字，通常使用陣列來完成，可以減少公式的長度。例如，計算最後 10 個成績的和，兩種公式如下。

=SUM(SMALL(B2:B11,{1,2,3,4,5,6,7,8,9,10}))

=SUM(SMALL(B2:B11,ROW(1:10)))

第二個公式必須按陣列公式的形式輸入，否則只能取第一個最小值。

③ SMALL 函數的第二參數不能是負數，也不能大於第一參數中的數值個數，否則將產生錯誤值。

④ 如果 SMALL 函數的第二參數是小數，公式會將其無條件捨去再參與計算。

▶ 範例延伸

思考：計算小於第三個最小值的資料的個數

提示：利用 IF 函數排除大於等於第三個最小值的資料，再用 COUNT 函數計數。

範例 246 將成績按升冪排列（SMALL）

範例檔案 第 4 章 \246.xlsx

開啟範例檔案中的資料檔案，在 D2 儲存格輸入以下公式：

=SMALL(B$2:B$11,ROW(A1))

按下〔Enter〕鍵後，公式將算出最小成績。將公式向下填滿至 D11 後，可以將所有成績按從小到大的順序排列出來，結果如圖 4.64 所示。

	A	B	C	D	E
	D2 ▾		fx	{=SMALL(B$2:B$11,ROW(A1))}	
1	姓名	成績		將成績升冪排列	
2	趙興璧	94		60	
3	羅正宗	90		69	
4	陳玲	96		69	
5	陳金來	69		78	
6	黃興明	93		88	
7	周錦	78		90	
8	胡開山	69		93	
9	鄭君	97		94	
10	朱文濤	60		96	
11	曹莽	88		97	

圖 4.64　將成績按升冪排列

▶ 公式說明

本例利用 SMALL 函數算出參照範圍的最小值，使用 "ROW（A1）" 作為第二參數，當公式向下填滿時，ROW 將產生遞增的序列，進而執行從小到大逐一擷取成績進行升冪排列。

▶ 使用注意

① SMALL 函數只能對數值進行排列，如果 B2:B11 範圍中存在字串或者空值，那麼公式填滿後，在超過資料個數的儲存格將產生錯誤值 #NUM!。如果需要除錯，可以使用如下公式。

=IFERROR(SMALL(B$2:B$11,ROW(A1)),"")

② 如果範圍中有部分值是以字串形式存在的，若要所有數字都參與計算，那麼必須將範圍轉換成數值。轉換後必須以陣列公式的形式輸入公式。公式如下。

=IFERROR(SMALL(IFERROR(B$2:B$11*1,FALSE),ROW(A1)),"")

▶ 範例延伸

思考：將成績從大到小順序排列

提示：可以改用 LARGE 函數，也可以修改 SMALL 函數的第一參數達成需求，將第二參數改成總數據個數加 1 再減掉列序號即可。

範例檔案 第 4 章 \247.xlsx

工作表中有三個班級的前三名的成績。現在需要要以升幕列出每個班第一名的成績。開啟範例檔案中的資料檔案，在 F2 儲存格輸入以下陣列公式：

=SMALL(IF(C$2:C$11=" 第一名 ",D$2:D$11),ROW(A1))

按下〔Ctrl〕+〔Shift〕+〔Enter〕複合鍵後，公式將算出三個班的第一名成績中的最小值。將公式向下填滿可以得到所有第一名成績，結果如圖 4.65 所示。

	F2	▼	●	f_x	{=SMALL(IF(C$2:C$11="第一名",D$2: D$11),ROW(A1))}
	A	B	C	D	E	F
1	姓名	班級	名次	平均成績		三個班第一名成績
2	胡秀文	一班	第一名	94		94
3	周長傳	一班	第二名	95		98.5
4	趙有才	一班	第三名	90		99
5	李範文	二班	第一名	99		
6	劉喜仙	二班	第二名	93		
7	黃興明	二班	第三名	88.5		
8	李有花	三班	第一名	98.5		
9	朱貴	三班	第二名	97		
10	錢單文	三班	第二名	97		
11	曲華國	三班	第三名	88		

圖 4.65　列三個班第一名成績

▶ 公式說明

本例公式首先利用 IF 函數將不屬於第一名的成績排除，再用 SMALL 函數從符合條件的資料中分別擷取每一個資料。擷取出來的資料可能有 3 個，可能超過 3 個（多人並列第一名時）。

▶ 使用注意

① 本例公式是基於條件 "第一名" 列最小值，設定條件時必須使用 IF 函數，否則公式結果將全部為 0。例如以下公式：

=SMALL((C$2:C$11=" 第一名 ")*D$2:D$11,ROW(A1))

② 在填滿公式時，因不能確定目標資料有多少個，通常將公式一直向下拖曳，直到出現錯誤值，然後手動清除錯誤值。如果想一次列出所有資料且能除錯，則可以使用 IFERROR 函數將錯誤值轉換成空字串。公式如下。

=IFERROR(SMALL(IF(C$2:C$11=" 第一名 ",D$2:D$11),ROW(A1)),"")

▶ 範例延伸

思考：列三個班第三名成績

提示：相對於本例公式，將第一名改成第三名即可。

某產品從去年 1 ~ 10 月到今年 1 ~ 10 月之間不斷調整價格。要統計所有出現過的價格，結果顯示在單欄中。

開啟範例檔案中的資料檔案，在 E2 儲存格輸入以下陣列公式：

=IF(ROW(A1)>SUM(1/COUNTIF(B$2:C$11,B$2:C$11)),"",SMALL(B$2:C$11,1+COUNTIF(B$2:C$11,"<="&E1)))

按下〔Ctrl〕+〔Shift〕+〔Enter〕複合鍵後，公式將算出所有價位中的最小值。將公式向下填滿可以得到所有出現過的價格，結果如圖 4.66 所示。

E2	▼	fx	{=IF(ROW(A1)>SUM(1/COUNTIF(B$2:C$11,B$2:C$11)),"",SMALL(B$2:C$11,1+COUNTIF(B$2:C$11,"<="&E1)))}		
	A	B	C	D	E	F
1	月份	去年	今年		有哪些價位	
2	1月	200	190		170	
3	2月	180	190		180	
4	3月	230	180		190	
5	4月	200	200		200	
6	5月	220	220		220	
7	6月	200	240		230	
8	7月	180	180		240	
9	8月	240	180			
10	9月	200	190			
11	10月	170	180			

圖 4.66　查看產品曾經銷售的所有價位

▶ 公式說明

本例本質上是求不重複資料，但和前面的擷取不重複資料實例卻不一樣。因為本例的特點是參照範圍全是數字，所以本例取巧，利用 SMALL 函數來完成。

本例公式的前半段用於除錯，即公式填滿超過資料個數時，將錯誤值轉換成空白；後半段則利用 SMALL 函數從參照範圍中取值，取出的值不重複，且以從小到大的順序排列。

▶ 使用注意

① 本例公式使用了 E1 儲存格作為輔助區，公式必須在第二列輸入。如果需在公式 E1 儲存格輸入也可以正常運行，可以改用如下公式。

=IF(ROW(A1)>SUM(1/COUNTIF(B$2:C$11,B$2:C$11)),"",SMALL(B$2:C$11,1+COUNTIF(B$2:C$11,"<="&IF(ROW()=1,"A",OFFSET(E1,-1,,)))))

② 本例中擷取唯一值只用 "=SMALL(B$2:C$11,1+COUNTIF(B$2:C$11,"<="&E1))" 也可以，只是向下填滿公式時要人工判斷填滿到哪個位置停止，否則部分數據會參照 2 次。

▶ 範例延伸

思考：查看產品曾經銷售的所有價位，結果降冪排列

提示：相對於本例公式，修改 COUNTIF 的第二參數即可。

範例 249 列三個工作表 B 欄最後三名成績（SMALL）

範例檔案 第 4 章 \249.xlsx

本年級分三個班，每個班的成績輸入到一個工作表中，每個班的人數不盡相同，要列出三個班中最後三名成績。

開啟範例檔案中的資料檔案，在 D2 儲存格輸入以下公式：

=SMALL(一班：三班 !B:B,ROW(A1))

按下〔Enter〕鍵後，公式將算出三個班的最低成績。逐一列出最後三名成績，結果如圖 4.67 所示。

圖 4.67　列三個工作表 B 欄最後三名成績

▶ 公式說明

本例利用 "一班：三班 !B:B" 作為 SMALL 函數的第一參數，表示對三個工作表 B 欄的所有數值擷取最小值。第二參數使用了 ROW，向下填滿公式時會自動累加 1，因此將它配合 SMALL 函數可以擷取第一小值、第二小值、第三小值。

▶ 使用注意

① 三個工作表的人數不盡相同，但是 SMALL 函數在計算最小值時可以忽略空白儲存格和字串，所以不需要考慮三個範圍的空白區，同時參照三個工作表的整欄即可。

② 如果三個班的成績存放在一個工作表中，但成績並不在一個連貫的範圍，而是分散在 "B2:B11"、"F2:F14"、"H2:H20" 三個範圍，那麼可以使用如下公式完成。

=SMALL((B:B,F:F,H:H),ROW(A1))

SMALL 函數只有兩個參數，只能對一個範圍計算最小值。但如果同工作表三個範圍需要計算最小值，可以在參數中列多個範圍，利用括弧和逗號將三個範圍合併為一個範圍，然後 SMALL 函數就可以對這個合併範圍計算最小值。

③ 計算多工作表的最小值時，每個工作表的計算範圍都必須一致。

▶ 範例延伸

思考：列最後三名成績以外的所有成績

提示：利用 IF 函數排除最後三名成績之後，再用 SMALL 函數逐一擷取數值。

範例檔案 第 4 章 \250.xlsx

工作表有 10 個人員的成績，計算與範圍中第三個最大值相等的資料個數。

開啟範例檔案中的資料檔案，在 D2 儲存格輸入以下陣列公式：

=SUM(--(B2:B11=LARGE(B2:B11,3)))

按下〔Ctrl〕+〔Shift〕+〔Enter〕複合鍵後，公式將算出與第三個最大值相等的資料個數，結果如圖 4.68 所示。

D2	▼		fx	=SUMPRODUCT(--(B2:B11=LARGE(B2:B11,3)))	
	A	B	C	D	E
1	姓名	成績		與第三個最大值並列的人數	
2	陳覽月	99		2	
3	趙興文	85			
4	胡開山	90			
5	徐大鵬	90			
6	周語懷	81			
7	張三月	99			
8	游有之	100			
9	劉佩佩	98			
10	張居正	89			
11	張大中	86			

圖 4.68　計算與第三個最大值相等的資料個數

▶ 公式說明

本例公式利用 LARGE 計算範圍中第三個最大值，再透過判斷該值是否等於成績範圍，進而產生一個由邏輯值 TRUE 和 FALSE 組成的一維陣列。最後將該陣列轉換成數值並加總即得到與第三個最大值相等的資料個數。

▶ 使用注意

① LARGE 函數用於計算參數清單中第 K 個最大值，通常用它取出第幾名的數值。它包含兩個參數，第一參數是需要從中選擇第 K 個最大值的陣列或資料範圍，可以是儲存格參照，也可以是陣列；第二參數是公式結果在陣列或資料儲存格範圍中的從大到小位置。

② 本例也可以使用如下公式完成。

=SUMPRODUCT(N(B2:B11=LARGE(B2:B11,3)))──→普通公式。

=COUNT(1/((B2:B11=LARGE(B2:B11,3))))──→陣列公式。

▶ 範例延伸

思考：計算 B2:B11 範圍中第十個最大值是多少

提示：利用 10 值作為 LARGE 的第二參數即可。

範例 251 計算前十大值產量合計（LARGE）

範例檔案 第 4 章 \251.xlsx

將前十個最大產量加總，如果多個產量並列，則全部加總。開啟範例檔案中的資料檔案，在 E2 儲存格輸入以下公式：

=SUMPRODUCT((B2:C11>LARGE(B2:C11,11))*B2:C11)

按下〔Enter〕鍵後，公式將算出前十個最大產量總和，結果如圖 4.69 所示。

	A	B	C	D	E
			f_x	=SUMPRODUCT((B2:C11>LARGE(B2: C11,11))*B2:C11)	
1	機台	A組產量	B組產量		前十大值產量合計
2	1#	665	531		6554
3	2#	618	659		
4	3#	663	687		
5	4#	563	560		
6	5#	636	659		
7	6#	506	602		
8	7#	605	549		
9	8#	684	665		
10	9#	542	606		
11	10#	564	618		

圖 4.69　計算前十大值產量合計

▶ 公式說明

本例公式首先利用 LARGE 計算第十一個最大值，然後將大於第十一個最大值的資料加總，進而得到前十個最大產量總和。

▶ 使用注意

① 本例要求將並列第十名的產量加總，所以使用加總大於第十一名的資料的方向。如果需要忽略並列資料，那麼可以使用如下公式。

=SUMPRODUCT(LARGE(B2:C11,ROW(1:10)))

因為本例中的資料不存在重複值，所以兩種公式的結果一致。如果存在至少兩個資料並列第十名，公式結果才會產生差異。

② 本例還可以利用 SUMIF 函數完成，同樣是普通公式。

=SUMIF(B2:C11,">="&LARGE(B2:C11,10))

③ LARGE 函數是計算第 K 個最大值的函數，這和名次容易混淆。正確的算法應該是當範圍或組數中不存在重複陣列時，第幾名的資料就等於第幾個最大值，否則不相等。例如範圍中第十個最大值不一定是第十名。因為第十個最大值有可能是第一名，即 10 個人並列第一名的時候。

▶ 範例延伸

思考：使用 SUMIF 函數計算大於等於前十個最大值總和，忽略最大值

提示：利用 LARGE 計算出第十個最大值，作為 SUMIF 函數的第二參數，再配合比較運算子即可。

範例 252 按成績列出學生排行榜（LARGE）

範例檔案 第 4 章 \252.xlsx

將 10 位學生姓名按得分高低降冪排列，如果兩者得分一致，以 A 欄姓名出現順序為準。

開啟範例檔案中的資料檔案，在 D2 儲存格輸入以下陣列公式：

=INDEX(A$2:A$11,MATCH(LARGE(10-ROW($2:$11)+B$2:B$11*1000,ROW(A1)),10-ROW($2:$11)+B$2:B$11*1000,0))

按下〔Ctrl〕+〔Shift〕+〔Enter〕複合鍵後，公式將算出成績為第一名的學生姓名。將公式向下填滿至 D11，結果如圖 4.70 所示。

| D2 | ▼ | fx | {=INDEX(A$2:A$11,MATCH(LARGE(10-ROW($2:$11)+B$2:B$11*1000,ROW(A1)), 10-ROW($2:$11)+B$2:B$11*1000,0))} |

	A	B	C	D	E	F
1	姓名	成績		排行榜		
2	仇有千	60		廖工慶		
3	孫二興	65		陳中國		
4	廖工慶	93		曹錦榮		
5	曹錦榮	87		程前和		
6	程前和	70		張徽		
7	張徽	70		古至龍		
8	古貴明	64		孫二興		
9	陳中國	93		古貴明		
10	古至龍	67		仇有千		
11	蔣有國	60		蔣有國		

圖 4.70　按成績列出學生排行榜

▶ 公式說明

本例公式利用 LARGE 分別計算每一位學生的成績，再用 MATCH 函數找出每個成績在 B2:B11 範圍中的位置，最後用 INDEX 直接參照該位置的資料即可。

為了防止多人分數相同時排行榜中僅僅排出第一人的姓名，所以對每一個人的成績擴大 1000 倍後再加上列號，使資料不可能再出現重複值，進而在參照姓名時可以將同成績的所有姓名都列出來。

▶ 使用注意

① 本例為要求同分數者按 A 欄的先後順序進行排列，而排在前面的資料的列號比排在後面的資料的列號更小，所以，為了讓順序顛倒過來，將 "ROW($2:$11)" 改用 "10-ROW($2:$11)"。

② INDEX 和 MATCH 都屬於尋找與參照函數，在本書第 6 章會有更詳盡的說明以及更多的範例。

▶ 範例延伸

思考：按成績從小到大的順序列出學生排行榜

提示：相對於本例公式，將 LATGE 函數改用 SMALL 函數，且將 "10-" 刪除。

範例檔案 第 4 章 \253.xlsx

工作表中有內銷和外銷兩類產品，要擷取銷量為前三名的產品名稱。開啟範例檔案中的資料檔案，在 D2 儲存格輸入以下陣列公式：

=LOOKUP(0,0/($B$2:$B$10*100+ROW($2:$10)=(LARGE(IF(RIGHT(A$2:A$10,3)=" 外銷）",B$2:B$10*100+ROW($2:$10)),ROW(A1)))),A$2:A$10)

按下〔Ctrl〕+〔Shift〕+〔Enter〕複合鍵後，公式將算出銷量第一的外銷產品名稱。將公式向下填滿至 D4 儲存格，結果如圖 4.71 所示。

D2 ▾	fx	{=LOOKUP(0,0/($B$2:$B$10*100+ROW($2:$10)=(LARGE(IF(RIGHT(A$2:A$10,3)="外銷）",B$2:B$10*100+ROW($2:$10)),ROW(A1)))),A$2:A$10)}

◢	A	B	C	D	E
1	產品	銷量(萬)		外銷產品前三名	
2	壓克力板（內銷）	29		耳機（外銷）	
3	玻璃（外銷）	26		尖嘴鉗（外銷）	
4	A4紙（內銷）	27		美工刀（外銷）	
5	美工刀（外銷）	29			
6	尖嘴鉗（外銷）	29			
7	毛筆（內銷）	13			
8	耳機（外銷）	33			
9	風筒（內銷）	30			
10	牙刷（外銷）	22			

圖 4.71　擷取銷量為前三名的外銷產品名稱

▶ 公式說明

本例公式首先用 RIGHT 函數擷取右邊三個字元，判斷是否為外銷產品。如果是外銷產品則將原銷量擴大 100 倍再加上列號，進而將銷量相同的產品區分開。然後用擴大 100 倍的銷量加列號與第一個最大值進行比較，得到一個由 TRUE 和 FALSE 組成的陣列。當用 0 除以該陣列後，陣列中的 TRUE 轉換成 0，而 FALSE 轉換成錯誤值。最後使用函數 LOOKUP 尋找 0 的位置，並算出 0 值對應的產品名稱。

當公式向下填滿時，可以分別算出第一大、第二大、第三大銷量對應的產品名稱。

▶ 使用注意

① 本例公式中 LOOKUP 函數的第一參數也可以使用大於 0 的任意數值。

② LOOKUP 函數是尋找和參照函數，它的計算規則比較複雜，在本書的第 6 章會有相關的介紹。

③ 本例也可以使用 INDEX 函數來完成，公式如下。

=INDEX(A:A,MAX(IF($B$2:$B$10*100+ROW($2:$10)=LARGE(IF(RIGHT(A$2:A$10,3)="外銷）",B$2:B$10*100+ROW($2:$10)),ROW(A1)),ROW($2:$10))))

▶ 範例延伸

思考：列出所有外銷產品

提示：判斷右邊三個字元是否為"外銷）"，是則算出其列號，否則算出 1048576。然後用 SMALL 函數分別取第一個列號作為 INDEX 函數的參數進行取值。

範例 254 計算哪種產品的生產次數最多（MODE）

範例檔案 第 4 章 \254.xlsx

因進度需要，生產線每小時會更換一種生產型號，要計算哪種產品的生產次數最多。

開啟範例檔案中的資料檔案，在 D2 儲存格輸入以下陣列公式：

=TEXT(MODE(B2:B9*1)，"00")

按下〔Ctrl〕+〔Shift〕+〔Enter〕複合鍵後，公式將算出生產次數最多的產品，結果如圖 4.72 所示。

D2	▼	fx	{=TEXT(MODE(B2:B9*1),"00")}	
	A	B	C	D
1	時間	生產產品（代號）		哪種產品生產次數最多
2	8:00-9:00	11		11
3	9:00-10:00	11		
4	10:00-11:00	11		
5	11:00-12:00	06		
6	13:00-14:00	02		
7	14:00-15:00	06		
8	15:00-16:00	03		
9	16:00-17:00	06		

圖 4.72　計算哪種產品的生產次數最多

▶ 公式說明

本例公式將原產品代碼轉換成數值，然後用 MODE 函數計算眾數，最後用 TEXT 函數將擷取出來的產品代碼轉換成產品代碼一致的格式。

▶ 使用注意

① MODE 函數可以算出某一陣列或資料範圍中出現頻率最多的數值。它有 1～255 個參數，第 2～255 參數是非必填參數。

② MODE 函數只能對數值進行操作。本例中產品代碼是字串型數字，所以將原資料乘以 1 轉換成數值再擷取眾數。

③ 眾數即出現次數最多的資料。如果參數所參照的範圍或者陣列中不存在眾數，那麼公式算出錯誤值 N/A。

④ 如果範圍中存在兩個數值出現次數並列第一，僅取最先出現的資料。例如，本例中 B3 儲存格資料是 "11"，那麼公式結果將是 "11"，而不再是 "06"。

▶ 範例延伸

思考：計算陣列 {"A","F","D","C","A","B","C","A"} 中哪一個字母出現次數最多

提示：MODE 函數無法對字母進行操作，所以利用 CODE 函數將字母轉換成數字再取眾數。

範例 255 列出被投訴多次的工作人員編號（MODE）

範例檔案 第 4 章 \255.xlsx

工作表中有本年度工作人員的被投訴記錄，要列出被投訴多次的人員編號，忽略被投訴一次者。而列編號時，以被投訴次數多少進行降冪排列。即被投訴多者在前，對於多人被投訴次數一樣多，則以 A 欄先後順序為準。

開啟範例檔案中的資料檔案，在 D2 儲存格輸入以下陣列公式：

=IFERROR(TEXT(MODE(IF(COUNTIF($D$1:D1,$B$2:$B$11)=0,$B$2:$B$11*1)),"00"),"")

按下〔Ctrl〕+〔Shift〕+〔Enter〕複合鍵後，公式將算出被投訴次數最多的工作人員編號，結果如圖 4.73 所示。

	A	B	C	D
	D2 ▾	fx	{=IFERROR(TEXT(MODE(IF(COUNTIF($D$1:D1, $B$2:$B$11)=0,$B$2:$B$11*1)),"00"),"")}	
1	日期	被投訴人員編號		表列出被投訴多次的人員編號（降冪）
2	2014年5月1日	11		11
3	2014年5月3日	02		06
4	2014年5月8日	11		02
5	2014年6月2日	06		
6	2014年7月8日	02		
7	2014年8月10日	06		
8	2014年9月12日	11		
9	2014年10月25日	06		
10	2014年11月25日	03		
11	2014年12月20日	04		

圖 4.73 列出被投訴多次的工作人員編號

▶ 公式說明

本例使用 D1 儲存格作為輔助區，對未在輔助區中出現過的被投訴人員編號計算眾數。當公式下拉填滿時，公式可以排除第一個眾數，對剩下的編號計算眾數，直到不存在重複編號為止。

▶ 使用注意

① 本例因需要使用 D1 儲存格作為輔助區，故公式必須從第二列開始輸入，然後下拉填滿。

② 如果 B2:B11 的資料是姓名，那麼不能使用本公式；如果是單個的英文編號，那麼可以將編號轉換成數值再計算眾數。

▶ 範例延伸

思考：B2:B11 範圍中出現次數第二的編號

提示：利用 IF 排序眾數，對剩下的資料求眾數即可。

排名次

範例 256 對學生成績排名（RANK）

範例檔案 第 4 章 \256.xlsx

對每個學生根據成績進行排名次，成績越高，名次越靠前。開啟範例檔案中的資料檔案，在 C2 儲存格輸入以下公式：

=RANK(B2,B$2:B$11,0)

按下〔Enter〕鍵後，公式將算出第一個學生的名次。按兩下儲存格的填滿控點，將公式向下填滿，結果如圖 4.74 所示。

	A	B	C	D
	C2		fx	=RANK(B2,B$2:B$11,0)
1	姓名	成績	名次	
2	柳三秀	83	3	
3	孫二興	71	8	
4	蔣有國	78	5	
5	朱文濤	84	2	
6	張慶	96	1	
7	梁興	76	7	
8	吳國慶	78	5	
9	嚴西山	69	9	
10	周文明	81	4	
11	陳新年	53	10	

圖 4.74　對學生成績排名

▶ 公式說明

本例公式利用 RANK 函數對每一個學生的成績進行降冪排名。排名時，如果多人並列，那麼後面的成績會根據重複值的個數將名次延後。例如，有兩個學生並列第一名，那麼下一個學生會排為第三名。

▶ 使用注意

① RANK 函數用於計算一個數字在範圍中的排列名次，可以指定升冪排名還是降冪排名。函數有三個參數，第一參數是待計算名次的數值，不能是字串，但可以是邏輯值；第二參數是參照範圍，表示需要在該範圍內計算名次；第三參數是非必填參數，用於定義計算名次的方式。當本參數為 0 或者省略時，按降冪排列，參數是 1 時，按升冪排列。

② RANK 函數的第二參數必須是範圍參照，不能是常數陣列或者陣列。例如：

=RANK(B2,IF(B$2:B$11>10,B2:B11),0)

=RANK(B2,{80,83,50,4},0)

▶ 範例延伸

思考：以升冪對成績計算名次

提示：將 RANK 函數的第三參數使用 1。

範例檔案 第 4 章 \257.xlsx

開啟範例檔案中的資料檔案，在 J2 儲存格輸入以下公式：

=RANK(I2,(B2:B11,D2:D11,F2:F11),0)

按下〔Enter〕鍵後，公式將算出 H2:I2 所限制的目標的名次，結果如圖 4.75 所示。

J2	▼		fx	=RANK(I2,(B2:B11,D2:D11,F2:F11),0)					
	A	B	C	D	E	F	G	H	I	J
1	一班	成績	二班	成績	三班	成績		姓名	成績	名次
2	趙	611	褚	611	何	581		嚴	523	25
3	錢	562	衛	571	呂	619				
4	孫	510	蔣	601	施	529				
5	李	501	沈	576	張	507				
6	周	608	韓	580	孔	526				
7	吳	603	楊	584	曹	551				
8	鄭	539	朱	584	嚴	523				
9	王	524	秦	509	華	518				
10	馮	574	尤	614	金	530				
11	陳	590	許	574	魏	607				

圖 4.75　查詢某人成績在三個班中的排名

▶ 公式說明

本例要求計算某人成績在三個班中的排名，且三個班的成績分佈在三個範圍，所以在第二參數中將三個範圍用括弧括起來，表示三個範圍合併成一個範圍。最後再計算成績在此範圍中的排名。

▶ 使用注意

① RANK 函數第二參數只能是一個範圍，而逗號可以將多個範圍合併為一個範圍。所以 RANK 函數的第二參數利用這種方式來對多範圍計算名次。但不是所有函數都支援這種形式的合併範圍，MATCH、COUNTIF 等函數就不支援，而 RANK、SMALL、LARGE、SUM 等函數卻可以。

② 利用合併多範圍成為一個範圍做函數的參數，只能合併目前工作表的多個範圍，不能跨表操作。

③ 由於本例資料的特殊性，三個成績範圍中間不存在其他不需要參與排名的數值，而函數 RANK 在計算名次時可以忽略字串，所以本例公式也可以改成如下。

=RANK(I2,A2:F11,0)

▶ 範例延伸

思考：計算前三名人數，需要考慮多人成績並列第一或者第二

提示：用 RANK 函數分列出每個人的名次，再計算小於 4 的資料個數。

頻率分佈

範例 258 分別統計每個分數區間的人員個數（FREQUENCY）

範例檔案 第 4 章 \258.xlsx

計算 B2:B10 範圍中有幾個成績在 60 分以下，有幾個成績在 60 ～ 70 分之間，有幾個成績在 70 ～ 90 分之間，有幾個成績超過 90 分。

開啟範例檔案中的資料檔案，選擇 E3:E5 儲存格，再輸入以下陣列公式：

=FREQUENCY(B2:B11,D2:D5)

按下〔Ctrl〕+〔Shift〕+〔Enter〕複合鍵後，公式將算出 4 個頻率區間的人數，結果如圖 4.76 所示。

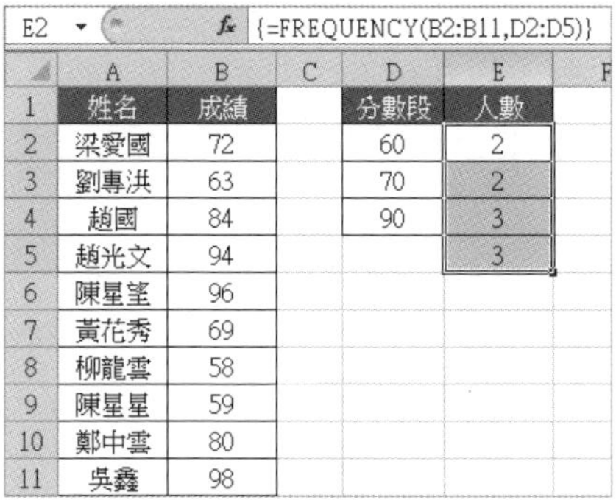

E2 {=FREQUENCY(B2:B11,D2:D5)}

	A	B	C	D	E	F
1	姓名	成績		分數段	人數	
2	梁愛國	72		60	2	
3	劉專洪	63		70	2	
4	趙國	84		90	3	
5	趙光文	94			3	
6	陳星筌	96				
7	黃花秀	69				
8	柳龍雲	58				
9	陳星星	59				
10	鄭中雲	80				
11	吳鑫	98				

圖 4.76 分別統計每個分數區間的人員個數

▶ 公式說明

本例公式利用 D2:D4 範圍的分數區間對 B2:B11 的成績計算頻率分佈。D2:D4 必須是數值，而公式是多儲存格陣列公式，且陣列的元素個數比分數區間多一個。所以分段條件是三個，但頻率計算結果佔用 4 個儲存格。

▶ 使用注意

① FREQUENCY 函數計算數值在某個範圍內的出現頻率，然後算出一個垂直陣列。陣列的元素個數較分段個數多出 1 個。它包含兩個參數，第一參數是待計算頻率的陣列或者範圍參照；第二參數是一個區間陣列或對區間的參照，公式以此為標準對資料計算頻率。

② 計算多個區間的頻率時，必須以多儲存格陣列公式的形式輸入，不能在第一個儲存格輸入公式後再填滿公式。

▶ 範例延伸

思考：本例公式的結果存放入 E1:H1 範圍

提示：FREQUENCY 函數的結果總是縱向陣列，可以使用 TRANSPOSE 函數轉換成橫向。

範例 259 計算蟬聯冠軍最多的次數（FREQUENCY）

範例檔案 第 4 章 \259.xlsx

在工作表中列出了 10 屆運動會的冠軍名字。其中部分人員多次獲得冠軍，要計算連續獲得冠軍最多的次數。

開啟範例檔案中的資料檔案，在 D2 儲存格輸入以下陣列公式：

=MAX(FREQUENCY(ROW(B$2:B$11),(B$2:B$10<>B$3:B$11)*ROW(B$2:B$10)))

按下〔Ctrl〕+〔Shift〕+〔Enter〕複合鍵後，公式將算出蟬聯冠軍最多的次數，結果如圖 4.77 所示。

	A	B	C	D	E
	D2		fx	{=MAX(FREQUENCY(ROW(B$2:B$11),(B$2:B$10<>B$3:B$11)*ROW(B$2:B$10)))}	
1	運動會	姓名		蟬聯冠軍次數最多	
2	第1屆	劉香		3	
3	第2屆	譚常			
4	第3屆	譚常			
5	第4屆	譚常			
6	第5屆	吳飛			
7	第6屆	劉香			
8	第7屆	周清			
9	第8屆	周清			
10	第9屆	吳飛			
11	第10屆	劉香			

圖 4.77　計算蟬聯冠軍最多的次數

▶ 公式說明

本例公式利用 B2:B11 範圍每個儲存格的列號來計算頻率，而以運算式 "(B$2:B$10<>B$3:B$11)*ROW(B$2:B$10)" 產生的陣列作為區間，可以計算出每個姓名連續出現的次數。最後用 MAX 函數擷取最大值即可。

FREQUENCY 函數本身無法對字串進行操作，所以本例重點在於如何將每個儲存格的狀態用合適的數值表現出來，且能對該數值設定合適的區間。

▶ 使用注意

① 本例中 FREQUENCY 函數的第一參數參照的範圍有 11 個儲存格，而第二參數產生的陣列只能用 10 個。因為 FREQUENCY 函數的參照範圍存在字串或者空白儲存格將會產生錯誤值，所以為了除錯，只將前 10 個儲存格和第二個儲存格開始的後 10 個儲存格進行比較，產生具有 10 個元素的陣列。

② 本例公式的難點和重點都在於 "(B$2:B$10<>B$3:B$11)*ROW(B$2:B$10)"，此運算式的功能是產生相同且相鄰的姓名所對應的列號 (加 2)，用它作為頻率區間去計算 "ROW(B$2:B$11)" 會產生陣列 "{1;0;0;3;1;1;0;2;1;1}"，其中最大值 3 即為蟬聯冠軍最多的次數。

▶ 範例延伸

思考：計算蟬聯冠軍次數第二的次數是多少

提示：相對於本例公式，將 MAX 函數改用 LARGE 函數。

範例 260 計算最多經過幾次測試才成功（FREQUENCY）

範例檔案 第 4 章 \260.xlsx

　　圖 4.78 所示的工作表中是做實驗的記錄，其中部分實驗一次成功，部分實驗經過一次或多次失敗才成功。要計算最多經過幾次實驗才成功，例如，某實驗失敗兩次成功一次，那麼按 3 次計算。

　　開啟範例檔案中的資料檔案，在 D2 儲存格輸入以下陣列公式：

=MAX(FREQUENCY(ROW(2:11),(B2:B11="成功")*ROW(2:11)))

　　按下〔Ctrl〕+〔Shift〕+〔Enter〕複合鍵後，公式將算出最多經過幾次測試才成功，結果如圖 4.78 所示。

| D2 | ▼ | fx | =MAX(FREQUENCY(ROW(2:11),(B2:B11=" |
| 成功")*ROW(2:11))) |

	A	B	C	D
1	運動會	姓名		最多測試第幾次才成功
2	第1次	成功		3
3	第2次	失敗		
4	第3次	成功		
5	第4次	成功		
6	第5次	成功		
7	第6次	成功		
8	第7次	失敗		
9	第8次	失敗		
10	第9次	成功		
11	第10次	成功		

圖 4.78　計算最多經過幾次測試才成功

▶ 公式說明

　　本例利用 B2:B11 範圍中每個儲存格的列號作為 FREQUENCY 函數的第一參數，以不等於 "成功" 的儲存格列號作為區間，然後計算列號在這個區間中的頻率分佈，可以得到每次成功所經過的次數。最後用 MAX 函數從中擷取最大值。

▶ 使用注意

　　① 本例使用儲存格的列號作為計算頻率的依據，所以參照的範圍 B2:B11 中是否存在空白儲存格都不會使公式產生錯誤值。

　　② 本例公式與範例 259 的公式的方向大同小異，區別在於前一個範例要計算所有姓名連續出現的最大次數，而本例則是計算一個 "成功" 到下一個 "成功" 之間的累計次數。公式的結果 3 其實代表第 7 次、第 8 次和第 9 次，測試了 3 次才成功。

▶ 範例延伸

　　思考：計算有多少次實驗是第一次就成功的

　　提示：仍然用本例的方向，利用 FREQUENCY 函數計算出每一成功經過的次數後，判斷其是否等於 1。然後加總等於 1 的個數。

範例 261 計算三個不連續區間的頻率分佈（FREQUENCY）

範例檔案 第 4 章 \261.xlsx

工作表中有 10 個學生的成績總分，要計算成績在 500 分以下、550 ～ 600 分，及 650 分以上的人數。

開啟範例檔案中的資料檔案，在 D2 儲存格輸入以下陣列公式：

=SUM(LOOKUP({1,3,5},ROW(1:5),FREQUENCY(B2:B11,{500,550,600,650})))

按下〔Ctrl〕+〔Shift〕+〔Enter〕複合鍵後，公式將算出三個不連續區間的人數，結果如圖 4.79 所示。

D2		fx	{=SUM(LOOKUP({1,3,5},ROW(1:5), FREQUENCY(B2:B11,{500,550,600,650})))}	
	A	B	C	D	E
1	學生	總分		計算成績在500以下、550 到600、650以上的人數	
2	張三月	524		7	
3	趙光明	679			
4	周至強	558			
5	柳龍雲	489			
6	趙黃山	583			
7	趙國	620			
8	李華強	665			
9	程前和	563			
10	姚達周	539			
11	鄭君	560			

圖 4.79　計算三個不連續區間的頻率分佈

▶ 公式說明

本例利用 FREQUENCY 函數計算 500 分以下、500 ～ 550 分、550 ～ 600 分、600 ～ 650 分以及 650 分以上的人數，結果是由 5 個元素組成的陣列。然後用 LOOKUP 函數分別取其第一、第三、第五個資料，最後用 SUM 函數加總。

▶ 使用注意

① 計算多個不同區間的頻率分佈也可以用 COUNTIF 函數配合 SUM 函數來完成。公式如下。

=SUM(COUNTIF(B2:B11,">"&{0,500,550,600,650})*{1,-1,1,-1,1})

② 本例公式中 FREQUENCY 函數的功能是產生 0 ～ 500、500 ～ 550、550 ～ 600、600 ～ 650 以及 650 分以上總共 5 個範圍的人數，最終只取其中第一、第三和第五個值，因此本例也可以使用 INDEX 函數替代 LOOKUP 函數，公式如下。

=SUM(INDEX(FREQUENCY(B2:B11,{500,550,600,650}),N(IF({1},{1,3,5}))))

▶ 範例延伸

思考：計算 550 ～ 600、650 ～ 700 之間的人數

提示：相對於本例公式，將陣列 "{1,3,5}" 改成 "{2,4}" 即可。

範例 262 計算因密碼錯誤被鎖定幾次（FREQUENCY）

範例檔案 第 4 章 \262.xlsx

假設使用者開發的一個系統設定登錄密碼連續錯誤 3 次及以上就會被系統鎖住半小時，半小時之內無法登錄系統。現根據工作表中的登錄記錄統計今天被系統鎖住幾次。

開啟範例檔案中的資料檔案，在 D2 儲存格輸入以下陣列公式：

=COUNT(0/((FREQUENCY(ROW(2:12),(B2:B12<>" 錯誤 ")*ROW(B2:B12))-1)>=3))

按下〔Ctrl〕+〔Shift〕+〔Enter〕複合鍵後，公式將算出因密碼錯誤被鎖定的次數，結果如圖 4.80 所示。

D2	▼	fx	{=COUNT(0/((FREQUENCY(ROW(2:12),(B2:B12<>"錯誤")*ROW(B2:B12))-1)>=3))}

▲	A	B	C	D	E	F
1	時間	密碼驗證		被鎖幾次		
2	08:50	正確		2		
3	09:50	正確				
4	12:00	錯誤				
5	12:01	錯誤				
6	12:02	錯誤				
7	12:04	錯誤				
8	15:05	正確				
9	16:00	錯誤				
10	16:01	錯誤				
11	16:02	錯誤				
12	19:00	正確				

圖 4.80 計算因密碼錯誤被鎖定幾次

▶ 公式說明

本例以 B2:B12 範圍每個儲存格的列號作為 FREQUENCY 的第一參數，以 "正確" 儲存格的列數作為區間計算出頻率分佈，將陣列減 1 即得到每一次 "錯誤" 連續出現的次數。最後統計大於等於的個數即得到因密碼錯誤被鎖定的次數。

▶ 使用注意

① 公式中 FREQUENCY 函數的計算結果是每一個 "正確" 與下一個 "正確" 之間的間隔數，要計算 "錯誤" 的連續出現次數，必須對 FREQUENCY 的結果減 1。

② 本例也可以採用如下陣列公式完成。

=SUM(N((FREQUENCY(ROW(2:12),(B2:B12<>" 錯誤 ")*ROW(B2:B12))-1)>=3))

▶ 範例延伸

思考：計算連續錯誤次數最多有幾次

提示：參考範例 259。

範例 263 計算字串的頻率分佈（FREQUENCY）

範例檔案 第 4 章 \263.xlsx

對 10 個人員的學歷進行分類，分別計算小學、國中、高中、大學學歷的人數。

開啟範例檔案中的資料檔案，選擇儲存格 E2:E5，然後輸入以下陣列公式：

=FREQUENCY(CODE(B2:B11),CODE(D2:D5))

按下〔Ctrl〕+〔Shift〕+〔Enter〕複合鍵後，公式將算出小學、國中、高中、大學學歷的人數，結果如圖 4.81 所示。

E2		fx	{=FREQUENCY(CODE(B2:B11),CODE(D2:D5))}		
	A	B	C	D	E	F
1	姓名	學歷		學歷	人數	
2	李湖雲	小學		小學	4	
3	張世後	國中		國中	2	
4	陳胡明	小學		高中	1	
5	魏鄭	大學		大學	3	
6	游有慶	國中				
7	周華章	小學				
8	黃未東	高中				
9	張朝明	大學				
10	凡克明	小學				
11	朱文清	大學				

圖 4.81 計算字串的頻率分佈

▶ 公式說明

本例公式首先將所有學歷名稱轉換成數值，然後對轉換後的數值計算頻率分佈，該分佈結果即小學、國中、高中與大學的人數。

▶ 使用注意

① 本例的公式僅僅適用於不同學歷之間第一個字元不一致的情況，對第一個字元一致其他字元不一致的情況就無法正確計算頻率分佈，因為 CODE 函數僅僅擷取字串第一個字元的字元代碼。假設本例中有"大學"和"大專"兩個學歷，那麼公式就會出錯。

② 如果不同學歷第一個字相同，那麼可以改用另一個方向來完成。公式如下。

=FREQUENCY(LOOKUP(B2:B11,{"國中","大學","小學","高中"},{2,4,1,3}),{1,2,3,4})

仍然選擇 E2:E5 範圍再輸入陣列公式，本公式對任何情況都通用，但是有一個原則必須遵循：LOOKUP 的第二參數必須以首字元的拼音第一個字母進行升冪排列，否則無法得到正確結果。另外"{2,4,1,3}"主要用於調整表示學歷的首字元在中文中的排序一致引起的錯誤。例如"大學"的首字元在文字排列時一定排列在"高中"之前。

▶ 範例延伸

思考：利用 COUNTIF 函數完成本例

提示：列以相對參照的"D1"作為 COUNTIF 的計算條件即可。

範例 264 列奪冠排行榜（FREQUENCY）

範例檔案 第 4 章 \264.xlsx

按運動員獲得冠軍次數多少進行排序，獲得冠軍次數多者排在前面。如果多人獲得冠軍次數一樣，則需列所有冠軍姓名。

開啟範例檔案中的資料檔案，在儲存格 D2 輸入以下陣列公式：

=IF(ROW(A1)>SUM(1/COUNTIF(B$2:B$11,B$2:B$11)),"",INDEX(B$2:B$11,MATCH(
LARGE(FREQUENCY(MATCH(B$2:B$11,B$2:B$11,),ROW($1:$9))-ROW($1:$10)%,ROW(A
1)),FREQUENCY(MATCH(B$2:B$11,B$2:B$11,),ROW($1:$9))-ROW($1:$10)%,)))

按下〔Ctrl〕+〔Shift〕+〔Enter〕複合鍵後，公式將算出獲得冠軍次數最多的運動員姓名。

將公式向下填滿至 D11，結果如圖 4.82 所示。

	A	B	C	D	E	F	G
1	運動會	冠軍		奪冠排行榜			
2	第1屆	趙鋒		李四進			
3	第2屆	錢三金		趙鋒			
4	第3屆	趙鋒		錢三金			
5	第4屆	李四進		吳進芳			
6	第5屆	李四進		劉松			
7	第6屆	吳進芳					
8	第7屆	吳進芳					
9	第8屆	錢三金					
10	第9屆	李四進					
11	第10屆	劉松					

D2 欄位公式：{=IF(ROW(A1)>SUM(1/COUNTIF(B$2:B$11,B$2:B$11)),"",INDEX(B$2:B$11,MATCH(LARGE(FREQUENCY(MATCH(B$2:B$11,B$2:B$11,),ROW($1:$9))-ROW($1:$10)%,ROW(A1)),FREQUENCY(MATCH(B$2:B$11,B$2:B$11,),ROW($1:$9))-ROW($1:$10)%,)))}

圖 4.82　列奪冠排行榜

▶ 公式說明

本例公式中 IF 函數第一參數 "ROW(A1)>SUM(1/COUNTIF($B$2:$B$11,$B$2:$B$11))" 用於排除錯誤。即當公式下拉後超出冠軍個數時，就顯示空白。

IF 的第三參數利用 B2:B11 範圍每個儲存格資料在範圍的排序序號與它們的列號來計算頻率分佈，再從頻率分佈中逐一擷取最大值，再次進行排序序號計算，該序號即需要計算排行榜的姓名所處的列號。其中運算式 "-ROW($1:$10)%" 的功能是確保奪冠次數一樣的多人姓名以 B 列出現的順序為準。否則 B 欄後出現的姓名將被公式排列在前面。

▶ 使用注意

① 使用本公式，需要確保 B2:B11 範圍沒有空白儲存格，否則公式會出錯。

② "SUM(1/COUNTIF(B$2:B$11,B$2:B$11))" 的運算結果是所有冠軍的不重複數量，因此將它配合 IF 函數進而除錯，使公式只計算出該範圍以內的姓名。

▶ 範例延伸

思考：列奪冠排行榜，以先奪冠次數為序

提示：因不要求奪冠次數相同者的順序，所以可以不使用公式中的 "-ROW($1:$10)%"。

範例檔案 第 4 章 \265.xlsx

計算每個運動員連續獲得冠軍的次數，再找出其中蟬聯冠軍次數最多的冠軍姓名。

開啟範例檔案中的資料檔案，在儲存格 D2 輸入以下公式：

=INDEX(B2:B11,MATCH(MAX(FREQUENCY(ROW(2:11),(B2:B10<>B3:B11)*ROW(2:10))),FREQUENCY(ROW(2:11),(B2:B10<>B3:B11)*ROW(2:10)),))

按下〔Enter〕鍵後，公式將算出蟬聯冠軍次數最多的運動員姓名，結果如圖 4.83 所示。

D2	▼	*fx*	=INDEX(B2:B11,MATCH(MAX(FREQUENCY(ROW(2:11),(B2:B10<>B3:B11)*ROW(2:10))),FREQUENCY(ROW(2:11),(B2:B10<>B3:B11)*ROW(2:10)),))		
	A	B	C	D	E	F
1	運動會	冠軍		誰蟬聯冠軍次數最多		
2	第1屆	趙鋒		李四進		
3	第2屆	趙鋒				
4	第3屆	錢三金				
5	第4屆	李四進				
6	第5屆	李四進				
7	第6屆	李四進				
8	第7屆	吳進芳				
9	第8屆	錢三金				
10	第9屆	李四進				
11	第10屆	劉松				

圖 4.83　誰蟬聯冠軍次數最多

▶ 公式說明

本例公式利用 FREQUENCY 函數計算出每個冠軍姓名連續出現的次數，形成一個由次數構成的陣列。然後用 MATCH 函數計算其中最多的次數在陣列中的排列位置。最後將此位置作為 INDEX 函數的參數參照 B2:B11 範圍中相對位置的值，就得到蟬聯冠軍次數最多的運動員姓名。

▶ 使用注意

① 本例需要經過多次陣列運算，但最終結果只需要算出單個數值，本例公式可以普通公式的形式輸入。

② 本例公式也可以改用 LOOKUP 來完成。公式如下。

=LOOKUP(0,0/(MAX(FREQUENCY(ROW(2:11),(B2:B10<>B3:B11)*ROW(2:10)))=FREQUENCY(ROW(2:11),(B2:B10<>B3:B11)*ROW(2:10))),B2:B11)

▶ 範例延伸

思考：計算奪冠總數最多者姓名

提示：可以用 FREQUENCY 函數完成，也可以用 COUNTIF 函數來完成。後者公式更簡短一些。

完成中式排名（FREQUENCY）

第 4 章 \266.xlsx

Excel 中有一個排名函數 RANK，它的排名方式是多人並列第一名時就不再有第二名。而中式排名是多人並列第一名後，仍然有第二名的名次。本例要求按中式排名對表中 10 人計算名次。

開啟範例檔案中的資料檔案，在儲存格 D2 輸入以下陣列公式：

=SUM(--(IF(FREQUENCY(B$2:B$11,B$2:B$11),B$2:B$11>B2)))+1

按下〔Ctrl〕+〔Shift〕+〔Enter〕複合鍵後，公式將算出第一位學員的排名。將公式向下填滿至儲存格 D11 後，結果如圖 4.84 所示。

D2		fx	{=SUM(--(IF(FREQUENCY(B$2:B$11, B$2:B$11),B$2:B$11>B2)))+1}	
	A	B	C	D	E
1	姓名	成績		排名	
2	張朝明	90		2	
3	羅軍	97		1	
4	陳守正	89		3	
5	朱未來	84		4	
6	胡東來	73		6	
7	趙前門	74		5	
8	鄭中雲	84		4	
9	古至龍	97		1	
10	古山忠	70		7	
11	張坦然	90		2	

圖 4.84　中式排名

▶ 公式說明

本例公式首先以每個成績作為區間計算頻率分佈，然後透過 IF 函數忽略重複值計算大於 B2 的值的個數並將其加總，那麼 B2 在範圍中的排名就等於不計重複值的前提下大於 B2 的資料個數再加 1。FREQUENCY 配合 IF 的作用是排除重複值。

▶ 使用注意

① 本例 IF 函數的第一參數其實是一種簡寫，可以縮短公式長度，卻不利於理解公式。完整的寫法如下。

=SUM(--(IF(FREQUENCY(B$2:B$11,B$2:B$11)>0,B$2:B$11>B2)))+1

② 本例也可以用如下公式完成。

=SUM(N(IF(FREQUENCY(B$2:B$11,B$2:B$11),B$2:B$11>B2)))+1

▶ 範例延伸

思考：利用 COUNTIF 函數配合 SUM 函數完成中式排名

提示：用 COUNTIF 函數對大於目前成績的資料計算不重複資料個數，然後加 1 即可算出目前成績的排名。

4
統計函數

範例檔案 第 4 章 \267.xlsx

按照中式排名，計算獲得第二名的人員姓名，如果有多個並列第二名，將所有姓名都列出來。

開啟範例檔案中的資料檔案，在儲存格 D2 輸入以下陣列公式：

=T(INDEX(A:A,SMALL(IF(B$2:B$11=SMALL(IF(FREQUENCY($B$2:$B$11,$B$2:$B$11),$B$2:$B$11),2),ROW($2:$11),1048576),ROW(A1))))

按下〔Ctrl〕+〔Shift〕+〔Enter〕複合鍵後，公式將算出第一個按中式排名獲第二名的人員姓名。將公式向下填滿後，結果如圖 4.85 所示。

| D2 | fx | {=T(INDEX(A:A,SMALL(IF(B$2:B$11=SMALL(IF(FREQUENCY($B$2:$B$11,$B$2:$B$11),$B$2:$B$11),2),ROW($2:$11),1048576),ROW(A1))))} |

▲	A	B	C	D
1	姓名	60米短跑時間（秒）		誰獲得第二名
2	胡開山	13.1		陳越
3	朱文濤	11.4		羅新華
4	潘大旺	12.2		
5	朱麗華	14		
6	陳越	12.1		
7	古至龍	14		
8	諸真花	13.5		
9	周錦	12.6		
10	羅新華	12.1		
11	趙興莖	11.4		

圖 4.85　計算誰獲得第二名

▶ 公式說明

本例公式利用 IF 函數配合 FREQUENCY 函數執行去除重複資料，然後利用 SMALL 函數計算第二名的成績。最後擷取等於第二名成績的資料的列號，將之作為 INDEX 的參數取 A 欄的姓名。為了取出所有等於第二名成績的人員姓名，利用 SMALL 函數分別擷取所有列號。

當 INDEX 函數參照 A1048576 儲存格時會產生 0 值，公式中 T 函數的功能是將 0 值轉換成空字串。

▶ 使用注意

① 短跑成績是時間越短，排名越前面，所以公式中利用 SMALL 函數取第二名成績。

② T 函數可以將 0 值轉換成空字串，也能將所有數值轉換成空字串，因此當 A 欄運動員的姓名用數字編號時就不能使用 T 來消除 0 值。

▶ 範例延伸

思考：如果只有一個人獲得第二名，如何簡化公式

提示：將 SMALL 函數改成 MIN 函數，1048576 和 T 函數也可以不用。

C H A P T E R 5

日期和時間函數

範例及電子書下載位址
https://goo.gl/QoVUot

本章要點

- 日期函數
- 時間函數
- 星期函數
- 工作日計算

相關函數

NOW、TODAY、DATE、YEAR、MONTH、DAY、YEARFRAC、EDATE、EOMONTH、
DATEDIF、TIMEVALUE、HOUR、MINUTE、SECOND、WEEKDAY、WEEKNUM、
WORKDAY、NETWORKDAYS

範例細分

- 計算國慶倒計時
- 判斷今年是否閏年
- 計算 8 月份筆筒和毛筆的進貨數量
- 計算新進員工轉正日期
- 計算生產速度是否達標
- 計算還款日期
- 統計兩倍薪資的加班小時數
- 計算員工工作天數和月數
- 根據到職日期計算員工年假天數
- 根據身分證號碼計算歲數
- 計算工作時間，精確到分鐘

- 加總星期日的支出金額
- 加總第一個星期的出貨數量
- 按周加總產量
- 累計周末獎金補貼
- 預算本月加班時間
- 計算今天是本年度第幾周
- 計算本月包括多少周
- 統計某月第四周的支出金額
- 判斷本月休息日的天數
- 計算工程完工日期
- 計算今年第一季有多少個工作日

日期函數

範例 268 記錄目前日期與時間（NOW）

範例檔案 第 5 章 \268.xlsx

開啟範例檔案中的資料檔案，在儲存格 B1 輸入以下公式：

=TEXT(NOW(),"m 月 d 日 h:m:s")

按下〔Enter〕鍵後，公式將算出建立資料的日期與時間，結果如圖 5.1 所示。

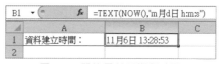

圖 5.1 記錄目前日期與時間

▶ 公式說明

本公式利用 NOW 函數產生目前系統日期與時間，然後用 TEXT 函數將時間與日期格式轉化為需要的樣式。

▶ 使用注意

① NOW 函數可以算出目前系統設定的日期和時間所對應的序號，該序列號用於表示天數。例如 39695.5920939815，這表示目前日期從 1900 年 1 月 1 日開始，經過了 39695 天，後面的小數也表示天，是用小時除以 24 來計算的。但是使用者往往需要的不是這種序號，而是月、日以及小時、分鐘等，所以通常使用定義儲存格數字格式和用 TEXT 函數轉換顯示格式兩種方式來執行所需要的樣式。本例中用 TEXT 函數進行轉換。

② 如果需要查看目前日期相對於西元元年經過了多少天，可以用 TEXT 函數將日期格式化為序號，也就是說 TEXT 函數可以將日期序列在序列與日期格式之間任意轉換。

=TEXT(NOW(),"0")

③ NOW 函數嚴格來說不是算出今天的日期和時間，而是 Windows 系統設定的目前日期和時間。NOW 的結果受控於 Windows 控制台的系統日期設定，修改該設定會直接影響 NOW 函數產生的序列值。

④ NOW 函數產生的日期和時間，會隨著實際時間的變化而產生變化，但該變化是在用戶手動重新計算工作表或者活頁簿啟動時觸發，工作表中不進行操作時不會產生時間變化。

▶ 範例延伸

思考：在儲存格顯示目前系統時間，該時間可以隨時間而變化

提示：用 NOW 函數產生時間，再用 TEXT 函數格式化成時間格式，忽略日期部分。

範例 269 計算國慶倒計時（NOW）

範例檔案 第 5 章 \269.xlsx

計算現在離國慶假日還有多少天，以 10 月 10 日為計算基準。

開啟範例檔案中的資料檔案，在儲存格 B2 輸入以下公式：

=TEXT("10-10"-TEXT(NOW(),"mm-dd"),"00")

按下〔Enter〕鍵後，公式將算出倒計時天數，結果如圖 5.2 所示。

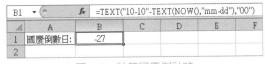

圖 5.2　計算國慶倒計時

▶ 公式說明

本例公式利用 NOW 函數產生目前系統日期，然後用 TEXT 函數擷取其月、日部分，再與目標值 "10-10" 求差，最後將結果格式化為天數。

▶ 使用注意

① TEXT 函數的第一參數 ""10-10"" 符合日期格式，Excel 可以將其轉換成 10 月 10 日的序號再參與計算。如果表示月份的超過了月份範圍，但是將月份與日期交換後是正確的日期者，那麼 Excel 會將其轉換後再參與計算；如果月份和日期都超過範圍，交換後仍然不是合法的日期格式，那麼就不能參與計算。例如：

="8-13"-"1-3"──→結果等於 223，表示從 1 月 3 日到 8 月 13 日需要經過 223 天。

="13-8"-"1-3"──→結果等於 223，月份不能超過 12，所以 Excel 將 "13-8" 轉換成 "8-13" 再參與運算。

="13-32"-"1-3"──→結果是錯誤值，因為月和日都超過範圍，且無法轉換成日期。

② 在儲存格中輸入日期時也遵循上述規則。例如，在儲存格輸入 "13-8"，然後按一下返回鍵，系統算出 "8 月 13 日" 或者 "2008-8-13"，根據儲存格格式設定的不同結果也有所不同。而在儲存格輸入 "13-13"，那麼算出的結果就是字串 "13-13"，無法轉換成日期格式。

③ 在儲存格輸入時間時，也存在轉換功能。當輸入正確的時間格式時，算出時間；而分鐘部分大於 60 時，將會被轉換成以 "天" 為單位的小數。例如，在儲存格中輸入 "12:50"，則算出 "12:50"；如輸入 "12:66"，則顯示為 "0.545833333333333"，這表示 13 點 6 分是 0.545833333333333 天。如果輸入的時間無法進行轉換，如 "25:80" 將算出字串，因為這是字串，不是時間序列。

▶ 範例延伸

思考：計算現在離國慶的小時數

提示：相對於本例公式，將 "mm-dd" 修改成 "mm-ddHH:MM"，再將 TEXT 函數的第二參數修改成帶兩位小數，進而計算出帶小數的天數。最後乘以 24 即可。

範例 270 統計已到收款時間的貨品數量（TODAY）

範例檔案 第 5 章 \270.xlsx

公司規定，發貨之後 30 天即可收款，要統計工作表中已到收款時間的貨品數量。

開啟範例檔案中的資料檔案，在儲存格 D2 輸入以下公式：

=COUNTIF(B2:B10,"<" &(TODAY()-30))

按下〔Enter〕鍵後，公式將算出已到收款時間的貨品數量，結果如圖 5.3 所示。

	A	B	C	D	E	F
				D2 ▼ ƒx =COUNTIF(B2:B10,"<"&(TODAY()-30))		
1	產品批次	發貨日期		已到收款時間數		
2	第1批	2008/5/7		9		
3	第2批	2008/6/1				
4	第3批	2008/6/7				
5	第4批	2008/7/2				
6	第5批	2008/7/15				
7	第6批	2008/7/30				
8	第7批	2008/8/5				
9	第8批	2008/8/20				
10	第9批	2008/9/1				

圖 5.3　統計已到收款時間的貨品數量

▶ 公式說明

　　本例公式利用 TODAY 計算目前系統日期，然後透過 COUNTIF 函數計算 B2:B11 範圍中小於目前系統日期減 30 天的貨品數量。

▶ 使用注意

　　① TODAY 函數算出目前系統日期的序號，不包含時間。日期受控於 Windows 控制台中的 "日期和時間屬性" 設定。

　　② TODAY 函數與 NOW 函數的區別是它的序號只包含日期，而 NOW 函數包含時間，可以從如下兩個公式進行區分。

　　　=TEXT(TODAY(),"0.00")──→結果不帶小數。

　　　=TEXT(NOW(),"0.00")──→結果帶小數。

　　③ 在工作表中輸入公式 "=TODAY()" 時，Excel 會顯示目前系統日期。如果需顯示日期序號，可以將儲存格數字格式改成 "常規"，以及透過 TEXT 函數強制轉換成序號或者使用 "*1" 等多種方法。

　　④ TODAY 函數和 NOW 函數都受控制台中的日期設定影響，只有在控制面板設定正確的前提下才能正常使用這兩個函數。

▶ 範例延伸

　　思考：計算 10 天之後是幾號

　　提示：將 TODAY 函數加 10，再用 TEXT 函數擷取日期。擷取日期的代碼時使用 "D" 或者使用 "DD"。

範例 271 計算本月需要完成幾批貨物生產（TODAY）

範例檔案 第 5 章 \271.xlsx

　　工作表 B 欄是每批貨物的完成時間，用英文表示，現在需要計算本月需要完成的貨物有幾批。

　　開啟範例檔案中的資料檔案，在儲存格 D2 輸入以下公式：

職場函數 468 招：超完整！新人工作就要用到的計算函數＋公式範例集

=SUMPRODUCT((B2:B11=TEXT(TODAY(),"MMMM"))*1)

按下〔Enter〕鍵後，公式將算出本月需要完成的貨物批數，結果如圖 5.4 所示。

	A	B	C	D
				=SUMPRODUCT((B2:B11=TEXT(TODAY(),"MMMM"))*1)
1	貨品代碼	計畫完工時間		有幾批產品需本月完成
2	SD-5G	September		1
3	SD-6G	March		
4	SD-7G	November		
5	ST-2S	May		
6	ST-3S	July		
7	ST-4S	September		
8	ST-5S	August		
9	G5-8T	September		
10	G5-9T	October		
11	G5-10T	July		

圖 5.4　計算本月需要完成幾批貨物生產

▶ 公式說明

本例公式利用 TODAY 函數計算目前系統日期，再用 TEXT 函數將其轉換成英文月份名稱。最後計算完工月份名稱與目前月份名稱相等的個數。

▶ 使用注意

① TODAY 函數包含年、月、日等資訊，利用 TEXT 函數可以輕鬆擷取任意部分資料，且可以按照需要轉換成不同格式參與運算。

② 利用 TEXT 函數還可以擷取今日的日期、星期等。公式如下。

=TEXT(TODAY(),"DD")──→ 總是顯示兩位日期，只有一位時用 0 點位。

=TEXT(TODAY(),"D")──→ 日期包含兩位則顯示兩位，否則顯示一位。

=TEXT(TODAY(),"AAA")──→ 簡寫的星期。

=TEXT(TODAY(),"AAAA")──→ 完整的星期。

▶ 範例延伸

思考：計算今天是星期幾，用英文表示

提示：用 TEXT 函數完成，第二參數可用 "DDD" 或者 "DDDD"。

範例 272 判斷今年是否閏年（TODAY）

【原始檔案】範例檔案 \ 第 5 章 \272.xlsx

閏年的規定是：西元紀年的年數可以被 4 整除，即為閏年；被 100 整除而不能被 400 整除為平年；被 100 整除也可被 400 整除的為閏年。如 2000 年是閏年，而 1900 年不是。現在需要判斷今年是否閏年。

開啟範例檔案中的資料檔案，在儲存格 B1 輸入以下公式：

=OR((MOD(TEXT(TODAY(),"yyyy"),4)=0)*(MOD(TEXT(TODAY(),"yyyy"),100)<>0),AND(MOD(TEXT(TODAY(),"yyyy"),{100,400})=0))

按下〔Enter〕鍵後，公式將算出今年是否閏年。結果為 TRUE 則表示閏年，否則不閏年，結果如圖 5.5 所示。

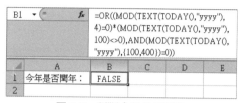

圖 5.5　判斷今年是否閏年

▶ 公式說明

本例公式 OR 函數的第一參數用於判斷不是 100 的整數倍數的年份是否閏年，第二參數則用於判斷是 100 的整數倍數的年份是否閏年。當符合兩個條件之一時就代表閏年。

▶ 使用注意

① 本例公式是根據閏年的標準直接列條件而寫出的公式，公式很容易理解，但是公式顯得較長而繁瑣。

② 本例公式可以稍加變化，使公式更簡短。公式如下。

=MOD(TEXT(TODAY(),"yyyy")/100^(RIGHT(TEXT(TODAY(),"yyyy"),2)*1=0),4)=0

=MOD(MID(TEXT(TODAY(),"yyyy"),3-2*(RIGHT(TEXT(TODAY(),"yyyy"),2)="00"),2),4)=0

③ 對於閏年的判斷，也可以用另一個方向來完成，即只計算 2 月的天數即可，如果大於 28 天就是閏年，公式如下。

=--TEXT(DATE(YEAR(TODAY()),2,29),"dd")=29

計算本年度 2 月 29 日，取其日期是否等於 29，如果相等則是閏年。如果不是閏年，2 月 29 將會轉換成 3 月 1 日，TEXT 擷取日期的結果是 1，而不是 29。

▶ 範例延伸

思考：計算今年的天數

提示：一年的 12 月中只有 2 月天數在變化，所以只需要計算 2 月有多少天即可，其餘月份取固定值。

範例 273　計算 2016 年有多少個星期日（DATE）

範例檔案　第 5 章 \273.xlsx

開啟範例檔案中的資料檔案，在儲存格 A2 輸入以下陣列公式：

=SUMPRODUCT((TEXT(DATE(2016,1,ROW(INDIRECT("1:"&("2016-12-31"-"2016-1-1")))),"AAA")=" 週日 ")*1)

按下〔Enter〕鍵後，公式將算出 2016 年的星期日個數，結果如圖 5.6 所示。

圖 5.6　計算 2016 年有多少個星期日

▶ 公式說明

本例公式先計算 2016 年有多少天，然後利用 DATE 函數產生 2016 年每一天的日期序列。再用 TEXT 函數判斷每一天是否等於星期日，最後用 SUM 函數加總星期日的個數。

▶ 使用注意

① DATE 函數可以將代表年、月、日的數字轉換成日期序號。如果輸入公式前儲存格格式是常規，那麼公式可以將儲存格數字格式定義為日期格式。

② DATE 有三個參數，第一參數表示年，第二參數表示月，第三參數示日。參數可以是數字、字串型數字及運算式。如果是字串則算出錯誤值。

③ Excel 處理日期時，如果日期大於該月的最大天數，那麼 Excel 會將其轉換到下一月的日期。基於這個原理，本例公式在 "2016-1-1" 的基礎上利用 ROW 函數產生 1 ～ 365 的序列，進而產生一年中每一天的日期。但是 2016 年的天數需要利用最末的日期減掉 1 月 1 日才可以計算出來。

④ 本例公式也可以改用如下公式，直接從 1 月 1 日～ 12 月 31 日的序號中擷取星期日的個數。

=SUMPRODUCT(N(TEXT(ROW(INDIRECT(("2016-1-1"*1)&":"&("2016-12-31"*1))),"AAA")=" 週日 "))

▶ 範例延伸

思考：計算今年的星期日的個數

提示：相對於本例公式，將 "2016" 改用 TEXT 函數配合 TODAY 函數計算年份。

範例 274 計算本月有多少天（DATE）

範例檔案 第 5 章 \274.xlsx

開啟範例檔案中的資料檔案，在儲存格 A2 輸入以下公式：

=TEXT(DATE(YEAR(TODAY()),MONTH(TODAY())+1,0),"D")

按下〔Enter〕鍵後，公式將算出本月的天數，結果如圖 5.7 所示。

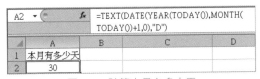

圖 5.7　計算本月有多少天

▶ 公式說明

本例利用 TODAY 函數產生目前系統日期，然後分別擷取其年、月，然後用 DATE 函數產生目前月份數加 1 月，且是 0 號的日期，而下月 0 日會被 Excel 轉換成本月最後一日。最後利用 TEXT 函數擷取本月最後一天的日期部分。

▶ 使用注意

① Excel 處理超過一個月允許的日期時，總是將日期轉換成下一月的有效日期；而對於小於 1 的日期則轉換成前月的有效日期。例如：

=DATE(2010,3,37)──→ 結果為 "2010-4-6"。

=DATE(2010,2,29)──→ 結果為 "2010-3-1"。

=DATE(2008,3,0)──→ 結果為 "2008-2-29"。

=DATE(2014,3,-5)──→ 結果為 "2014-2-24"。

② DATE 的第一參數表示年，它的有效範圍是 1900 ~ 9999。如果超過這個有效範圍，函數結果會產生錯誤；而月份的正常範圍是 1 ~ 12，不過大於 12 和小於 1 時，Excel 會自動轉成有效日期範圍；日期也和月份一樣，當超過當月的有效範圍時，自動轉換成前月或者累加到後月。

③ 由於 DATE 函數有修改儲存格格式的功能，如果需要公式產生結果後仍然保持常規格式，通常使用 TEXT 函數對日期公式進行轉換。例如：

=DATE(2010,3,8)──→ 輸入公式後，常規儲存格將自動轉換成日期格式。

=TEXT(DATE(2010,3,8),"YYYY-MM-DD")──→ 顯示為字串 "2010-03-08"，儲存格的數字格式仍然為常規。

④ 使用 EOMONTH 函數 (本章範例 287 會有相關介紹) 可以讓公式簡化，公式如下。

=TEXT(EOMONTH(TODAY(),0),"D")

▶ 範例延伸

思考：計算本月有多少個星期日

提示：利用 DATE 函數產生本月每一天的日期序列，然後計算等於星期日的個數。

範例 275 計算今年每季的天數（DATE）

範例檔案 第 5 章 \275.xlsx

計算今年每個季的天數。開啟範例檔案中的資料檔案，在儲存格 B2 輸入以下公式：

=SUMPRODUCT(--DAY(DATE(YEAR(NOW()),{-1,0,1}+ROW(A1)*3,0)))

按下〔Enter〕鍵後，公式將算出第一季的天數總和。按兩下儲存格的填滿控點，將公式向下填滿，結果如圖 5.8 所示。

	B2	▾	fx	=SUMPRODUCT(--DAY(DATE(YEAR(NOW()),{-1,0,1}+ROW(A1)*3,0)))			
	A	B	C	D	E	F	
1	季	天數					
2	第一季	90					
3	第二季	91					
4	第三季	92					
5	第四季	92					

圖 5.8　計算今年每季的天數

▶ 公式說明

DATE 函數產生一個日期時，如果第三參數省略，表示 0，而 0 日會自動轉換成前一月最後一日的日期。利用這個特點，只需要計算出 2 月、3 月、4 月 0 日的日期並加總就可以得到第一季的總天數，同理，第二季則求 5 月、6 月、7 月 0 日的日期總計……

公式中 TEXT 函數的作用是計算每個月共有多少天。

① 本例在產生表示月份的序列時，使用了表達式"3*ROW(A1)-ROW($1:$3)+2"。該運算式在 B2 儲存格的運算結果是"{4;3;2}"，在 B3 儲存格則是"{7;6;5}"。也就是每向下填滿一列就累加 3。所以本例也可以透過直接累加的方式完成。

=SUM(--TEXT(DATE(2014,{2,3,4}+(ROW(A1)-1)*3,),"d"))

此公式使用了常數陣列作為 DATE 的參數，雖然執行了陣列運算，但不需要按照陣列公式的形式輸入公式。

② 其實各季的天數是有規律的。第二、三、四季的天數總是不變的（不考慮閏月），不同的年份只有第一季的天數不同。所以利用這個方向也可以僅僅計算第一季的天數，其餘三個季直接列出即可，公式如下。

=CHOOSE(ROW(A1),TEXT("2014-4-1"-1,0)-TEXT("2014-1-1"-1,0),91,92,92)

▶ 範例延伸

思考：計算今年有多少天

提示：利用 TEXT 函數計算 2 月的天數，其餘月份的天數是固定的，直接相加即可。

範例 276 計算已建國多少周年（YEAR）

範例檔案 第 5 章 \276.xlsx

開啟範例檔案中的資料檔案，在儲存格 B1 輸入以下公式：

=YEAR(TODAY())-1911

按下〔Enter〕鍵後，公式將算出自建國至今年的時間，單位為"年"，結果如圖 5.9 所示。

B1	▼	fx	=YEAR(TODAY())-1911	
	A	B	C	D
1	建國	104	周年	

圖 5.9　計算已建國多少周年

▶ 公式說明

本例利用 TODAY 函數產生目前系統日期序列，再用 YEAR 函數計算其年份，最後用目前年份減掉建國時間 1911，進而取得建國時間。

▶ 使用注意

① YEAR 函數算出某日期對應的整數年份，該值在 1900 ～ 9999 之間。

② YEAR 函數有一個參數，即日期序列。YAER 可以從一個日期序列中擷取表示年的數值，但是為了準確性，日期參數盡量用標準的日期序列，不宜使用字串。標準的日期序列可以用 DATE 來完成，或者使用 NOW、TODAY 等函數產生日期，使用字串有可能導致異常結果，例如：

=YEAR(DATE(2008,9,3))──→結果為 2008。

=YEAR(DATE(2008,13,3))──→結果為 2009，月份超過 12 時，自動轉入下一年，成為標準的日期格式。

=YEAR(NOW())⟶算出目前系統日期的年份,如果今年是 2008 年,且系統時間設定準確,那麼公式結果是 2008。

=YEAR(TODAY())⟶相當於 =YEAR(NOW())。

=YEAR("2008-8-8")⟶結果是 2008。

=YEAR("2008/8/8")⟶結果是 2008。

=YEAR("2008,8,8")⟶結果是錯誤值。

=YEAR("20080808")⟶結果是錯誤值。

▶ 範例延伸

思考:計算自國慶日到今天有多少天

提示:用 TODAY 減掉國慶日,再用 TEXT 計算天數。

範例 277 計算 2000 年前電腦培訓平均收費(YEAR)

範例檔案 第 5 章 \277.xlsx

培訓費用不定時做修改,現在需要計算在 2000 年以前的平均收費。開啟範例檔案中的資料檔案,在儲存格 D2 輸入以下陣列公式:

=AVERAGE(IF(YEAR(A2:A11)<2000,B2:B11))

按下〔Ctrl〕+〔Shift〕+〔Enter〕複合鍵後,公式將算出 2000 年前電腦培訓平均收費,結果如圖 5.10 所示。

圖 5.10　2000 年前電腦培訓平均收費

▶ 公式說明

本例利用 YEAR 函數擷取每次訂價的時間,然後用 IF 函數排除 2000 年及以後的費用,僅對符合時間限制的費用計算平均值。

輸入公式時必須用陣列公式的形式輸入,否則公式不能產生正確結果。

▶ 使用注意

① 本例需要對 A 欄的日期範圍進行計算,產生陣列,所以不適用於 AVERAGEIF 函數,只能用 AVERAGE 函數與 IF 函數配合來建立條件。

② 與 SUM 不同，範圍或者陣列中 0 的個數會影響 AVERAGE 函數的最後結果，所以本例必須使用 IF 函數，將不符合條件的資料轉換為 FALSE。如果採用如下公式，那麼不合條件的資料轉換成 0，將產生錯誤值：

=AVERAGE((YEAR(A2:A11)<2000)*B2:B11)

③ 使用本例公式必須確保 A 欄的日期使用標準的格式，不可用 "2008，8，9" 或者 "2008\5\6" 等形式。

▶ 範例延伸

思考：計算 1988 ～ 2005 年之間的平均收費

提示：使用兩個條件相乘作為 IF 函數的第一參數，再求平均值。

範例 278 計算本月需要交貨的數量（MONTH）

範例檔案 第 5 章 \278.xlsx

開啟範例檔案中的資料檔案，在儲存格 E2 輸入以下陣列公式：

=SUM((MONTH(B2:B11)=MONTH(TODAY()))*C2:C11)

按下〔Ctrl〕+〔Shift〕+〔Enter〕複合鍵後，公式將算出本月需要交貨的數量，結果如圖 5.11 所示。

E2	▼	fx	=SUMPRODUCT((MONTH(B2:B11)= MONTH(TODAY()))*C2:C11)		
	A	B	C	D	E
1	訂單	交貨日期	數量		本月需交貨數量
2	STD-65764	2015/7/8	805		1653
3	STD-65765	2015/11/9	865		
4	STD-65766	2015/8/25	708		
5	STD-65767	2015/9/5	873		
6	STD-65768	2015/9/12	799		
7	STD-65769	2015/11/22	788		
8	STD-65770	2015/9/30	751		
9	STD-65771	2015/10/5	774		
10	STD-65772	2015/12/8	581		
11	STD-65773	2014/1/5	836		

圖 5.11 計算本月需要交貨的數量

▶ 公式說明

本例公式利用 MONTH 函數擷取交貨日期的月份，再與本月進行比較，如果相等則對其對應的數量加總，如果不等則算出邏輯值 FALSE。FALSE 不會參與加總運算。

▶ 使用注意

① MONTH 函數算出以序號表示的日期中的月份。範圍為 1 ～ 12。

② MONTH 只有一個參數，參數是包含月份的日期。參數盡量用 DATE 產生的數值型日期。如果用字串作為參數，可能有時無法得到所需要的結果。例如：

=MONTH("5-28-1998")

=MONTH("1998/2/29")

=MONTH("19980305")

=MONTH("1998,03,05")

上述寫法都無法取得月份，所以最保險的做法是將字串寫入 DATE 函數中，DATE 函數會將它們轉換成標準的日期值，接著再將 DATE 產生的值套入 MONTH 函數執行後續運算。例如如下兩個公式。

=MONTH(DATE(1998,3,5))

=MONTH(DATE(1998,2,29))

▶ 範例延伸

思考：計算上半年要交貨的數量

提示：相對於本例公式，將等於本月的運算式修改成小於 7 即可。

範例 279 計算 8 月份筆筒和毛筆的進貨數量（MONTH）

範例檔案 第 5 章 \279.xlsx

公式根據銷貨情況會不定時購入 7 種產品，要計算在 8 月份購入的筆筒和毛筆兩種產品的件數。

開啟範例檔案中的資料檔案，在儲存格 D12 輸入以下陣列公式：

=SUM(IF(MONTH(A2:A11)=8,IF((B1:H1=" 筆筒 ")+(B1:H1=" 毛筆 "),B2:H11)))

按下〔Ctrl〕+〔Shift〕+〔Enter〕複合鍵後，公式將算出 8 月份筆筒和毛筆的進貨數量，結果如圖 5.12 所示。

D12	▾	f_x	{=SUM(IF(MONTH(A2:A11)=8,IF((B1:H1="筆筒")+ (B1:H1="毛筆"),B2:H11)))}				
▲	A	B	C	D	E	F	G	H
1	進貨日期	洗衣機	炒鍋	筆筒	洗衣粉	菜刀	文具盒	毛筆
2	2014/4/9	46	17	20	43	44	22	34
3	2014/4/29	19	28	25	30	30	18	19
4	2014/6/5	28	19	13	34	24	38	18
5	2014/7/15	22	26	22	33	15	41	34
6	2014/8/29	34	49	44	30	37	12	16
7	2014/8/30	30	17	29	9	9	46	39
8	2014/9/8	47	21	47	48	8	31	41
9	2014/9/15	9	24	37	25	17	45	24
10	2014/9/18	38	41	42	50	49	31	12
11	2014/10/15	14	44	20	15	38	45	11
12	8月購進筆盒、毛筆多少			128				

圖 5.12　計算 8 月份筆筒和毛筆的進貨數量

▶ 公式說明

本例公式首先利用 IF 函數排除 8 月份以外的資料，再用第二個 IF 函數排除筆筒和毛筆以外的數量。最後用 SUM 函數加總。

▶ 使用注意

① 本例也可以不用 IF 函數，直接多個條件相乘即可，不符合條件的資料將自動轉換成 0，進而使用 SUM 函數加總時自動排除不符合條件的資料，公式如下。

=SUM((MONTH(A2:A11)=8)*((B1:H1=" 筆筒 ")+(B1:H1=" 毛筆 "))*B2:H11)

② 因條件為筆筒和毛筆都需要計算，即滿足條件之一即參與加總，所以公式中兩個條件 "B1:H1=" 筆筒 ")" 和 "(B1:H1=" 毛筆 ")" 必須相加。如果對兩個條件相乘，則結果將為 0，因為任意儲存格都不可能同時滿足這兩個條件。

③ 本例中 A12:C12 使用了合併儲存格，若 D12:E12 也合併，則公式無法正常輸入。陣列公式只能在未合併的儲存格中輸入，但是可以輸入公式後再合併公式，不影響公式計算。

▶ 範例延伸

思考：計算第二季筆筒和毛筆的進貨數量

提示：相對於本例公式，對第一個 IF 函數的第一參數再加一個條件即可。

範例 280 統計傢俱類和文具類產品的 1 月出貨次數 （MONTH）

範例檔案 第 5 章 \280.xlsx

工作表中有 10 種產品，部分產品已出貨，部分產品未出貨。要計算家具類和文具類產品的 1 月出貨次數。

開啟範例檔案中的資料檔案，在儲存格 E2 輸入以下陣列公式：

=SUM((B2:B11={" 文具類 "," 傢俱類 "})*(IF(C2:C11>0,MONTH(C2:C11)=1)))

按下〔Ctrl〕+〔Shift〕+〔Enter〕複合鍵後，公式將算出傢俱類和文具類產品的 1 月出貨次數，結果如圖 5.13 所示。

E2	▼		fx	{=SUM((B2:B11={"文具類","傢俱類"})*(IF(C2: C11>0,MONTH(C2:C11)=1)))}
	A	B	C	D	E
1	產品	類別	出庫日期		傢俱類和文具類在1月出庫次數
2	A	文具類	2008/1/2		3
3	B	文具類	2008/2/3		
4	C	文具類	2008/4/5		
5	D	辦公類			
6	E	辦公類	2008/1/5		
7	F	辦公類	2008/7/6		
8	G	辦公類	2008/4/29		
9	H	傢俱類	2008/1/30		
10	I	傢俱類			
11	J	傢俱類	2008/1/8		

圖 5.13 統計傢俱類和文具類產品的 1 月出貨次數

▶ 公式說明

本例公式利用 IF 函排除空白儲存格，再對交貨日期擷取月份。最後用 SUM 函數計算等於 "文具類"、"傢俱類" 在 1 月出貨的次數。其中運算式 "B2:B11={" 文具類 "," 傢俱類 "}" 表示同時計算兩類產品，即滿足條件之一即參與計數。

▶ 使用注意

① 本例也可以使用如下公式完成。

=SUM(((B2:B11=" 文具類 ")+(B2:B11=" 傢俱類 "))*(IF(C2:C11>0,MONTH(C2:C11)=1)))

② MONTH 函數有一個特點──計算空白儲存格和 0 值的月份會得到數值 1，例如：

=MONTH(0)──結果等於 1。

=MONTH(A1)──當 A1 是空白時，結果為 1。

所以本例公式利用 IF 函數排除空白儲存格和 0 值再計算，否則會導致計算結果出錯。

▶ 範例延伸

思考：列 1 月份出貨的產品名稱

提示：利用 IF 函數配合 ROW 等函數算出 1 月出貨產品的列號，再用 SMALL 函數分別擷取最小值，作為 IDNEX 的參數對 A 欄取值。

範例 281 計算今年一季有多少天（DAY）

範例檔案 第 5 章 \281.xlsx

開啟範例檔案中的資料檔案，在儲存格 B1 輸入以下公式：

=SUMPRODUCT(DAY(DATE(YEAR(NOW()),{2,3,4},0)))

按下〔Enter〕鍵後公式將算出今年一季的天數，結果如圖 5.14 所示。

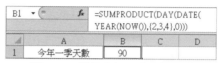

圖 5.14　計算今年一季有多少天

▶ 公式說明

本例公式首先利用 DATE 函數產生今年 2 月 0 日、3 月 0 日和 4 月 0 日的日期值，然後利用 DAY 函數分別計算這三個日期值處於日期所在月的第幾天，得到一個包含 3 個數值的一維陣列。最後使用 SUMPRODUCT 函數將這 3 個值加總。

DATE 函數具有糾正日期值的功能，它會自動將 2 月 0 日、3 月 0 日和 4 月 0 日轉換成 1 月、2 月和 3 月最後一天的日期。

▶ 使用注意

① DAY 函數算出以序號表示的某日期的天數，用整數 1 ～ 31 表示。該函數有一個參數，即表示日期的序列值。參數可以是日期格式的序列值，也可以是字串型日期，還可以是數值。例如：

=DAY(DATE(2010,5,9))

=DAY("2010-5-9")

=DAY("2010/5/9")

=DAY(39577)

=DAY("2010 年 5 月 8 日 ")

② TODAY 函數和 NOW 函數可以產生完整的日期序列值，用 DAY 函數可以擷取其中表示天數的資料。

③ 由於每年的 1 月和 3 月都是固定的 31 天，因此也可以改用如下公式來執行。

=31+31+DAY(DATE(YEAR(NOW()),3,0))

▶ 範例延伸

思考：計算今年的總天數

提示：由於一年中只有 2 月的天數不確定，因此可以只計算今年 2 月的天數，其他月份的天數直接寫入公式即可。也可以直接利用本例的公式修改，將 "{2,3,4}" 修改成 "{2,3,4,5,6,7,8,9,10,11,12,13}" 即可。

公司規定，新進員工試用期為三個月。每月從 16 日開始計算，到下月 15 日算一個月，如果本月 16 日之前到職，那麼到下月 15 日就算一個月；如果本月 15 日之後到職，那麼就從下月 16 日才開始計算。現在需要統計每位員工的轉正職日期。

開啟範例檔案中的資料檔案，在儲存格 C2 輸入以下公式：

=DATE(YEAR(B2),MONTH(B2)+3+(DAY(B2)>15),16)

按下〔Enter〕鍵後，公式將算出員工轉正職時間，結果如圖 5.15 所示。

	A	B	C	D
			C2 ▼ fx =DATE(YEAR(B2),MONTH(B2)+3+(DAY(B2)>15),16)	
1	姓名	到職時間	轉正職時間	
2	蔣文明	2009/10/13	2010/1/16	
3	陳金花	2009/9/23	2010/1/16	
4	諸光望	2009/9/23	2010/1/16	
5	計尚雲	2009/9/23	2010/1/16	
6	張正文	2009/11/1	2010/2/16	
7	陳真亮	2009/12/1	2010/3/16	
8	歐陽華	2010/1/1	2010/4/16	
9	劉興宏	2010/1/31	2010/5/16	
10	周錦	2010/2/10	2010/5/16	
11	陳深淵	2010/2/21	2010/6/16	

圖 5.15　計算新進員工轉正職日期

▶ 公式說明

本例利用 MONTH 函數擷取員工到職月份，然後累加 3 表示轉正的月份。由於公司規定 16 日之前到職需要延後一個月轉正職，那麼透過 DAY 函數擷取其到職日期；如果 15 日之後到職則累加一個月。對於轉正職日期，Date 函數的第三參數固定使用 16 日，而年份則採用到職日期的年份。如果三個月後轉正職時已經跨入第二年，Excel 會自動累加，修改年份的序列值。

▶ 使用注意

① DAY 函數擷取日期中的天數時，首先會判斷日期序列是否有效以及是否規範，如果日期參數不是有效日期值，函數算出錯誤值；如果日期參數是有效日期序列，但格式不是規範的日期格式，DAY 仍然算出錯誤值。DAY 不像 DATE 函數那樣可以對不規範的參數進行轉換。例如：

=DAY("2010-2-28")──→計算結果是 28。

=DATE(2010,2,32)──→ DATE 將之轉化為 "2010-3-3"。

=DAY("2010-2-32")──→算出錯誤值，DAY 不會轉換錯誤的日期值。

② DAY 函數可以計算某個日期處於該月的第幾天，MONTH 函數則計算某個日期屬於一年中的第幾月，YEAR 函數則用於計算一個日期中的年份，對於 "1-5" 這類未指定年份的日期，預設按今年處理。

範例 283 計算生產速度是否達標（YEARFRAC）

範例檔案 第 5 章 \283.xlsx

此列了 10 個產品的全年產量標準，要計算一段時間內的生產速度是否達到標準。

開啟範例檔案中的資料檔案，在儲存格 E2 輸入以下公式：

=YEARFRAC(C2,D2)<=(E2/B2)

按下〔Enter〕鍵後，公式將對第一個產品是否達標進行判斷。按兩下儲存格填滿控點，將公式向下填滿，結果如圖 5.16 所示。

	A	B	C	D	E	F
1	產品	標準〈每年產量〉	開始生產	結束生產	產量	是否達標
2	A	980	2014/1/1	2014/2/25	135	FALSE
3	B	1020	2014/1/30	2014/2/25	80	TRUE
4	C	1070	2014/2/1	2014/3/20	190	TRUE
5	D	1000	2014/2/15	2014/3/10	83.3	TRUE
6	E	800	2014/3/5	2014/5/10	130	FALSE
7	F	2050	2014/4/8	2014/7/1	480	TRUE
8	G	370	2014/6/1	2014/6/15	15	TRUE
9	H	300	2014/7/1	2014/7/20	20	TRUE
10	I	500	2014/7/1	2014/7/31	35	FALSE
11	J	1000	2014/8/10	2014/10/30	250	TRUE

圖 5.16　計算生產速度是否達標

▶ 公式說明

本例公式首先計算生產時間占全年天數的百分比，再計算實際產量占全年標準產量的百分比。將兩個數值進行比較就可以計算出是否達標。

▶ 使用注意

① YEARFRAC 函數用於計算起始日期和結束日期之間的天數占全年天數的百分比。它包括三個參數，第一參數表示起始日期；第二參數表示結束日期；第三參數表示計數基準類型，可用係數是 0、1、2、3、4。使用係數 1 表示全年天數按照該年的實際天數計算，使用係數 2 表示全年天數按照一年 360 天計算，使用係數 3 表示按照全年 365 天計算。工作中常用係數 1。

② YEARFRAC 函數的第一參數和第二參數不是標準的日期時可能會產生錯誤結果，第三參數是字串或者大於 4、小於 0 時則必定會產生錯誤結果。

▶ 範例延伸

思考：計算生產速度是否達標，以一年 360 天計算

提示：相對於本例公式，對 YEARFRAC 函數使用第三參數調整即可。

範例檔案 第 5 章 \284.xlsx

圖 5.17 中有借款日期、金額和年利率，要求計算截至今天的利息是多少。

開啟範例檔案中的資料檔案，在儲存格 E2 輸入以下公式：

=B2*D2*YEARFRAC(C2,NOW())

按下〔Enter〕鍵後，公式將算出第一人借款金額截至今天的利息。按兩下儲存格填滿控點，將公式向下填滿，結果如圖 5.17 所示。

	A	B	C	D	E
1	姓名	金額	借款日期	利率（年）	截止今天的利息
2	蔣文明	1713	2010/3/16	6.30%	608.843025
3	朱貴	4700	2010/1/22	6.30%	1714.9125
4	周蒙	7148	2010/5/12	6.30%	2470.5275
5	柳花花	3155	2010/8/31	6.30%	1030.817375
6	張三月	5137	2010/9/5	6.30%	1673.89145
7	魏秀秀	6470	2010/4/24	6.30%	2256.57425
8	羅至貴	1394	2010/9/27	6.30%	448.868
9	龍度溪	7320	2010/3/15	6.30%	2602.992
10	鄒之前	2709	2010/2/25	6.30%	972.8019
11	趙有才	6201	2010/2/13	6.30%	2239.8012

圖 5.17　計算截至今天的利息

▶ 公式說明

本例首先計算從借款日期到今天的時間佔用全年的百分比，然後用該百分比乘以金額與年利息，結果為截至今天的利息。

▶ 使用注意

① 利息計算有很多種方式，甚至還有貸款人和借款人臨時商議計息方式，不與銀行的通用方式相同，實際工作中需要以實際情況為準對公式做修改。

② YEARFRAC 函數的第一、第二參數是日期，不含小數部分，所以本例中第二參數使用 NOW 和 TODAY 的結果是一致的。

③ 如果採用了日利息，則本例的公式需要做如下修改。

=(TODAY()-C2)*D2*B2

此計算方式也是對時間無條件捨去，對小時數忽略不計。

▶ 範例延伸

思考：計算截至今年年底的利息

提示：可以利用 YEAR 函數與 TODAY 函數嵌套計算今年的年份，而月和日則分別使用 12 和 31 來表示最後一天。最後透過最後一天的日期與借款日期作為 YEARFRAC 函數的參數來計算已借款時間。

根據借款日期和借款的總時間（以月為單位），計算還款日期。開啟範例檔案中的資料檔案，在儲存格 D2 輸入以下公式：

=TEXT(EDATE(B2,C2),"yyyy-mm-dd")

按下〔Enter〕鍵後，公式將算出第一人的還款日期。按兩下儲存格填滿控點，將公式向下填滿，結果如圖 5.18 所示。

	A	B	C	D	E
1	姓名	借款日期	借款時間（月）	還款日期	
2	曹錦榮	2010/5/23	10	2011-03-23	
3	朱君明	2010/7/4	5	2010-12-04	
4	朱明	2010/2/22	37	2013-03-22	
5	凡克明	2010/3/31	7	2010-10-31	
6	孫二興	2010/4/13	14	2011-06-13	
7	羅至忠	2010/3/12	4	2010-07-12	
8	陳秀雯	2010/4/2	4	2010-08-02	
9	游三妹	2010/4/19	3	2010-07-19	
10	趙秀文	2010/5/26	9	2011-02-26	
11	胡不群	2010/5/20	42	2013-11-20	

圖 5.18　計算還款日期

▶ 公式說明

本例公式利用借款日期和月數作為 EDATE 函數的參數，產生還款日期的序列值。然後用 TEXT 函數將日期序列值格式化為日期樣式。

▶ 使用注意

EDATE 函數可以算出指定日期之前或者之後多個月的日期。它有兩個參數，第一參數表示起始日期，可以是日期序列值，也可以是字串型的日期；第二參數是之前或者之後的月份。月份可以是任意整數，但必須確保在起始日期加上月份後，仍處於 1900 ～ 9999 年範圍之內，否則將會產生錯誤值。如果月份是小數則無條件捨去。例如：

=EDATE(TODAY(),10^5)──→結果是錯誤值，已經超過 9999 年。

=EDATE(TODAY(),-(2^(1/2)))──→結果為前一月，因為 2 開平方後，截去小數等於 1，最後用 -1 作為第二參數，即表示取上一個月的日期。

▶ 範例延伸

思考：利用 EDATE 計算今年是否閏年

提示：EDATE 函數有一個特點，即如果以本月最後一天作為 EDATE 的參數，而下月的天數少於本月，那麼算出下月最後一天的日期。利用這個特點可以計算本年度是否閏年。

範例 286 提示合約續約（EDATE）

範例檔案 第 5 章 \286.xlsx

不同員工簽的合約時間不一樣，要利用公式計算合約是否過期，以及到期前 10 天提示 "即將到期"。

開啟範例檔案中的資料檔案，在儲存格 D2 輸入以下公式：

=TEXT(EDATE(B2,C2*12)-TODAY(),"[<0] 合約過期 ;[<=10] 即將到期 ;;")

按下〔Enter〕鍵後，如果離合約到期日過 10 天則顯示空白，如果在 10 天內則顯示 "即將到期"，如果已經超過合約的到期日，則顯示 "合約過期"。按兩下儲存格的填滿控點，將儲存格公式向下填滿，結果如圖 5.19 所示。

	A	B	C	D
1	姓名	簽訂合約日	合約時間(年)	合時續約提示
2	周光輝	2014/3/23	3	
3	張朝明	2014/8/18	2.5	
4	程前和	2007/7/26	2.25	合約過期
5	周文明	2005/9/10	3	合約過期
6	諸光瑩	2014/4/21	2	
7	黃山貴	2014/12/14	2.5	
8	趙國	2006/7/14	2	合約過期
9	朱志明	2012/8/13	3	合約過期
10	計尚雲	2007/10/4	3	合約過期
11	周少強	2012/12/11	2.75	合約過期

（D2 儲存格公式：=TEXT(EDATE(B2,C2*12)-TODAY(),"[<0]合約過期;[<=10]即將到期;;"）

圖 5.19 提示合約續約

▶ 公式說明

本例利用 EDATE 計算合約到期日，再減掉今天的日期序列值。然後用 TEXT 對差值按條件算出不同的字串。參數 "[<0] 合約過期 ;[<=10] 即將到期 ;;" 表示差為負數時顯示 "合約過期"，差小於等於 10 時顯示 "即將到期"，是其他值則顯示空白。

▶ 使用注意

① 在數值運算中，TEXT 函數代替 IF 函數只能用於三重判斷，例如本例中的三個條件。如果超過 3 個，必須用 IF 函數完成，在不同條件下算出不同的字串。

② 對於本例這種特例，使用 TEXT 函數取代 IF 函數會縮減公式長度，用 IF 函數需要重複地執行求差運算，公式如下。

=IF(EDATE(B2,C2*12)-TODAY()<0," 合 約 過 期 ",IF(EDATE(B2,C2*12)-TODAY()<0<=10," 即將到期 ",""))

▶ 範例延伸

思考：記錄下月最後一天的日期

提示：以本月第一天的日期作為 EDATE 的第一參數，然後計算下兩個月 1 日的日期，最後減 1 即可得到下月最後一天的日期。

範例 287 計算下個月有多少天（EOMONTH）

範例檔案 第 5 章 \287.xlsx

在儲存格 B1 輸入以下公式：

=DAY(EOMONTH(TODAY(),1))

按下〔Enter〕鍵後，公式將算出下個月的天數，結果如圖 5.20 所示。

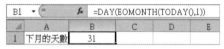

B1	▾	f_x	=DAY(EOMONTH(TODAY(),1))		
	A	B	C	D	E
1	下月的天數	31			

圖 5.20　計算下個月有多少天

▶ **公式說明**

本例公式首先利用 EOMONTH 函數產生下個月最後一天的日期，然後利用 DAY 函數計算該日期屬於下個月的第幾天。

其中 EOMONTH 函數的第一參數 "TODAY()" 表示今天，第二參數 1 表示今天之後的下一個月，如果改用 2 改則表示下兩個月。

▶ **使用注意**

① EOMONTH 函數算出某指定日期之前或之後某個月份最後一天的序號。它有兩個參數，第一參數是起始日期，第二參數是月份，表示起始日之後多個月。公式的結果取起始日期多個月後的月末的序列值。

② EOMONTH 函數的結果是一個日期值，如果需要顯示為日期格式，可以定義儲存格的數字格式，或者利用 TEXT 函數將它格式化為日期格式。本例要求算出 EOMONTH 函數產生的日期值在該月的天數，因此需要配套 DAY 函數。

③ EOMONTH 函數在 Excel 2003 中就可以使用，不過需要安裝 "分析工具庫" 增益集才能使用。Excel 2007 將它集成到了預設函數中，可以直接使用。從 Excel 2010 開始改進了 EOMONTH 函數，使它的第二參數允許使用陣列，進而同時產生多個計算結果。例如如下公式可以產生未來三個月的總天數。

=SUM(DAY(EOMONTH(NOW(),{1,2,3})))

▶ **範例延伸**

思考：計算三個月後的月尾最後一天是幾號

提示：使用 EOMONTH 函數計算，第一參數用 NOW 函數或者 TODAY 函數都列，第二參數用 3。最後套用 DAY 函數即可。

範例 288 計算本季天數（EOMONTH）

範例檔案 第 5 章 \288.xlsx

計算本季的天數，公式需要通用，不管任何時候公式得到的結果都是正確的。開啟範例檔案中的資料檔案，在儲存格 A2 輸入以下公式：

=SUM(DAY(EOMONTH(NOW(),{0,1,2}-MOD(MONTH(NOW())-1,3))))

按下〔Enter〕鍵後，公式將算出本季天數，結果如圖 5.21 所示。

職場函數 468 招：超完整！新人工作就要用到的計算函數＋公式範例集

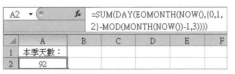

圖 5.21　計算本季天數

▶ 公式說明

　　本例公式利用 NOW 產生現在的日期，然後計算本月以後的 0 月、1 月、2 月最後一天的日期，利用 DAY 擷取最後一天的天數再加總即是三個月的天數總和。

　　但是前面計算的三個月的天數並非剛好都處於一個季中，所以利用 MOD 函數計算本月月份減 1 除以 3 的餘數，用該餘數進行調整，就可以使 EOMONTH 函數產生本季三個月的最末日期序列。

▶ 使用注意

　　① EOMONTH 在 Excel 2010 和 Excel 2007 中支援陣列參數，而 Excel 2003 不支援。如果包含本公式的工作表保存為 Excel 2003 格式且用 Excel 2003 開啟，那麼公式將產生錯誤值。

　　② 利用常數陣列作為 EOMONTH 函數的參數時，雖然需要經過陣列運算，但是公式可以按普通公式的形式輸入。

　　③ 本例公式中 MOD 的第一參數必須減 1，再與 3 計算餘數，否則當本月是 3 月、6 月、9 月、12 月時會出錯。

　　④ 本例也可以用如下公式完成。

=SUM(DAY(EOMONTH(NOW(),{0,1,2}-MOD(MONTH(NOW())+2,3))))

=SUM(EOMONTH(NOW(),MOD(-MONTH(NOW()),3)-{3,0})*{-1,1})

=SUM(EDATE(CEILING(MONTH(NOW()),3)&-1,{-2,1})*{-1,1})

▶ 範例延伸

　　思考：用 EOMONTH 函數計算本年共有多少天

　　提示：利用本年 1 月作為 EOMONTH 函數的第一參數，用 0 ～ 11 的序列作為第二參數就可以產生 12 個月的月末日期。再用 DAY 函數取每個月的天數，最後加總。

範例 289　計算本月星期日的個數（EOMONTH）

範例檔案　第 5 章 \289.xlsx

　　開啟範例檔案中的資料檔案，在儲存格 A2 輸入以下公式：

=INT((EOMONTH(NOW(),0)-EOMONTH(NOW(),-1))/7)+(WEEKDAY(EOMONTH(NOW(),0),2)<WEEKDAY(EOMONTH(NOW(),-1),2))

　　按下〔Enter〕鍵後，公式將算出本月星期日的個數，結果如圖 5.22 所示。

A2	fx	=INT((EOMONTH(NOW(),0)-EOMONTH(NOW(),-1))/7)+(WEEKDAY(EOMONTH(NOW(),0),2)<WEEKDAY(EOMONTH(NOW(),-1),2))

	A	B	C	D	E
1	本月星期日個數				
2	5				

圖 5.22　計算本月星期日的個數

▶ 公式說明

　　一個月中有多少個星期天有很多方向，本例的方向如下。先計算上月最後一天到本月最後一天之間的差異數除以 7 的整除數量，該值是可以確定的星期日的個數。然後計算最後一個不確定的星期日，當本月最後一天的星期數小於上月最後一天的星期數時表示可以累加一周，否則以前面的整除值作為最終結果。

　　基於上述分析，本例公式利用 EOMONTH 函數計算本月最後一天和上月最後一天的日期，以及使用 WEEKDAY 函數計算這兩個日期是星期幾。

▶ 使用注意

　　① EOMONTH 函數的第一參數是 NOW、第二參數是 0 時表示產生本月最後一天的日期；EOMONTH 函數的第一參數是 NOW、第二參數是 -1 時表示產生上月最後一天的日期。

　　② WEEKDAY 函數用於計算一個日期是星期幾，第一參數是日期，第二參數用於控制一周從第幾天開始。例如，將星期一當作一周的第一天則對參數該值為 2，如果將星期日當作一周的第一天則對參數該值為 1。在後面將提供更多的關於 WEEKDAY 函數的應用。

　　③ 本例也可以改用如下公式計算本月的星期日個數。

=SUMPRODUCT(N(TEXT(EOMONTH(TODAY(),-1)+ROW(INDIRECT("1:"&DAY(EOMONTH(TODAY(),0)))),"AAA")=" 日 "))

　　公式的方向是產生本月一日到最後一天的所有日期，然後使用 TEXT 函數計算這些日期是星期幾，計算結果顯示為中文簡寫。最後統計其中等於 "日" 的個數。

▶ 範例延伸

　思考：計算上月星期六的個數

　提示：相對於本例公式，將產生本月的日期序列改成產生前一月的日期序列，同時將 "日" 修改成 "六"。

範例 290 統計兩倍薪資的加班小時數（EOMONTH）

範例檔案 第 5 章 \290.xlsx

　　工作表中全是本月新進員工的員薪資料，公司因進度問題，每周六必須加班 8 小時，但薪資以 2 倍計算。現在需要計算所有新員工本月的加班時間是多少。

　　開啟範例檔案中的資料檔案，在儲存格 C2 輸入以下公式：

=SUMPRODUCT(--(TEXT(ROW(INDIRECT(B2&":"&EOMONTH(B2,0))),"AAA")=" 六 "))*8

　　按下〔Enter〕鍵後，公式將算出加班時間，單位為小時。按兩下儲存格填滿控點，將公式向下填滿，結果如圖 5.23 所示。

| C2 | ▾ | f_x | =SUMPRODUCT(--(TEXT(ROW(INDIRECT(B2&":"&EOMONTH(B2,0))),"AAA")="週六"))*8 |

	A	B	C
1	本月進廠員工	進廠日期	本月兩倍工資加班時間（小時）
2	梁興	2014/9/17	16
3	黃真真	2014/9/21	8
4	梁今明	2014/9/17	16
5	張未明	2014/9/10	24
6	陳沖	2014/9/10	24
7	劉子中	2014/9/15	16
8	梁桂林	2014/9/13	24
9	張明東	2014/9/29	0
10	張中正	2014/9/18	16
11	張秀文	2014/9/9	24

圖 5.23　統計兩倍薪資的加班小時數

▶ 公式說明

　　本例需要計算加班時間，其實就在於如何計算周六的個數。所以只需要產生一個到職日期累加到月底日期的陣列，再對該陣列計算星期六的個數，然後乘以 8 即可。

　　本例公式利用 EOMONTH 函數產生本月底的日期序列再用 ROW 函數產生一個陣列，陣列包含到職日期到該月底日期的每一天的序列值，然後用 TEXT 判斷每一天是否等於星期六，產生由邏輯值 TRUE 和 FALSE 組成的陣列，最後將邏輯值轉換成數值並加總，即得到周六的個數。將周六的個數乘以 8 則得到加班小時數。

▶ 使用注意

　　① 本例也可以使用如下公式完成。

　　=QUOTIENT(EOMONTH(B2,0)-B2+MOD(WEEKDAY(B2,2),7),7)*8

　　② ROW 函數用於產生列號，當參數是多列的範圍時則可以產生自然數序列。當參數是不確定的範圍時，ROW 必須配合 INDIRECT 函數使用，因為 ROW 函數的參數必須是儲存格或者範圍參照，不能是字串，而 INDIRECT 函數則可以將字串轉換成參照。

　　在本例中運算式 "B2&":"&EOMONTH(B2,0)" 的計算結果是一個字串，不是範圍參照，而 INDIRECT 函數將它轉換成範圍參照，其後 ROW 函數才能根據此參照產生列號。

▶ 範例延伸

　　思考：如果所有員工都不是新員工，即不是本月到職，那麼如何修改公式

　　提示：相對於本例公式，將 B2 修改成本月 1 日的日期序列值。

範例 291 計算員工工作天數和月數（DATEDIF）

範例檔案 第 5 章 \291.xlsx

　　工作表中是 10 個離職員工的資料，現在需要要計算每位員工的工作天數及工作月數，不足一月者忽略。

　　開啟範例檔案中的資料檔案，在儲存格 D2 輸入以下公式：

　　=DATEDIF(B2,C2,"D")

　　然後在 E2 儲存格輸入以下公式：

　　=DATEDIF(B2,C2,"M")

5
日期和時間函數

上述兩個公式將分別算出工作天數和月數。選擇 D2:E2 後，按兩下儲存格填滿控點，將公式向下填滿，結果如圖 5.24 所示。

	A	B	C	D	E
1	姓名	到職日期	離職日期	工作天數	工作月數
2	陳強生	2007/11/17	2008/9/4	292	9
3	古真	2008/4/23	2008/5/28	35	1
4	劉玲玲	2008/1/13	2008/3/29	76	2
5	羅翠花	2007/8/19	2008/3/20	214	7
6	張志堅	2007/12/17	2008/8/17	244	8
7	龔麗麗	2008/2/23	2008/4/27	64	2
8	朱通	2007/9/29	2008/2/13	137	4
9	陳真亮	2008/3/29	2008/6/7	70	2
10	陳金花	2007/10/4	2008/10/12	374	12
11	趙有國	2008/3/26	2008/4/6	11	0

圖 5.24　計算員工工作天數和月數

▶ 公式說明

本例利用 DATEDIF 函數計算兩個日期之間的天數和月數。如果用 "D" 作為參數則算出天數；如果用 "M" 作為參數則算出月數。

▶ 使用注意

① DATEDIF 函數是一個隱藏的工作表函數，在工作表函數清單中看不到，Excel 也不提供此函數的說明，但卻可以直接使用它。

② DATEDIF 函數有三個參數，第一參數是起始日期；第二參數是結束日期必須大於等於起始日期；第三參數用於指定計算類型，包括年、月、日。

③ DATEDIF 函數僅僅計算兩個日期之間相差的年、月、日，不計算小時數。如果日期共有序列帶小數將無條件捨去再進行計算。

▶ 範例延伸

思考：計算本例中每位員工的工作年數

提示：用 "Y" 作為 DATEDIF 函數的參數即可。

範例 292 根據到職日期計算員工可休假天數（DATEDIF）

範例檔案 第 5 章 \292.xlsx

公司規定，員工工作時間為 6 個月以內可休假 3 天、工作半年到 1 年者可休假 5 天，然後每增加一年加 2 天休假時間，但上限為 15 天。現在需要計算每位員工的休假天數。

開啟範例檔案中的資料檔案，在儲存格 C2 輸入以下公式：

=MIN(IF(DATEDIF(B2,TODAY(),"M")<6,0,IF(DATEDIF(B2,TODAY(),"M")<=12,3,3+2*(DATEDIF(B2,TODAY(),"Y")))),15)

按下〔Enter〕鍵後，公式算出員工的可休假天數。按兩下儲存格填滿控點，將公式向下填滿，結果如圖 5.25 所示。

	fx	=MIN(IF(DATEDIF(B2,TODAY(),"M")<6,0,IF(DATEDIF(B2,TODAY(),"M")<=12,3,3+2*(DATEDIF(B2,TODAY(),"Y"))))),15)

	A	B	C	D	E	F
1	姓名	到職日期	年假天數			
2	胡東來	2005/7/8	15			
3	陳金花	2008/3/27	15			
4	文月章	1997/7/26	15			
5	陳文民	2008/2/13	15			
6	周輝煌	2007/9/23	15			
7	李華強	2006/2/19	15			
8	朱華青	2004/11/6	15			
9	張正文	2007/12/11	15			
10	蔣有國	2006/6/7	15			
11	趙國	2000/7/19	15			

圖 5.25　計算員工可休假天數

▶ 公式說明

　　本例公式首先利用 DATEDIF 函數計算員工的工作月數，如果小於 6 個月則公式算出
0；如果小於等於 12 則公式算出 3。然後對工作表達到一年以上的員工以 3 天作為基數，
用 DATEDIF 函數計算出來的年數乘以 2 累加，每一年累加 2 天。如果超過 15 天，則利用
MIN 函數取 15 作為可休假天數。

▶ 使用注意

　　① DATEDIF 函數是為了相容 Lotus1-2-3 軟體才保留的，在工作表函數清單中找不到，
也沒有說明檔。

　　② DATEDIF 函數除使用 "Y"、"M" 和 "D" 作為參數之外，還可以用 "YD"、"MD"、
"YM" 作為參數，分別表示忽略年計算天數、忽略年和月計算天數、忽略年計算月數。

▶ 範例延伸

　　思考：不使用 IF 函數，改用 TEXT 函數完成本例公式

　　提示：對 TEXT 函數的第二參數分三段進行相對的條件設定。

**範例 293 根據身分證號碼計算歲數（包括年、月、天）
（DATEDIF）**

範例檔案 第 5 章 \293.xlsx

　　根據大陸員工的身分證號碼，計算每個身分證號碼擁有者的歲數。不足整年者以月為
單位，不足月者以天為單位。

　　開啟範例檔案中的資料檔案，在儲存格 C2 輸入以下公式：

　　=CONCATENATE(DATEDIF(TEXT(MID(B2,7,LEN(B2)/2-1),"#-00-00"),TODAY(),"Y"),"
歲 ",DATEDIF(TEXT(MID(B2,7,LEN(B2)/2-1),"#-00-00"),TODAY(),"YM")," 個　月
",DATEDIF(TEXT(MID(B2,7,LEN(B2)/2-1),"#-00-00"),TODAY(),"MD")," 天 ")

　　按下〔Enter〕鍵後，公式算出員工歲數。按兩下儲存格填滿控點，將公式向下填滿，
結果如圖 5.26 所示。

5 日期和時間函數

圖 5.26　根據身分證號碼計算歲數

▶ 公式說明

　　本例公式利用 MID 擷取身分證號碼中表示出生年、月、日的字串，公式適用於 15 位身分證和 18 位身分證。然後利用 DATEDIF 函數分別計算年、月和天。其中計算月需要使用參數 "YM"，表示忽略年計算月數；計算天數需要使用 "MD"，表示忽略年、月，僅計算天數。最後利用 CONCATENATE 函數將所有字串連起來，得到員工的歲數。

▶ 使用注意

　　① 對於計算兩個日期之間月數差異或者忽略年、月計算兩個日期之間天數差異，使用 DATEDIF 函數非常方便。儘管改用其他函數計算也可以完成，但公式會偏長。

　　② 如果本例中需要不顯示 0 月或者 0 天，可以改用如下公式。

　　=CONCATENATE(DATEDIF(TEXT(MID(B2,7,LEN(B2)/2-1),"#-00-00"),TODAY(),"Y"),"歲 ",TEXT(DATEDIF(TEXT(MID(B2,7,LEN(B2)/2-1),"#-00-00"),TODAY(),"YM"),"0 月;;;"),TEXT(DATEDIF(TEXT(MID(B2,7,LEN(B2)/2-1),"#-00-00"),TODAY(),"MD"),"0 天;;;"))

▶ 範例延伸

　　思考：根據身分證號碼計算退休時間（假設 60 歲退休）

　　提示：擷取出生年、月、日，然後對其添加 60 年，再擷取延後至月末的日期。

時間函數

範例 294 計算臨時工的薪資（TIMEVALUE）

範例檔案 第 5 章 \294.xlsx

　　臨時工的薪資是每天結算的，按照每天 8 小時、薪資 1000 元為標準計算薪資。現需根據 B 欄中的各位臨時工的工作時間計算當天薪資，結果保留 0 位小數。

　　開啟範例檔案中的資料檔案，在儲存格 C2 輸入以下公式：

　　=ROUND(TIMEVALUE(SUBSTITUTE(SUBSTITUTE(B2," 分 ",""),," 小時 ",":"))*24/8*1000,)

　　按下〔Enter〕鍵後，公式將算出臨時工的薪資。按兩下儲存格填滿控點，將公式向下填滿，結果如圖 5.27 所示。

	A	B	C	D	E	F
1	臨時工	工作時間	工資（元）			
2	周輝煌	7小時28分	933			
3	陳新年	9小時15分	1156			
4	魏秀秀	6小時18分	788			
5	鐘正國	9小時20分	1167			
6	張明東	5小時5分	635			
7	羅新華	4小時30分	563			
8	劉麗麗	8小時	1000			
9	張大中	7小時28分	933			
10	梁今明	7小時	875			
11	陳胡明	6小時28分	808			

圖 5.27　計算臨時工的薪資

▶ 公式說明

　　本例公式首先利用 SUBSTITUTE 函數將 "分" 取代成空字串，再將 "小時" 取代成冒號，使工作時間轉換成標準的時間格式。然後利用 TIMEVALUE 函數將工作時間轉換成小數，該小數是工作時間相對於 24 小時的百分比。然後將百分比乘以 24 再除以 8 即得到工作時間與每天的標準工作時間 8 小時的百分比，最後乘以標準薪資 1000 元即可。

▶ 使用注意

　　① TIMEVALUE 函數可以將字串型的時間轉換成數值，該數值是待轉換時間占 24 小時的百分比。

　　② TIMEVALUE 函數僅僅對字串進行轉換，如果參數是數值將產生錯誤值。

▶ 範例延伸

　　思考：如果 8 小時以外的時間按雙倍薪資計算，如何修改本例公式

　　提示：對於工作時間大於 8 小時者，將時間分為兩段計算，8 小時以外按每小時
　　　　　1000/8*2 元計算。

範例 295 計算本日工時薪資（HOUR）

範例檔案 第 5 章 \295.xlsx

　　公司計算薪資時按計時薪資結算。即每天 8 點上班，17 點下班，去除午餐 1 小時，每日工作 8 小時，按每小時 120 元結算薪資。如果早上遲到，不足 1 小時扣 120 元，不足 2 小時扣 240 元。下午如果工作完成，可以提前下班，對於提前下班的時間，按實際分鐘扣除薪資。

　　開啟範例檔案中的資料檔案，在儲存格 D2 輸入以下公式：

=(HOUR(C2-TIMEVALUE("8:00"))-1-ROUNDUP(B2-TIMEVALUE("8:00"),0))*120

　　按下〔Enter〕鍵後，公式將算出本日薪資。按兩下儲存格填滿控點，將公式向下填滿，結果如圖 5.28 所示。

	A	B	C	D	E	F
1	姓名	上班時間	下班時間	工資		
2	趙興望	08:00	17:00	960		
3	古山忠	08:00	17:00	960		
4	黃士尚	08:00	17:00	960		
5	李文新	08:30	17:00	840		
6	張坦然	08:00	17:00	960		
7	劉年好	08:00	17:00	960		
8	徐大鵬	08:00	15:00	720		
9	魏秀秀	08:00	17:00	960		
10	程前和	09:00	17:00	840		
11	張明東	08:00	16:30	840		

圖 5.28　計算本日工時薪資

▶ 公式說明

本例公式以下班時間減掉早上 8 點，再減掉午餐時間 1 小時獲得標準工作時間。然後再計算遲到時間，利用 ROUNDUP 函數將時間向上進位，不足 1 小時者都按 1 計算。最後用工作時間乘以 120 得到本日薪資。

▶ 使用注意

① HOUR 函數算出時間值的小時數，即一個介於 0 ~ 23 之間的整數。它有一個參數，該參數表示時間值，可以是時間序列號，也可以是字串型時間。例如：

=HOUR("8:00")──→結果等於 8。

=HOUR(0.333333)──→結果等於 8。

② HOUR 函數僅用於擷取小時部分，若時間為 25 小時，那麼利用 HOUR 擷取小時會忽略 24，計算值 1，因此前面 24 小時會被轉換為 1 天。

▶ 範例延伸

思考：計算現在是幾點鐘

提示：用 NOW 作為 HOUR 的參數即可。

範例 296 計算工作時間，精確到分鐘（MINUTE）

範例檔案 第 5 章 \296.xlsx

某工廠每天上班分三班，即平均每班上 8 小時左右，下一班再接著上班。要統計每個工人扣除休息時間後的實際上班時間，將單位轉換為小時。

開啟範例檔案中的資料檔案，在儲存格 E2 輸入以下公式：

=HOUR(C2)+MINUTE(C2)/60-HOUR(B2)-MINUTE(B2)/60-D2+24*(C2<B2)

按下〔Enter〕鍵後，公式將算出員工當天的工作時間。按兩下儲存格填滿控點，將公式向下填滿，結果如圖 5.29 所示。

	A	B	C	D	E
1	姓名	上班時間	下班時間	休息時間（小時）	工作時間（小時）
2	趙有國	8:00	17:30	1.50	8.00
3	趙前門	23:55	7:50	0.50	7.42
4	張朝明	16:30	2:00	1.00	8.50
5	周聯光	8:20	17:00	1.50	7.17
6	林至文	0:00	8:00	0.50	7.50
7	劉百萬	15:50	23:55	1.00	7.08
8	張正文	23:20	8:00	1.50	7.17
9	張珍華	8:10	16:25	0.50	7.75
10	李範文	16:00	23:38	1.00	6.63
11	闇文明	0:00	7:50	1.00	6.83

E2 公式：=HOUR(C2)+MINUTE(C2)/60-HOUR(B2)-MINUTE(B2)/60-D2+24*(C2<B2)

圖 5.29　計算工作時間

▶ 公式說明

　　本例公式利用 HOUR 計算工作的小時數，用 MINUTE 計算分鐘數，再將分鐘除以 60 轉換成小時數。兩者相加再扣除休息時間即為工作時間，單位為小時。為了防止出現負數，對上班時間的小時數大於下班時間小時數者加 24 小時做調整。

▶ 使用注意

　　① MINUTE 函數可以算出時間值中的分鐘，為一個介於 0 ～ 59 之間的整數。MINUTE 函數有一個參數，該參數必須是時間或者帶有日期和時間的序列值，還可以是字串型的時間值。如果參數是字串，那麼將產生錯誤值。

　　② MINUTE 函數統計分鐘時也和 HOUR 函數統計小時一樣，只計算整數，對於秒鐘不會轉換為小數。

▶ 範例延伸

　　思考：計算現在離 20:00 還有多少分鐘

　　提示：用 TODAY 加上字串 "20:00" 減掉 NOW，然後乘以 24 再乘以 60 就可以取得分鐘。

範例 297 根據完工時間計算獎金（MINUTE）

範例檔案 第 5 章 \297.xlsx

　　公司規定：每天標準產量為 800 個產品。從早上 8:00 開始生產，到 18:00 結束。如果剛好 18:00 生產完畢就不給獎金也不扣薪；如果早於 18:00 完成，那麼早半小時以內忽略不計，半小時～ 1 小時（不含）之間獎金 100 元，1 ～ 1.5 小時（不含）之間獎金 200 元……如果晚於 18:00 完成，那麼 1 ～ 30 分鐘之內扣 100 元，30 ～ 60 分鐘之內扣 200 元……

　　開啟範例檔案中的資料檔案，在儲存格 C2 輸入以下公式：

=IF(HOUR(B2)>=18,-(ROUNDUP((HOUR(B2-"18:00")*60+MINUTE(B2))/30,0))*100,(ROUNDDOWN((HOUR("18:00"-B2)*60+60-MINUTE(B2))/30,0))*100)

　　按下〔Enter〕鍵後，公式將算出員工當天的獎金。按兩下儲存格填滿控點，將公式向下填滿，結果如圖 5.30 所示。

C2 =IF(HOUR(B2)>=18,-(ROUNDUP((HOUR(B2-"18:00")*60+MINUTE(B2))/30,0))*100,(ROUNDDOWN((HOUR("18:00"-B2)*60+60-MINUTE(B2))/30,0))*100)

	A	B	C
1	姓名	完工時間	獎金
2	朱未來	下午 06:43:00	-200
3	李文新	下午 05:31:00	0
4	羅正宗	下午 06:43:00	-200
5	劉喜仙	下午 05:45:00	0
6	魏鄭	下午 07:26:00	-300
7	張珍華	下午 03:31:00	400
8	曹錦榮	下午 05:15:00	100
9	陳金來	下午 07:12:00	-300
10	黃明秀	下午 07:55:00	-400
11	張白雲	下午 08:24:00	-500

圖 5.30　根據完工時間計算獎金

▶ 公式說明

本例公式首先對完工時間大於等於 18 時者計算其超時的小時數並轉換成分鐘，再計算超時的分鐘數。用超時的時間除以 30 並向上進位的倍數乘以 100 即為需扣獎金；如果完工時間早於 18 點，則用類似方式計算時間，再將時間除以 30，並乘以 100 元得到獎金數量。

▶ 使用注意

① 本例也可以不用時間函數，而是直接用數值相減，然後乘以 24 再乘以 60 轉換為分鐘。

=IF(HOUR(B2)>=18,-ROUNDUP(((B2-"18:00")*24*60)/30,0)*100,ROUNDDOWN((("18:00"-B2)*24*60)/30,0)*100)

② MINUTE 函數和 HOUR 函數一樣，允許參數是時間值也允許參數是時間格式的字串。

=MINUTE("09:12:59")⟶計算結果為 12，參數屬於字串。

▶ 範例延伸

思考：計算提前完工者人數

提示：也就是完工小時數小於 18 的人數。用 SUM 和 HOUR 配合即可。

範例 298 計算流程時間（SECOND）

範例檔案 第 5 章 \298.xlsx

某工程在生產線上需要經過 10 個流程，每個流程用時最多不足 1 小時，最少不足 1 分鐘。為了讓生產線有應付意外事故的充足時間，要求計算流程時間時將不足 1 分鐘的時間都按 1 分鐘計算，即見 1 進 10。

開啟範例檔案中的資料檔案，在儲存格 D2 輸入以下公式：

=SUMPRODUCT(MINUTE(B2:B11)+(SECOND(B2:B11)>0))

按下〔Enter〕鍵後，公式將算出工程時間，結果如圖 5.31 所示。

	A	B	C	D
1	生產流程	時間		生產流程時間 (分鐘)
2	生產流程1	上午 12:00:15		99
3	生產流程2	上午 12:02:03		
4	生產流程3	上午 12:02:08		
5	生產流程4	上午 12:29:30		
6	生產流程5	上午 12:02:46		
7	生產流程6	0:31:09		
8	生產流程7	上午 12:12:12		
9	生產流程8	上午 12:00:05		
10	生產流程9	上午 12:10:34		
11	生產流程10	上午 12:01:20		

圖 5.31　計算工程時間

▶ 公式說明

　　本例公式首先計算每個流程的分鐘，再用 SECOND 計算秒，利用秒數大於 0 來執行進位。最後將分鐘數加總即為工程時間。

▶ 使用注意

　　① SECOND 函數用於計算時間值的秒數，算出的秒數為 0 ～ 59 之間的整數。該函數只有一個參數，即時間值，參數可以是時間值以及帶有日期和時間的數值，也可以是字串型時間。例如：

　　=SECOND("2008-8-88:8:8")──→結果等於 8。

　　=SECOND(0.000093)──→結果等於 8。

　　② SECOND 的功能也可以利用 TEXT 函數來完成：

　　=TEXT(0.000093,"S")──→結果等於 8。

　　=TEXT("2008-8-88:8:8","S")──→結果等於 8。

▶ 範例延伸

　　思考：不用時間函數完成本例要求

　　提示：用 TEXT 函數即可。

星期函數

範例 299 計算今天是星期幾（WEEKDAY）

範例檔案 第 5 章 \299.xlsx

　　開啟範例檔案中的資料檔案，在儲存格 A2 輸入以下公式：

　　=WEEKDAY(TODAY(),2)

　　按下〔Enter〕鍵後，公式將算出今天是星期幾，結果如圖 5.32 所示。

A2 ▾ (	fx	=WEEKDAY(TODAY(),2)		
	A	B	C	D
1	今天星期幾：			
2	6			

圖 5.32　計算今天是星期幾

▶ 公式說明

本例利用 WEEKDAY 函數計算今天是星期幾，其中第一參數 TODAY 表示今天，第二參數 2 表示將星期一當作一周的第一天。

▶ 使用注意

① WEEKDAY 函數是計算星期的函數，可以計算某日期為星期幾。它有兩個參數，第一參數代表日期；第二參數表示計算方式。它有三個可選值，包括 1（或者忽略）、2、3。其中係數 1 表示每週按 1～7 天計算，其中星期日是第一天；系數 2 表示每週按 1～7 天計算，星期一是第一天；係數 3 表示每週按 0～6 天計算，星期一是第 0 天。

② WEEKDAY 函數的第二參數是非必填參數，當忽略第二參數時，表示星期日作為一周的第一天計算。而 TEXT 計算星期的方式卻是將星期一當作一周的第一天計算的。例如：

=WEEKDAY("2008-8-9")──→結果等於 7。

=TEXT("2008-8-9","AAAA")──→結果等於 "星期六"。

③ WEEKDAY 函數計算的結果是表示星期的數值，可以直接參與數值運算，而 TEXT 函數產生的星期幾總是字串，通常需要轉換數值後再參與數值運算。

④ WEEKDAY 函數的第一參數可以是儲存格參照，也可以字串，還可以是陣列，但要產生英文的星期，只能使用 TEXT 函數。

▶ 範例延伸

思考：計算今天離星期日的天數

提示：用 7 減掉今天的星期數即可。

範例 300 加總星期日的支出金額（WEEKDAY）

範例檔案 第 5 章 \300.xlsx

開啟範例檔案中的資料檔案，在儲存格 E2 輸入以下公式：

=SUMPRODUCT((WEEKDAY(A2:A11,2)=7)*(B2:B11=" 支出 ")*C2:C11)

按下〔Enter〕鍵後，公式將算出星期日的支出金額，結果如圖 5.33 所示。

E2	▼	f_x	=SUMPRODUCT((WEEKDAY(A2:A11,2)=7)*(B2:B11="支出")*C2:C11)		
	A	B	C	D	E
1	日期	項目	金額		周日支出金額
2	2008年5月2日	收入	3212		8233
3	2008年5月2日	支出	2421		
4	2008年5月4日	支出	2968		
5	2008年5月5日	收入	2659		
6	2008年5月7日	支出	2157		
7	2008年5月11日	收入	2056		
8	2008年5月11日	支出	2953		
9	2008年5月17日	收入	3200		
10	2008年5月18日	收入	2000		
11	2008年5月18日	支出	2312		

圖 5.33　加總星期日的支出金額

本例公式首先用 WEEKDAY 函數判斷每個日期是否等於星期日，產生一個由邏輯值 TRUE 和 FALSE 組成的陣列，然後再用運算式 "B2:B11=" 支出 "" 產生另一個由邏輯值組成的陣列。兩個陣列相乘後則產生由 1 和 0 組成的新陣列，其中 1 對應符合條件的儲存格，0 對應不符合條件的儲存格。將此陣列乘以金額區 C2:C11 則可以排除不符合條件的金額，最後用 SUM 函數加總星期日的支出金額。

▶ 使用注意

① 每個月同一天的星期數不盡相同。例如，2014 年 8 月 10 日和 2014 年 9 月 10 日的星期數是一定不同的，而去年 8 月 10 和今年的 8 月 10 日則可能相同、也可能不同。如果待計算的儲存格中僅僅輸入了月和日，那麼 Excel 會將它當作今年處理。例如：

=WEEKDAY("8 月 1 日 ",2)──→今年是 2014 年，那麼 Excel 就將參數補充為 "2014 年 8 月 1 日"，然後再計算其星期數，結果等於 3。

② 本例也可以使用如下普通公式完成。

=SUMPRODUCT((WEEKDAY(A2:A11)=1)*(B2:B11=" 支出 ")*C2:C11)

▶ 範例延伸

思考：計算星期一～星期五的支出金額

提示：相對於本例公式，將等於改成小於 6 即可。

範例 301 加總第一周的出貨數量（WEEKDAY）

範例檔案 第 5 章 \301.xlsx

工作表中有 1 ～ 15 日的出貨資料，現在需要統計第一個完整的星期的總出貨數量，即該星期的每一天都在工作表中出現才參與計算。如果 1 日是星期六，那麼就從第 3 日開始計算一周 7 天的資料。

開啟範例檔案中的資料檔案，在儲存格 A5 輸入以下陣列公式：

=SUM(OFFSET(A2,,MIN(IF(WEEKDAY(B1:P1,2)=1,COLUMN(B:P))),,7))

按下〔Ctrl〕+〔Shift〕+〔Enter〕複合鍵後，公式將算出第一周的出貨數量，結果如圖 5.34 所示。

A5		fx	{=SUM(OFFSET(A2,,MIN(IF(WEEKDAY(B1:P1,2)=1,COLUMN(B:P))),,7))}												
	A	B	C	D	E	F	G	H	I	J	K	L	M	N	O	P
1	日期	11-1	11-2	11-3	11-4	11-5	11-6	11-7	11-8	11-9	11-10	11-11	11-12	11-13	11-14	11-15
2	出貨數	102	107	132	133	116	117	144	135	114	119	146	114	128	140	155
3																
4	第一周出貨數															
5	891															

圖 5.34　第一周的出貨數量

▶ 公式說明

本例公式首先判斷 B1:P1 的日期是否等於星期一，然後記錄第一個星期一的欄號。再透過 OFFSET 函數產生從該儲存格開始的 7 個儲存格的參照，最後使用 SUM 函數加總這 7 個儲存格的值。

① 本例中 B2:P2 範圍有多個星期一，所以本例利用 IF 函數將所有星期一的日期所在的欄號全部列出來，再用 MIN 函數取最小值，得到第一個星期一的位置，從該位置開始向右的 7 個儲存格即為第一周的資料存放範圍。

② 如果沒有星期日的資料，即每個星期只有 6 天的資料，那麼 OFFSET 的最後一個參數需要修改成 6。

③ 如果每週可能有星期日出貨資料，也可能沒有星期日出貨資料，那麼需要利用函數計算來確定第一周的資料個數。公式如下。

=SUM(OFFSET(A2,,MIN(IF(WEEKDAY(B1:P1,2)=1,COLUMN(B:P))),,SMALL(IF(WEEKDAY(B1:P1,2)=1,COLUMN(B:P)),2)-MIN(IF(WEEKDAY(B1:P1,2)=1,COLUMN(B:P)))))

此記錄下第二個星期一的位置，然後減掉第一個星期一的位置來計算第一周的天數。

▶ 範例延伸

思考：計算 B2:P2 中與 1 日同屬一周的日期的出貨數

提示：相對於本例公式，利用 1 作為 OFFSET 的第二參數，用第一個星期一的欄號作為最後一個參數即可。

範例 302 按周加總產量（WEEKDAY）

範例檔案 第 5 章 \302.xlsx

工作表中第 1 列為日期，第 2 列為產量，要在第 6 列中按周統計 B 欄的產量。由於一個月可能有 4 周，也可能有 5 周、6 周，因此當第 1 列指定的月份只有 4 周或者 5 周時，在 F6 或者 G6 儲存格顯示 0 即可。

開啟範例檔案中的資料檔案，在儲存格 B6 輸入以下陣列公式：

=SUM(((WEEKDAY($B1,2)-WEEKDAY($B1:$AF1,2))+(COLUMN($B1:$AF1)-1)=(1+(COLUMN(A1)-1)*7))*$B2:$AF2)

按下〔Ctrl〕+〔Shift〕+〔Enter〕複合鍵後，公式將算出第一周的產量。將公式向右拖曳至 G6，結果如圖 5.35 所示。

B6	▼	fx	{=SUM(((WEEKDAY($B1,2)-WEEKDAY($B1:$AF1,2))+(COLUMN($B1:$AF1)-1)=(1+(COLUMN(A1)-1)*7))*$B2:$AF2)}										
	A	B	C	D	E	F	G	H	I	J	K	L	M	N
1	日期：	3月1日	3月2日	3月3日	3月4日	3月5日	3月6日	3月7日	3月8日	3月9日	3月10日	3月11日	3月12日	3月13日	3月
2	產量：	68	74	76	77	78	69	57	65	53	56	56	69	56
3														
4														
5		第1周	第2周	第3周	第4周	第5周	第6周							
6		142	475	466	457	474	72							

圖 5.35　按周加總產量

▶ 公式說明

本例公式首先用 B1 儲存格的星期數減掉該月每天的星期數加上欄號來產生一個陣列，該陣列可將每一周所在的範圍區分開來。在本例中所產生的陣列是：“{1,1,8,8,8,8,8,8,8,15,15,15,15,15,15,15,22,22,22,22,22,22,22,29,29,29,29,29,29,29,36}”，其中兩個 1 代表第一周包含兩天，7 個 8 代表該月第二周是從第三天開始有連續 7 天，依此類推。然後再與運算式 "1+(COLUMN(A1)-1)*7" 產生的陣列進行比較，將兩者相等對應範圍中的產量進行加總即可。

運算式 "1+(COLUMN(A1)-1)*7" 在第一個儲存格產生的陣列全部由 1 組成，向右填滿後將變成 8、15……剛才與前一個陣列中的元素對應。

▶ 使用注意

如果將本例的 3 月改成 4 月，由於 4 月不存在第六周，所以 G6 儲存格的值將變成為 0。

▶ 範例延伸

思考：B2:AF2 的日期共包含幾周

提示：取本例公式中的一段運算式 "WEEKDAY($B1,2)-WEEKDAY($B1:$AF1,2))+(COLUMN($B1:$AF1)-1)"，計算這個陣列中有多少個不重複資料即可。

範例 303 計算周末獎金補貼（WEEKDAY）

範例檔案 第 5 章 \303.xlsx

某公司以前周六和周日常常加班，且未按加班方式計算薪資，從本年度 9 月開始，對所有人進行補貼。現要計算工作表中所有離職人員的補貼金額，從到職日開始到離職日結束，每個周六和周日補貼 10 塊錢。

開啟範例檔案中的資料檔案，在儲存格 D2 輸入以下公式：

=SUMPRODUCT(N(WEEKDAY(ROW(INDIRECT(B2&":"&C2))-1,2)>5))*10

按下〔Enter〕鍵後，公式將算出第一個員工的補貼。按兩下儲存格填滿控點，將公式向下填滿，結果如圖 5.36 所示。

D2	▼	f_x	=SUMPRODUCT(N(WEEKDAY(ROW(INDIRECT(B2&":"&C2))-1,2)>5))*10

	A	B	C	D
1	姓名	進廠日期	離職日期	週六、周日補貼
2	朱未來	2011/1/2	2014/9/2	3840
3	黃真真	2006/7/15	2014/9/3	8500
4	朱君明	2007/12/5	2014/9/1	7040
5	劉子中	2014/8/19	2014/9/4	40
6	劉佩佩	2007/5/8	2014/9/10	7660
7	羅新華	2011/1/5	2014/9/12	3840
8	梁今明	2011/5/2	2014/9/15	3530
9	仇有千	2004/5/9	2014/9/17	10820
10	鐘小月	2013/5/1	2014/9/10	1420
11	張坦然	2014/8/1	2014/9/25	160

圖 5.36　計算週末獎金補貼

▶ 公式說明

本例公式利用 ROW 函數產生一個由到職日期到離職日期的每一天的日期值組成的陣列，然後用 WEEKDAY 函數逐一轉換成星期數，再將大於 5 者轉換成 1，小於等於 5 者轉換成 0，最後用 SUMPRODUCT 計數並乘以每日的補貼 10 元。

▶ 使用注意

① 到職日期和離職日期在儲存格中顯示為日期，參與運算時卻以數值計算。例如，日期 "2008-1-2" 在參與運算時當作 39449 計算。所以可以直接將兩個日期連接起來，作為 INDIRECT 的參數，進而產生列的參照。但是 INDIRECT 的參數有上限限制，即 1048576，大於此上限的資料作為參數將會出錯。

② 本例也可以用如下公式完成。

=SUMPRODUCT(N(WEEKDAY(B2+ROW(INDIRECT(1&":"&C2-B2))-1,2)>5))*10

▶ 範例延伸

思考：如果本例要求為每個周六加班補貼 5 元，而周日加班補貼 10 元，如何修改公式
提示：周六和周日分開計算再相加。

範例 304 列出值班日期（WEEKDAY）

範例檔案 第 5 章 \304.xlsx

某同學每個月的第一個周日值班。現在需要列出 2016 年度該同學的所有值班日期。開啟範例檔案中的資料檔案，在儲存格 B1 輸入以下陣列公式：

=MIN(IF(WEEKDAY(DATE(2016,ROW(),ROW($1:$31)),2)=7,DATE(2016,ROW(),ROW($1:$31))))

按下〔Ctrl〕+〔Shift〕+〔Enter〕複合鍵後，公式將算出第一個值班日期的序列值，再將儲存格設定為日期格式。然後按兩下儲存格填滿控點，將公式向下填滿，結果如圖 5.37 所示。

B1	fx	{=MIN(IF(WEEKDAY(DATE(2016, ROW(),ROW($1:$31)),2)=7,DATE(2016,ROW(),ROW($1:$31))))}

	A	B	C	D	E
1	第1次	2016/1/3			
2	第2次	2016/2/7			
3	第3次	2016/3/6			
4	第4次	2016/4/3			
5	第5次	2016/5/1			
6	第6次	2016/6/5			
7	第7次	2016/7/3			
8	第8次	2016/8/7			
9	第9次	2016/9/4			
10	第10次	2016/10/2			
11	第11次	2016/11/6			
12	第12次	2016/12/4			

圖 5.37 列值班日期

▶ 公式說明

本例公式利用 DATE 函數產生每個月 1 日～ 31 日的日期序列值的陣列，然後用 WEEKDAY 函數配合 IF 函數將周日的日期列出來，將周日以外的日期轉換成 FALSE。最後用 MIN 函數擷取其第一個周日的日期序列值。結果為一個數值，可以定義儲存格的數值格式為 "日期" 來轉換，也可以使用 TEXT 函數將數值轉換成日期格式。

公式使用 ROW 函數作為 DATE 函數的第二參數，公式向下填滿時可以遞增為 2 月、3 月、4 月……

▶ 使用注意

① 本例公式中每個月都統一使用 1 ～ 31 日的日期值來進行判斷，這是為了減少公式長度。由於僅取最小值，超出當月實際天數的資料會被忽略，因此不影響公式結果。

② DATE 擁有智慧糾正日期的功能，所以將每月都設定為 31 天也不會產生錯誤值。如果不用 DATE 函數則只可以將每月設定為 7 天，同樣能得出正確結果，公式如下。

=MIN(IF(WEEKDAY("2016-"&ROW()&"-"&ROW($1:$7),2)=7,1*("2016-"&ROW()&"-"&ROW($1:$7))))

▶ 範例延伸

思考：某同學每個月第二周的周日值班，列出其 12 次值班的日期

提示：相對於本例公式，將 MIN 改成 SMALL 即可。

範例 305 計算本月加班時間（WEEKDAY）

範例檔案 第 5 章 \305.xlsx

公司規定星期一、星期三、星期五加班 3 小時，星期二、星期四、星期六加班 2 小時，星期日也加班 2 小時。要計算本月的總加班時間。

開啟範例檔案中的資料檔案，在儲存格 A2 輸入以下陣列公式：

=SUM((MOD(MOD(WEEKDAY(DATE(YEAR(NOW()),MONTH(NOW()),ROW(INDIRECT("1:"&DAY(EOMONTH(NOW(),0)))))),2),7),2)={1,0})*{3,2})

按下〔Ctrl〕+〔Shift〕+〔Enter〕複合鍵後，公式將算出本月加班時間，單位為 "小時"。結果如圖 5.38 所示。

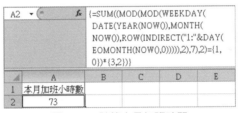

圖 5.38　計算本月加班時間

▶ 公式說明

本例公式首先用 YEAR、MONTH 配合 NOW 函數計算目前所處的年份和月份，再用 DAY 函數嵌套 EOMONTH 函數計算本月有多少天。透過 ROW 函數產生 1 到本月天數的陣列，然後用 DATE 函數產生包含本月 1 日到最後一天的陣列。再用 WEEKDAY 函數計算每一天的星期數。

根據題目要求，每周前 6 天可以利用奇偶數來區分，而星期日卻必須轉換成與星期二、星期四、星期六一致才能計算。所以本例利用第一個 MOD 函數將每天的星期數與參數 7 計算餘數，進而執行 1、2、3、4、5、6 的值不變，而將 7 轉換成 0。下一步就可以直接用奇、偶數來區分 2 元加班費的時間和 3 元加班費的時間。其中陣列 "{1,0}" 和 "{3,2}" 表示星期數除以 2 餘數為 1 者加班 3 小時，餘數為 2 者加班 2 小時。

① 本例也可以對星期一、星期三、星期五計算一次，再對星期二、星期四、星期六、星期日計算一次，然後加總。公式如下。

=SUM((WEEKDAY(DATE(YEAR(NOW()),MONTH(NOW()),ROW(INDIRECT("1:"&DAY(EOMONTH(NOW(),0)))),2)={1,3,5})*3,(WEEKDAY(DATE(YEAR(NOW()),MONTH(NOW()),ROW(INDIRECT("1:"&DAY(EOMONTH(NOW(),0)))),2)={2,4,6,7})*2)

② 本例公式中的 SUM 函數修改成 SUMPRODUCT 函數可以輸入公式時不按〔Ctrl〕+〔Shift〕+〔Enter〕複合鍵。

▶ 範例延伸

思考：若本例條件中星期日不加班，如何計算本月的加班時間

提示：採用 "使用注意" ② 中的公式，將常數陣列中的 7 刪除即可。

範例 306 計算今天是本年度第幾周（WEEKNUM）

範例檔案 第 5 章 \306.xlsx

開啟範例檔案中的資料檔案，在儲存格 A2 輸入以下公式：

=WEEKNUM(TODAY())

按下〔Enter〕鍵後，公式將算出今天是本年度第幾周，結果如圖 5.39 所示。

A2	▼	*fx*	=WEEKNUM(TODAY())	
▲	A		B	C
1	今天是本年度第幾周			
2	45			

圖 5.39　計算今天是本年度第幾周

▶ 公式說明

本例公式利用 TODAY 函數產生目前系統日期，再用 WEEKNUM 函數計算該日期在今年屬於第幾周。

▶ 使用注意

① WEEKNUM 函數可以計算參數代表的日期是一年中的第幾周。它有兩個參數，第一參數代表待計算周數的日期。參數可以是代表日期的數值，可以是儲存格參照，也可以是字串型日期字串，還可以是運算式；第二參數是非必填參數，用於確定星期計算從哪一天開始。可用係數為 1 和 2，當係數為 1 時，表示星期日是一周的第一天；係數為 2 時表示星期一是一周的第一天。

例如：

=WEEKNUM("2010-8-3")──→結果等於 32，忽略第二參數，即預設值為 1。

=WEEKNUM("2010-8-1",2)──→結果等於 31。

=WEEKNUM(39600,2)──→結果等於 22。

② 如果使用字串型日期，必須使用標準格式，且月、日不能超過可用範圍。除非用 DATE 進行轉換。例如：

=WEEKNUM("2008-9-32",2)──→結果是錯誤值。

=WEEKNUM(DATE(2010,9,32),2)──→結果等於 40。

▶ 範例延伸

思考：計算今年跨越多少周

提示：計算最後一天是今年的第幾周即可。

範例 307 計算本月包括多少周（WEEKNUM）

範例檔案 第 5 章 \307.xlsx

開啟範例檔案中的資料檔案，在儲存格 A2 輸入以下公式：

=WEEKNUM(EOMONTH(NOW(),0),2)-WEEKNUM((EOMONTH(NOW(),-1)+1),2)+1

按下〔Enter〕鍵後，公式將算出本月的周數。結果如圖 5.40 所示。

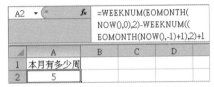

圖 5.40　計算本月包括多少周

▶ 公式說明

　　本例公式利用 EOMONTH 函數產生本月最後一天的日期序列值，並用 WEEKNUM 計算其在本年度的星期數；然後用同樣方式計算本月最後一天在本年度的星期數，兩者之差加 1 即為本月包括的星期數。

▶ 使用注意

　　① 國內和國外對於一星期中的天數的處理方式不同，國內習慣於將星期一作為一周的第一天，而其他多數國家習慣將星期日作為一周的第一天，所以設計公式時需要考量資料閱讀者的習慣問題來設定 WEEKNUM 函數的第二參數。

　　② 本例也可以不使用 WEEKNUM 函數來計算本月的周數。可以換一種方向執行，先計算第一天是星期幾，再計算其中出現次數最多的那個日期值的出現次數。公式如下。

=SUM(N(MODE(WEEKDAY(ROW(INDIRECT((EOMONTH(NOW(),-1)+1)&":"&EOMONTH(NOW(),0)))),2))=WEEKDAY(ROW(INDIRECT((EOMONTH(NOW(),-1)+1)&":"&EOMONTH(NOW(),0)))),2)))

　　本公式首先利用 EOMONTH 函數產生本月 1 日的日期序列和下月最後一日的日期序列，透過 ROW 轉換成包含本月每一天日期值的陣列。然後計算一月中每一天是星期幾，再利用 MODE 函數擷取出現次數最多的值，最後統計該值出現過幾次，那麼本月就有多少周。

▶ 範例延伸

思考：計算本季包含多少周

提示：首先需要計算今年屬於第幾個季。直接用目前月份除以 3 再向上進位即可。然後直接用 WEEKNUM 函數計算本季最後一天的星期數。

範例檔案 第 5 章 \308.xlsx

假設某公司因特殊原因不能每逢週日就休息，而是將一月的休息日並在一起放假。休息天數預設為 4 天，如果當月第五周超過 3 天就可休息 5 天，如果第五周的天數小於等於 3 天就只能連續休息 4 天。現在需要計算本月可以休息幾天。

開啟範例檔案中的資料檔案，在儲存格 A2 輸入以下公式：

=(SUMPRODUCT(1*(WEEKNUM(ROW((INDIRECT((EOMONTH(NOW(),-1)+1)&":"&EOMONTH(NOW(),0)))),2)-WEEKNUM(EOMONTH(NOW(),-1)+1,2)+1=5))>3)+4

按下〔Enter〕鍵後，公式將算出本月的休息日天數，結果如圖 5.41 所示。

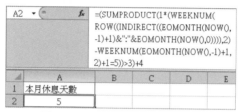

圖 5.41　判斷本月休息日的天數

▶ 公式說明

本例公式首先用 EOMONTH 函數計算出上月最後一天的日期序列，加 1 後得到本月第一天日期序列；然後再計算本月最後一天的日期序列。再用 ROW 函數配合 INDORECT 函數產生一個包含本月每一天的日期值的陣列，用 WEEKNUM 函數計算每一天在本年度的星期數，再減掉本月 1 日的星期數，進而取得第一天在本月的星期數。最後再計算等於 5 的個數是否大於 3 個，如果大於 3 則休息天數為 1+4，否則休息天數為 0+4。

▶ 使用注意

① 本例也可以使用如下公式完成。

=(SUM(N(WEEKNUM(EOMONTH(NOW(),-1)+ROW(INDIRECT("1:"&DAY(EOMONTH(NOW(),0)))),2)-WEEKNUM(EOMONTH(NOW(),-1)+1,2)+1=5))>3)+4

② 本例還可以使用如下公式完成。

=(SUM(COUNT((WEEKNUM(ROW((INDIRECT((EOMONTH(NOW(),-1)+1)&":"&EOMONTH(NOW(),0)))),2)-WEEKNUM(EOMONTH(NOW(),-1)+1,2)+1=5)^0)>3))+4

▶ 範例延伸

思考：計算本月的第一周的天數

提示：相對於本例公式，將條件 "=5" 改成 "=1"，並將 1 後面的所有表達式刪除。

工作日計算

範例 309 計算工程完工日期（WORKDAY）

範例檔案 第 5 章 \339.xlsx

某工程 2014 年 4 月 20 開工，計畫開工 92 天完工。公司規定除週末休息外每個月的最後一天也休息，如果最後一天也是週末則不補休。要計算該工程的完工日期。

開啟範例檔案中的資料檔案，在儲存格 C2 輸入以下陣列公式：

=WORKDAY(A2,B2,EOMONTH(A2,ROW(INDIRECT("1:"&INT(B2/30*2)))))

按下〔Ctrl〕+〔Shift〕+〔Enter〕複合鍵後，公式將算出工程的完工日期序列值，將儲存格的數值格式設定為"日期"後，結果如圖 5.42 所示。

C2	▼	fx	{=WORKDAY(A2,B2,EOMONTH(A2, ROW(INDIRECT("1:"&INT(B2/30*2)))))}		
	A	B	C	D	E
1	開工日期	計畫工作日	完工日期		
2	2014/4/20	92	2014/8/28		

圖 5.42　計算工程完工日期

▶ 公式說明

本例公式利用 WORKDAY 函數計算 2014 年 4 月 20 日之後的 92 個工作日的日期值。因需要扣除每個月最末一天，故使用 EOMONTH 函數產生 4 月份開始的連續多個月的最後一天的日期值作為 WORKDAY 函數的第三參數，進而扣除該休息日。

在產生連續的幾個月的最後一天的日期時，使用了運算式"ROW(INDIRECT("1:"&INT(B2/30*2)))"。此方向基於一個前提：WORKDAY 在扣除第三參數所指定的節假日時，只扣除起始日期到公式結果代表的日期值之間的日期，如果第三參數中某指定假日超過這個範圍則會忽略。因此為了減少公式長度，本例中 WORKDAY 函數的第三參數只需要產生一個最小值為 1，最大值大於工程完工日的陣列即可，如 100、55 等都可以。但為了使公式通用，即 B2 的計畫工作日增減後不影響公式結果，所以本例使用計畫工作日需要的月數乘以 2 倍，其中大於完工日期的月末一天會被 WORKDAY 函數忽略。

▶ 使用注意

① WORKDAY 函數算出起始日期之前或之後相隔指定工作日的日期值，結果是一個自然數，非日期格式。其中工作日是指不包括週末和專門指定的假日。WORKDAY 有 3 個參數，第一參數是起始日期；第二參數是起始日之前或者之後的工作日天數，當為正數時表示起始日期之後，為負數時表示起始日期之前；第三參數是非必填參數，它用於指定週末之外節假日欄表，如果有多個節假日，可以使用陣列。

② 本例可使用以下陣列公式，不過輸入公式後需要將儲存格設定為日期格式。

=WORKDAY(A2,B2,EOMONTH(A2,ROW(1:100)))

範例 310 計算今年第一季有多少個工作日 (NETWORKDAYS)

範例檔案 第 5 章 \310.xlsx

計算今年第一季有多少個工作日,排除 2 月 18 日、19 日和 20 日三天春節假期。

開啟範例檔案中的資料檔案,在儲存格 A2 輸入以下公式:

=NETWORKDAYS(EOMONTH(NOW(),-MONTH(NOW()))+1,EOMONTH(NOW(),3-MONTH(NOW())),{"2015-2-18","2015-2-19","2015-2-20"})

按下〔Enter〕鍵後公式將算出第一季的工作日個數,結果如圖 5.43 所示。

圖 5.43　計算今年第一季有多少個工作日

▶ 公式說明

本例公式首先計算目前月份,假設月份為 N,再用 EOMONTH 函數計算目前日期之前 N 個月最後一天的日期值,也就是去年最後一天的日期值。然後加 1 取得今年 1 月 1 日的日期值;再用同樣方式計算今年第一季最後一天的日期值。然後利用 NETWORKDAYS 函數計算排除 2 月 18 日、19 日和 20 日之外的工作日個數。

▶ 使用注意

① NETWORKDAYS 函數用於計算起迄日期之間的工作日個數。工作日即不包含星期六和星期日,以及特定節假日。它有三個參數,第一參數表示起始日期;第二參數表示結束日期;第三參數是非必填參數,用於指定週末以外的節假日日期。

② NETWORKDAYS 函數的第三參數可以指定某個特定的假日,也可以指定多個假日。包含多個假日通常使用常數陣列,也可以將假日輸入到儲存格中,然後參照該範圍即可。

③ Excel 從 2010 版開始增加了 WORKDAY.INTL 函數,它相對於 WORKDAY 函數在功能上有所增強。讀者可以從 Excel 的說明中查看它的語法和功能描述。

▶ 範例延伸

思考:計算今年第二季工作日個數

提示:相對於本例公式,將計算去年最後一天和 3 月最後一天的日期值改成計算 3 月和 6 月最後一天的日期值即可。忽略 NETWORKDAYS 函數第三參數。

CHAPTER 6

尋找與參照函數

範例及電子書下載位址
https://goo.gl/QoVUot

本章要點

- 參照
- 尋找
- 超連結

相關函數

ROW、ROWS、COLUMN、COLUMNS、INDIRECT、ADDRESS、OFFSET、
TRANSPOSE、INDEX、FORMULATEXT、VLOOKUP、HLOOKUP、MATCH、LOOKUP、
CHOOSE、HYPERLINK

範例細分

- 檢查日倉庫報表日期是否升冪排列
- 統計圖書數量
- 列 1 ~ 1000 之間的質數
- 班級成績查詢
- 計算 10 屆運動會中有幾次破紀錄
- 列兩次未打卡人員
- 分欄列印
- 分類加總
- 薪資查詢
- 計算 10 個月中的銷售利潤並排名
- 區分大小寫擷取產品單價
- 隔三列取兩列
- 插入空白列分割資料
- 多條件尋找
- 製作准考證

- 將姓名按拼音升冪排列
- 將酒店按星級降冪排列
- 列出每個名次的所有姓名，不能忽略並列者
- 擷取新書的印刷批次
- 分別擷取身分證號碼中的年月號
- 根據不良率判斷送貨品處理辦法
- 跨表統計最大合計組別
- 列所有參賽田徑的人員
- 計算今天是本月的上旬、中旬還是下旬
- 建立檔案目錄
- 選擇冠軍姓名
- 選擇二年級曠課人員名單

參照函數

範例 311 填滿 12 個月的月份名（ROW）

範例檔案 第 6 章 \311.xlsx

在 A 欄產生 1 ～ 12 月的月份名，必須用小寫中文。

開啟範例檔案中的資料檔案，在儲存格 A2 輸入以下公式：

=CONCATENATE(" 第 ",TEXT(ROW(A1),"[DBNum1]")," 月 ")

按下〔Enter〕鍵後，公式將算出 "第一月"，然後按住儲存格的填滿控點，向下填滿至 A13，結果如圖 6.1 所示。

A2				fx	=CONCATENATE("第",TEXT(ROW(A1),"[DBNum1]"),"月")
	A	B	C	D	E
1	月份	參加培訓項目			
2	第一月	英文			
3	第二月	英文			
4	第三月	英文			
5	第四月	電腦			
6	第五月	電腦			
7	第六月	電腦			
8	第七月	電腦			
9	第八月	日語			
10	第九月	日語			
11	第一十月	日語			
12	第一十一月	會計			
13	第一十二月	會計			

圖 6.1　填滿 12 個月的月份名

▶ 公式說明

本例公式利用 ROW 函數產生 1 ～ 12 的序列，然後用 TEXT 函數將之轉換成小寫中文形式，最後連接 "第" 和 "月"。

▶ 使用注意

① ROW 函數可以參照指定儲存格的列號。它有一個非必填參數，參數表示參照的儲存格或者範圍，公式結果則算出參照範圍的列號；如果忽略參數，則算出公式所在儲存格的列號。

② 當 ROW 函數的參數是包含多列的範圍時，那麼它會產生多個列號組成的陣列。例如 "=ROW(A3:D5)" 的運算結果是 "{3;4;5}"。

③ 本例也可以改用如下公式完成。

=TEXT(ROW(A1)," 第 [DBNum1]G/ 通用格式月 ")

▶ 範例延伸

思考：在 A1 ～ A100 產生 1 ～ 100 的序號

提示：利用 ROW 函數產生目前列號，向下填滿公式即可累加序列。

範例檔案 第 6 章 \312xlsx

倉庫報表每天記錄進出資料，而進出貨資料在同一列。所以 A 欄的日期一定是升冪排列。現在需要檢測 A 欄的日期是否都按升冪排列。

開啟範例檔案中的資料檔案，在儲存格 E2 輸入以下陣列公式：

=IF(SUM(N((11-RANK(A2:A11,A2:A11))=(ROW(2:11)-1)=FALSE))," 非遞增 "," 遞增 ")

按下〔Ctrl〕+〔Shift〕+〔Enter〕複合鍵後，公式將對 A 欄資料是否按升冪排列進行判斷，結果如圖 6.2 所示。

E2	▼		*fx*	{=IF(SUM(N((11-RANK(A2:A11,A2:A11))=(ROW(2:11)-1=FALSE)),"非遞增","遞增")}

	A	B	C	D	E
1	日期	入庫	出貨		日期是否遞增
2	2014/3/13	83	88		非遞增
3	2014/3/17	63	100		
4	2014/3/21	89	90		
5	2014/3/25	73	88		
6	2014/3/29	65	80		
7	2014/4/2	69	69		
8	2014/4/1	76	82		
9	2014/4/10	88	73		
10	2014/4/14	64	95		
11	2014/4/18	98	80		

圖 6.2　檢查日倉庫報表日期是否按升冪排列

▶ 公式說明

本例公式首先用 RANK 函數對 A2:A11 範圍的 10 個資料進行排名計算，產生一個日期值名次的陣列；然後用 ROW 產生第 2 ～第 11 列的列號，減掉 1 後成為 1 ～ 10 的遞增陣列序列。再用兩個陣列進行比較，如果不相同的個數超過0個，那麼就不是遞增狀態，否則是遞增狀態。

▶ 使用注意

① 日期也是數值，所以可以利用 RANK 函數對日期排名。如果 A 欄的值使用了單引號將日期轉換為字串後則不能再使用 RANK 函數排名。

② 本例也可以採用上、下列進行比較的方式來確定 A 欄是否遞增。公式如下。

=IF(SUM(N((A2:A10>A3:A11)))," 非遞增 "," 遞增 ")

此公式適用於字串型日期和非字串型日期。

▶ 範例延伸

思考：檢查 A 欄的日期是否按降冪排列

提示：相對於本例公式，刪除 "11-" 即可。

範例檔案 第 6 章 \313.xlsx

工作表中有 10 次測試成績，要求計算最後一次未及格的成績屬於哪一次測試。

開啟範例檔案中的資料檔案，在儲存格 D2 輸入以下陣列公式：

=INDEX(A:A,MAX((B2:B11<60)*ROW(2:11)))

按下〔Ctrl〕+〔Shift〕+〔Enter〕複合鍵後，公式將算出最後一次不及格是哪一次測試，結果如圖 6.3 所示。

D2	▼		*fx*	{=INDEX(A:A,MAX((B2:B11<60)*ROW(2:11)))}
	A	B	C	D
1	考試次數	成績		最後一次不及格是哪一次測試
2	測試1	54		測試3
3	測試2	53		
4	測試3	64		
5	測試4	63		
6	測試5	52		
7	測試6	49		
8	測試7	67		
9	測試8	50		
10	測試9	80		
11	測試10	78		

圖 6.3　判斷最後一次不及格是哪次測試

▶ 公式說明

　　本例首先判斷哪些測試的成績不及格，產生一個由邏輯值 TRUE 和 FALSE 組成的陣列。再用該陣列乘以每個測試成績所在的列號，則產生一個新的陣列，陣列中包含所有不及格成績的列號和 0。然後從陣列中取最大值，即為最後一個不及格的成績所在列。最後利用 INDEX 函數擷取值即可。

▶ 使用注意

　　① 本例借用 ROW 函數作為輔助，將測試成績中不及格的成績轉換成升冪排序的列號，然後再對其取最大值。如果不採用本例的方向，只能借助 MATCH 函數來計算排序，公式將更長。

　　② 本例也可以使用如下公式來完成。

=LOOKUP(1,0/((B2:B11<60)*ROW(2:11)),A2:A11)

　　LOOKUP 函數本身就有取最大值的功能，所以不需要透過 MAX 函數來進行限制。

▶ 範例延伸

　　思考：計算最高分是哪一次測試產生的

　　提示：相對於本例公式將 "<60" 改用 MAX 即可。

範例檔案 第 6 章 \314.xlsx

開啟範例檔案中的資料檔案，在儲存格 D2 輸入以下陣列公式：

=AVERAGE(IF(RANK(B2:B101,B2:B101)=TRANSPOSE(ROW(11:101)),B2:B101))

按下〔Ctrl〕+〔Shift〕+〔Enter〕複合鍵後，公式將算出第 11～第 30 名的學員的平均成績，結果如圖 6.4 所示。

	A	B	C	D	E
	姓名	平均成績		第11名到30名的平均成績	
1					
2	劉昂揚	82		84.85	
3	劉喜仙	81			
4	劉百萬	89			
5	羅傳志	96			
6	童懷禮	90			
7	羅生門	83			
8	諸華	66			
9	周少強	98			
10	周錦	87			
11	古真	79			
12	魏秀秀	63			

圖 6.4　第 11～第 30 名的學員的平均成績

▶ 公式說明

　　本例公式首先對 100 個成績進行排名，然後利用 ROW 函數產生縱向的 11～30 的陣列，而兩個不同高度的縱向陣列是無法進行比較的，本例利用 TRANSPOSE 函數將 ROW 產生的縱向陣列轉換成橫向陣列再進行比較。然後利用 IF 函數將第 11～第 30 名之外的成績轉換成 FALSE，而符合條件的成績保持不變，最後用 AVERAGE 函數計算平均值。

▶ 使用注意

　　① 本例需要產生橫向的陣列，借用 COLUMN 函數可以執行。例如如下公式。

=AVERAGE(IF(RANK(B2:B101,B2:B101)=COLUMN(K:AD),B2:B101))

　　這種方向設定的公式相對於本例公式更簡短，但缺點在於需要先算欄號所對應的數字，例如 K 欄對應於 11，在設定公式時效率偏低。

　　② 本例還可以按排名大於 10 以及小於 31 的方向來完成。不過公式將會長一些，不如 ROW 函數的簡潔。

=AVERAGE(IF((RANK(B2:B101,B2:B101)>10)*(RANK(B2:B101,B2:B101)<31),B2:B101))

▶ 範例延伸

　　思考：利用 ROW 函數計算一個範圍的列數
　　提示：有兩種方法，一是用 ROW 取得範圍列號的最大值和最小值，再求差；二是利用 COUNT 函數對範圍的列號計數。

範例 315 計算成績排名，不能產生並列名次（ROW）

範例檔案 第 6 章 \315.xlsx

　　工作表中有 14 個同學的成績，而班級並未排序。現在需要要計算每位學生在本班級中的排名，而非在三個班級中的排名。而且當同班多個同學成績相同時，不能並列排名，而是以在 C 欄中出現的先後順序為準，將後面的名次累加 1。

開啟範例檔案中的資料檔案，在儲存格 D2 輸入以下公式：

=SUMPRODUCT(--((A$2:A$15=A2)*((C$2:C$15)+1/ROW($2:$15))>C2+1/ROW(2:2)))+1

按下〔Enter〕鍵後，公式將算出第一名同學的成績在本班中的排名。按兩下儲存格填滿控點，將公式向下填滿，結果如圖 6.5 所示。

	A	B	C	D	E	F
	班號	姓名	成績	班級排名		
2	3班	孔貴生	89	3		
3	2班	曹莽	65	6		
4	2班	鄭麗	78	2		
5	1班	劉專洪	59	4		
6	1班	張珍華	78	3		
7	1班	周華章	98	1		
8	2班	朱華菁	45	7		
9	2班	洪文強	98	1		
10	2班	諸真花	67	5		
11	1班	朱麗華	82	2		
12	3班	梁興	91	2		
13	3班	龔月新	99	1		
14	2班	劉昴揚	68	3		
15	2班	陳年文	68	4		

D2 儲存格公式：{=SUMPRODUCT(--((A$2:A$15=A2)*((C$2:C$15)+1/ROW($2:$15))>C2+1/ROW(2:2)))+1}

圖 6.5　計算成績排名，不能產生並列名次

▶ 公式說明

本例公式首先利用運算式 "A$2:A$15=A2" 排除非本班同學的成績，確保公式僅對本班同學排名。

其中運算式 "1/ROW($C$2:$C$15)" 在本公式中的作用是將相同成績加以區分，即兩個成績相同時，分別加上不同的小數，使它們成為不同的兩個資料，進而使一班中不存在多人並列排名。

▶ 使用注意

① 本例也可以使用如下陣列公式完成。

=SUM(N((A$2:A$15=A2)*((C$2:C$15)-ROW($2:$15)%)>=C2-ROW(2:2)%))

② 使用 "$2:$15" 和 "C$2:C$15" 作為 ROW 函數的參數都能得到相同結果。

▶ 範例延伸

思考：計算每個同學在整個年級中的排名

提示：相對於本例公式，刪除運算式 "A$2:A$15=A2" 即可。

範例 316 計算第一次收入大於 30000 元的金額（ROW）

範例檔案　第 6 章 \316.xlsx

工作表有收入和支出金額。現在需計算收入金額中第一次超過 30000 元的金額是多少。

開啟範例檔案中的資料檔案，在儲存格 D2 輸入以下陣列公式：

=INDEX(B:B,MIN(IF((A2:A11=A2)*(B2:B11>30000),ROW(2:11))))

按下〔Ctrl〕+〔Shift〕+〔Enter〕複合鍵後，公式將算出計算第一次收入大於 30000 元的金額是多少，結果如圖 6.6 所示。

D2		fx	{=INDEX(B:B,MIN(IF((A2:A11=A2)*(B2:B11> 30000),ROW(2:11))))}
	A	B	C	D
1	項目	金額		第一次收入30000元以上的金額是多少
2	收入	10000		49000
3	支出	46000		
4	收入	5000		
5	收入	49000		
6	收入	63000		
7	支出	75000		
8	收入	35000		
9	收入	62000		
10	收入	50000		
11	支出	38000		

圖 6.6　計算第一次收入大於 30000 元的金額是多少

▶ 公式說明

本例公式利用 "A2:A11=A2"、"B2:B11>30000" 兩個運算式相乘，進而排除不符合條件的金額，而對符合條件的金額算出對應的列號，然後 MIN 函數取其中最小列號。最後利用 INDEX 函數對指定列取數。

▶ 使用注意

① 本例也可以使用如下公式完成。

=LOOKUP(MIN(IF((A2:A11=A2)*(B2:B11>30000),ROW(2:11))),ROW(2:11),B2:B11)

=OFFSET(B1,(MIN(IF((A2:A11=A2)*(B2:B11>30000),ROW(2:11)-1))),)

② 本例中 ROW 函數的作用是輔助定位，利用 ROW 產生的列號總是遞增 1 這個特點來對同是 "收入" 以及大於 30000 元的金額進行區分。還可以對原資料加上列號乘以一個固定且較大的係數來進行區分，取出資料後再減掉係數即可。公式如下。

=MOD(MIN((IF((A2:A11=A2)*(B2:B11>30000),B2:B11+ROW(2:11)*10^9))),10^9)

▶ 範例延伸

思考：計算最後一次支出的金額數量

提示：相對於本例公式，刪除運算式 "B2:B11>30000"，將 MIN 改成 MAX 即可。

範例 317 計算扣除所有扣款後的最高薪資（ROW）

範例檔案 第 6 章 \317.xlsx

B 欄存放每個人的標準薪資，在後面有六項扣款專案。現在需要計算所有人的標準薪資減掉扣款後的實發薪資，並取出最大值。

開啟範例檔案中的資料檔案，在儲存格 C2 輸入以下陣列公式：

=MAX(B2:B10-MMULT(C2:G10*1,ROW(1:5)^0))

按下〔Ctrl〕+〔Shift〕+〔Enter〕複合鍵後，公式將算出扣除所有扣款後的最高薪資，結果如圖 6.7 所示。

圖 6.7　計算扣除所有扣款後的最高薪資

▶ 公式說明

本例公式首先利用 ROW 函數產生 1～5 的陣列，再進行 0 次方求冪，進而轉換成 5 個 1 組成的縱向陣列。用此陣列和 C2:G10 範圍的扣款金額作為 MMULT 的參數可以分別計算出所有人員的扣款金額。最後用每個員工的標準薪資減掉扣款，並計算最大值即為最高薪資。

MMLUT 函數無法處理空白儲存格，因此用到公式中的 "C2:G10*1"，將範圍乘以 1 之後，就可以將範圍參照轉換成陣列，其中空白儲存格轉換成 0。

▶ 使用注意

① 本例因為扣款項目不多，也可以直接輸入 1 個常數陣列，進而縮短公式，包括如下三種方向。

=MAX(B2:B10-MMULT(C2:G10*1,{1;1;1;1;1}))

=MAX(MMULT(B2:G10*1,{1;-1;-1;-1;-1;-1}))

=MAX(MMULT(-B2:G10*1,{-1;1;1;1;1;1}))

② 任意大於 0 的數值和 0 次方都等於 0，要產生多個 0 組成的陣列時通常採用 ROW 產生多個整數，然後對它計算 0 次方，計算結果是多個 0 組成的陣列。

▶ 範例延伸

思考：計算誰扣款最少

提示：利用 MMULT 函數計算每個員工的扣款合計，再用 MIN 函數取最小值。

範例 318 列今日銷售的諾基亞手機型號（ROW）

範例檔案 第 6 章 \318.xlsx

今日售出手機包括三種品牌，而每個品牌也包括多種型號，要列其中諾基亞手機的實際型號。

開啟範例檔案中的資料檔案，在 D2 儲存格輸入以下陣列公式：

=T(INDEX(B:B,SMALL(IF(ISERROR(FIND(" 諾 基 亞 ",B$2:B$11)),10^6,ROW($2:$11)),ROW(1:1))))

按下〔Ctrl〕+〔Shift〕+〔Enter〕複合鍵後，公式將算出第一個手機型號。將公式向下填滿至 D11 後則可列出所有型號，結果如圖 6.8 所示。

| D2 | ▼ | fx | {=T(INDEX(B:B,SMALL(IF(ISERROR(FIND("諾基亞", B$2:B$11)),10^6,ROW($2:$11)),ROW(1:1))))} |

	A	B	C	D	E
1	時間	已售產品		今日銷出的諾基亞手機型號	
2	08:50	諾基亞N73		諾基亞N73	
3	09:20	摩托羅拉A760		諾基亞8310	
4	10:40	諾基亞8310		諾基亞6120	
5	10:40	聯想S530			
6	11:50	摩托羅拉A768I			
7	13:00	三星SGH--A188			
8	14:20	LENOVO聯想E520			
9	15:00	LENOVO聯想I966			
10	15:10	諾基亞6120			
11	16:00	三星F488E			

圖 6.8　列今日銷售的諾基亞手機型號

▶ 公式說明

　　本例公式首先要從已售產品中尋找"諾基亞"，如果找到即算出該產品所在的列號，如未找到則算出 10 的 6 次方。然後利用 SMALL 函數逐一擷取出列號，再用 INDEX 函數根據列號擷取值。當列號不超過資料範圍時可以算出產品名稱，若參照的列號為 10 的 6 次方時，則算出 0。

　　最後用 T 函數將 0 轉換成空白，產品名稱保持不變。

▶ 使用注意

　　① 本例公式中的 10^6 是一個虛數，僅僅代表一個較大值而已，並非一定是 10^6，只要大於資料範圍的最後一列列號即可。如果要精確，可以使用 1048576，因為 Excel 2010 最後一列列號是 1048576，而該列通常是空白列。INDEX 函數參照該列時結果為 0，利用 T 函數可以使 0 轉換成空白，達到排除錯誤的目的。

　　② INDEX 函數參照任意空白儲存格時都會算出 0，在 INDEX 函數之外添加 T 函數可以將 0 轉換成空字串。

▶ 範例延伸

　　思考：列出摩托羅拉和諾基亞手機型號

　　提示：利用常數陣列作為 FIND 的參數即可，該陣列包括"摩托羅拉"和"諾基亞"。

範例 319 根據空白儲存格統計圖書數量（ROW）

範例檔案 第 6 章 \319.xlsx

工作表中 B 欄存放圖書名，其中空白列表示和上面的圖書名一樣，即表示該圖書有多本庫存。現在需要統計每個書名有多少本。

開啟範例檔案中的資料檔案，在 C2 儲存格輸入以下陣列公式：

=IF(B2="","",MIN(IF(B3:B$13<>"",ROW(3:$13),13))-ROW())

按下〔Ctrl〕+〔Shift〕+〔Enter〕複合鍵後，公式將算出第一個書名的數量。按兩下儲存格填滿控點，將公式向下填滿，結果如圖 6.9 所示。

	A	B	C	D
C2		f_x {=IF(B2="","",MIN(IF(B3:B$13<>"", ROW(3:$13),13))-ROW())}		
1	編號	圖書名	數量統計	
2	1	科學與導航	1	
3	2	三毛流浪記	3	
4	3			
5	4			
6	5	福爾摩斯選集	2	
7	6			
8	7	戰地風雲	1	
9	8	隋唐演義	1	
10	9	西遊記	2	
11	10			
12	11	紅樓夢	1	

圖 6.9　統計圖書數量

▶ 公式說明

本例公式首先利用 IF 函數處理 B 欄為空白的計算值，B 欄是空白時就算出空白；如果 B 欄不是空白，則算出目前圖書之後所有圖書的列號，並取最小值，然後減掉目前列號。也就是利用下一個非空白列的列空減掉目前列號，即得到目前圖書的數量。例如《三毛流浪記》，下一非空白列是 6，目前列是 3，那麼它的數量就是 6 減 3 本。本例重點在於 ROW 函數，不是直接計算圖書及空白列的個數，而是利用下一個非空白列與目前列號的差異來計算圖書數量。

▶ 使用注意

① 公式中參照的範圍需比實際資料範圍多一列，否則最後一本書的數量將會是 0。

② 範圍參照必須是相對混合參照，"B3:B$13" 不能改用 "B3:B13" 或者 "B$3:B$13"。

③ 如果本例中 B 欄和 C 欄中使用了合併儲存格，例如，將 B3:B5、C3:C5、B6:B7 和 C6:C7 合併，那麼不能再使用本例的公式，因為 Excel 禁止有合併儲存格中輸入陣列公式。

▶ 範例延伸

思考：計算數量最多的書有幾本

提示：也就是空白列連續出現最多的次數加 1。

範例 320 判斷某數是否為質數（ROW）

範例檔案 第 6 章 \320.xlsx

在 A2 輸入任意整數值，判斷它是否為質數。

開啟範例檔案中的資料檔案，在 B2 儲存格輸入以下陣列公式：

=IF(A2<2," 非質非合 ",IF(SMALL(IF(MOD(A2,ROW(INDIRECT("1:"&A2)))=0,ROW(INDIRECT("1:"&A2))),2)=A2," 質數 "," 合數 "))

按下〔Ctrl〕+〔Shift〕+〔Enter〕複合鍵後，公式將算出 A2 是質數還是合數，或者兩者都不是。修改 A2 儲存格的值時，B2 公式也會相對更新。但如果輸入的資料帶有小數，公式將產生錯誤值，因為小數不是合數也不是質數。結果如圖 6.10 所示。

圖 6.10　判斷某數是否為質數

▶ 公式說明

本例公式首先判斷 A2 是否小於 2，如果小於 2 則算出 "非質非合"。再利用 ROW 函數配合 INDIRECT 函數產生一個從 1 開始、A2 的值結束的自然數序列陣列，並用 A2 的值與該陣列相除進而計算餘數。最後再透過 IF 函數將餘數為 0 的資料擷取出來，如果第二個最小值等於 A2 的值，那麼它就是質數，否則是合數。

▶ 使用注意

① 本例因採用列號計算，那麼將會受 Excel 2010 中儲存格列數的限制，即本公式僅能判斷 2 ～ 1048576 之內的資料是否為質數。

② 本例也可以使用如下公式來完成，它的適用範圍將會更大：

=IF(AND($A$2>4,A2=INT($A$2)),IF(OR(INT($A$2/ROW(INDIRECT("2:"&INT(SQRT($A$2)))))*ROW(INDIRECT("2:"&INT(SQRT($A$2))))=$A$2)," 非質數 "," 質數 "),IF(A2=1," 非質非合 ",IF(OR($A$2={2,3})," 質數 "," 非質數 ")))

=IF(ISNA(MATCH(TRUE,$A$2/ROW(INDIRECT("2:"&INT(SQRT($A$2))))=INT($A$2/ROW(INDIRECT("2:"&INT(SQRT($A$2)))),0)),IF($A$2=INT($A$2)," 質數 "," 非質數 "),IF(A2=1," 非質非合 ",IF(OR($A$2=2,$A$2=3)," 質數 "," 非質數 ")))

▶ 範例延伸

思考：如果 A2 的值帶有小數，僅對整數部分判斷是否為質數，如何修改公式

提示：相對於本例公式，對所有 A2 添加 INT 函數去除小數即可。

範例 321 計算某個數的約數個數及列所有約數（ROW）

範例檔案 第 6 章 \321.xlsx

如果一個整數能被另一個整數整除，那麼第二個整數就是第一個整數的約數。例如 6 除以 1、2、3、6 四個數都可以整除，那麼 1、2、3、6 就是 6 的約數。要計算 A2 儲存格的約數個數以及列所有約數。

開啟範例檔案中的資料檔案，在 B2 儲存格輸入以下陣列公式：

=COUNT(0/(MOD(A2,ROW(INDIRECT("1:"&A2)))=0))

然後在 C2 儲存格輸入以下陣列公式並向下填滿：

=IFERROR(SMALL(IF(MOD(A$2,ROW(INDIRECT("1:"&A$2)))=0,ROW(INDIRECT("1:"&A$2))),ROW(A1)),"")

上述兩個公式分別計算約數個數和列出所有約數，結果如圖 6.11 所示。

	A	B	C	D	E	F
			C2 ▾ fx {=IFERROR(SMALL(IF(MOD(A$2, ROW(INDIRECT("1:"&A$2)))=0,ROW(INDIRECT("1:"&A$2))),ROW(A1)),"")}			
1	數據	約數個數	約數			
2	12	6	1			
3			2			
4			3			
5			4			
6			6			
7			12			

圖 6.11　計算某個數的約數個數及列所有約數

▷ 公式說明

計算約數個數的公式利用 ROW 配合 INDIRECT 函數產生 1 ～ A2 的值的陣列，再用儲存格 A2 的值分別除以這個陣列中的每一個值，如果餘數為 0 則該值是 A2 的約數。計算餘數為 0 的個數即可。

第二個公式則將餘數等於 0 的列號利用 SMALL 函數逐一擷取出來，如果超過約數個數，則用 IFERROR 函數排除錯誤。

▷ 使用注意

① 如果 A2 的值包含小數，那麼它的約數個數為 0。

② 如果 A2 需要使用負數，那麼公式需要修改，可以利用 ABS 函數將 A2 的值轉換成正數再計算約數。

▷ 範例延伸

思考：計算除自身之外的最大約數

提示：相對於本例公式，將 SMALL 改用 LARGE，將第二參數使用 2。

範例 322 將每個人的貸款重新分組（ROWS）

範例檔案 第 6 章 \322.xlsx

工作表中有三個人在不同時期的多次貸款金額記錄。現在需要將每個人的貸款集中在一起方便查看。

開啟範例檔案中的資料檔案，在 F2 儲存格輸入以下陣列公式：

=INDEX($C:$C,SMALL(IF($A$2:$A$11=$E2,ROW($2:$11),ROWS($1:$12)),COLUMN(A1)))

按下〔Ctrl〕+〔Shift〕+〔Enter〕複合鍵後，再將 F2 的公式向右填滿至 I2；再選擇 F2:I2 的公式向下填滿至第四列。結果如圖 6.12 所示。

F2	▼	fx	{=INDEX($C:$C,SMALL(IF($A$2:$A$11=$E2,ROW($2:$11),ROWS($1:$12)),COLUMN(A1)))}				
◢	A	B	C	D	E	F	G	H	I
1	姓名	日期	貸款		姓名	貸款			
2	張亭	2013/12/3	60690		張亭	60690	51190	63820	…
3	王碧真文明	2013/12/11	2500		王碧真	75700	7910	…	…
4	孫秀麗	2013/12/26	51180		孫秀麗	51180	85090	52820	6100
5	張亭	2013/12/30	51190		王碧真	75700	7910	…	…
6	孫秀麗	2014/2/17	85090						
7	張亭	2014/3/7	63820						
8	王碧真	2014/4/8	75700						
9	王碧真	2014/5/15	7910						
10	孫秀麗	2014/7/5	52820						
11	孫秀麗	2014/7/28	6100						
12	…	…	…						

圖 6.12　將每個人的貸款重新分組

▶ 公式說明

本例公式首先判斷 A 欄的各個姓名是否與 E2 的姓名相等，將相等的轉換成該姓名所在的列號，如果不等則轉換成資料範圍的列數，即最後一列的列號。然後 SMALL 函數將這些列號升冪排列作為 INDEX 的參數對 C 欄的貸款進行擷取值。

▶ 使用注意

① ROWS 函數用於計算一個範圍的列數，僅僅支持一個參數，不能對多個範圍計算列數。如下公式都是錯誤的。

=ROWS(("A1:B2","C2:C20"))

=ROWS(INDIRECT("A1:B2","C2:C20"))

=SUM(ROWS(INDIRECT({"A1:B2","C2:C20"})))

② ROWS 永遠只能產生一個計算結果，而 ROW 函數則可以產生多個計算結果。

▶ 範例延伸

思考：在 A1:A15 產生 15 ～ 1 的倒序序號

提示：在 A1 輸入公式，以 "A1:A$15" 作為 ROWS 的參數，再在 ROWS 函數後面加 1。

範例 323 檢測每個志願是否與之前的重複（ROWS）

範例檔案 第 6 章 \323.xlsx

假設每人需要填寫 9 個志願，且不能重複。需要檢查 B2:B10 的志願是否存在重複。

開啟範例檔案中的資料檔案，在 C2 儲存格輸入以下公式：

=MATCH(B2,$B$2:$B$10,)<>ROWS($2:2)

按下〔Enter〕鍵後，公式將對第一個志願是否與前面的志願重複進行判斷。雙擊儲存格填滿控點，將公式向下填滿，結果如圖 6.13 所示。

	A	B	C	D
	編號	填寫志願	是否與前面的志願重複	
1				
2	第1志願	武漢大學	FALSE	
3	第2志願	北京大學	FALSE	
4	第3志願	武漢大學	TRUE	
5	第4志願	工業大學	FALSE	
6	第5志願	航太大學	FALSE	
7	第6志願	財經大學	FALSE	
8	第7志願	暨南大學	FALSE	
9	第8志願	華東政法大學	FALSE	
10	第9志願	暨南大學	TRUE	

C2 ▾ fx =MATCH(B2,$B$2:$B$10,)<>ROWS($2:2)

圖 6.13　檢測每個志願是否與之前的重複

▶ 公式說明

本例公式和 MATCH 函數計算每個志願在 B2:B10 範圍中的排序，再用排序與第 2 列開始、目前列結束的範圍的列數進行比較。如果結果為 FALSE，則表示目前志願在 B2:B10 範圍是第一次出現，否則與前面的重複。

▶ 使用注意

① MATCH 函數用於計算每個資料在一個單欄範圍或者單列範圍或者一維陣列中出現的順序。當執行字母比較時，MATCH 函數不區分大小寫。

② 在本例中 ROWS 函數的參數採用了混合參照，參照的範圍會隨著公式拖曳而變化，進而使參照範圍的列數逐一累加 1。而 MATCH 計算每個志願的出現順序時，如果目前志願與前面的不重複，也同樣會呈現出遞增 1 的狀態，因此在兩者之間使用不等號 "<>" 可以判斷目前志願與上一個志願是否重複。

③ MATCH 在計算排序時不區分大小寫。如果一定要進行精確比較，可以使用如下陣列公式。

=SUM(--EXACT(B2,$B$2:B2))>1

▶ 範例延伸

思考：計算目前志願出現第幾次，需要區分大小寫
提示：利用 "使用注意" 第 3 點中的公式，除 ">1" 即可。

範例 324 串連儲存格中的數字（COLUMN）

範例檔案 第 6 章 \324.xlsx

開啟範例檔案中的資料檔案，在儲存格 M2 輸入以下公式：
=SUMPRODUCT(B2:L2,10^(11-COLUMN(B:L)-1))

按下〔Enter〕鍵後，公式可以將 B2:K2 範圍中所有數字串連成一個字串。結果如圖 6.14 所示。

圖 6.14　串連儲存格中的數字

▶ 公式說明

　　本例公式的重點在於 "10^(11-COLUMN(B:L)-1)" 部分。運算式 "COLUMN(B:L)" 的計算結果是 "{2,3,4,5,6,7,8,9,10,11,12}"；數值 11 代表從分到億元總共包含 11 位值；運算式 "10^(11-COLUMN(B:L)-1)" 的計算結果是 "{100000000,10000000,1000000,100000,10000,1000,100,10,1,0.1,0.01}"，剛對應對於圖 6.14 中的單位億、仟萬、佰萬、拾萬、萬、仟、佰、拾、元、角、分。

　　當產生 {100000000,10000000,1000000,100000,10000,1000,100,10,1,0.1,0.01}" 後，將它與 B2:L2 範圍的求乘積再加總即為最終的金額合計。

▶ 使用注意

　　① ROW 函數用於計算儲存格的列號，COLUMN 函數則用於計算儲存格的欄號，當參數是多欄的範圍時可以產生多個計算結果。

　　② 透過 ROW 函數可以產生縱向的一維陣列，而透過 COLUMN 函數產生的一維陣列是橫向的，不過可以利用 TRANSPOSE 函數將它轉置方向。例如，"TRANSPOSE(COLUMN(A:J))" 的計算結果是 "{1;2;3;4;5;6;7;8;9;10}"，相當於 "ROW(1:10)"。

　　③ 本例也可以採用如下陣列公式完成。

　　=MMULT(10^(11-COLUMN(B:L)-1),TRANSPOSE(B2:L2))

▶ 範例延伸

　　思考：假設億、千萬等儲存格沒有資料時不使用零值補齊，而是顯示為空白儲存格，使用注意中使用 MMULT 函數的公式就無法獲得正確結果。應該如何修改？

　　提示：使用 N 函數將空白儲存格轉換成 0 即可。

範例 325 重組人事資料表（COLUMN）

範例檔案 第 6 章 \325.xlsx

　　將縱向排列的人事資料轉換成橫向排列。開啟範例檔案中的資料檔案，在 D2 儲存格輸入以下公式。

　　=REPLACE(INDIRECT("B"&1+(ROW(A1)-1)*4+COLUMN(A:A)),1,LEN(D$1)+1,"")

　　按下〔Enter〕鍵後，公式將算出第一人的入職時間。將公式向右填滿至 G2，再選擇 D2:G2 範圍，將公式向下填滿，結果如圖 6.15 所示。

D2	▾		f_x	=REPLACE(INDIRECT("B"&1+(ROW(A1)-1)*4+COLUMN(A:A)),1, LEN(D$1)+1,"")

▲	A	B	C	D	E	F	G
1	部門	信息		到職時間	姓名	工號	分機
2	人事部	到職時間：2005-06-15		2005-06-15	劉洋河	20245	3217
3		姓名：劉洋河		2005-09-28	張揚	12354	3214
4		工號：20245		2006-02-10	胡坎	12305	3210
5		分機：3217		2007-01-11	張汶	02345	2140
6	業務部	到職時間：2005-09-28		2007-02-10	劉宏克	32000	2100
7		姓名：張揚		2008-04-10	胡麗	02143	1021
8		工號：12354		2008-04-15	張雯雯	02534	3211
9		分機：3214		2008-01-19	周香	24025	3300
10	人事部	到職時間：2006-02-10					
11		姓名：胡坎					
12		工號：12305					
13		分機：3210					
14	採購部	到職時間：2007-01-11					
15		姓名：張汶					
16		工號：02345					
17		分機：2140					
18	生產部	到職時間：2007-02-10					

圖 6.15　重組人事資料表

▷ 公式說明

　　本例公式利用 INDIRECT 函數參照 B 欄的相對儲存格資訊來完成人事資料轉換。再用 REPLACE 函數將多餘的字元取代成空白。

　　在參照 B 欄的對應數據所在列號時，使用了表達式 "1+(ROW(A1)-1)*4+COLUMN(A:A)"。其中 1 表示第一列是不需要參照的資訊，公式從第二列開始擷取資料；"(ROW(A1)-1)*4" 表示每個人的資料佔用 4 列；"COLUMN(A:A)" 則表示公式向右拖曳時，參照儲存格則向下偏移一列。

▷ 使用注意

　　① COLUMN 函數的參數使用相對參照時，向左或者右拖曳公式可以使公式的結果產生累加 1 或者累減 1 的效果。所以工作中常用它產生自然數序列。

　　② 本例也可以使用如下公式完成。

　　=MID(INDIRECT("B"&1+(ROW(A1)-1)*4+COLUMN(A:A)),LEN(D$1)+2,100)

▷ 範例延伸

　　思考：在 A1:Z1 儲存格產生字母 "A" ～ "Z" 的字母序列

　　提示：用 COLUMN 函數作為 CHAR 的參數即可。

職場函數 468 招：超完整！新人工作就要用到的計算函數＋公式範例集

範例 326 班級成績查詢（COLUMN）

範例檔案 第 6 章 \326.xlsx

工作表中包括三個班的所有成績資料。在 H2 儲存格設定了資料有效性，可以從下拉清單中選擇 "一班"、"二班"、"三班"。現在需要根據 H2 的值查詢對應班級的成績狀況，顯示在 G5:J12 範圍。

開啟範例檔案中的資料檔案，在 D2 儲存格輸入以下陣列公式：

=INDEX($B:$E,SMALL(IF($A$2:$A$12=$H$2,ROW($2:$12),ROWS($1:$12)+1),ROW(A1)),COLUMN(A1))&""

按下〔Ctrl〕+〔Shift〕+〔Enter〕複合鍵後，公式將算出 H2 指定的班級中第一人的姓名。將公式向右填滿至 J5，再選擇 G5:J5 範圍，將公式向下填滿，結果如圖 6.16 所示。

G5		fx	{=INDEX($B:$E,SMALL(IF($A$2:$A$12=$H$2,ROW($2:$12), ROWS($1:$12)+1),ROW(A1)),COLUMN(A1))&""}						
	A	B	C	D	E	F	G	H	I	J	K
1	班級	姓名	語文	數學	地理						
2	一班	劉年好	74	53	84		班級	三班			
3	一班	陳覽月	69	95	90						
4	二班	鄭麗	85	99	56		姓名	語文	數學	地理	
5	一班	張居正	88	95	65		劉專洪	54	66	95	
6	二班	柳紅英	80	96	81		程前和	50	52	76	
7	一班	李文新	79	52	51		仇正風	53	97	53	
8	三班	劉專洪	54	66	95						
9	三班	程前和	50	52	76						
10	三班	仇正風	53	97	53						
11	一班	古貴明	94	65	70						
12	一班	吳文秀	56	64	60						

圖 6.16　班級成績查詢

▶ 公式說明

本例公式首先判斷 A 欄的班級是否等於 H2 的班級，將相同的班級轉換成每個班級所在的列號，對於不同班則轉換成資料範圍的列數加 1，即資料範圍後面的空白列。然後參照 SMALL 函數將列號從小到大排列，作為 INDEX 的列參數，同時以 COLUMN 函數參照 A1 的數字欄作為 INDEX 的欄參數，對 B:E 欄進行擷取值。

當公式向下填滿時，參照的列號進行累增；當公式向右填滿時，參照的欄號進行遞增，迫使 INDEX 函數擷取不同的目標資料。

當從 H3 的下拉清單選擇不同班級時，G5:J12 將顯示不同的學生成績。

▶ 使用注意

① INDEX 函數用於參照陣列或者範圍中指定列、指定欄的值，其中第二參數表示列，第三參數表示欄。

② 本例也可以使用以下公式完成。

=INDEX(B:B,SMALL(IF($A$2:$A$12=$H$2,ROW($2:$12),1048576),ROW(A1)))&""

▶ 範例延伸

思考：根據 H2 的值計算相對班的平均成績

提示：利用 IF 函數排除不等於 H2 的成績，再用 AVERAGE 計算平均值。

範例 327 將金額分散填滿，空位以 "-" 補齊（COLUMNS）

範例檔案 第 6 章 \327.xlsx

將金額分散到多個儲存格中，如果金額的左邊無數值，以 "-" 補齊；如果金額的右邊無數值，以 0 補齊。

開啟範例檔案中的資料檔案，在 B2 儲存格輸入以下公式：

=MID(TEXT(INT($A2*100),REPT("-",9-LEN(INT($A2)))&REPT(0,LEN(INT($A2))+1)),COLUMNS($A:A),1)

按下〔Enter〕鍵後，公式將算出億位的數值，如果億位沒有值則以 "-" 補齊。將公式向右填滿 L2，結果如圖 6.17 所示。

圖 6.17　將金額分散填滿

▶ 公式說明

本例公式首先將原資料擴大到 100 倍，進而消除小數點。本例公式首先將原數據擴大到 100 倍，再用 INT 函數擷取整數部分。然後用 TEXT 函數將金額不足億元者，在前面用 "-" 填滿；對角分位空白者，在後面以 0 填滿，方便 MID 函數擷取值。最後利用 MID 函數從金額中逐一取出字元。COLUMNS 函數在本例中的作用是從 1 開始遞增 1，公式拖曳時，它參照的範圍中變化，產生的欄數也相對變化，進而使公式在這儲存格取出不同字元，且位置剛好與第一列的標題對應。

▶ 使用注意

① COLUMNS 函數可以算出範圍參照的欄數或者陣列的欄數。它有一個參數，參數可以是儲存格、範圍，也可以是陣列或者常數陣列。例如：

=COLUMNS(E5:H8)──→結果等於 4。

=COLUMNS({1,2,3})──→結果等於 3。

② COLUMNS 函數參數必須是陣列或者儲存格參照、範圍參照，不支援直接用字串做參數，也不支援多範圍作為參數。例如：

=COLUMNS("H20")──→ EXCEL 阻止這種參數輸入。

=COLUMNS((H20,B20:H24))──→結果為錯誤值。

▶ 範例延伸

思考：判斷目前檔是 2010 格式還是 2003 相容格式

提示：用 COLUMNS 計算整個工作表的欄數，如果等於 16384 就是 2010 格式，否則為 2003 格式。

整理成績單（INDIRECT）

第 6 章 \328.xlsx

工作表第一、二列的資料用於列印並分發給學生，但卻不利用資料的後期統計、運算。需要將其姓名和成績統一在一欄中。

開啟範例檔案中的資料檔案，在 A4 儲存格輸入以下公式：

=INDIRECT(CHAR(ROWS($1:22)*3)&COLUMN())

按下〔Enter〕鍵後，公式將算出第一個學生的姓名，將公式向右拖曳到 B4 則顯示該學生的成績。再將 A4:B4 的公式向下填滿至 A11，列出所有學生的姓名與成績。結果如圖 6.18 所示。

| B4 | ▼ | fx | =INDIRECT(CHAR(ROWS($1:22)*3)&COLUMN()) |

	A	B	C	D	E	F	G	H	I	J	K	L	M	N	O	P	Q	R	S	T	U	V	W
1	姓名	趙半山		姓名	劉永泰		姓名	張國真		姓名	吳風		姓名	吳大勇		姓名	張達芳		姓名	劉芬芳		姓名	劉麗梅
2	成績	59		成績	85		成績	96		成績	68		成績	88		成績	77		成績	99		成績	88
3																							
4	趙半山	59																					
5	劉永泰	85																					
6	張國真	96																					
7	吳風	68																					
8	吳大勇	88																					
9	張達芳	77																					
10	劉芬芳	99																					
11	劉麗梅	88																					

圖 6.18　整理成績單

▶ 公式說明

本例公式利用 ROWS 函數產生一個動態的序列值，從 22 開始累加 1。當它乘以 3 之後將等於 66、69、72……而用 CHAR 函數將此數值轉換成字元後正好是目標資料的欄號，再配合 COLUMN 函數的計算值即為目標值的儲存格位址，最後 INDIRECT 函數就透過這個位址參照該位址所指向的儲存格資料。

▶ 使用注意

① INDIRECT 函數算出由字串指定的參照。例如 "="A5"" 結果是字串 "A5"，而套用 INDIRECT 之後，則成了參照儲存格 A5 的值。

② INDIRECT 有兩個參數，第一參數是代表指定儲存格位址的字串，可以是 "A1" 樣式和 "R1C1" 樣式；第二參數是非必填參數，忽略第二參數時，即當作 1 處理，表示使用 A1 樣式，如果第二參數使用 "FALSE" 或者 "0" 則表示 "R1C1" 樣式參照。

③ 本例公式通用性不強，超出 Z 欄的資料就無法參照。資料多時可以用如下公式。

=INDIRECT("R"&COLUMN()&"C"&(2+(ROW(1:1)-1)*3),0)──►本公式通用無限制。

▶ 範例延伸

思考：參照列數等於 A1、欄數等於 B1 的儲存格的值

提示：INDIRECT 的第一參數使用 "R1C1" 樣式，第二參數用 FALSE 或者 0。

範例 329 合併三個工作表的資料（INDIRECT）

範例檔案 第 6 章 \329.xlsx

在活頁簿中有三個工作表分別名為“一年級”、“二年級”和“三年級”，是某班的學生在三年中的成績表，如圖 6.19 所示。需要利用公式在“合併”工作表中將每個學生三年中的成績合併在一起，利於查看及加總。

	A	B	C	D
1	姓名	成績		
2	黃興明	59		
3	姚秀貞	81		
4	周聯光	100		
5	尚小月	71		
6	陳真亮	75		
7	周錦	81		
8	諸光奎	78		
9	鐘小月	100		
10	孫二興	63		

一年級 / 二年級 / 三年級 / 合併

圖 6.19　一年級成績表

開啟範例檔案中的資料檔案，進入“合併”工作表，在 C2 儲存格輸入以下陣列公式：

=INDIRECT(CHOOSE(MOD(ROW(A2)-1,3)+1," 一年級 !A"&INT((ROW(A3))/3)+1," 二年級 !A"&INT((ROW(A3))/3)+1," 三年級 !A"&INT((ROW(A3))/3)+1))

按兩下儲存格的填滿控點，將公式向下填滿，公式將會列出每個人員的姓名三次。然後再在 C2 儲存格輸入以下陣列公式：

=INDIRECT(CHOOSE(MOD(ROW(A2)-1,3)+1," 一年級 !B"&INT((ROW(A3))/3)+1," 二年級 !B"&INT((ROW(A3))/3)+1," 三年級 !B"&INT((ROW(A3))/3)+1))

按下〔Ctrl〕+〔Shift〕+〔Enter〕複合鍵後，公式將算出第一個學生的一年級的成績。按兩下儲存格的填滿控點，將公式向下填滿，可以取得每個學生三年的成績。結果如圖 6.20 所示。

C2　fx　=INDIRECT(CHOOSE(MOD(ROW(A2)-1,3)+1,"一年級!B"&INT((ROW(A3))/3)+1,"二年級!B"&INT((ROW(A3))/3)+1,"三年級!B"&INT((ROW(A3))/3)+1))

	A	B	C	D	E	F	G
1	時間	姓名	成績				
2	一年級	黃興明	60				
3	二年級	黃興明	72				
4	三年級	黃興明	59				
5	一年級	姚秀貞	77				
6	二年級	姚秀貞	81				
7	三年級	姚秀貞	81				
8	一年級	周聯光	74				
9	二年級	周聯光	98				
10	三年級	周聯光	100				
11	一年級	尚小月	56				
12	二年級	尚小月	95				
13	三年級	尚小月	71				
14	一年級	陳真亮	64				
15	二年級	陳真亮	84				
16	三年級	陳真亮	75				
17	一年級	周錦	93				
18	二年級	周錦	51				

一年級 / 二年級 / 三年級 / 合併

圖 6.20　合併三年的成績

▶ 公式說明

本例兩個公式僅相差一個字母，第一個公式參照三個工作表中 A 欄的值，第二個公式參照三個工作表中 B 欄的值。但因字母是以字串形式存在的，無法透過拖曳公式而產變化，所以使用兩個公式完成。

公式首先利用 MOD 函數產生 1、2、3 的迴圈序列，即公式向下填滿時，會在 1、2、3 三個數字之間迴圈。然後再借用 CHOOSE 函數的選擇功能，當第一參數變化時，會在欄表（第 2 ～第 4 參數）中迴圈選擇第 1 個、第 2 個、第 3 個字串。最後利用 INDIRECT 函數將字串轉化成工作表及儲存格參照，分別在三個工作表之間循環擷取值。

▶ 使用注意

① INDIRECT 函數可以將表示儲存格或者範圍參照的字串轉換成參照，也可以對其他工作表或者活頁簿進行參照。本例是將代表其他工作表的字串轉換成參照，在工作表名與儲存格位址之間需要添加識別字“!”。如果是對其他活頁簿的值進行參照，需要確保參照活頁簿是開啟狀態。

② INDIRECT 函數可以將字串狀態的儲存格位址轉換成參照，其參數多半是字串。而字串無法在公式填滿時產生增遞效果，進而參照不同範圍的值。但是可以利用 CHAR 函數變通來執行，即拖曳公式時，欄號和欄號會產生變化，而欄號與列號可以利用 CHAR 函數轉換成字母，進而執行填滿公式時參照不同範圍的值。利用這個方向，本例的公式改成如下：

=INDIRECT(CHOOSE(MOD(ROW(A2)-1,3)+1," 一年級 !"&CHAR(64+COLUMN(A1))&INT((ROW(A3))/3)+1," 二年級 !"&CHAR(64+COLUMN(A1))&INT((ROW(A3))/3)+1," 三年級 !"&CHAR(64+COLUMN(A1))&INT((ROW(A3))/3)+1))

在 B2 儲存格輸入公式後，向右及向下填滿即可，效果如圖 6.21 所示。

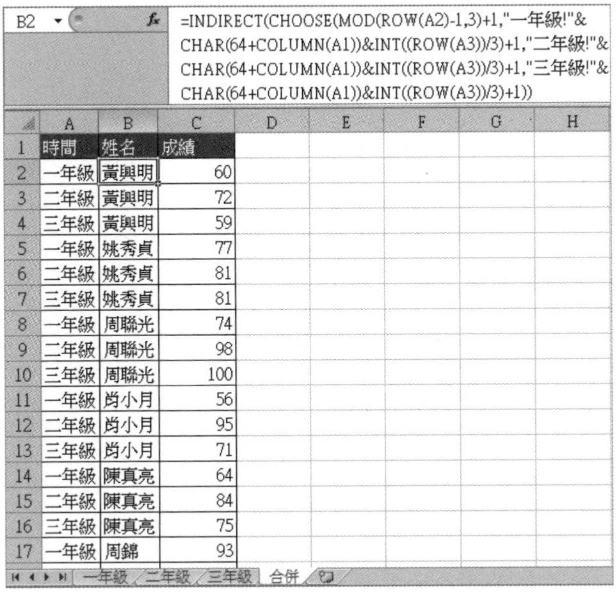

B2 =INDIRECT(CHOOSE(MOD(ROW(A2)-1,3)+1,"一年級!"&CHAR(64+COLUMN(A1))&INT((ROW(A3))/3)+1,"二年級!"&CHAR(64+COLUMN(A1))&INT((ROW(A3))/3)+1,"三年級!"&CHAR(64+COLUMN(A1))&INT((ROW(A3))/3)+1))

	A	B	C
1	時間	姓名	成績
2	一年級	黃興明	60
3	二年級	黃興明	72
4	三年級	黃興明	59
5	一年級	姚秀貞	77
6	二年級	姚秀貞	81
7	三年級	姚秀貞	81
8	一年級	周聯光	74
9	二年級	周聯光	98
10	三年級	周聯光	100
11	一年級	肖小月	56
12	二年級	肖小月	95
13	三年級	肖小月	71
14	一年級	陳真亮	64
15	二年級	陳真亮	84
16	三年級	陳真亮	75
17	一年級	周錦	93

圖 6.21　用一個公式完成合併三個工作表的資料

③ 由於本例的特殊性，也可以使用如下簡短的公式完成，但通用性稍差。

=INDIRECT(TEXT(MOD(ROW(A2)-1,3)+1,"[DBNum1]")&" 年級 !"&CHAR(64+COLUMN(A1))&INT((ROW(A3))/3)+1)

▶ 範例延伸

思考：將每個同學三年的成績計算平均值，結果存放在 "合併" 工作表中

提示：因為三個工作表中的成績存放在相同位址的儲存格，可直接進行多表求平均。

範例 **330** 多範圍計數（INDIRECT）

範例檔案 第 6 章 \330.xlsx

工作表中有三個班級的成績，而成績沒有在一個連續的範圍。現在需要對成績統計不及格人數。

開啟範例檔案中的資料檔案，在 K2 儲存格輸入以下公式：

=SUM(COUNTIF(INDIRECT({"C2:C11","F2:C11","I2:I11"}),"<60"))

按下〔Enter〕鍵後，公式將算出三個班中不及格人數，結果如圖 6.22 所示。

K2	▼	fx	=SUM(COUNTIF(INDIRECT({"C2:C11","F2:F11","I2:I11"}),"<60"))							
	A	B	C	D	E	F	G	H	I	J	K
1	班	姓名	成績	班	姓名	成績	班	姓名	成績		不及格人數
2	1	鐘正國	98	2	陳深淵	88	3	陳文民	88		11
3	1	古真	87	2	姚達開	51	3	錢光明	61		
4	1	陳金花	51	2	周至夢	40	3	朱貴	97		
5	1	梁今明	54	2	黃明秀	81	3	鄒之前	76		
6	1	周鑒明	92	2	謝有金	58	3	柳花花	75		
7	1	張珍華	78	2	趙冰冰	81	3	梁愛國	48		
8	1	張志堅	97	2	龔月新	92	3	穆容秋	97		
9	1	龔麗麗	42	2	胡東來	91	3	羅生門	57		
10	1	陳強生	45	2	嚴西山	66	3	李湖雲	59		
11	1	文月章	56	2	歐陽華	64	3	劉越堂	67		

圖 6.22　多範圍計數

▶ 公式說明

本例公式利用常數陣列作為 INDIRECT 函數的參數，將三個字串轉換為範圍參照，再作為 COUNTIF 的參數進行計數，最後用 SUM 函數加總，進而突破 COUNTIF 一次只能對一個範圍進行計算的限制。

▶ 使用注意

① COUNTIF 函數的第一參數只能用一個範圍，直接用常數陣列或者使用範圍聯合運算子也沒有用。例如：

=SUM(COUNTIF((C2:C11,C2:F11,I2:I11),"<60"))

=SUM(COUNTIF({C2:C11,C2:F11,I2:I11},"<60"))

=SUM(COUNTIF(("C2:C11","C2:F11","I2:I11"),"<60"))

上述三個公式都無法運行，必須借用 INDIRECT 函數來完成。

② 以代表範圍位址的字串作為 INDIRECT 的參數時，半形的冒號誤寫成全形不影響計算，但半形的引號誤寫成全形的引號，公式卻無法運算。

思考：不使用 COUNTIF 函數和 INDIRECT 函數完成本例的需求

提示：利用 COLUMN 函數和 MOD 函數計算欄數除以 3 的餘數，配合 IF 函數參照餘數為欄號除以 3 等於 0 的範圍，再對該範圍計算成績小於 60 的個數，用 SUM 函數加總。

範例 331 求乘積、加總兩相宜（INDIRECT）

範例檔案 第 6 章 \331.xlsx

工作表中有 A、B、C 三組的生產產量及單價。現在需要對每個人計算產值（產量乘以單價），而在進入下組之前需要對本組進行產值合計。

開啟範例檔案中的資料檔案，在 E2 儲存格輸入以下公式：

=SUM(IF(C2="",INDIRECT("E"&LOOKUP(1,0/ISERROR((0/$C$1:C1="")),ROW($C$2:C2))&":E"&(ROW()-1)),C2*D2))

按下〔Enter〕鍵後，公式將算出第一個用戶的產值。將公式向下填滿至 E17，結果如圖 6.23 所示。

	A	B	C	D	E	F	G	H
	A組	品名	產量	單價	合計			
1								
2	朱千文	A	361	10	3610			
3	鄭麗	A	398	10	3980			
4	陳年文	A	233	10	2330			
5	陳胡明	A	416	10	4160			
6	諸華	A	464	10	4640			
7	B組				18720			
8	徐大鵬	B	297	13	3861			
9	李湖雲	B	258	13	3354			
10	羅軍	B	231	13	3003			
11	C組				10218			
12	蔣有國	C	335	14	4690			
13	周至夢	C	228	14	3192			
14	張正文	C	388	14	5432			
15	陳強生	C	283	14	3962			
16	朱通	C	408	14	5712			
17					22988			

圖 6.23 求乘積、加總兩相宜

▶ 公式說明

本例公式利用 IF 函數判斷 C 欄的產量範圍是否空白，如果空白則對該組的產值加總，否則計算目前人員的產值，用產量乘以單價。

在計算產值合計時，需要參照待合計的範圍，即確定目的地範圍起迄列。結束列比較容易確定，即目前公式所在列減一，而起始列需要利用 LOOKUP 來確定。有起、止列號後，即可利用 INDIRECT 函數將字串轉換成範圍參照，再用 SUM 加總。

本例中 LOOKUP 的作用是在範圍中尋找最後一個非數值儲存格的列號。

▶ 使用注意

本例也可以使用如下公式完成。

=IF(C2="",SUM(INDIRECT("E"&LOOKUP(1,0/ISERROR((0/$C$1:C1="")),1+ROW($C$1:C1))&":E"&(ROW()-1))),C2*D2)

▶ 範例延伸

思考：不使用 INDIRECT 函數完成本例需求

提示：利用 OFFSET 函數參照範圍，執行 INDIRECT 的同等功能。

範例 332 根據英文及數值對員工的卡號排序（INDIRECT）

範例檔案 第 6 章 \332.xlsx

A 欄是姓名，B 欄是每個人的卡號，無序排列。現在需要對姓名和卡號都按順序進行重排。排序規則為：第一關鍵字為字母，按字母升冪進行排列；第二關鍵字為字母以外的數值，也按升冪排列。

開啟範例檔案中的資料檔案，在 D2 儲存格輸入以下公式：

=INDIRECT("A"&MOD(SMALL(CODE(B$2:B$11)*10000+MID(B$2:B$11,2,9)*100+ROW($2:$11),ROW(B1)),100))

然後再在 E2 儲存格輸入以下公式：

=INDIRECT("B"&MOD(SMALL(CODE(B$2:B$11)*10000+MID(B$2:B$11,2,9)*100+ROW($2:$11),ROW(B1)),100))

選擇 D2:E2 儲存格，然後將公式向下填滿至第 11 列，兩公式將分別對姓名和卡號按照卡號升冪排序，結果如圖 6.24 所示。

D2	▼	fx	{=INDIRECT("A"&MOD(SMALL(CODE(B$2:B$11)*10000+MID(B$2:B$11,2,9)*100+ROW($2:$11),ROW(B1)),100))}

	A	B	C	D	E	F	G	H
1	姓名	卡號		排序	卡號			
2	朱華青	A2		歐陽華	A1			
3	趙光明	A9		朱華青	A2			
4	胡不群	B2		朱志明	A7			
5	朱志明	A7		趙光明	A9			
6	劉玲玲	A17		趙光文	A11			
7	陳沖	A19		劉玲玲	A17			
8	柳紅英	B7		陳沖	A19			
9	趙光文	A11		周光輝	A21			
10	歐陽華	A1		胡不群	B2			
11	周光輝	A21		柳紅英	B7			

圖 6.24　按卡號中的英文及數值排序

▶ 公式說明

本例公式將每個卡號的第一個字母轉換成字元代碼並擴大到 10000 倍，再加上字元以外的數字的 100 倍，最後再加上列號以方便按列取數。加總後利用 SMALL 函數將所有數值按升冪排列，再利用 MOD 函數去除字元碼與卡號中的數字，僅僅留下列號，最後用 INDIRECT 函數按指定的列號取出姓名或者卡號。

　　① 本例僅僅適用於卡號在 99 以內的資料進行排序，如果達到三位數，需要修改 SMALL 函數的參數。

　　② 多數情況下能用 INDIRECT 函數的地方都可以使用 INDEX 函數替代。

▶ 範例延伸

　　思考：如果卡號中的數字有 1 ～ 4 位，如何修改公式

　　提示：對於本例公式，將擴大 1 萬倍修改成擴大 100 萬倍。

範例 333　多列多欄取唯一值（INDIRECT）

範例檔案 第 6 章 \333.xlsx

　　有三個組別，每組評出 4 個自己心中的才女，而每個才女都可能被多個組別評出，進而產生重複值。現在需要列出參選才女姓名。

　　開啟範例檔案中的資料檔案，在 F2 儲存格輸入以下陣列公式：

=IF(OR((B$2:D$5<>"")*(COUNTIF(F$1:F1,B$2:D$5)=0)),INDIRECT(TEXT(MIN(IF((B$2:D$5<>"")*(COUNTIF(F$1:F1,B$2:D$5)=0),ROW(B$2:D$5)*1000+COLUMN(B:D))),"r0c???"),),"")

　　按下〔Ctrl〕+〔Shift〕+〔Enter〕複合鍵後，公式將算出第一個參選才女。將公式向下填滿至 F12，結果如圖 6.25 所示。

圖 6.25　多列多欄取唯一值

▶ 公式說明

　　本例公式首先對 B2:D5 中的非空白儲存格、且在 "F$1:F1" 範圍中未出現過的儲存格擷取列號與欄號。為了讓列號與欄號可以同時顯示，將列號擴大到 1000 倍再加上欄號。然後利用 TEXT 函數將其格式化成 "R0C000" 的形式，例如，C2 儲存格的列號加欄號轉換後成為 "R2003"。最後利用 INDIRECT 函數將 "R1C1" 樣式的字串轉換儲存格參照。為了防止公式拖到 F12 後產生部分錯誤值，利用 IFERROR 函數排除錯誤。

▶ 使用注意

　　本例的公式可以防止 B2:D5 範圍出現空白而出錯。如果可以確保 B2:D5 範圍不存在空白儲存格，那麼公式可以簡化為：

=IFERROR(INDIRECT(TEXT(MIN(IF(COUNTIF(F$1:F1,B$2:D$5)=0,ROW(B$2:D$5)*1000+COLUMN(B:D))),"r0c???"),),"")

▶ 範例延伸

思考：本例對 B2:D5 範圍先列後欄的方式擷取值，如果先欄後列，如何修改公式

提示：將欄與列對調

範例 334 將三欄課程轉換成單欄且忽略空值（INDIRECT）

範例檔案 第 6 章 \334.xlsx

課程表的安排方式是星期三和星期六兩節課，其他時間每天三節課，分置於三欄中。要將時間和課程各轉換到 G 欄中。

開啟範例檔案中的資料檔案，在 F2 儲存格中輸入以下陣列公式：

=INDIRECT(TEXT(SMALL(IF($B$2:$D$7<>"",ROW($2:$7)*1000+1,1048576001),ROW(A1)),"r#c000"),)&""

再到 G2 儲存格輸入以下陣列公式：

=INDIRECT(TEXT(SMALL(IF($B$2:$D$7<>"",ROW($2:$7)*1000+COLUMN(B:D),1048576001),ROW(A1)),"r#c000"),)&""

然後選擇 F2:G2 儲存格，將公式向下填滿至第 18 列，結果如圖 6.26 所示。

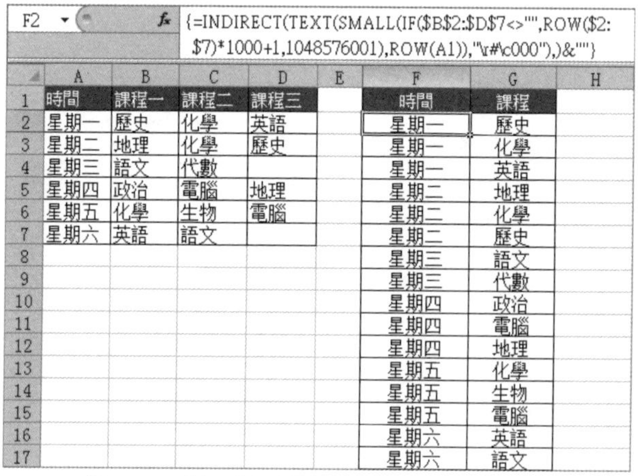
F2 {=INDIRECT(TEXT(SMALL(IF($B$2:$D$7<>"",ROW($2:$7)*1000+1,1048576001),ROW(A1)),"r#c000"),)&""}

	A	B	C	D	E	F	G	H
1	時間	課程一	課程二	課程三		時間	課程	
2	星期一	歷史	化學	英語		星期一	歷史	
3	星期二	地理	化學	歷史		星期一	化學	
4	星期三	語文	代數			星期一	英語	
5	星期四	政治	電腦	地理		星期二	地理	
6	星期五	化學	生物	電腦		星期二	化學	
7	星期六	英語	語文			星期二	歷史	
8						星期三	語文	
9						星期三	代數	
10						星期四	政治	
11						星期四	電腦	
12						星期四	地理	
13						星期五	化學	
14						星期五	生物	
15						星期五	電腦	
16						星期六	英語	
17						星期六	語文	

圖 6.26　將三欄課程轉換成單欄且忽略空值

▶ 公式說明

本例第一個公式首先將 B2:D7 範圍中非空白儲存格轉換為各自的列號乘以 1000 並加 1，而將空白儲存格轉換成 1048576001，組成一個陣列。目的是將空白儲存格擠到後面去，用 SMALL 函數取數時則會先取非空白列的列號。然後利用 TEXT 函數將陣列中第一個數格式化成 INDIRECT 能夠識別的“R1C1”樣式，進而對 A 欄的星期進行擷取值。其中加 1 表示只在第 1 欄擷取值。

第二個公式的原理和第一個相同，僅僅是欄數不再總是在第一欄，而是以原數據的欄號為準。

▶ 使用注意

如果需要公式相容 Excel 2003，將 1048576001 修改成 65536001 即可。

思考：如果 B2:D7 範圍不存在空白，如何精簡公式

提示：將 IF 和 IF 的第一參數、第三參數刪除即可。

範例 335 B 欄最大值的位址（ADDRESS）

範例檔案 第 6 章 \335.xlsx

B 欄有 10 個同學的成績，要求計算最高成績在哪一個儲存格。

如果兩人並列第一，只取最後一個儲存格的位址。開啟範例檔案中的資料檔案，在 B2:B11 儲存格輸入以下陣列公式：

=ADDRESS(MAX(IF(B2:B11=MAX(B2:B11),ROW(2:11))),2)

按下〔Ctrl〕+〔Shift〕+〔Enter〕複合鍵後，公式將算出 B2:B11 範圍中最大值的位址，結果如圖 6.27 所示。

	A	B	C	D	E
				fx	{=ADDRESS(MAX(IF(B2:B11= MAX(B2:B11),ROW(2:11))),2)}
1	姓名	成績		最大值地址	
2	柳洪文	71		$B$8	
3	趙秀文	77			
4	古玲玲	52			
5	程前和	73			
6	劉子中	58			
7	林至文	93			
8	陳金來	94			
9	朱志明	87			
10	洪文強	80			
11	柳紅英	86			

圖 6.27　B 欄最大值的位址

▶ 公式說明

本例公式首先利用 MAX 計算 B2:B11 範圍中的最大值，再用 IF 函數將最大值以外的資料轉成 FALSE，而將最大值轉換成為該值所在列號。最後再取最大列號，將列號作為 ADDRESS 的第一參數限定目標值的列號，以 2 作為 ADDRESS 的第二參數表示欄號。ADDRESS 根據列、欄即可得到目標位址。

▶ 使用注意

① ADDRESS 函數可以按照指定的列號和欄號，建立字串類型的儲存格位址。它有 4 個參數，第一參數表示在儲存格參照中使用的列號；第二參數表示在儲存格參照中使用的欄號，列號和欄號都用數字表示；第三參數是非必填參數，它指定算出的參考類型，包括 "絕對參照"、"絕對列號，相對欄號"、"相對列號，絕對欄號"、"相對參照"；第四參數也是非必填參數，它是用於指定 A1 或 R1C1 參照樣式的邏輯值；第五參數也是非必填參數，它可以指定作為外部參照的工作表的名稱。

② ADDRESS 函數參照儲存格的位址，而 INDIRECT 函數則可以將位址轉換成實際的儲存格參照，兩者的功能相反。ADDRESS 函數也常配合超連結函數 HYPERLINK 使用。

思考：如果有多個資料並列第一，如何列出所有位址

提示：將 MAX 改成 SMALL，逐一取出位址。

範例 336 根據下拉清單參照不同工作表的產量（ADDRESS）

範例檔案 第 6 章 \336.xlsx

工作表中有 4 個組別的產量，其產量合計都在 B11 儲存格；在 D1 儲存格的下拉欄表中有 4 個工作表的名稱。現在需要根據 D1 的選擇專案參照相對工作表的產量合計。

開啟範例檔案中的資料檔案，在 E2 儲存格輸入以下公式：

=INDIRECT(ADDRESS(11,2,1,1,D1))

按下〔Enter〕鍵後，公式將算出 E2 儲存格所指定的工作表的合計產量，結果如圖 6.28 所示。

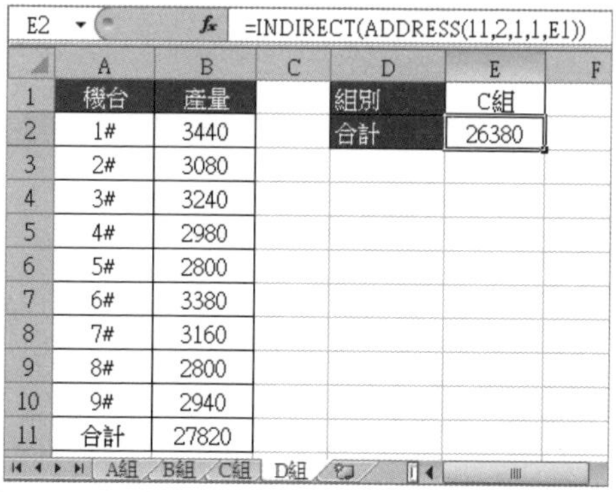

圖 6.28　根據下拉清單參照不同工作表的產量合計

▶ 公式說明

本例公式利用 11 和 2 作為 ADDRESS 函數的參數，表示參照 B11 儲存格的值，而目標儲存格所在工作表由第五參數來指定。

▶ 使用注意

① 本例也可以使用如下公式完成。

=INDIRECT(D1&"!b11")

因本例的特殊性：每個工作表取固定儲存格的值，所以直接用 INDIRECT 函數顯得較 ADDRESS 更簡單，但如果目標資料的列和欄都不固定，需要計算才能得到位址時，套用 ADDRESS 就方便多了。

② 以 ADDRESS 作為 INDIRECT 的嵌套參數時，不需要區分參考類型，相對參照、絕對參照、混合參照都對結果沒有影響。

▶ 範例延伸

思考：如果每個工作表不存在合計儲存格，只有明細資料，如何修改公式

提示：需要參照一個範圍時，直接用 INDIRECT 即可，ADDRESS 僅僅算出儲存格的位址，而不是參照儲存格的值。

範例 337 根據姓名和科目查詢成績（OFFSET）

範例檔案 第 6 章 \337.xlsx

根據 F1 和 G1 指定的姓名和科目查詢成績。

開啟範例檔案中的資料檔案，在 F2 儲存格輸入以下公式：

=OFFSET(A1,MATCH(F1,A2:A11,0),MATCH(G1,B1:D1,0))

按下〔Enter〕複合鍵後，公式根據指定的姓名與成績算出相對儲存格的值，結果如圖 6.29 所示。

	A	B	C	D	E	F	G	H
1	姓名	語文	數學	地理		劉五強	數學	72
2	仇正風	82	46	89				
3	黃興明	68	46	94				
4	朱貴	57	50	88				
5	劉五強	57	72	94				
6	曲華國	63	76	63				
7	趙冰冰	97	96	96				
8	劉昴揚	92	47	85				
9	周鑒明	87	46	43				
10	李華強	49	75	72				
11	周光輝	87	87	85				

圖 6.29　根據姓名和科目查詢成績

▶ 公式說明

本例公式利用 MATCH 函數計算 F1 的姓名在 A 欄的出現順序，以及 G1 的科目在第一列的出現順序，然後分別用這兩個值作為 OFFSET 函數的列偏移與欄偏移，進而參照目標儲存格。

▶ 使用注意

① OFFSET 函數的功能是根據所指定列數及欄數之儲存格或儲存格範圍傳回參照，傳回的參照可以是單一儲存格或儲存格範圍，可以指定要傳回的列數和欄數。OFFSET 函數有 5 個參數，第一參數是作為偏移量參照系的參照範圍，相當於圖表中的座標原點，它只能是一個儲存格或者範圍參照；第二參數是相對於偏移量參照系的左上角儲存格，上（下）偏移的列數；第二參數是相對於偏移量參照系的左上角儲存格，左（右）偏移的欄數；第四參數和第五參數是非必填參數，分別表示新範圍的高度和寬度；如果忽略第四參數或者第五參數則表示 1，而僅僅用逗號表示第二、第三參數，則預設值為 0。例如：

=OFFSET(A1,,)──→結果等於 A1 的值，相當於 =OFFSET(A1,0,0,1,1)。

=SUM（OFFSET(A1,,,2,3)）──→結果等於 A1:C2 的合計。

② OFFSET 函數的參照範圍超過一個儲存格時，結果是陣列，必須選擇對應大小的範圍後再以陣列公式的形式輸入公式，否則將產生錯誤值。

▶ 範例延伸

思考：計算 F1 指定的姓名的成績總和

提示：相對於本例公式，將 OFFSET 的第三參數改成 1，第四參數改成 3 並套用 SUM。

6

尋找與參照函數

範例 338 隔 4 列合計產值（OFFSET）

範例檔案 第 6 章 \338.xlsx

工作表中有多個組別，每個組固定 4 個機台。現在需要要對每個機台計算產值，而在每組最後一列計算該組合計，即產值欄既有求乘積也有加總。

開啟範例檔案中的資料檔案，在儲存格 F2 輸入以下公式：

=IF(MOD(ROW(),5)=1,SUM(OFFSET(F2,-4,,4,)),D2*E2)

按下〔Enter〕鍵後，將算出目前機台的產值。然後將 F2 的公式向下填滿，結果如圖 6.30 所示。

F2			f_x	=IF(MOD(ROW(),5)=1,SUM(OFFSET(F2,-4,,4,)),D2*E2)		
	A	B	C	D	E	F	G
1	組別	機台	產品	產量	單價	產值	
2		1#	A產品	150	23	3450	
3		2#	B產品	172	20	3440	
4	第一組	3#	C產品	151	21	3171	
5		4#	D產品	151	22	3322	
6			合計			13383	
7		5#	A產品	177	23	4071	
8		6#	B產品	186	20	3720	
9	第一組	7#	C產品	174	21	3654	
10		8#	D產品	172	21	3784	
11			合計			15229	
12		9#	A產品	177	23	4071	
13		10#	B產品	179	20	3580	
14	第一組	11#	C產品	184	21	3864	
15		12#	D產品	155	22	3410	
16			合計			14925	

圖 6.30　隔 4 列合計產值

▶ 公式說明

本例中每組前四列需要求乘積，最後一列則對前四列加總。加總欄分別在 6、11、16……列，所以使用 MOD 函數判斷目前列與 5 的餘數是否為 1，如果是 1 則將目前的儲存格上方 4 個儲存格進行加總，否則對目前列的產量與單價求乘積。

▶ 使用注意

① 在本例中，MOD 函數與 ROW 函數用於判斷公式填滿到哪一列時該求乘積，哪一列該加總。

② 在本例中，OFFSET 函數至關重要，它能參照目前的儲存格向上偏移 4 個儲存格來作為 SUM 函數的參數進行加總。

▶ 範例延伸

思考：不使用 MOD 函數，完成圖 6.30 中的求乘積與加總

提示：圖中加總的列除了列號與 5 的餘數為 1 之外還有一個特點，即左邊總是 "合計" 二字，利用這個特點也可以完成本例的需求。

範例 339 在具有合併儲存格的 A 欄產生自然數編號（OFFSET）

範例檔案 第 6 章 \339.xlsx

A 欄部分儲存格合併，部分未合併，而合併範圍的儲存格個數也不盡相同。現在需要在 A1:D13 範圍產生 1 開始遞增 1 的自然數序列。

開啟範例檔案中的資料檔案，選擇 A1:A13 儲存格，再輸入以下公式：

=1+COUNT(OFFSET($A$1,,,ROW()-1,))

按下〔Ctrl〕+〔Enter〕複合鍵後，公式將算出 1～5 的序列，其中每個合併範圍按單位 1 進行遞增，結果如圖 6.31 所示。

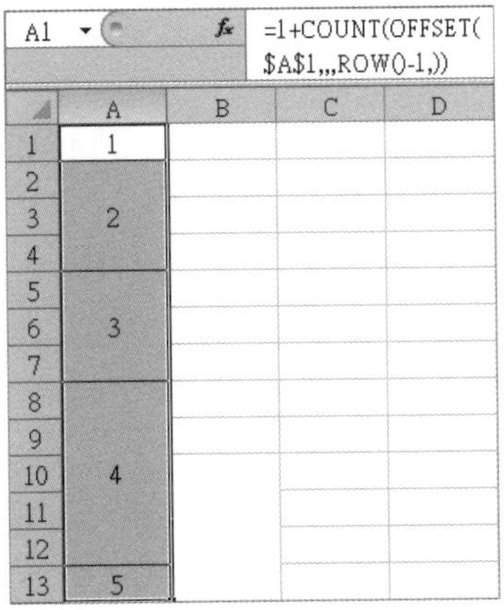

圖 6.31　在具有合併儲存格的 A 欄產生自然數編號

▶ **公式說明**

本例公式以絕對參照 A1 儲存格作為參數系，然後產生偏移 0 列 1 欄，高度為目前列列號減 1 的範圍，然後用 COUNT 函數計算 OFFSET 參照的範圍中的數字個數，再加上 1 即為每個儲存格（合併範圍）的序號，OFFSET 的第五參數隨著公式向下填滿呈遞增狀態，COUNT 的結果也會相對地累加 1，進而執行需求。

▶ **使用注意**

① OFFSET 函數的第二、三、四、五參數都是數字，用 ROW 或者 COLUMN 作為參數時可以產生動態的範圍參照，這使 OFFSET 在動態範圍運算中具有舉足輕重的作用。

② COUNT 函數在計數時可以忽略誤值，所以執行本例需求 COUNT 函數是首選。而 COUNTIF 函數或者 MAX 等函數都需要配合 IF 函數除錯才能完成，不如 COUNT 函數簡潔。例如：

=IF(ROW()=1,1,MAX(INDIRECT("B1:B"&ROW()-1))+1)

▶ **範例延伸**

思考：在圖 6.31 中的 A 欄中產生 1、3、5、7、9……的序列

提示：相對於本例公式，乘以 2 再減 1 即可。

範例 340 參照合併範圍時防止產生 0 值（OFFSET）

範例檔案 第 6 章 \340.xlsx

A 欄有部分儲存格合併，如果直接用等於參照 A 欄的值，將會產生部分 0 值，如圖 6.32 所示。現在需要參照 A 欄的值，但對於合併範圍中的空白區不能產生 0 值。

開啟範例檔案中的資料檔案，在 B1 儲存格輸入以下公式：

=IF(A1<>"",A1,OFFSET(B1,-1,))

按下〔Enter〕鍵後，公式將算出 A1 的值。將儲存格向下填滿後，結果如圖 6.33 所示。

圖 6.32　參照合併範圍時產生 0 值

圖 6.33　參照合併範圍時防止產生 0 值

▶ 公式說明

本例公式首先檢查 A1 是否空白，如果非空白則參照 A1 的值，否則參照目前儲存格向上偏移一列的值。

▶ 使用注意

① OFFSET 函數的第二參數使用負數時可以執行向上偏移；第二參數使用負數時可以執行向左偏移。本例中檢查到 A 欄對應的儲存格是空白時則參照公式所在儲存格上面的儲存格的值。

② 本例也可以使用如下公式來完成。

=OFFSET(B1,IF(A1="",-1),IF(A1<>"",-1))

③ 如果需要在原範圍產生 B 欄的效果，那麼可以按如下方式執行：選擇 A1:A9 後按一下〔跨欄置中〕按鈕可以取消合併，按〔F5 鍵〕開啟「到」對話框，再按一下，在「到」對話框中選擇空值；最後在「參照位址」輸入公式 "=A1" 再按〔Ctrl〕+〔Enter〕鍵結束。

▶ 範例延伸

思考：如果本例工作表中存在標題，即公式在第二列輸入，如何簡化公式

提示：可以不使用 OFFSET，直接改相對參照 B1 即可。

範例 341 計算 10 屆運動會中有幾次破紀錄（OFFSET）

範例檔案 第 6 章 \341.xlsx

B 欄是 10 次運動會的冠軍短跑時間，要統計 10 次運動會中有幾次破紀錄。

開啟範例檔案中的資料檔案，在 D2 儲存格輸入以下公式：

職場函數 468 招：超完整！新人工作就要用到的計算函數＋公式範例集

=SUMPRODUCT(N(LOOKUP(ROW(2:10),ROW(2:11),SUBTOTAL(5,OFFSET($B$3,,,ROW(2:11)-1))))>LOOKUP(ROW(3:11),ROW(2:11),SUBTOTAL(5,OFFSET($B$3,,,ROW(2:11)-1)))))

按下〔Enter〕鍵後，公式將算出破紀錄的次數，結果如圖 6.34 所示。

	A	B	C	D	E	F
				fx	=SUMPRODUCT(N(LOOKUP(ROW(2:10),ROW(2:11),SUBTOTAL(5,OFFSET($B$3,,,ROW(2:11)-1))))>LOOKUP(ROW(3:11),ROW(2:11),SUBTOTAL(5,OFFSET($B$3,,,ROW(2:11)-1)))))	
1	動動會	冠軍成績(秒)		破紀錄幾次		
2	第1屆	10.13		3		
3	第2屆	10.13				
4	第3屆	10.15				
5	第4屆	10.14				
6	第5屆	10.12				
7	第6屆	10.15				
8	第7屆	10.17				
9	第8屆	10.11				
10	第9屆	10.1				
11	第10屆	10.11				

圖 6.34　計算 10 屆運動會中有幾次破紀錄

▶ 公式說明

　　本例公式利用陣列作為 OFFSET 函數的第四參數，進而產生 9 個一維陣列，組成一個二維陣列。然後利用 SUBTOTAL 計算 9 個陣列中的最小值，進而產生一個一維陣列，包括九屆運會中的歷史紀錄。接著再用第 2 ～ 10 次歷史紀錄與第 1 ～第 9 次歷史紀錄進行比較，最後將比較結果加總，計算結果是破紀錄的次數。

　　公式的計算結果為 3，代表第 5 屆、第 8 屆和第 9 屆。

▶ 使用注意

　　① OFFSET 函數的一個或者多個任意參數使用陣列，都可以使結果產生二維或者三維參照，對於二維和三維陣列求最小值，結果是一維陣列的需求，不能使用 MIN 函數，而是用 SUBTOTAL 函數。

　　② 本例要求計算短跑破紀錄次數，實際上就是判斷每一屆的成績是否低於歷史最低成績，然後對結果為 TRUE 的次數加總。

▶ 範例延伸

　　思考：計算比上一屆成績更差的次數
　　提示：不需要使用 OFFSET 函數，直接計算 B3:B11 大於 B2:B10 的次數即可。

範例 342 進、出貨合計查詢（OFFSET）

範例檔案 第 6 章 \342.xlsx

　　工作表中有每月月尾統計的當月進、出貨數量。現在需要根據 E2:G2 指定的起始月、終止月和查詢項目來計算合計。當其中 E2:G2 包含下拉清單，修改下拉清單時可以加總不同月份間的資料。

開啟範例檔案中的資料檔案，在 F4 儲存格輸入以下公式：

=SUM(OFFSET(A1,E2,MATCH(G2&" 總計 ",B1:C1,0),F2-E2+1))

按下〔Enter〕鍵後，公式將算出 E2:G2 指定條件的範圍的合計值，結果如圖 6.35 所示。

	A	B	C	D	E	F	G	H
1	統計時間	入庫總計	出貨總計		起始月	終止月	查詢項目	
2	1月31日	59620	53710		3	8	入庫	
3	2月29日	59280	55300					
4	3月31日	52050	50000		合計：	330660		
5	4月30日	54150	61060					
6	5月31日	53960	60640					
7	6月30日	50870	63230					
8	7月31日	59780	55540					
9	8月31日	59850	62140					
10	9月30日	60530	56190					
11	10月31日	59870	63240					
12	11月30日	57720	60800					
13	12月31日	52310	52360					

圖 6.35　進、出貨合計查詢

▶ 公式說明

本例公式中以 OFFSET 函數產生目的地範圍參照，再以 SUM 函數加總。

OFFSET 函數以 A1 儲存格為參照，偏移列數等於起始月數，偏移欄數等於查詢項目在 B1:C1 的排序，高度是終止月減掉起始月加 1，進而形成一個範圍。

▶ 使用注意

① 查詢項目中只有 "入庫" 或者 "出貨"，而 B1:C1 包含 "總計" 二字，所以公式中將字元補齊再進行尋找。不過 MATCH 函數本身是支援萬用字元尋找的，所以本例也可以使用如下公式完成。

=SUM(OFFSET(A1,E2,MATCH(G2&"*",B1:C1,0),F2-E2+1))

② 本例也可以使用如下公式完成。

=SUM(INDIRECT(ADDRESS(E2+1,MATCH(G2&" 總計 ",1:1,0))&":"&ADDRESS(F2+1,MATCH(G2&" 總計 ",1:1,0))))

▶ 範例延伸

思考：計算 E2:G2 指定條件的範圍的最大值

提示：將 SUM 函數改成 MAX 函數。

範例 343 根據人數自動調整表格大小（OFFSET）

範例檔案 第 6 章 \343.xlsx

生產中，每個組別的人數會根據生產產品的變化而相對變化。現在需要求修改 F 欄的人數時，A 欄中的組別個數也相對地變化，執行自動伸縮。

開啟範例檔案中的資料檔案，在 A2 儲存格輸入以下陣列公式：

=IFERROR(OFFSET($E$1,SMALL(IF(F$2:F$5>=TRANSPOSE(ROW(INDIRECT("1:"&MAX(F$2:F$5)))),ROW($2:$5)-1),ROW(1:1)),),"")

按下〔Ctrl〕+〔Shift〕+〔Enter〕複合鍵後，公式將算出 "A 組"，將公式向下填滿至 A30，各組別出現的次數將等於 F 欄指定的次數，超過的部分顯示為空白，結果如圖 6.36 所示。

A2	▼ ⊙	f_x	{=IFERROR(OFFSET($E$1,SMALL(IF(F$2:F$5>=TRANSPOSE(ROW(INDIRECT("1:"&MAX(F$2:F$5)))),ROW($2:$5)-1),ROW(1:1)),),"")}				
	A	B	C	D	E	F	G
1	組別	姓名	生產指標		組別	人數	
2	A組				A組	2	
3	A組				B組	4	
4	B組				C組	2	
5	B組				D組	4	
6	B組						
7	B組						
8	C組						
9	C組						
10	D組						
11	D組						
12	D組						
13	D組						

圖 6.36　根據人數自動調整表格大小

▶ 公式說明

本例公式首先計算 F2:F5 的最大值，然後利用 ROW 函數配合 INDIRECT 函數產生 1 到 F2:F5 的最大值之間的自然數序列，再用 TRANSPOSE 函數將縱向陣列轉換成橫向陣列。然後逐一判斷 F2:F5 的值是否大於自然數序列 1～4，並將每個大於自然數序列的值轉換成對應的同等個數的自然數，形成一個新的陣列。再用 SMALL 函數將陣列中的值從小到大排列，邏輯值 FALSE 排最後。最後 OFFSET 函數根據陣列中的值相對於 E1 儲存格算出指定的列偏移參照。當公式填滿到超出範圍時將產生錯誤值，所以用 IFERRIR 函數排除錯誤。

▶ 使用注意

① 如果需要減少公式長度，可以將 TRANSPOSE 部分改用 "COLUMN（A:Z）" 產生一個橫向的一維陣列，其中 "Z" 由 F2:F5 中的最大值決定。原則是陣列中的最大值必須大於 F2:F5 中的最大值。

② OFFSET、INDIRECT、COUNTIF、SUBTOTAL、SUMIFS 等函數都支援三維運算，計算過程比較複雜。不過工作中能用到三維參照的情況不多，如果讀者沒有足夠的時間和興趣可以跳過與三維參照相關的範例。

範例 344 計算至少兩科不及格的學生人數（OFFSET）

範例檔案 第 6 章 \344.xlsx

工作表中有 10 個學生四個科目的成績，現在需要計算兩科不及格的學生人數。

開啟範例檔案中的資料檔案，在 G2 儲存格輸入以下陣列公式：

=SUM(--(COUNTIF(OFFSET($B$1,ROW(2:11)-1,,,4),"<60")>=2))

按下〔Ctrl〕+〔Shift〕+〔Enter〕複合鍵後，公式將算出至少兩科不及格的學生人數，結果如圖 6.37 所示。

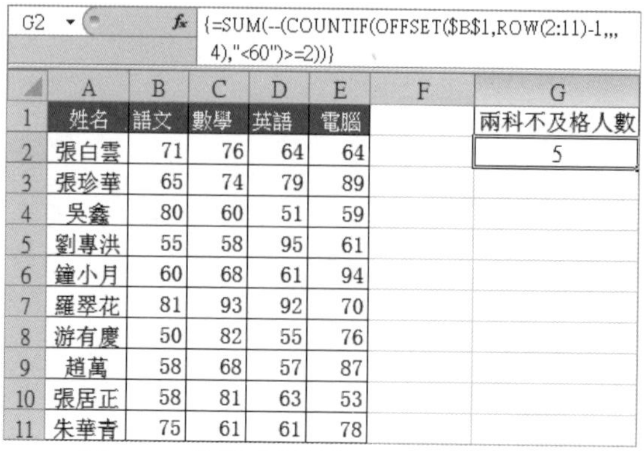

G2 {=SUM(--(COUNTIF(OFFSET($B$1,ROW(2:11)-1,,,4),"<60")>=2))}

	A	B	C	D	E	F	G
1	姓名	語文	數學	英語	電腦		兩科不及格人數
2	張白雲	71	76	64	64		5
3	張珍華	65	74	79	89		
4	吳鑫	80	60	51	59		
5	劉專洪	55	58	95	61		
6	鐘小月	60	68	61	94		
7	羅翠花	81	93	92	70		
8	游有慶	50	82	55	76		
9	趙萬	58	68	57	87		
10	張居正	58	81	63	53		
11	朱華青	75	61	61	78		

圖 6.37　計算至少兩科不及格的學生人數

▶ 公式說明

本例公式利用陣列作為 OFFSET 的參數，且第五參數使用 4，表示產生 10 個 1 列 4 欄的一維陣列，也就是每個學生的四科成績的參照。然後用 COUNTIF 函數分別統計每個學生的成績小於 60 的個數是否大於等於 2，最後用 SUM 函數加總。

▶ 使用注意

① 本例也可以使用如下公式完成計算。

=SUMPRODUCT(N(COUNTIF(OFFSET($B$1,ROW(2:11)-1,,,4),"<60")>=2))

=COUNT(0/(COUNTIF(OFFSET($B$1,ROW(2:11)-1,,,4),"<60")>=2))

② OFFSET 可以產生二維陣列，但 OFFSET 只能對儲存格、範圍進行操作，其物件不能是陣列或者常數陣列。

③ 本例也屬於三維參照的範例。

▶ 範例延伸

思考：計算四科都不及格的人數

提示：可以判斷每個人不及格的成績次數是否等於 4，也可以透過利用 SUBTOTAL 函數計算其最大值是否小於 60 來判斷。因為最大值小於 60 就意味著四科全不及格。

範例 345 列出成績加總最好的科目（OFFSET）

範例檔案 第 6 章 \345.xlsx

工作表中有 4 個學生 4 個科目的成績。現在需要計算總分最高的科目是什麼。

開啟範例檔案中的資料檔案，在 A9 儲存格輸入以下陣列公式：

=OFFSET(A2,,SUM((MAX(SUBTOTAL(9,OFFSET(A2,1,ROW(1:4),4)))=SUBTOTAL(9,OFFSET(A2,1,COLUMN(A:D),4)))*COLUMN(B:E))-1)

按下〔Ctrl〕+〔Shift〕+〔Enter〕複合鍵後，公式將算出總分最高的科目，結果如圖 6.38 所示。

圖 6.38　列出成績加總最好的科目

▶ 公式說明

本例公式利用陣列作為 OFFSET 的參數，進而產生每個科目中 4 個學生成績的範圍參照，再用 SUBTOTAL 函數對其加總，產生包含 4 個科目總成績的陣列。然後計算其高分對應的欄號，再用 OFFSET 函數相對於 A2 儲存格進行相對的欄偏移，完成資料參照。

▶ 使用注意

① 本例公式適用於僅僅一個科目的總分最高。如果多個科目總分並列第一，可以使用如下公式。

=OFFSET($A$2,,LARGE((MAX(SUBTOTAL(9,OFFSET($A$2,1,ROW(1:4),4)))=SUBTOTAL(9,OFFSET($A$2,1,COLUMN($A:$D),4)))*COLUMN($B:$E),COLUMN(A1))-1)

輸入上述陣列公式後，再向右填滿。

② 陣列公式不能直接在合併儲存格中輸入，但是可以輸入公式後再合併範圍。

③ 本例公式還可以改成如下。

=INDEX(2:2,MAX((MAX(SUBTOTAL(9,OFFSET(A2,1,ROW(1:4),4)))=SUBTOTAL(9,OFFSET(A2,1,COLUMN(A:D),4)))*COLUMN(B:E)))

▶ 範例延伸

思考：列出哪一個學生的總成績最高

提示：相對於本例公式，修改 OFFSET 的第二、三參數即可。

範例 346 計算及格率不超過 50% 的科目數量（OFFSET）

範例檔案 第 6 章 \346.xlsx

工作表中有 4 個科目的成績明細，要計算及格率不超過 50% 的科目數量，即小於 60 分的人數大於等於 5 的科目數量。

開啟範例檔案中的資料檔案，在 G2 儲存格輸入以下公式：

=SUMPRODUCT(--(COUNTIF(OFFSET(A1,1,COLUMN(A:D),10,1),"<60")>=ROWS(2:11)/2))

按下〔Enter〕鍵後，公式將算出及格率不超過 50% 的科目數，結果如圖 6.39 所示。

G2 =SUMPRODUCT(--(COUNTIF(OFFSET(A1,1,COLUMN(A:D),10,1),"<60")>=ROWS(2:11)/2))

	A	B	C	D	E	F	G
1	姓名	語文	數學	英語	電腦		及格率不超過50%的科目數
2	蔣有國	40	82	58	85		2
3	李湖雲	85	54	89	85		
4	周聯光	42	57	47	68		
5	趙冰冰	76	34	36	61		
6	張居正	68	69	89	39		
7	趙光文	95	45	36	61		
8	朱麗華	67	30	76	77		
9	曲華國	40	96	72	31		
10	朱明	38	80	85	60		
11	黃興明	61	97	59	33		

圖 6.39　及格率不超過 50% 的科目數

▶ 公式說明

本例公式利用橫向陣列作為 OFFSET 函數的參數，將分別擷取 4 個科目所有成績的參照。然後利用 COUNTIF 函數分別計算每個科目中低於 60 分的成績個數是否小於等於總人數的一半。最後將符合條件的科目數加總。

▶ 使用注意

① 對於本例這種科目不是很多的情況，也可以直接列各個科目的成績位址來計算其不及格率。例如：

=SUM(N(COUNTIF(INDIRECT({"B2:B11","C2:C11","D2:D11","E2:E11"}),"<60")>=ROWS(2:11)/2))

② 如果科目達到兩位數，則使用 OFFSET 函數較之 INDIRECT 形式更為快捷。

▶ 範例延伸

思考：計算及格率 75% 的學生個數

提示：相對於本例公式，修改 OFFSET 的第二、三參數，以及將 ROWS 改成 COLUMNS 即可。

範例 347 列兩次未打卡人員（OFFSET）

範例檔案 第 6 章 \347.xlsx

公司規定每位員工每天 8 點、12 點及上午 1 點、下午 5 點都需要打卡一次，如果至少兩次未打卡就扣獎金。現在需要統計表中 10 人至少兩次未打卡的人員姓名，有多人就全部列出來。

開啟範例檔案中的資料檔案，在 G2 儲存格輸入以下陣列公式：

=IFERROR(OFFSET(A$1,LARGE((COUNTIF(OFFSET(A$1,ROW($2:$11)-1,1,,4),"×")>=2)*ROW($2:$11),ROW(A1))-1,),"")

按下〔Ctrl〕+〔Shift〕+〔Enter〕複合鍵後，公式將算出第一個至少兩次未打卡的人員姓名。將公式向下填滿至 G11，結果如圖 6.40 所示。

▲	A	B	C	D	E	F	G
1	姓名	08:00	12:00	01:00	05:00		兩次未打卡人員
2	胡開山	√	√	√	√		張坦然
3	張明東	√	√	√	×		趙黃山
4	張正文	√	√	√	√		
5	趙黃山	×	×	√	√		
6	尚敬文	√	√	√	√		
7	陳胡明	√	√	√	√		
8	張坦然	×	√	×	√		
9	魏秀秀	√	√	√	√		
10	黃土尚	√	√	√	×		
11	鐘正國	√	√	√	√		

G2 的公式列：`{=IFERROR(OFFSET(A$1,LARGE((COUNTIF(OFFSET(A$1,ROW($2:$11)-1,1,,4),"×")>=2)*ROW($2:$11),ROW(A1))-1,),"")}`

圖 6.40 列兩次未打卡人員

▶ 公式說明

本例公式利用縱向陣列作為 OFFSET 函數的參數，將分別擷取每位員工 4 次打卡結果的範圍參照。然後利用 COUNTIF 分別統計每位員工的未打卡的次數是否大於等於 2，再將大於等於 2 者擷取列號，並用 LARGE 函數將欄號從大到小排列，而 OFFSET 函數基於該列號參照對應的姓名。最後，為了除錯使用 IFERROR 函數使公式超出符合條件的人員數目時顯示為空白。

▶ 使用注意

本例公式中第一個 OFFSET 也可以用 INDEX 或者 INDIRECT 等函數替代完成。

▶ 範例延伸

思考：計算兩次未打卡人員占所有人員的百分比

提示：利用 ROWS 計算總人數，再除本例公式中計算的兩次未打卡人數。

範例 348 計算國文、英語、化學、社會哪科總分最高（OFFSET）

範例檔案 第 6 章 \348.xlsx

工作表中有 6 個科目的成績明細，現在需要計算其中國文、英語、化學與社會 4 科中哪一科的總分最高，其中 4 個科目未出現在連續的範圍中。

開啟範例檔案中的資料檔案，在 I2 儲存格輸入以下公式：

=CHOOSE(MATCH(MAX(SUBTOTAL(9,OFFSET(A1,1,MATCH({" 國文 "," 英語 "," 化學 "," 社會 "},$B$1:$G$1,0),10,))),SUBTOTAL(9,OFFSET(A1,1,MATCH({" 國文 "," 英語 "," 化學 "," 社會 "},$B$1:$G$1,0),10,)),0)," 國文 "," 英語 "," 化學 "," 社會 ")

按下〔Enter〕鍵後，公式將算出最高分的科目名稱，結果如圖 6.41 所示。

圖 6.41　計算國文、英語、化學、社會哪科總分最高

▶ 公式說明

　　本例公式首先用 MATCH 函數計算 "國文"、 "英語"、 "化學"、 "社會" 在工作表中的排序，然後 OFFSET 根據排序參照每個目標科目的 4 個成績範圍。再用 SUBTOTAL 統計每個科目的總分，以及用 MATCH 函數計算最大值在 4 個科目總分中的排序。最後透過 CHOOSE 函數從 4 個科目名稱中根據其最大值的排序選擇對應的科目名稱。

▶ 使用注意

　　① 本例公式中 MATCH 函數可以分別計算 "國文"、 "英語"、 "化學"、 "社會" 各個科目在所有科目中的順序，產生一個橫向的一維陣列，用此陣列作為 OFFSET 的第二參數即可產生 4 個目標科目的成績範圍參照。

　　② OFFSET 函數、MMULT 函數是 Excel 所有函數中最複雜的函數。儘管單個應用時 OFFSET 函數很容易理解，但 OFFSET 函數大多都應用於三維參照中，運算過程偏複雜。

▶ 範例延伸

　　思考：用一個公式產生 "國文"、 "英語"、 "化學"、 "社會" 的儲存格位址
　　提示：用 MATCH 計算 4 個科目的排序，作為位址的欄號，而列號固定是 2。透過列號和欄號可以用範圍陣列公式的形式產生 4 個科目的位址。

範例 349 列及格率最高的學生姓名（OFFSET）

範例檔案 第 6 章 \349.xlsx

　　工作表中有 10 個學生 6 個科目的成績。現在需要列及格率最高的學生姓名，有多人並列第一，則以 A 欄資料來源的順序為準將所有姓名全部列出來。

　　開啟範例檔案中的資料檔案，在 I2 儲存格輸入以下陣列公式：

=INDEX(A:A,SMALL(IF(MAX(COUNTIF(OFFSET(A$1,ROW($2:$11)-1,1,1,COLUMNS(B:G)),"＞=60"))=COUNTIF(OFFSET(A1,ROW($2:$11)-1,1,1,COLUMNS(B:G)),"＞=60"),ROW($2:$11),12),ROW(A1)))&""

按下〔Ctrl〕+〔Shift〕+〔Enter〕複合鍵後，公式將算出及格率最高的學生姓名。將公式向下填滿至 I10，結果如圖 6.42 所示。

	A	B	C	D	E	F	G	H	I	J
I2				{=INDEX(A:A,SMALL(IF(MAX(COUNTIF(OFFSET(A$1, ROW($2:$11)-1,1,1,COLUMNS(B:G)),">=60"))=COUNTIF(OFFSET(A1,ROW($2:$11)-1,1,1,COLUMNS(B:G)),">=60"), ROW($2:$11),12),ROW(A1)))&"") }					
1	姓名	語文	數學	英語	電腦	化學	政治		誰及格率最高	
2	羅生門	65	51	51	74	58	77		曲華國	
3	張正文	91	89	46	47	56	65		古山忠	
4	陳坡	82	87	72	75	41	94			
5	曲華國	74	61	99	66	66	91			
6	胡華	76	59	83	59	87	40			
7	魯華美	59	45	64	57	83	57			
8	古山忠	47	57	68	62	93	70			
9	張慶	62	76	82	66	84	82			
10	簡文明	59	86	75	71	81	47			
11	朱千文	57	54	89	74	0	74			

圖 6.42　列及格率最高的學生姓名

▶ 公式說明

本例公式以陣列作為 OFFSET 函數的第二參數，將產生每個學生所有科目成績的範圍參照，然後以 COUNTIF 函數分別統計每個學生成績大於等於 60 的個數，並記錄其中最大值對應的列號，而將非最大值轉換為 12，即工作表的第一個空白列的列號。然後利用 SMALL 函數將列號從小到大排列，作為 INDEX 的參數對 A 欄的姓名擷取值。

▶ 使用注意

如果工作表中只有一人的及格率最高，那麼可以採用如下簡化的公式。

=INDEX(A:A,MATCH(MAX(COUNTIF(OFFSET(A$1,ROW($2:$11)-1,1,1,COLUMNS(B:G)), ">=60")),COUNTIF(OFFSET(A1,ROW($2:$11)-1,1,1,COLUMNS(B:G)),">=60")))

▶ 範例延伸

思考：計算 10 個學生中及格率達到 80% 的人數

提示：相對於本例公式，當 COUNTIF 計算出每個學生的及格數量之後，除以總科目即為每個學生的及格率。然後再加總及格率大於等於 0.8 的個數。

範例 350 計算 EXCEL 類圖書最多進貨量及書名（OFFSET）

範例檔案 第 6 章 \350.xlsx

某店在 6 個月內購入 10 種不同新書，新書包括 "EXCEL" 和 "WORD" 兩類。進貨數量包括兩種，一種是小批量進貨，一次進貨 10～40 本；另一種是一次進貨 100 本以上。現在需要統計 EXCEL 類圖書半年中大批量進貨的書總進貨量是多少，以及擷取該書的名稱。

開啟範例檔案中的資料檔案，在 J3 儲存格輸入以下陣列公式：

=MAX(SUMIF(OFFSET(B1,ROW(2:11)-1,1,1,6),">=100")*(B2:B11="excel"))

再在 J7 儲存格輸入以下陣列公式：

=INDEX(A2:A11,MATCH(MAX(SUMIF(OFFSET(B1,ROW(2:11)-1,1,1,6),">=100")*(B2:B11="excel")),SUMIF(OFFSET(B1,ROW(2:11)-1,1,1,6),">=100")*(B2:B11="excel"),0))

上述兩個公式分別算出大批量進貨的最高數量以及名稱，結果如圖 6.43 所示。

圖 6.43　計算 EXCEL 類圖書最多進貨量及書名

▶ 公式說明

本例第一個公式首先利用 OFFSET 函數配合 SUMIF 函數計算所有圖書大批量購入數量的合計，然後乘以運算式"(B2:B11="excel")"進而排除 WORD 圖書，再用 MAX 取最大值。第二個公式則用 MATCH 函數計算最大值在每個圖書的大批量進貨數量中的排名，再用 INDEX 函數以排名為依據對 A 欄圖書名擷取值。

▶ 使用注意

本例公式對只有一種 EXCEL 圖書的大批量進貨數量最多的情況有效。

▶ 範例延伸

思考：如果有多本 EXCEL 類圖書的大批量進貨數量並列第一，列所有書名
提示：利用 IF 函數將多本 EXCEL 類圖書進貨量第一的圖書轉換成列號，並用 SMALL 函數排列列號，最後用 INDEX 函數取出所有圖書名。

範例 351 根據時間和品名動態參照銷量冠軍（OFFSET）

範例檔案 第 6 章 \351.xlsx

每個售貨員分別銷售 3 種產品。現有其中 6 個月的銷售明細資料，要求統計各項產品在某個月的銷量冠軍。在 J2:K2 範圍存在下拉清單，修改下拉清單時，公式結果需要相對變化。

開啟範例檔案中的資料檔案，在 L2 儲存格輸入以下陣列公式：

=INDEX(A2:A11,MATCH(MAX(OFFSET(C2,,MATCH(J2,C1:H1,0)-1,ROWS(2:11),)*(B2:B11=K2)),OFFSET(C2,,MATCH(J2,C1:H1,0)-1,ROWS(2:11),)*(B2:B11=K2),0))

按下〔Ctrl〕+〔Shift〕+〔Enter〕複合鍵後，公式將算出下拉清單指定的銷量冠軍，結果如圖 6.44 所示。

| | L2 | | ▼ | | ⨍ | {=INDEX(A2:A11,MATCH(MAX(OFFSET(C2,,MATCH(J2,C1:H1,0)-1,ROWS(2:11),)*(B2:B11=K2)),OFFSET(C2,,MATCH(J2,C1:H1,0)-1,ROWS(2:11),)*(B2:B11=K2),0))} |

▲	A	B	C	D	E	F	G	H	I	J	K	L	M	N
1	銷售員	產品	1月	2月	3月	4月	5月	6月		時間	產品	銷量冠軍		
2	羅翠花	雞蛋	397	337	276	370	384	347		4月	雞蛋	羅翠花		
3	劉喜仙	黃豆	216	297	390	200	231	402						
4	柳洪文	大米	374	209	288	291	375	206						
5	陳金花	雞蛋	215	230	279	222	404	369						
6	周少強	黃豆	411	347	287	207	209	203						
7	李華強	大米	299	334	307	335	280	399						
8	龔月新	雞蛋	361	233	371	230	378	277						
9	鄭中雲	黃豆	341	204	380	340	220	323						
10	周聯光	大米	203	391	207	216	340	234						
11	吳鑫	大米	248	206	377	254	396	319						

圖 6.44　根據時間和品名動態參照銷量冠軍

▶ 公式說明

　　本例公式首先計算目標月份在明細表中的排序，以確定 OFFSET 函數的欄偏移量。然後再對該月的資料排除非指定品名的資料並計算最大值。最後再次用 MATCH 函數計算最大值在該月銷售資料有排序，根據排序得到對應位置的資料參照。

▶ 使用注意

　　本例也可以使用如下公式完成。

=OFFSET(A1,MAX((MAX(OFFSET(C2,,MATCH(J2,C1:H1,0)-1,ROWS(2:11),)*(B2:B11=K 2))=(OFFSET(C2,,MATCH(J2,C1:H1,0)-1,ROWS(2:11),))*(B2:B11=K2))*ROW(2:11))-1,)

▶ 範例延伸

　　思考：不區分產品，計算誰是半年中的銷量冠軍

　　提示：OFFSET 的第二參數使用陣列，進而產生每個售貨員半年中的銷售量的範圍參照，再用 SUBTOTAL 函數分別加總，並計算最大值的排序，最後根據排序擷取姓名。

範例 352 計算產量最高是第幾季（OFFSET）

範例檔案　第 6 章 \352.xlsx

　　工作表中有 12 個月的產量明細，現在需要計算產量最高是第幾季。

　　開啟範例檔案中的資料檔案，在 D2 儲存格中輸入以下公式：

=TEXT(MATCH(MAX(SUBTOTAL(9,OFFSET(A1,{0,3,6,9},1,3))),SUBTOTAL(9,OFFSET(A1 ,{0,3,6,9},1,3)),0),"[DBNum1]0 季 ")

　　按下〔Enter〕鍵後，公式將算出產量最高是第幾季，結果如圖 6.45 所示。

	A	B	C	D	E
1	一月	79		哪一季產量最高	
2	二月	62		第三季	
3	三月	51			
4	四月	56			
5	五月	58			
6	六月	62			
7	七月	66			
8	八月	92			
9	九月	74			
10	十月	91			
11	十一月	64			
12	十二月	57			

圖 6.45　計算產量最高是第幾季

▶ 公式說明

　　本例公式利用常數陣列 "{0,3,6,9}" 作為 OFFSET 的列偏移參數，表示分別從每個季的第一個月開始取數，共取三個月的資料。然後分別統計每個季的產量，再計算最高產量在 4 個季中的排序，最後將該排序格式化為季名。

▶ 使用注意

　　① 如果需要列出總產量最高的季包括的所有月份，可以使用如下公式。

　　=OFFSET(A1,(MATCH(MAX(SUBTOTAL(9,OFFSET(A1,{0,3,6,9},1,3))),SUBTOTAL(9,OFFSET(A1,{0,3,6,9},1,3)),0)-1)*3,,3,)

　　選擇縱向三個儲存格再按陣列公式的形式輸入以上公式。

　　② 本例也可以採用如下公式完成。

　　=TEXT(MATCH(MAX(SUMIF(OFFSET(A1,{0,3,6,9},1,3),"<>")),SUMIF(OFFSET(A1,{0,3,6,9},1,3),"<>"),0),"[DBNum1]0 季 ")

▶ 範例延伸

　　思考：在 D2:D5 範圍按每季產量多少降冪列出 4 個季

　　提示：首先計算出每個季的產量，再用 LARGE 函數將其降冪排列，並逐一計算產量在按原序排列的產量陣列中的排序，利用 TEXT 函數轉換成第幾季即可。

範例 353 分欄列印（OFFSET）

範例檔案 第 6 章 \353.xlsx

　　工作表中 A 欄是姓名，B 欄是學號，因人員數量超過 100，列印出來比較浪費紙張，且不夠美觀。現在需要將其分欄列印，每欄列印的列數可以自由定義。資料如圖 6.46 所示。

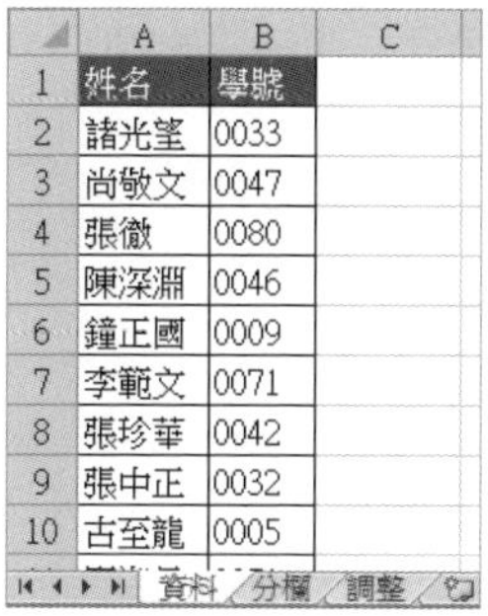

	A	B	C
1	姓名	學號	
2	諸光筌	0033	
3	尚敬文	0047	
4	張徹	0080	
5	陳深淵	0046	
6	鐘正國	0009	
7	李範文	0071	
8	張珍華	0042	
9	張中正	0032	
10	古至龍	0005	

圖 6.46　學生檔案

開啟範例檔案中的資料檔案，進入“分欄”工作表，在 A1 儲存格後輸入以下公式：

=IF(MOD(COLUMN(),3)=0,"",OFFSET(資　料 !$A$1,INT(COLUMN()/3)*10+ROW($IV1)-1,MOD(COLUMN(),3)-1,))

按下〔Enter〕鍵後，公式將算出“姓名”，然後將公式向下填滿至第 10 列；並選擇 A1:A10 範圍，將公式向右填滿至 C 欄；最後對 A1:B10 範圍設定邊框，並選擇 A1:C10 範圍將公式向右填滿至 AF 欄，結果如圖 6.47 所示。

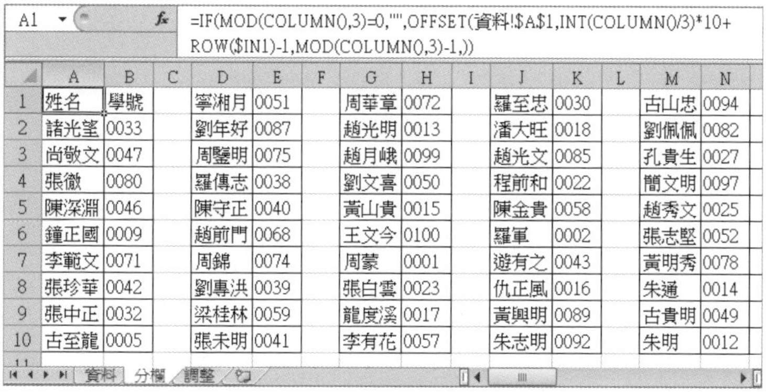

	A	B	C	D	E	F	G	H	I	J	K	L	M	N
1	姓名	學號		寧湘月	0051		周華章	0072		羅至忠	0030		古山忠	0094
2	諸光筌	0033		劉年好	0087		趙光明	0013		潘大旺	0018		劉佩佩	0082
3	尚敬文	0047		周鑿明	0075		趙月峨	0099		趙光文	0085		孔貴生	0027
4	張徹	0080		羅傳志	0038		劉文喜	0050		程前和	0022		簡文明	0097
5	陳深淵	0046		陳守正	0040		黃山貴	0015		陳金貴	0058		趙秀文	0025
6	鐘正國	0009		趙前門	0068		王文今	0100		羅軍	0002		張志堅	0052
7	李範文	0071		周錦	0074		周蒙	0001		遊有之	0043		黃明秀	0078
8	張珍華	0042		劉專洪	0039		張白雲	0023		仇正風	0016		朱通	0014
9	張中正	0032		梁桂林	0059		龍度溪	0017		黃興明	0089		古貴明	0049
10	古至龍	0005		張未明	0041		李有花	0057		朱志明	0092		朱明	0012

圖 6.47　將資料分欄

從圖 6.47 中可以看出，資料已經分欄，但格式卻不符合習慣，應該每一欄都有標題才行，所以需要再次對公式進行調整。

進入“調整”工作表，在 A1 儲存格輸入以下公式：

=IF(ROW()=1,CHOOSE(MOD(COLUMN()-1,3)+1, 資料 !$A$1, 資料 !$B$1,""),IF(MOD(COLUMN(),3)=0,"",OFFSET(資料 !$A$1,INT(COLUMN()/3)*9+ROW()-1,MOD(COLUMN(),3)-1,)))

將公式向下填滿至 A10，選擇 A1:A10 範圍將公式向右填滿至 C 欄；然後對 A1:B10 範圍設定邊框，再選擇 A1:C10 範圍，將公式向右填滿至 AI 欄。調整之後，所有標題都已出現在每一欄之前，且欄與欄之間有一欄空白作為分隔，使表格更美觀。

A1 =IF(ROW()=1,CHOOSE(MOD(COLUMN()-1,3)+1,資料!$A$1,資料!$B$1,""),IF(MOD(COLUMN(),3)=0,"",OFFSET(資料!$A$1,INT(COLUMN()/3)*9+ROW()-1,MOD(COLUMN(),3)-1,)))

	A	B	C	D	E	F	G	H	I	J	K	L	M	N
1	姓名	學號		姓名	學號		姓名	學號		姓名	學號		姓名	學號
2	諸光堃	0033		寧湘月	0051		張未明	0041		龍度溪	0017		仇正風	0016
3	尚敬文	0047		劉年好	0087		周華章	0072		李有花	0057		黃興明	0089
4	張徹	0080		周鑒明	0075		趙光明	0013		羅至忠	0030		朱志明	0092
5	陳深淵	0046		羅傳志	0038		趙月峨	0099		潘大旺	0018		古山忠	0094
6	鐘正國	0009		陳守正	0040		劉文喜	0050		趙光文	0085		劉佩佩	0082
7	李範文	0071		趙前門	0068		黃山貴	0015		程前和	0022		孔貴生	0027
8	張珍華	0042		周錦	0074		王文今	0100		陳金貴	0058		簡文明	0097
9	張中正	0032		劉專洪	0039		周蒙	0001		羅軍	0002		趙秀文	0025
10	古至龍	0005		梁桂林	0059		張白雲	0023		遊有之	0043		張志堅	0052

資料 / 分欄 / 調整

圖 6.48　將分欄資料調整標題列

▶ 公式說明

本例公式首先利用 IF 函數配合 CHOOSE 函數參照標題列，然後透過 MOD 函數與 INT 函數控制列號與欄號作為 OFFSET 的列、欄偏移量來完成姓名、學號的參照。本例中 IF 函數的作用是產生欄與欄之間的空白欄作為分隔線，使工作表顯得更美觀。

▶ 使用注意

① 本例中第二個公式並不依賴第一個公式作為輔助，而是一個獨立的公式。工作表“分欄”刪除也不影響最後結果。它僅僅是為了讓敘述更簡單，讓公式的方向更易理解所做的過渡。

② 本例公式將一欄資料分成多欄，每欄的資料為 10 列。如果需要更多的列或者需要任意控制每欄的列數，可以修改公式中的參數 9，即需要每欄固定有 20 列資料，那麼可以將公式修改成：

=IF(ROW()=1,CHOOSE(MOD(COLUMN()-1,3)+1, 資　料 !$A$1, 資　料 !$B$1,""),IF(MOD(COLUMN(),3)=0,"",OFFSET(資　料 !$A$1,INT(COLUMN()/3)*19+ROW()-1,MOD(COLUMN(),3)-1,)))──→將原公式中的 9 修改成 19 後，將公式向下填滿至 20 列再向右填滿就可以完成每欄列印 20 列的目的。

▶ 範例延伸

思考：如果每欄之間不需要空白欄，如何簡化公式

提示：相對於本例公式，將 MOD 的參數改成 2，並將用於產生空白欄的參數都刪除，以及調整 OFFSET 的第二、第三參數。

範例 354 分類加總（OFFSET）

範例檔案 第 6 章 \354.xlsx

工作表中有 10 天之中的購買記錄。現在需要要按品名進行分類加總，即對每個產品的數量分別加總。

開啟範例檔案中的資料檔案，在 E2 儲存格輸入以下陣列公式：

=OFFSET(B$1,MATCH(,COUNTIF(E$1:E1,B$2:B$12),),)&""

然後在 F2 儲存格輸入以下普通公式：

=IF(SUMIF(B$2:B$11,E2,C$2:C$11)=0,"",SUMIF(B$2:B$11,E2,C$2:C$11))

上述公式分別算出產品品名和各產品的數量，結果如圖 6.49 所示。

	A	B	C	D	E	F	G	H
E2		fx	{=OFFSET(B$1,MATCH(,COUNTIF(E$1:E1,B$2:B$12),),)&""}					
1	時間	購買產品	數量		產品	數量		
2	2014年1月1日	A	750		A	2650		
3	2014年1月2日	A	610		B	1120		
4	2014年1月3日	A	670		D	1230		
5	2014年1月4日	B	510		C	660		
6	2014年1月5日	B	610		E	790		
7	2014年1月6日	A	620					
8	2014年1月7日	D	620					
9	2014年1月8日	C	660					
10	2014年1月9日	E	790					
11	2014年1月10日	D	610					

圖 6.49　分類加總

▶ 公式說明

本例第一個公式利用 E1 儲存格作為輔助區，COUNTIF 函數對產品區 B2:B12 在 "E$1:E1" 範圍進行計數，產生一個由 0 和產品出現的次陣列成的一維陣列。然後尋找 0 在該陣列中的位置，該位置即為需要擷取的產品名稱在 B 欄中的位置。最後用 OFFSET 函數根據該數值進行相對的列偏移進行擷取值。當公式向下填滿直到超過不重複的產品個數時，0 的位置將處於陣列的末尾，即 B12 對應的儲存格，OFFSET 函數參照該儲存格並連接空字串後就會得到空值，進而產生除錯的作用。所以公式算出產品品名的唯一值時，超出範圍後會算出空值。

第二個公式直接用 SUMIF 函數依據 E2:E11 的條件對 C 欄的數量分類加總，並用 IF 函數將可能產生的 0 值轉換成空白。

▶ 使用注意

本例第一個公式中 COUNTIF 的第二參數必須使用比資料區 B2:B11 大的範圍才有除錯作用，而且公式必須在第二列輸入，因為需要借用首列資料作為輔助。

▶ 範例延伸

思考：不借助 E 欄做輔助，直接計算 A、B、D、E 產品的數量，存放於 F2:F5 範圍

提示：首先排除重複值，再對每個產品分類加總，再使用列號輔助，用 INDEX 擷取值。

根據 B2:H2 範圍的下拉清單選項查詢薪資。

開啟範例檔案中的資料檔案，在 I2 儲存格中輸入以下陣列公式：

=IFERROR(OFFSET(D1,MATCH(F2&G2&H2,A2:A11&B2:B11&C2:C11,0),),G2&" 無此人 ")

按下〔Ctrl〕+〔Shift〕+〔Enter〕複合鍵後，公式將算出 B2:H2 範圍的下拉清單選項所指定的人員的薪資，結果如圖 6.50 所示。

I2			fx	{=IFERROR(OFFSET(D1,MATCH(F2&G2&H2, A2:A11&B2:B11&C2:C11,0),),G2&"無此人")}				
▲	A	B	C	D	E	F	G	H	I	J
1	姓名	部門	性別	工資		姓名	部門	性別	工資
2	甲	生產部	男	2282		己	人事部	女	1523
3	乙	保全組	女	1766					
4	丙	人事部	男	1641					
5	丁	生產部	女	2351					
6	戊	業務部	男	1899					
7	己	人事部	女	1523					
8	庚	保全組	男	1632					
9	辛	生產部	女	1571					
10	壬	人事部	男	1741					
11	癸	生產部	女	1975					

圖 6.50　薪資查詢

▶ 公式說明

本例公式首先將 F2:H2 指定的條件串連成一個字串，然後再將 A 欄所有姓名、B 欄所有部門和 C 欄所有性別串連，並組成一個一維縱向陣列。然後利用 MATCH 計算查詢準則在陣列中的排序，最後用 OFFSET 根據排序參照目標薪資。

▶ 使用注意

① 從 F2:H2 範圍的任意儲存格修改資料公式都會相對改變，但任意組合卻可能使資料表中不存在此人，所以公式需要 IFERROR 除錯。

② 本例也可以使用如下普通公式來完成。

=IFERROR(LOOKUP(,0/(F2&G2&H2=A2:A11&B2:B11&C2:C11),D2:D11),G2&" 無此人 ")

=IFERROR(SUMPRODUCT((F2&G2&H2=A2:A11&B2:B11&C2:C11)*D2:D11),G2&" 無此人 ")

▶ 範例延伸

思考：如果同部門存在兩個性別相同、姓名相同的人員，讓公式提示 "同名"

提示：用串連後的查詢資訊與 A2:C11 的資料進行比較，並查看其相等個數是否大於 1。
　　　大於 1 則算出 "同名"，否則查詢其薪資。

範例 356 多表成績查詢（OFFSET）

範例檔案 第 6 章 \356.xlsx

根據 H2 儲存格的下拉清單選項在三個工作表中查詢指定科目的成績合計。開啟範例檔案中的資料檔案，選擇 H2:H4 儲存格中輸入以下陣列公式：

=SUBTOTAL(9,OFFSET(INDIRECT(ADDRESS(1,MATCH(H1,1:1,0),1,1,{" 一班 ";" 二班 ";" 三班 "})),1,,ROWS(2:11),))

按下〔Ctrl〕+〔Shift〕+〔Enter〕複合鍵後，公式將分別算出 H2 儲存格指定的科目在一班、二班、三班中的成績合計資料，結果如圖 6.51 所示。

| H2 | fx | {=SUBTOTAL(9,OFFSET(INDIRECT(ADDRESS(1,MATCH(H1,1:1,0),1,1,{"一 班";"二班";"三班"})),1,,ROWS(2:11),))} |

	A	B	C	D	E	F	G	H
1	姓名	語文	數學	電腦	英文		班級	電腦
2	王文今	47	91	41	56		一班	685
3	廖工慶	71	79	82	95		二班	747
4	劉佩佩	54	90	51	78		三班	589
5	朱麗華	90	84	52	73			
6	趙月峨	62	99	43	62			
7	趙光文	51	96	91	63			
8	鄭君	60	68	60	81			
9	尚敬文	54	66	44	92			
10	陳坡	89	94	60	64			
11	劉興宏	70	89	65	77			

圖 6.51　多表成績查詢

▶ 公式說明

本例公式首先計算 H2 指定的科目在第一列中的排序，ADDRESS 函數將根據其排序產生每個工作表中需要查詢的科目位址。然後 INDIRECT 函數將三個位址轉換成範圍參照，並作為 OFFSET 函數的參照基點，然後參照該基點向下偏移 1、高度等於學生個數的範圍，並利用 SUBTOTAL 函數對每個工作表的相同科目進行加總，產生一個一維縱向陣列，陣列包含三個班級中 H2 指定科目的成績總和。透過 H2 的下拉清單可以改變公式結果。

▶ 使用注意

① 因公式結果需要縱向存放於 H2:H4 儲存格，所以 ADDRESS 的常數陣列參數 "{" 一班 ";" 二班 ";" 三班 "}" 中的元素與元素之間必須用分號隔開。

② 本例也可以不借助 ADDRESS 產生目標位址，用 INDIRECT 直接產生參照即可：

=SUBTOTAL(9,OFFSET(INDIRECT({" 一班 ";" 二班 ";" 三班 "}&"!R1C"&MATCH(H1,1:1,0),0),1,,ROWS(2:11),))

▶ 範例延伸

思考：將三個班中 H2 指定的科目成績總數從大到小排列

提示：相對於本例公式，在公式外面套入 SMALL 函數，第二參數使用 "ROW（1:3）" 即可。

6
尋找與參照函數

範例檔案 第 6 章 \357.xlsx

每個學生有 6 個科目的成績，現在需要計算每個學生進入單科前三名的科目總數。

即國文成績在全班國文科目中進入前三名就算一科，數學……以此類推。

開啟範例檔案中的資料檔案，在 G2 儲存格輸入以下陣列公式：

=SUM(N((RANK(N(OFFSET($B$2,ROW()-2,COLUMN(B:F)-2,1,1)),OFFSET($B$2,0,COLUMN(B:F)-2,ROWS($2:$11),1)))<=3))

按下〔Ctrl〕+〔Shift〕+〔Enter〕複合鍵後，公式將算出第一個學生進入前三名的科目總數。按兩下儲存格的填滿控點，將公式向下填滿，結果如圖 6.52 所示。

	A	B	C	D	E	F	G
G2			fx	{=SUM(N((RANK(N(OFFSET($B$2,ROW()-2,COLUMN(B:F)-2,1,1)),OFFSET($B$2,0,COLUMN(B:F)-2,ROWS($2:$11),1)))<=3))}			
1	姓名	語文	數學	物理	英語	化學	進入前三名的科目總數
2	黃山貴	94	81	94	98	48	3
3	周華章	48	66	55	31	76	1
4	游三妹	83	81	32	56	42	0
5	曹菁	78	92	81	91	49	2
6	羅生門	72	88	93	90	36	3
7	管語明	90	76	97	77	64	2
8	陳金來	81	82	64	45	40	0
9	魯華美	89	84	84	65	54	1
10	黃真真	83	84	57	49	68	2
11	羅新華	91	83	71	64	85	2

圖 6.52　每個學生進入前三名的科目總數

▶ 公式說明

本例公式首先透過 OFFSET 函數產生每個科目的所有學生的成績參照，然後再用 OFFSET 函數產生目前列學生的每一個科目的成績參照，並用 RANK 函數計算每個科目的成績在該科目所有學生的成績中的排名。最後再對排名小於等於 3 的個數進行加總。

▶ 使用注意

① 在本例公式中，N 函數的功能不再是將字串型數字轉換成數值，而是將多維參照轉換成一維參照。OFFSET 函數的運算結果是三維參照，SUM 函數無法對它加總，必須使用 N 函數轉換成一維參照後再加總。

② 本例科目不多，也可以使用多個 RANK 函數逐一計算出每個科目的成績，再統計進入前三名的人數。但當科目達到兩位數時，公式就會顯得繁瑣。

=SUM(RANK(B2,B$2:B$11)<=3,RANK(C2,C$2:C$11)<=3,RANK(D2,D$2:D$11)<=3,RANK(E2,E$2:E$11)<=3,RANK(F2,F$2:F$11)<=3)

▶ 範例延伸

思考：計算 10 個人中總分進入全班前三名的人數（有可能多人分數相同）

提示：用 SUBTOTAL 函數配合 OFFSET 函數計算所有人員的總成績，再用 LARGE 取第三最大值，然後將每個資料與該值進行比較，並加總大於等於該值的個數。

範例 358 列平均成績為倒三名的班級（OFFSET）

範例檔案 第 6 章 \358.xlsx

工作表中有 8 個班級 5 個科目的成績明細。現在需要分別統計每個班級的平均成績，並將平均成績在最後三名的班級列出來。

開啟範例檔案中的資料檔案，選擇 H2:H4 儲存格後輸入以下陣列公式：

=OFFSET(A1,MATCH(SMALL(SUBTOTAL(1,OFFSET(A1,ROW($2:$9)-1,1,1,COLUMNS(B:F)))*1000+ROW(2:9),ROW(1:3)),SUBTOTAL(1,OFFSET(A1,ROW($2:$9)-1,1,1,COLUMNS(B:F)))*1000+ROW(2:9),),)

按下〔Ctrl〕+〔Shift〕+〔Enter〕複合鍵後，公式將算出平均成績倒三名的班級，結果如圖 6.53 所示。

	A	B	C	D	E	F	G	H
H2	▾	fx	{=OFFSET(A1,MATCH(SMALL(SUBTOTAL(1,OFFSET(A1,ROW($2:$9)-1,1,1,COLUMNS(B:F)))*1000+ROW(2:9),ROW(1:3)),SUBTOTAL(1,OFFSET(A1,ROW($2:$9)-1,1,1,COLUMNS(B:F)))*1000+ROW(2:9),),)}					
1	班級	語文	數學	電腦	化學	政治		平均成績倒三名的班級
2	一班	95	48	58	79	45		七班
3	二班	47	77	64	53	84		八班
4	三班	70	42	77	73	88		一班
5	四班	69	86	55	53	81		
6	五班	96	96	65	58	64		
7	六班	93	66	82	75	65		
8	七班	50	89	49	59	51		
9	八班	62	56	50	85	45		

圖 6.53　列平均成績為倒三名的班級

▶ 公式說明

本例公式首先透過 OFFSET 函數產生每個班級的所有成績參照，再計算其平均值；然後將每個平均值擴到大 1000 倍再加其列號作為輔助，以區別相同成績，便於尋找位置。再用 SMALL 函數取出前三個最小值，透過 MATCH 函數計算排序，OFFSET 函數根據其排序算出所有目標班級的參照。

▶ 使用注意

本例也可以使用如下公式完成，不計算排序，而是直接取列號作為 OFFSET 的列偏移參數進行資料的參照。

=OFFSET($A$1,MOD(SMALL(SUBTOTAL(1,OFFSET($A$1,ROW($2:$9)-1,1,1,COLUMNS(B:F)))*1000+ROW($2:$9),ROW(1:3)),100)-1,)

▶ 範例延伸

思考：將所有班級按平均成績進行降冪排列

提示：相對於本例公式，將 SMALL 改成 LARGE，將 "ROW(1:3)" 改成 "ROW(1:8)"。

範例檔案 第 6 章 \359.xlsx

A1:B5 是員薪資料表，公司規定每位業務員負責三個城市的網路銷售。現在需要要對每位業務員列城市清單，需要每位業務員姓名都縱向出現三次。

開啟範例檔案中的資料檔案，選擇 D2:D13 儲存格後輸入以下公式：

=OFFSET(A$1,INT((ROW(A1)-1)/3)+1,0)

按下〔Enter〕鍵後，公式將會把每位業務員的姓名重複三次，結果如圖 6.54 所示。

	A	B	C	D	E	F	G
	姓名	工號		業務員	銷售城市		
1							
2	趙一曼	0216		趙一曼	基隆		
3	錢二金	0321		趙一曼	新竹		
4	孫三娘	0223		趙一曼	桃園		
5	李四光	1025		錢二金	屏東		
6				錢二金	嘉義		
7				錢二金	雲林		
8				孫三娘	彰化		
9				孫三娘	南投		
10				孫三娘	台中		
11				李四光	台北		
12				李四光	台南		
13				李四光	高雄		

圖 6.54 　將姓名縱向填滿三欄

▶ 公式說明

本例公式比較簡單，重點在於如何產生 1、1、1、2、2、2、3、3、3 這樣的序列，

OFFSET 函數可以將 A1 儲存格作為參照標準，向下偏移 1、1、1、2、2、2、3、3、3 列，進而產生每個姓名重複顯示 3 次的結果。

運算式"INT((ROW(A1)-1)/3)+1"的計算結果是 1，當將公式向下填滿時，ROW（A1）的計算結果是 1、2、3、4、5、6、7、8、9 這種序列。將 1、2、3、4、5、6、7、8、9 減 1 後除以 3 並取整加 1，可以得到 1、1、1、2、2、2、3、3、3 這樣的序列。

▶ 使用注意

① 本例中 OFFSET 函數產生的參照是二維參照，它可以直接參與運算，卻不能直接在儲存格中顯示出來，必須用 T 函數將之轉換成一維陣列，否則將產生錯誤值。

② 如果需要將每個姓名重複 4 次或者 10 次，只需要修改本例公式中 3 為相對的值即可。

③ 本例也可以改用如下方向完成。

=OFFSET(A$1,CEILING((ROW(A1))/3,1),0)

▶ 範例延伸

思考：將姓名重複三次顯示在橫向的範圍中，例如 F1:Q1

提示：相對於本例公式，用 TRANSPOSE 函數對 OFFSET 函數的第二參數進行轉置即可。

工作表中 F1:G13 是參考單價表，A1:B7 是今日售出產品品名與金額。現在需要按照單價表中的單價加總今日產品金額。

開啟範例檔案中的資料檔案，在 B9 儲存格輸入以下陣列公式：

=SUM((N(OFFSET(G1,MATCH(A2:A7,F2:F13,),)))*B2:B7)

按下〔Ctrl〕+〔Shift〕+〔Enter〕複合鍵後，公式將算出所有已售產品的金額合計。結果如圖 6.55 所示。

B9	▼		*fx*	{=SUM((N(OFFSET(G1,MATCH(A2:A7,F2:F13,),)))*B2:B7)}				
	A	B	C	D	E	F	G	H
1	已售產品	數量				產品	單價表	
2	A	604				A	38	
3	C	492				B	21	
4	D	785				C	22	
5	F	484				D	20	
6	E	707				E	20	
7	I	456				F	33	
8						G	23	
9	金額合計	92812				H	26	
10						I	29	
11						J	33	
12						K	27	
13						L	24	

圖 6.55　同時參照多產品單價並加總金額

▶ 公式說明

本例公式首先利用 MATCH 函數計算已售產品在 F2:F13 範圍的排序，然後 OFFSET 函數透過該排序進行相對的列偏移，進而參照產品對應的單價。最後用單價與產品的數量相乘並加總。

▶ 使用注意

① 如果單價表與今日已售產品不在同一工作表，也可以使用本公式進行單價參照。在 F2:F13 的參照前加上工作表名以及 "!" 即可。

② 本例也可以借用 LOOKUP 函數來完成，公式如下。

=SUM(LOOKUP(MATCH(A2:A7,F2:F13,),ROW(2:13)-1,G2:G13)*B2:B7)

▶ 範例延伸

思考：計算圖 6.55 中哪一個產品的金額最多

提示：相對於本例公式，刪除 SUM 函數即為所有產品的金額合計。利用 MAX 函數可以取其最大值，再用 MATCH 函數計算最大值的排序，最後用 OFFSET 函數根據排序參照品名。

範例檔案 第 6 章 \361.xlsx

工作表中 D1:F13 是參考單價表，其中部分產品因市場原因多次修訂單價。A1:B7 是今日售出產品品名與金額，要按照單價表中的最新單價加總今日產品金額。

開啟範例檔案中的資料檔案，在 B9 儲存格輸入以下公式：

=SUM((N(OFFSET(H1,MATCH(A2:A7,F2:F13,)+(COUNTIF(F2:F13,A2:A7)-1),)))*B2:B7)

按下〔Enter〕鍵後，公式將算出所有已售產品的金額合計，結果如圖 6.56 所示。

B9		fx	=SUMPRODUCT((N(OFFSET(F1,MATCH(A2:A7,D2:D13,) +(COUNTIF(D2:D13,A2:A7)-1),)))*B2:B7)			
	A	B	C	D	E	F	G
1	已售產品	數量		產品	單價制定日期	單價表	
2	A	604		A	2008年3月8日	38	
3	C	492		A	2008年4月5日	21	
4	D	785		B	2008年3月8日	22	
5	F	484		C	2008年3月15日	20	
6	E	707		C	2008年5月25日	20	
7	I	456		D	2008年3月8日	33	
8				E	2008年3月15日	23	
9	金額合計	93727		E	2008年4月20日	26	
10				F	2008年3月10日	29	
11				F	2008年4月5日	33	
12				G	2008年4月5日	27	
13				I	2008年5月10日	24	

圖 6.56　參照多產品最新單價並加總金額

▶ 公式說明

本例公式首先利用 MATCH 函數計算已售產品在 F2:F13 範圍的排序，然後用 COUNTIF 函數計算每個產品的個數，即計算單價是否經過修訂。將排序加上其個數減 1 即可取得每個產品最後一次單價的列號。然後 OFFSET 函數透過該列數參照產品對應的單價。最後用單價與產品的數量相乘並加總。

▶ 使用注意

① 單價更新時，必須在同產品之後插入新列、輸入單價並注明日期，而不能在資料範圍後面追加資料。也就是單價表以品名排序，不以日期排序，否則本例的公式無法適應資料的更新。

② 本例也可以使用如下公式完成。

=SUM((LOOKUP(MATCH(A2:A7,D2:D13,)+(COUNTIF(D2:D13,A2:A7)-1),ROW(2:13)-1,F2:F13)*B2:B7))

▶ 範例延伸

思考：從單價表參照最初單價並加總金額

提示：相對於本例公式，刪除 COUNTIF 部分即可。

範例 362 根據完工狀況加總工程款（OFFSET）

範例檔案 第 6 章 \362.xlsx

工作表中有 10 項工程的金額和完工狀況記錄，在 G2 儲存格設定了資料有效性，包括 "是" 和 "否" 的下拉清單。現在需要根據 G2 的下拉清單統計每項工程的金額總計。

開啟範例檔案中的資料檔案，在 H2 儲存格輸入以下公式：

=SUMPRODUCT(SUBTOTAL(9,OFFSET(C1,ROW(2:11)-1,,1,2))*(E2:E11=G2))

按下〔Enter〕鍵後，公式將算出 G2 指定的工程款，結果如圖 6.57 所示。

	A	B	C	D	E	F	G	H
							fx	=SUMPRODUCT(SUBTOTAL(9,OFFSET(C1, ROW(2:11)-1,,1,2))*(E2:E11=G2))
1	項目	負責人	訂金	餘額(萬)	完工狀況		完工狀況	總金額
2	工程1	周少強	2.5	55	是		是	240.9
3	工程2	鐘小月	2.3	37	是			
4	工程3	周至夢	2.1	41	否			
5	工程4	周光輝	2.5	43	是			
6	工程5	趙興文	1.7	42	是			
7	工程6	梁愛國	1.8	28	否			
8	工程7	陳越	1.6	25	是			
9	工程8	單充之	1.6	26	否			
10	工程9	趙前門	2.4	23	否			
11	工程10	游三妹	2.3	26	是			

圖 6.57　根據完工狀況加總工程款

▶ 公式說明

本例公式利用陣列作為 OFFSET 的第二參數，使函數分別參照每個工程的金額形成一個二維陣列。然後用 SUBTOTAL 函數對每一個陣列進行加總，得到一個由各項工程款組成的一維陣列。再判斷 E 欄的完工狀況是否與 G2 相同，然後對相同項目進行加總。

▶ 使用注意

① 本例也可以使用如下公式完成。

=SUM(SUBTOTAL(9,OFFSET(C1:D1,ROW(2:11)-1,,1))*(E2:E11=G2))

② 對本例中這類僅僅對符合條件的資料加總，也可以使用 SUM 函數嵌套 IF 的方向，公式如下。

=SUM(IF(E2:E11=G2,C2:D11))

③ 如果需要對符合條件的工程款單獨加總，並需繼續下一步運算時，則非 OFFSET 配套 SUBTOTAL 的方式莫屬。例如，計算 G2 指定的完工狀況的所有工程中金額最多的工程是哪一個工程，用 SUM(IF()) 方式就無法完成。

▶ 範例延伸

思考：計算 G2 指定的完工狀況的工程中款項最高的前三項工程的金額總和

提示：相對於本例公式，將 SUM 函數改用 LARGE 函數。

範例 363 重組培訓科目表（OFFSET）

範例檔案 第 6 章 \363.xlsx

培訓表中不同學生參與的培訓專案不同，科目數量也不同，要將工作表數據重組為一欄並縱向顯示。

開啟範例檔案中的資料檔案，在 H2 儲存格輸入以下公式：

=LOOKUP(ROW()-1,COUNTIF(OFFSET(B$1:G$1,,,ROW($1:$7)),"<>"),A$2:A$8)&""

再在 I2 儲存格輸入以下公式：

=IFERROR(OFFSET(B$2,MATCH(H2,$A$2:$A$7,)-1,COUNTIF($H$2:H2,H2)-1),"")

上述公式皆為普通公式。

選擇 H2:I1 儲存格，並向下填滿至 20 列。兩個公式將分別算出姓名和科目。其中姓名會重複顯示，重複次數與姓名所對應的科目相等，結果如圖 6.58 所示。

H2					=LOOKUP(ROW()-1,COUNTIF(OFFSET(B$1:G$1,,,ROW($1:$7)),"<>"),A$2:A$8)&""				
	A	B	C	D	E	F	G	H	I
1	姓名		培訓科目					姓名	培訓科目
2	嵇康	電腦	英語					嵇康	電腦
3	阮籍	會計	英語	電腦	出納			嵇康	英語
4	山濤	電腦						阮籍	會計
5	向秀	統計	出納					阮籍	英語
6	劉伶	電腦						阮籍	電腦
7	王戎	英語	CAD	EXCE	會計			阮籍	出納
8								山濤	電腦
9								向秀	統計
10								向秀	出納
11								劉伶	電腦
12								王戎	英語
13								王戎	CAD
14								王戎	EXCEL
15								王戎	會計

圖 6.58　重組培訓科目表

▶ 公式說明

本例第一個公式用陣列作為 OFFSET 函數的第三參數，產生多個一維陣列，再用 COUNTIF 函數逐列追加科目總數。最後利用 LOOKUP 函數根據其科目數尋找對應的姓名。

第二個公式先用 MATCH 函數計算 H 欄的姓名在 A 欄中的排序，以及該姓名在 H 欄重複出現的次數，然後 OFFSET 函數根據兩個參數進行相對的列、欄偏移參照目標科目。

▶ 使用注意

本例第二個公式也可以改用 VLOOKUP 函數來完成，VLOOKUP 函數的精確尋找可以使公式更簡短：

=VLOOKUP(H2,$A$2:$F$7,COUNTIF($H$2:H2,H2)+1,)

▶ 範例延伸

思考：列參與培訓科目最多的學生姓名

提示：用 SUBTOTAL 函數分別計算出每個學生的參與科目數，再將等於最大者列出來。

範例 364 計算 10 個月中的銷售利潤並排名（OFFSET）

範例檔案 第 6 章 \364.xlsx

某公司的產品銷往 5 個地區，利潤表在 5 個工作表中，要計算 10 個月的利潤以及對 10 個月按利潤多少進行降冪排列。

開啟範例檔案中的資料檔案，選擇 F2:F11 儲存格並輸入以下陣列公式：

=OFFSET(A1,MOD(LARGE(INT(MMULT(SUBTOTAL(6,OFFSET(INDIRECT({" 東 部 "," 南 部 "," 北 部 "," 中 部 "," 西 部 "}&"!A1"),ROW(2:11)-1,1,1,3)),{1;1;1;1;1}))*1000+ROW(2:11),ROW(1:10)),1000)-1,)

然後再選擇 G2:G11 儲存格並輸入以下陣列公式：

=LARGE(MMULT(SUBTOTAL(6,OFFSET(INDIRECT({" 東部 "," 南部 "," 北部 "," 中部 "," 西 部 "}&"!A1"),ROW(2:11)-1,1,1,3)),{1;1;1;1;1}),ROW(1:10))*1000

上述公式分別算出 10 個月的利潤以及月份，結果如圖 6.59 所示。

	F2	▼	(	fx	{=OFFSET(A1,MOD(LARGE(INT(MMULT(SUBTOTAL(6,OFFSET(INDIRECT({"東部","南部","北部","中部","西部"}&"!A1"),ROW(2:11)-1,1,1,3)),{1;1;1;1;1}))*1000+ROW(2:11),ROW(1:10)),1000)-1,)}

	A	B	C	D	E	F	G
1	時間	銷量(萬)	單價	利率		按利潤排名	利潤
2	1月	33	82	21%		2月	3404857.143
3	2月	34	88	29%		6月	2851357.143
4	3月	35	96	14%		9月	2827142.857
5	4月	24	81	29%		1月	2826857.143
6	5月	33	95	14%		4月	2729857.143
7	6月	29	100	14%		7月	2724428.571
8	7月	28	97	21%		5月	2585000
9	8月	29	84	21%		10月	2523071.429
10	9月	27	85	29%		3月	2516142.857
11	10月	27	97	21%		8月	2374071.429

東部 / 南部 / 北部 / 中部 / 西部

圖 6.59　計算 10 個月中的銷售利潤並排名

▶ 公式說明

本例第一個公式包含第二個公式。

本例第二個公式首先利用 SUBTOTAL 函數與 OFFSET 函數分別計算 5 個工作表中的利潤，再用 MMULT 函數將每個月在 5 個地區的利潤加總。最後按從大到小的方式逐一取出每個月的利潤，進而執行降冪排列利潤值。

▶ 使用注意

① 本例公式中的 SUBTOTAL 函數計算出來的利潤是二維陣列，必須利用 MMLUT 函數進行轉換，將 5 個地區相同月份的利潤加總後才成為一維陣列。

② 為了方便擷取作為輔助的列號，必須將總利潤去除小數。這是 INT 在公式中的作用。

範例檔案 第 6 章 \365.xlsx

某公司的產品銷往 5 個地區，資料在 5 個工作表中。現在需要計算 5 個地區的利潤。
開啟範例檔案中的資料檔案，選擇 F2:G11 儲存格並輸入以下陣列公式：
=TRANSPOSE(MMULT({1,1,1,1,1,1,1,1,1,1},SUBTOTAL(6,OFFSET(INDIRECT({" 東部 ","
南部 "," 北部 "," 中部 "," 西部 "}&"!A1"),ROW(西部 !$2:$11)-1,1,1,3)))*1000+ROW(2:11))

按下〔Ctrl〕+〔Shift〕+〔Enter〕複合鍵後，公式將算出 5 個地區的銷售利潤，結果
如圖 6.60 所示。

圖 6.60 計算 5 個地區的銷售利潤

▶ 公式說明

本例公式利用 INDIRECT 函數分別產生 5 個工作表中的 A1 儲存格的參照，然後
OFFSET 函數以其為參照分別參照每個地區的銷量、單價和利率。而 SUBTOTAL 函數用於
分別計算 5 個地區中每個月的利潤，形成一個二維陣列。再用 MMULT 函數將每個地區的
利潤加總轉換成一個橫向的一維陣列，TRANSPOSE 函數再將其轉換成縱向的陣列，顯示
在 G2:G6 範圍中。

▶ 使用注意

① MMULT 函數對 5 個地區的利潤合併後形成一個與常數陣列 "{" 東部 "," 南部 "," 北
部 "," 中部 "," 西部 "}" 方向一致的一維陣列。TRANSPOSE 可以使橫向轉為縱向。

② 公式中的 "{1,1,1,1,1,1,1,1,1,1}" 也可以改用 "=TRANSPOSE(ROW(2:11)^0)"。

▶ 範例延伸

思考：計算利潤最大是哪一個地區

提示：相對於本例，利用 MMULT 函數計算出每個地區的利潤後，用 MATCH 函數計算
其排序，再用 CHOOSE 函數根據排序選擇對應的地區名稱。

範例 366 對篩選後的可見範圍按條件加總（offset）

範例檔案 第 6 章 \366.xlsx

圖 6.61 中的產量表處於篩選狀態，用 B 欄的 "男" 作為篩選條件。要計算符合篩選條件的產量中大於 400 的產量總和。也就是說對篩選範圍中的資料按條件加總。

開啟範例檔案中的資料檔案，在 G1 儲存格輸入以下公式：

=SUMPRODUCT(SUBTOTAL(109,OFFSET(D1,ROW(2:11)-1,0))*(D2:D11>400))

按下〔Enter〕鍵後，公式將算出 D2:D11 範圍的可見儲存格中大於 400 的資料總和，結果如圖 6.61 所示。

圖 6.61　對篩選後的可見範圍按條件加總

▶ 公式說明

本例公式使用 "ROW(2:11)-1" 作為 OFFSET 函數的第二參數，表示同時產生 10 個儲存格參照，分別是 D2、D3、D4、D5、D6、D7、D8、D9、D10 和 D11。

然後使用 109 作為 SUBTOTAL 函數的第一參數，表示只計算 D2、D3、D4、D5、D6、D7、D8、D9、D10 和 D11 這 10 個儲存格中的可見儲存格的資料總和。由於第二參數是 10 個範圍，因此 SUBTOTAL 函數的計算也是 10 個值。

接著使用 SUBTOTAL 函數的計算結果與 "D2:D11>400" 的計算結果相乘，由於隱藏儲存格會被 SUBTOTAL 函數忽略掉，小於等於 400 的儲存格資料又會被 "D2:D11>400" 運算式轉換成 0，因此最終 SUMPRODUCT 函數加總產量時會完全忽略所有不符合條件的值，包含隱藏儲存格的值和小於等於 400 的值。

▶ 使用注意

① OFFSET 的第二、第三、第四、第五參數中有任意一個參數使用了陣列時，OFFSET 都會產生三維參照。本例中 OFFSET 函數的第二參數使用了 "{1;2;3;4;5;6;7;8;9;10}"，因此它的運算結果是包含 10 個範圍的三維參照。

② 如果本例不要求只加總大於 400 的產量，那麼可以只用 SUBTOTAL 一個函數完成，不需要 ROW、OFFSET 和 SUMPRODUCT 等函數。

▶ 範例延伸

思考：用 SUMIFS 函數完成本例完全一致的功能

提示：以 "男" 和 ">400" 為加總條件即可。

範例檔案 第 6 章 \367.xlsx

圖 6.62 中的資料將陣列橫向放置，不太符合日常習慣，要表中的資料列與欄調換方向。

開啟範例檔案中的資料檔案，選擇 A7:E11 儲存格後輸入以下陣列公式：

=TRANSPOSE(A1:E5)

按下〔Ctrl〕+〔Shift〕+〔Enter〕複合鍵後，公式將算出 A1:E5 的資料，但將原來的數據橫縱互換，結果如圖 6.62 所示。

圖 6.62　將表格轉置方向

▶ 公式說明

本例公式利用 TRANSPOSE 函數將參照範圍的列轉換成欄，同時將參照範圍的欄轉換成列。轉換前面的資料個數相同，僅僅方向不同。

▶ 使用注意

① TRANSPOSE 函數用於算出轉置儲存格範圍或者陣列。它有一個必選參數，即範圍參照或者陣列。對於陣列的轉換，即將陣列的第一列作為新陣列的第一欄，陣列的第二列作為新陣列的第二欄，以此類推。

② 轉置後的結果是一個陣列，必須選擇對應大小的範圍再輸入公式，且以〔Ctrl〕+〔Shift〕+〔Enter〕複合鍵結束才可以顯示完整的結果。

③ 一列多欄的陣列經過轉換後，將成為多列一欄的陣列。例如：

=TRANSPOSE({1,2,3,4,5})──→結果等於 "{1;2;3;4;5}"，橫向已轉換成縱向。

④ 如果輸入公式時未按陣列公式結束，那麼公式產生的結果分為兩種情況：當參數中的範圍參照或者陣列有多列多欄時，將產生錯誤結果；當參數中的參照範圍或者陣列只有一列或者一欄時，將顯示其左上角的資料。

▶ 範例延伸

思考：計算常數陣列 "{"A","C","F";1,2,3}" 轉置後需要佔用的欄數

提示：可以直接用 ROWS 函數計算其列數，因為轉置前的列數等於轉置後的欄數；也可以轉置後用 COLUMNS 函數計算其欄數。

範例 368 對不同單位的資料轉換並排名（TRANSPOSE）

範例檔案 第 6 章 \368.xlsx

捐款以"元"和"萬元"為單位。現在需要對捐款數目轉換成同單位後再進行排名。
開啟範例檔案中的資料檔案，選擇 D2:D11 儲存格後輸入以下陣列公式：

=MMULT(N(B2:B11*(IF(LEFT(C2:C11)="萬",10000,1))<TRANSPOSE(B2:B11*(IF(LEFT(
C2:C11)="萬",10000,1)))),ROW(2:11)^0)+1

按下〔Ctrl〕+〔Shift〕+〔Enter〕複合鍵後，公式將對捐款單位統一為"元"之後再
進行排名。結果如圖 6.63 所示。

	A	B	C	D	E	F	G	H
1	姓名	捐款	單位	名次				
2	黃興明	7347	元	8				
3	周全	1.2	萬元	5				
4	陳金來	4125	元	9				
5	張大中	11772	元	6				
6	孔貴生	25800	元	4				
7	張居正	7.2	萬元	2				
8	周少強	2537	元	10				
9	黃山貴	10037	元	7				
10	李範文	20	萬元	1				
11	劉五強	41650	元	3				

D2 儲存格公式：{=MMULT(N(B2:B11*(IF(LEFT(C2:C11)="萬",10000,1))<TRANSPOSE(B2:B11*(IF(LEFT(C2:C11)="萬",10000,1)))),ROW(2:11)^0)+1}

圖 6.63 對不同單位的資料轉換並排名

▶ 公式說明

RANK 函數是專門的排名函數，用它計算排名很方便、簡單，但缺點是第二參數必須
為範圍參照，如果第二參數是陣列或者是常數陣列就無法完成排名。

本例公式首先判斷各捐款數量的單位第一個字元是否為"萬"，如果是"萬"則將原
數值乘以 10000，否則乘以 1 進而將 B2:B11 範圍的數值轉換成陣列。然後再將該縱向陣
列轉換成橫向陣列並與縱向陣列進行比較，產生一個 10 列 10 欄的二維陣列。MMULT 函
數將二維陣列各列加總，再算出 1 欄 10 列的一維縱向陣列。最後對陣列加 1 即為每項捐
款的排名。

▶ 使用注意

① RANK 和 COUNTIF、SUMIF 等函數都各有一個參數不支援陣列，必須使用範圍參照。
通常採用 MMULT 函數解決此問題，它支援陣列和範圍參照。

② MMULT 函數的兩個參數的方向不同，因此多數時候 MMULT 函數都會配合
TRANSPOSE 函數使用。

▶ 範例延伸

思考：假設本例的捐款改成欠款，如何對款項以升冪進行排名

提示：相對於本例公式，將小於號轉換成大於號即可。

範例 369 區分大小寫擷取產品單價（TRANSPOSE）

範例檔案 第 6 章 \369.xlsx

產品品名字母相同但大小寫不同時代表不同的產品，其單價也不相同，如圖 6.64 所示。要區分大小寫查詢單價。

開啟範例檔案中的資料檔案，進入“產量表”，選擇 D2:D11 儲存格輸入以下陣列公式：

=MMULT((EXACT(B2:B11,TRANSPOSE(單 價 表 !A2:A5)))*TRANSPOSE(單 價 表 !B2:B5),{1;1;1;1})

按下〔Ctrl〕+〔Shift〕+〔Enter〕複合鍵後，公式將算出每個產品的單價，結果如圖 6.65 所示。

	A	B	C
1	品名	單價	
2	ASUS-As	10	
3	Acer	15	
4	ASUS-AS	18	
5	ACER	22	

單價表 ／ 產量表

圖 6.64　單價表

D2　fx　{=MMULT((EXACT(B2:B11,TRANSPOSE(單價表!A2:A5)))*TRANSPOSE(單價表!B2:B5),{1;1;1;1})}

	A	B	C	D	E	F	G
1	日期	產品	數量	單價			
2	10月1日	ASUS-AS	200	18			
3	10月2日	ACER	175	22			
4	10月2日	ASUS-As	150	10			
5	10月4日	ASUS-As	175	10			
6	10月5日	Acer	125	15			
7	10月5日	ASUS-AS	175	18			
8	10月7日	Acer	175	15			
9	10月8日	ACER	500	22			
10	10月8日	ASUS-As	100	10			
11	10月8日	Acer	150	15			

單價表 ／ 產量表

圖 6.65　區分大小寫擷取產品單價

▶ 公式說明

本例公式首先用 EXACT 函數將 B2:B11 的品名與“單價表”中的品名進行比較，然後乘以“單價表”中的單價，得到一個二維陣列。然後用二維陣列與另一個一維縱向陣列進行矩陣乘積，轉換成一維縱向陣列，而該新陣列正好對應每一個產品的單價。

▶ 使用注意

① 本例公式中 EXACT 函數對兩個一維縱向陣列進行比較時，必須將其中一個轉置為橫向再進行比較，否則將產生錯誤值。橫向陣列與縱向陣列的比較結果是二維陣列，但透過與另一個一維縱向陣列進行矩陣乘積可以算出一維縱向陣列。

② 在 Excel 中使用等號、大於號、小於號等執行判斷時不區分大小寫，EXACT 函數判斷兩個字元是否相等時才區分大小寫。EXACT 函數只有兩個參數，用於比較兩個參數中對應的值是否相同。

▶ 範例延伸

思考：假設產品中某產品未建立單價，則算出“待定”，如何修改公式

提示：找不到單價將算出 0，所以可以利用 TEXT 函數的第二參數設定算出結果等於 0 時顯示“待定”。

範例 370 區分大小寫查單價且統計三組總金額（TRANSPOSE）

範例檔案 第 6 章 \370.xlsx

產品品名字母相同但大小寫不同時代表不同的產品，其單價也不相同，單價表和範例 369 的圖 6.64 一致。圖 6.66 是入庫表，A、B、C 三組都會有多種產品入庫，且每天入庫 4 次。要計算圖 6.66 中三個組別的入庫總金額。

開啟範例檔案中的資料檔案，進入"產量表"，選擇 I2:K2 儲存格輸入以下陣列公式：

=MMULT(TRANSPOSE(SUBTOTAL(9,OFFSET(B1,ROW(2:11)-1,1,,5))*MMULT((EXACT(B2:B11,TRANSPOSE(單價表 !A2:A5)))*TRANSPOSE(單價表 !B2:B5),{1;1;1;1})),1*(A2:A11={"A 組 ","B 組 ","C 組 "}))

按下〔Ctrl〕+〔Shift〕+〔Enter〕複合鍵後，公式將算出三個組別的入庫總金額，結果如圖 6.66 所示。

	A	B	C	D	E	F	G	H	I	J	K
I2			{=MMULT(TRANSPOSE(SUBTOTAL(9,OFFSET(B1,ROW(2:11)-1,1,,5))* MMULT((EXACT(B2:B11,TRANSPOSE(單價表!A2:A5))*TRANSPOSE(單價表!B2:B5),{1;1;1;1})),1*(A2:A11={"A組","B組","C組"}))}								
1	組別	產品	10:00	12:00	14:00	16:00	18:00		A組	B組	C組
2	A組	ASUS-As	123	177	161	171	121		35720	48749	22850
3	A組	Acer	140	125	166	144	159				
4	C組	ASUS-AS	122	152	180	130	179				
5	A組	ACER	126	158	129	168	144				
6	A組	ASUS-As	143	143	156	122	139				
7	B組	Acer	142	176	120	148	130				
8	B組	ASUS-AS	176	135	121	137	172				
9	B組	ACER	146	132	178	178	162				
10	C組	ASUS-As	167	149	126	167	150				
11	B組	Acer	172	173	162	148	148				

圖 6.66　區分大小寫查單價且統計三組金額

▶ 公式說明

本例公式首先利用 SUBTOTAL 與 OFFSET 組合分別統計每個產品的入庫數量，再用 MMULT 從"單價表"中擷取每個 A 欄每個產品的單價，兩者相乘得到 B2:B11 的產品金額。然後用運算式"1*(A2:A11={"A 組 ","B 組 ","C 組 "})"產生一個 1 和 0 組成的三欄 10 列的二維陣列，MMULT 將前面所計算的產品金額與該二維陣列進行矩陣乘積後，即可得到 1 列 3 欄的一維陣列，該陣列由三個組別的金額總計組成。

▶ 使用注意

① 本例公式中三個 TRANSPOSE 都是必須的，否則公式只能產生錯誤值。

② 公式中的"{1;1;1;1}"其實是透過口算後寫出來的，為了縮減公式長度，原本應該使用運算式"ROW(單價表 !2:5)^0"計算。

▶ 範例延伸

思考：計算 B2:B11 每個產品的入庫金額，結果存放在 H2:H11

提示：相對於本例公式，刪除最外層的 MMULT 函數及 MMULT 函數的第二參數即可。

範例 371 根據評審評分和權重統計最後得分（TRANSPOSE）

範例檔案 第 6 章 \371.xlsx

5 個評審對 7 個選手評分，而不同評審的評分對選手的影響力是不同的，受權重約束。所謂權重，即評審的權利分配，總共為 100%，權重大的評審對選手的影響相對更大，類似於主評審與副評審。現在需要統計 B10 儲存格下拉清單指定的姓名計算其得分。

開啟範例檔案中的資料檔案，在 B11 儲存格輸入以下陣列公式：

=SUM(B2:F8*(A2:A8=B10)*TRANSPOSE(I2:I6))

按下〔Ctrl〕+〔Shift〕+〔Enter〕複合鍵後，公式將算出 B10 儲存格指定的姓名對應的得分，結果如圖 6.67 所示。

B11	▼		fx	{=SUM(B2:F8*(A2:A8=B10)*TRANSPOSE(I2:I6))}					
	A	B	C	D	E	F	G	H	I	J
1	選手	評審1	評審2	評審3	評審4	評審5		權重分配		
2	稽康	9.6	8.1	9.7	9.7	10		評審1	0.25	
3	阮籍	8.4	9.9	8.1	9.7	9.3		評審2	0.15	
4	山濤	9.8	10	8.6	9.3	7.8		評審3	0.2	
5	向秀	8.3	9.5	9.6	9.1	9.8		評審4	0.1	
6	劉伶	9.3	9.7	9.4	8.5	8.1		評審5	0.3	
7	王戎	9.4	8	8.6	8.6	10				
8	阮鹹	9.4	8.2	9.6	9	8.7				
9										
10	選手	向秀								
11	得分	9.27								

圖 6.67　根據評審評分和權重統計最後得分

▶ 公式說明

本例公式首先判斷 A2:A8 是否等於 B10 指定的選手姓名，進而排除指定姓名以外的所有資料。然後將其與 B2:F8 評分區相乘，得到 0 和待計算的選手的所有評分，組成一個二維陣列。最後將其乘以權重，因權重表方向與評分表中評審姓名的方向不一致，使用 TRANSPOSE 函數將其轉置後再求乘積，加總後即可得 B10 選手的最後得分。

▶ 使用注意

① 權重表的方向和評分表中評審姓名的方向必須一致，且數量必須相同才可以正確取得最後評分。如果本例中不使用 TRANSPOSE 將產生錯誤值。

② 本例也可以利用 MATCH 函數計算目標選手在 A2:A8 範圍的排序，然後利用 OFFSET 函數取得該選手的所有得分，再與權重相乘並加總，進而取得最後得分。

▶ 範例延伸

思考：計算 B10 指定的選手的 5 個評分中哪一個評審給的分最高

提示：需要將評分與權重相乘後再比較大小。可以用本例公式修改，即將 SUM 函數取代成 MAX 函數，然後再用 MATCH 函數計算該最大值在 5 個評審中的位置，以位置為依據獲得評審的姓名。

範例 372 根據評語轉換得分（TRANSPOSE）

範例檔案 第 6 章 \372.xlsx

工作表 "評語換算得分" 對學生的品行以字母形式表示，而每個等級皆有對應的得分，如圖 6.68 所示。要對 "成績表" 中三個科目的成績加總，即成績加評分。

開啟範例檔案中的資料檔案，選擇 F2:F11 儲存格後輸入以下陣列公式：

=MMULT(TRANSPOSE(評語換算得分 !A\$2:A\$11=TRANSPOSE(E2:E11))*1, 評語換算得分 !B\$2:B\$11)+SUBTOTAL(9,OFFSET(B2,ROW(2:11)-2,,,COLUMNS(B:D))) 按下〔Ctrl〕+〔Shift〕+〔Enter〕複合鍵後，公式將算出每個學生的總分，結果如圖 6.69 所示。

| F2 | fx | {=MMULT(TRANSPOSE(評語換算分!A\$2:A\$11=TRANSPOSE(E2:E11))*1,評語換算分!B\$2:B\$11)+SUBTOTAL(9,OFFSET(B2,ROW(2:11)-2,,,COLUMNS(B:D))))} |

	A	B	C	D	E
1	素質評語	得分			
2	A**	10			
3	A*	9			
4	A	8			
5	B**	7			
6	B*	6			
7	B	5			
8	C**	4			
9	C*	3			
10	C	2			
11	D	1			

成績表 / 評語換算得分 /

圖 6.68　評語與得分關係圖

	C	D	E	F	G	H	I	J	K	L
1	出納	電腦	素質評語	總分						
2	83	73	A**	241						
3	80	72	A*	253						
4	97	82	B**	277						
5	94	74	A	253						
6	72	75	D	243						
7	74	72	C**	235						
8	90	82	B*	271						
9	99	79	B**	274						
10	100	75	A*	262						
11	95	86	A**	281						

成績表 / 評語換算得分 /

圖 6.69　計算每個學生的總分

▶ 公式說明

本例公式首先用 E2:A11 範圍中每個學生的評語與換算標準中的評語進行比較，產生一個二維陣列，然後與轉換標準中的得分進行矩陣乘積，得到每個學生的評分。再用 SUBTOTAL 與 OFFSET 組合取得每個學生的會計、出納與電腦三科總分，加上評分即可得到每個學生的最後得分。

▶ 使用注意

① 轉換 F 欄的評語為得分時，必須轉置後再進行比較，得到二維陣列。MMULT 將該二維陣列矩陣乘積後可再算出一維陣列。

② 比較評語時，結果為邏輯值，需要 "*1" 轉換成數值才能參與矩陣乘積。

▶ 範例延伸

思考：計算哪一個學生的最後得分最高

提示：相對於本例公式，將得分擴大 100 倍後加上列號，再用 MAX 函數計算最大值，並用 MOD 函數取出列號，最後根據列號參照姓名。

範例 373 多欄隔列資料加總（TRANSPOSE）

範例檔案 第 6 章 \373.xlsx

某店每天兩人輪班看店，上午、下午各有一個售貨員，要統計趙還珠的銷售總金額、以及最高銷售金額和最低銷售金額的日期。

開啟範例檔案中的資料檔案，在儲存格 I2、I4、I6 分別輸入以下三個陣列公式：

=SUM(MMULT(D2:G11,TRANSPOSE(COLUMN(D:G)^0))*(A2:A11=" 趙還珠 "))

=TEXT(INDEX(B:B,MOD(MIN(MMULT(D2:G11,TRANSPOSE(COLUMN(D:G)^0))*(IF(A2:A11=" 趙還珠 ",1,10^15))*1000+ROW(2:11)),100),"m 月 d 日 ")

=TEXT(INDEX(B:B,MOD(MAX(MMULT(D2:G11,TRANSPOSE(COLUMN(D:G)^0))*(A2:A11=" 趙還珠 ")*1000+ROW(2:11)),100),"m 月 d 日 ")

上述三個公式將分別算出銷售總金額、以及最高銷售金額和最低銷售金額的日期，結果如圖 6.70 所示。

I2	fx	{=SUM(MMULT(D2:G11,TRANSPOSE(COLUMN(D:G)^0))*(A2:A11="趙還珠"))}

	B	C	D	E	F	G	H	I
1	日期	時間	化妝品	電器	文具	辦公用品		趙還珠銷售總金額
2	2008年5月5日	上午	510	1280	65	640		12181
3	2008年5月5日	下午	470	1140	61	430		銷售金額最低日
4	2008年5月6日	上午	570	1300	53	410		5月8日
5	2008年5月6日	下午	420	1340	54	700		銷售金額最高日
6	2008年5月7日	上午	540	1580	80	640		5月7日
7	2008年5月7日	下午	760	1060	44	510		
8	2008年5月8日	上午	680	980	45	530		
9	2008年5月8日	下午	690	940	54	750		
10	2008年5月9日	上午	640	940	68	630		
11	2008年5月9日	下午	730	1360	41	730		

圖 6.70 統計趙還珠銷售總金額、以及最高銷售金額和最低銷售金額的日期

▶ 公式說明

本例第一個公式用 MMULT 分別計算出每天上午、下午的銷售金額，再排除 "趙還珠" 以外的資料，最後加總。第二個公式則在分別計算出每天上午、下午的銷售金額後，將 "趙還珠" 每天的銷售金額保持不變，將其餘人員的金額擴大 10 的

15 次方並加上列號，然後取出最小值，用 MOD 函數從最小值中取出列號，INDEX 函數利用該列號取出對應的日期序列值。為了讓日期序列值顯示為日期格式，用 TEXT 函數完成轉化。第三個公式和第二個公式的方向完全一致。

▶ 使用注意

本例第一個公式也可以改用以 SUM+IF 組合完成，公式如下。

=SUM(D2:G11*(A2:A11=" 趙還珠 "))

▶ 範例延伸

思考：不區分姓名計算銷售金額最低的時間，結果顯示日期以及 "上午" ／ "下午"

提示：借用本例第二個公式方向，將計算出的日期和時間連結即可。

範例 374 擷取姓名（INDEX）

範例檔案 第 6 章 \374.xlsx

學生資料表中奇數列存放學號，偶數列存放姓名。現在需要單獨擷取學生姓名。開啟範例檔案中的資料檔案，在儲存格 D2 中輸入以下公式：

=INDEX(B:B,ROW()*2)&""

按下〔Enter〕鍵後，公式將算出第一個學生姓名。將公式向下填滿至 G12，結果如圖 6.71 所示。

	A	B	C	D	E	F	G
				D2 ▾		fx	=INDEX(B:B,ROW()*2)&""
1	學號	5947		姓名			
2	姓名	趙		錢			
3	學號	1784		孫			
4	姓名	錢		李			
5	學號	8273		周			
6	姓名	孫		吳			
7	學號	8398					
8	姓名	李					
9	學號	7866					
10	姓名	周					
11	學號	6637					
12	姓名	吳					

圖 6.71　擷取姓名

▶ 公式說明

本例公式透過 ROW 函數產生自然數序列，當乘以 2 後則變成 2 開始的偶數序列。

INDEX 函數透過該序列產生 B 欄的所有偶數列的參照，得到所有姓名。

▶ 使用注意

① INDEX 函數可以算出陣列或範圍中的值或值的參照。函數 INDEX 有兩種形式：陣列形式和參照形式。當它是陣列形式時，有三個參數，第一參數為記憶體陣列或者常數陣列；第二、三參數分別表示計算值陣列中的列號、欄號。當它是參照形式時，有 4 個參數，第一參數是參照範圍；第二、三參數分別表示計算值在參照範圍中的列號、欄號；第四參數用於指定範圍個數，表示從第幾個範圍中參照資料。INDEX 的第三和第四參數是非必填參數。

（2）INDEX 的第一參數可以參照多範圍，但必須使用逗號分開、用括弧括起來，否則將被當作兩個參數。例如：

=INDEX((A:A,D:D),2,1,1)──→算出第一個範圍中 A2 的參照。

=INDEX((A:A,D:D),2,1,2)──→算出第二個範圍中 D2 的參照。

▶ 範例延伸

思考：參照 B 欄的學號

提示：相對於本例公式，將 INDEX 的第二參數減 1 即可。

範例 375 轉換電話簿格式（INDEX）

範例檔案 第 6 章 \375.xlsx

電話簿中包括姓名、手機號和住址，每個人員的資料佔據三列兩欄，要使用公式將它轉換成 D2:F5 的樣式。

開啟範例檔案中的資料檔案，選擇 D2:E5 儲存格再輸入以下公式，並按下〔Ctrl〕+〔Enter〕複合鍵結束。

=INDEX($A:$B,ROW(A1)*3-2,COLUMN(A:A))

接著在 F2 儲存格輸入以下公式：

=INDEX(B:B,ROW(A1)*3-1)

按下〔Enter〕鍵後按兩下 F2 儲存格的填滿控點，兩個公式的最終結果如圖 6.72 所示。

D2	▼	fx	=INDEX($A:$B,ROW(A1)*3-2,COLUMN(A:A))		
	A	B	C	D	E	F
1	朋友	朱明明		關係	姓名	手機號碼
2	手機號碼	13212345678		朋友	朱明明	13212345678
3	住址	永和		同事	廖中秀	13212345679
4	同事	廖中秀		同學	陳坤	13212345680
5	手機號碼	13212345679		生意夥伴	張麗華	13212345681
6	同事	成都				
7	同學	陳坤				
8	手機號碼	13212345680				
9	住址	新店				
10	生意夥伴	張麗華				
11	手機號碼	13212345681				
12	住址	三重				

圖 6.72　轉換電話簿格式

▶ 公式說明

本例第一個公式首先利用 ROW 函數產生自然數序列，將其乘以 3 再減 2 即得到 1、4、7、11……這種遞增 4 的新序列。INDEX 函數透過該序列取 A、B 欄的 1、4、7、11 列資料，同時透過 INDEX 的第三參數 COLUMN 在 D、E 兩欄分別產生 1 和 2 來完成 A:B 範圍第 1 列、第 2 列的數據參照。根據第二、三參數指定的列號和欄號，INDEX 取其交叉處的儲存格的值。

第二個公式的重點在於第二參數。手機號碼都存放在 B 欄的第 2 列、第 5 列、第 8 列……因此使用運算式 "ROW(A1)*3-1" 產生 2、5、8……這種序列配合 INDEX 擷取值即可。

▶ 使用注意

① 本例公式是選擇範圍後一次輸入公式，其結果相當於在 A2 輸入公式後向右、向下填滿，所以為了防止公式在填滿時參照錯位，INDEX 的第一參數需要使用絕對參照。

② 本例中 INDEX 的第一參數是多列多欄的範圍，此因需要用到第三參數，透過指定列號與欄號來參照目標儲存格的值。

▶ 範例延伸

思考：使用一個範圍陣列公式執行本例需求

提示：相對於本例公式，修改 ROW 的參數以及 COLUMN 的參數，並以陣列公式輸入。

範例 376 隔三列取兩列（INDEX）

範例檔案 第 6 章 \376.xlsx

圖 6.73 中 A、B 兩欄是用於列印廠牌用的資料，每個員工的資料佔用三列，要姓名和工號，忽略照片列。

開啟範例檔案中的資料檔案，在 D1 儲存格輸入以下陣列公式：

=INDEX(A:A,SMALL(IF(MOD(ROW($1:$12),3)>0,ROW($1:$12),1048576),ROW(A1)))&""

按下〔Ctrl〕+〔Shift〕+〔Enter〕複合鍵後，公式將算出 A:B 範圍第一列第一欄的資料。將公式向下填滿至 E1，再選擇 D1:E1 向下填滿至第 12 列，結果如圖 6.73 所示。

D1	fx	{=INDEX(A:A,SMALL(IF(MOD(ROW($1:$12), 3)>0,ROW($1:$12),1048576),ROW(A1)))&""}

	A	B	C	D	E	F	G	H
1	姓名	朱明明		姓名	朱明明			
2	工號	5697		工號	5697			
3	照片			姓名	廖中秀			
4	姓名	廖中秀		工號	8395			
5	工號	8395		姓名	陳坤			
6	照片			工號	7701			
7	姓名	陳坤		姓名	張麗華			
8	工號	7701		工號	5428			
9	照片							
10	姓名	張麗華						
11	工號	5428						
12	照片							

圖 6.73　隔三列取兩列的值

▶ 公式說明

本例公式利用 IF 函數配合 MOD 函數取出所有"姓名"和"工號"所處的列號，而將"照片"列轉換成 1048576。然後利用 SMALL 函數將所有列號進行升冪排列，INDEX 函數根據該列號逐一取出參照範圍中符合條件的值。當公式向右填滿時，引用範圍產生變化，計算值也相對變化；當公式向下填滿至超過人員個數時，其列號全部為 1048576，即算出 A1048576 或者 B1048576 儲存格的值，結果為 0，但利用 "&""" 可以轉換成空白。

▶ 使用注意

本例公式中的 ">0" 僅僅是為了便於理解公式而保留的，事實上忽略該比較運算仍然可以算出正確值。因為 IF 函數的第一參數只要是 0 以外的任何數值，都將其視為 TRUE，而 0 則視為 FALSE。所以本例也可以簡化為如下公式。

=INDEX(A:A,SMALL(IF(MOD(ROW($1:$12),3),ROW($1:$12),1048576),ROW(A1)))&""

▶ 範例延伸

思考：如果每個人員的資料佔用 4 列，同樣僅取前兩列，如何修改公式

提示：相對於本例公式，將 MOD 的第一參數減 1，第二參數改成 4，">0" 改為 "<2"。

範例 377 插入空白列分割資料（INDEX）

範例檔案 第 6 章 \377.xlsx

工作表中每個員工的資料佔用兩列，要在每個員工的資料區之間插入一個空白列作為間隔，使列印時更易區分。

開啟範例檔案中的資料檔案，在 E1 儲存格輸入以下公式：

=IF(MOD(ROW(),3)>0,INDEX(A:A,ROW(A2)*2/3),"")

按下〔Enter〕鍵後，公式將算出參照範圍 "A:A" 第一個儲存格資料。將公式填滿到 E1:G3 之後，對 E1:G2 設定邊框。最後再選擇範圍 E1:G3，並將公式向下填滿，結果如圖 6.74 所示。

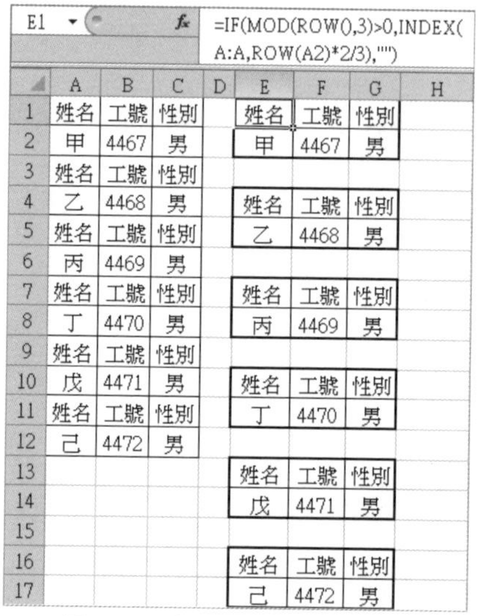

圖 6.74　插入空白列分割資料

▶ 公式說明

本例公式首先利用 IF 配合 MOD 將列數等於 3 的整數倍數的儲存格顯示空字串，然後對不等於 3 的整數倍數的儲存格，用 A2 的列號乘以 2 再除以 3 作為列號參數參照 A 欄的值。當公式向下填滿時，則參照 B 欄、C 欄對應列的值。

本例中運算式 "ROW(A2)*2/3" 將產生小數，但 INDEX 會自動對參數無條件捨去，相當於 "INT（ROW(A2)*2/3）"。

▶ 使用注意

① 本例也可以使用如下公式，它的原理是 INDEX 參照空白儲存格時連接空字串後結果也算出空字串。

=INDEX(A:A,IF(MOD(ROW(),3)>0,ROW(A2)*2/3,1048576))&""

② INDEX 的第二參數使用 0 時，表示交叉參照。即公式所在列與參照範圍的交叉點。如果參照範圍是單欄且與目前列存在交叉可以算出正確值，否則算出錯誤值。

▶ 範例延伸

思考：利用 OFFSET 函數代替本例中 INDEX 函數

提示：OFFSET 代用 INDEX 後，需要適應調整 ROW 產生的結果，否則會產生錯位。

範例 **378** 僅僅擷取通訊錄中四分之三資訊（INDEX）

範例檔案 第 6 章 \378.xlsx

通訊錄中每個人的資訊包括四項，現在需要忽略職務項，將其他三個儲存格的資訊在 D 欄中列出來。

開啟範例檔案中的資料檔案，在 D1 儲存格輸入以下公式：

=INDEX(A:B,ROW(A2)*2/3,(MOD(ROW(A3),3)+1)/3+1)

按下〔Enter〕鍵後，公式將算出 A1 的值。將公式向下填滿，結果如圖 6.75 所示。

	A	B	C	D
1	趙大寶	經理		趙大寶
2	手機號碼	13512345678		手機號碼
3	錢二金	主任		13512345678
4	電話	0755-88776655		錢二金
5	孫三娘	課長		電話
6	手機號碼	13512345680		0755-88776655
7	李四光	組長		孫三娘
8	手機號碼	13512345681		手機號碼
9	週五年	董事長		13512345680
10	辦公電話	13512345682		李四光
11				手機號碼
12				13512345681
13				週五年
14				辦公電話
15				13512345682

圖 6.75　僅僅擷取通訊錄中四分之三資訊

▶ 公式說明

本例公式中 INDEX 參照 A、B 兩欄的資料，用 A2 的列號乘以 2 再除以 3 作為 INDEX 的列號參數，用 A3 的列號除以 3 的餘數加 1，再除以 3 加 1 作為 INDEX 的欄號參數。當公式向下填滿時，剛好產生 B 欄職務以外的儲存格參照。

▶ 使用注意

① 本例也可以將 INDEX 的第二參數按如下方式修改，仍然得到同樣結果。

=INDEX(A:B,ROW(A2)*2/3,1+GCD(ROW(),3)/3)

② 本例公式 INDEX 的第二和第三參數在運算中都會產生小數，但 INDEX 僅僅取其整數部分參與計算。

③ 本例還可以用 OFFSET 代替 INDEX。公式如下。

=OFFSET(A$1,ROW(A2)*2/3-1,GCD(ROW(),3)/3)

OFFSET 也和 INDEX 一樣，具有參數取整的功能，而且當參數是字串型數字時，也可以自動將其轉換成數值，進而產生正確的參照。

6

尋找與參照函數

思考：如果通訊錄中某人電話號碼為空白，也算出空白，不能算出 0

提示：在公式後面添加 "&" " " 即可。

範例 379 按投訴次數升冪排列客服姓名（INDEX）

範例檔案 第 6 章 \379.xlsx

公司規定：客服人員在工作時被客人投訴者需要記錄並扣相對的獎金。在圖 6.76 中列出了近期被投訴人員姓名。現在需要根據該表對姓名升冪排列。

開啟範例檔案中的資料檔案，在 C2 儲存格輸入以下陣列公式：

=INDEX(B:B,MOD(SMALL(IF(MATCH(B$2:B$12,B$2:B$12,)=ROW($2:$12)-1,COUNTIF(B$2:B$12,B$2:B$12)*10^5+IF(MATCH(B$2:B$12,B$2:B$12,)=ROW($2:$12)-1,ROW($2:$12),9999999),9999999),ROW(A1)),10^5))&""

按下〔Ctrl〕+〔Shift〕+〔Enter〕複合鍵後，公式將算出投訴最少的人員姓名。按兩下儲存格填滿控點，將公式向下填滿後，結果如圖 6.76 所示。

C2	▼	f_x	{=INDEX(B:B,MOD(SMALL(IF(MATCH(B$2:B$12,B$2:B$12,)=ROW($2:$12)-1,COUNTIF(B$2:B$12,B$2:B$12)*10^5+IF(MATCH(B$2:B$12,B$2:B$12,)=ROW($2:$12)-1,ROW($2:$12),9999999),9999999),ROW(A1)),10^5))&""}

▲	A	B	C	D
1	日期	被投訴的客服人員	按投訴次數多少排序	
2	2014年8月8日	張芳芳	吳秀麗	
3	2014年8月15日	劉星	劉星	
4	2014年9月2日	鄭月明	鄭月明	
5	2014年9月19日	劉星	吳秀麗	
6	2014年9月30日	張芳芳		
7	2014年10月4日	劉星		
8	2014年10月4日	鄭月明		
9	2014年10月15日	張芳芳		
10	2014年10月20日	張芳芳		
11	2014年10月31日	鄭月明		
12	2014年11月5日	吳秀麗		

圖 6.76　按投訴次數升冪排列客服姓名

▶ 公式說明

本例公式首先利用對每個第一次出現的姓名算出其出現次數，並將該次數擴大到 10 的 5 次方倍，再加每個姓名所在的列號；而同一個姓名非第一次出現則算出 9999999。然後用 SMALL 函數將這個一維縱向陣列進行升冪排列，再配合 MOD 函數取出列號。最後 INDEX 函數透過該列號參照 B 欄的姓名。公式填滿時所列出來的姓名即按被投訴次數升冪排列。當公式填滿到大於總人數的儲存格之後，將會參照儲存格 B99999 的值，而 B99999 是空白儲存格，INDEX 函數參照空白儲存格後再連接空字串可以算出空字串。

▶ 使用注意

① 使用本例公式需要確保 B99999 儲存格為空白，否則需要將 9999999 改成其他值，以達到除錯的目的。

② INDEX 函數參照空白儲存格時預設算出 0，使用 T 函數或者 "&" " " 兩種方法之一都可以將它轉換成空字串。

▶ 範例延伸

思考：按投訴次數降冪排列客服姓名

提示：將 SMALL 改用 LARGE，同時刪除 9999999，再用 IFERROR 函數排除錯誤。

範例 380 列出導致產品不良的主因（INDEX）

範例檔案 第 6 章 \380.xlsx

某批貨經過檢驗有 11 種不良因素，不同因素造成的不良產品數量不同。現在需要根據不良品數量列出哪些是主要原因，哪些是次要原因。即造成不良品最多的原因列在前面，數量相同者並列在一列中。

開啟範例檔案中的資料檔案，在 E1 儲存格輸入以下公式：

=IFERROR(T(INDEX($A:$A,SMALL(IF($B$2:$B$11=LARGE(IF(FREQUENCY($B$2:$B$11,$B$2:$B$11),$B$2:$B$11),ROW(A1)),ROW($2:$11)),COLUMN(A1)))),"")

按下〔Ctrl〕+〔Shift〕+〔Enter〕複合鍵後，公式將算出第一個造成不良數最多的原因。將公式向右、向下填滿後，結果如圖 6.77 所示。

E1	▾		f_x	{=IFERROR(INDEX($A:$A,SMALL(IF($B$2:$B$11=LARGE(IF(FREQUENCY($B$2:$B$11,$B$2:$B$11),$B$2:$B$11),ROW(A1)),ROW($2:$11)),COLUMN(A1))),"")}					
◢	A	B	C	D	E	F	G	H	I	J
1	不良原因	不良數量		主因一	破損	油污	溢色		
2	掉漆	19		主因二	掉漆	磨損			
3	脫色	16		主因三	局部錯位				
4	脫膠	12		主因四	脫色				
5	破損	20		主因五	底部裂紋	缺角			
6	局部錯位	17		主因六	脫膠				
7	磨損	19		主因七					
8	底部裂紋	14		主因八					
9	油污	20							
10	溢色	20							
11	缺角	14							

圖 6.77　列出導致產品不良的主因

▶ 公式說明

本例公式在第一列時會計算不良品數量中第一個最大值，並將造成不良數量等於第一個最大值的所有原因列在第一列。

當公式填滿到第二列時，則在第二列列出造成不良品數量等於第二個最大值的所有原因……以此類推，將所在原因按不良數量進行降排列。如果第七個或者第八個主因不存在，則透過 IFERROR 函數算出空白。

其中計算不良品數量第一個、第二個最大值時是忽略重複值的，即本例中有三個 20，但第二個最大值是 19，而不是 20，重複出現的數值僅僅計算一次。

▶ 使用注意

① 本例中 LARGE 計算第 N 個最大值時使用 ROW 作為參數，而 SMALL 函數計算第 N 個最小值時則用 COLUMN 作為參數，這是因為需求不同，分別是縱向 / 橫向填滿時產生遞增。

② 本例使用了 IFERROR 函數除錯，因此不再需要使用 T 函數或者 "&""" 。

思考：分別統計主因一、二、三⋯⋯的個數

提示：判斷 B2:B11 是否與忽略重複值的第一 N 大值相等，並用 SUM 函數加總個數。

範例 381 按身高對學生排列座次表（INDEX）

範例檔案 第 6 章 \381.xlsx

某班有 48 個學生，教室的座位有 6 組，每組有 8 排。現在需要要根據所有人員身高安排座位。即身高最矮者坐第一排，最高者坐最後一排。中間也依序排列。

開啟範例檔案中的資料檔案，在 F2 儲存格輸入以下陣列公式：

=INDEX($A:$A,MOD(SMALL($C$2:$C$49*1000+ROW($2:$49),(ROW(A1)-1)*6+MOD(COLUMN(A1)-1,6)+1),1000))

按下〔Ctrl〕+〔Shift〕+〔Enter〕複合鍵後，公式將算出全班最矮的學生姓名。將公式向右填滿至 K2 後，再選擇 F2:K2 向下填滿至第 9 列，結果如圖 6.78 所示。

		F2	▾		fx	{=INDEX($A:$A,MOD(SMALL($C$2:$C$49*1000+ROW($2:$49),(ROW(A1)-1)*6+MOD(COLUMN(A1)-1,6)+1),1000))}				
	A	B	C	D	E	F	G	H	I	J	K
1	姓名	性別	身高cm		座位	第1組	第2組	第3組	第4組	第5組	第6組
2	學生1	女	160		第1排	學生29	學生19	學生30	學生46	學生11	學生5
3	學生2	男	143		第2排	學生24	學生32	學生2	學生6	學生10	學生43
4	學生3	男	155		第3排	學生40	學生20	學生41	學生13	學生18	學生28
5	學生4	女	158		第4排	學生27	學生31	學生44	學生47	學生17	學生48
6	學生5	女	141		第5排	學生7	學生26	學生42	學生3	學生8	學生16
7	學生6	女	143		第6排	學生37	學生25	學生4	學生9	學生22	學生1
8	學生7	男	153		第7排	學生33	學生12	學生14	學生34	學生36	學生15
9	學生8	男	156		第8排	學生38	學生39	學生45	學生23	學生35	學生21
10	學生9	女	159								
11	學生10	男	143								
12	學生11	男	140								
13	學生12	女	161								
14	學生13	女	148								
15	學生14	女	162								
16	學生15	男	164								

圖 6.78　按身高對學生排列座次表

▶ 公式說明

本例公式首先將所有身高擴大到 1000 倍，再加上各自的列號。然後利用 SMALL 函數從中按升冪方式從小到大取出每個數值，而 MOD 函數從數值中擷取列號作為 INDEX 的參數對 A 欄的姓名擷取值。因 SMALL 函數已經將身高按升冪排列，INDEX 取出的姓名也是按身高升冪列在 F2:K9 範圍。

SMALL 函數的第二參數透過變化 ROW 與 COLUMN 的值得到 1 ～ 48 的序列。但是 48 個數字是按 8 列 6 欄的方式排列的，便於 INDEX 在不同的儲存格都能擷取 A 欄學生名。

▶ 使用注意

① 如果教室中只有 4 個組，則將公式中的 "*6" 以及 MOD 的除數 6 改成 4，公式向後多填滿多列即可。

② 由於本例的公式需要向右、向下填滿，因此參照 $C$2:$C$49 範圍時必須使用絕對參照，避免填滿公式時參照錯位。

▶ 範例延伸

思考：用一個範圍陣列公式完成 48 個學生的座次排列

提示：相對於本例公式，將兩個 A1 分別修改成"1:8"和"A:G"，並選擇 F2:K9 範圍後再按陣列公式的形式輸入公式。

範例 382 參照儲存格中的公式（FORMULATEXT）

範例檔案 第 6 章 \382.xlsx

當工作表中公式較多且不同儲存格中的公式不一致時，為了讓他人快速瞭解每個運算結果來自哪一個公式，要在公式所在儲存格的右方標注儲存格中的公式。

開啟範例檔案中的資料檔案，在 D2 儲存格輸入以下公式：

=FORMULATEXT(C2)

按下〔Enter〕鍵後按兩下儲存格的填滿控點，將公式向下填滿，結果如圖 6.79 所示。

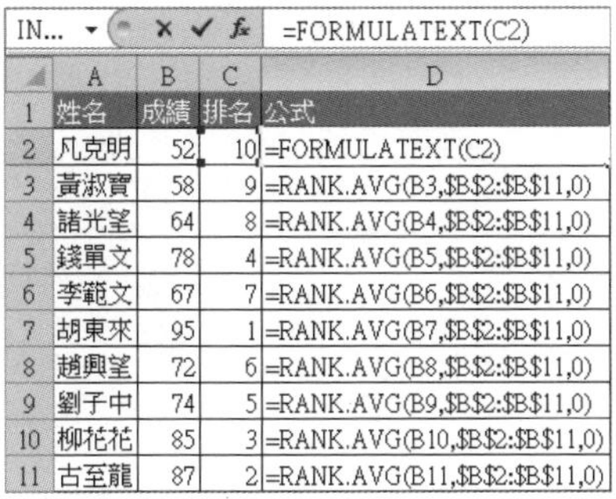

IN... =FORMULATEXT(C2)

	A	B	C	D
1	姓名	成績	排名	公式
2	凡克明	52	10	=FORMULATEXT(C2)
3	黃淑寶	58	9	=RANK.AVG(B3,$B$2:$B$11,0)
4	諸光望	64	8	=RANK.AVG(B4,$B$2:$B$11,0)
5	錢單文	78	4	=RANK.AVG(B5,$B$2:$B$11,0)
6	李範文	67	7	=RANK.AVG(B6,$B$2:$B$11,0)
7	胡東來	95	1	=RANK.AVG(B7,$B$2:$B$11,0)
8	趙興望	72	6	=RANK.AVG(B8,$B$2:$B$11,0)
9	劉子中	74	5	=RANK.AVG(B9,$B$2:$B$11,0)
10	柳花花	85	3	=RANK.AVG(B10,$B$2:$B$11,0)
11	古至龍	87	2	=RANK.AVG(B11,$B$2:$B$11,0)

圖 6.79 參照儲存格的公式

▶ 公式說明

在 Excel 升級 2013 版之前，微軟公司沒有提供工作表函數來參照儲存格的公式，必須借用巨集表函數和定義名稱等知識點套用才可完成需求，步驟比較繁瑣。當 Excel 升級到 2013 版本後，預設的 FORMULATEXT 函數可以直接擷取儲存格中的公式，進而簡化了工作。

本例的需求比較簡單，直接使用 FORMULATEXT 函數參照儲存格即可。

▶ 使用注意

① FORMULATEXT 函數用於參照儲存格中的公式，當儲存格中沒有公式時將算出錯誤值。

② FORMULATEXT 函數只有一個參數，可以用儲存格或者範圍，不能用字串、陣列或者運算式。

③ FORMULATEXT 函數只支援 Excel 2013，用其他版本的 Excel 開啟工作簿時將無法正常顯示計算結果。

▶ 範例延伸

思考：計算 F1 儲存格的公式長度。

提 示：使 用 FORMULATEXT 函 數 參 照 公 式， 並 用 IFERROR 函 數 除 錯， 如 果 FORMULATEXT 函數計算值錯誤則將其轉換成空字串。最後再使用 LEN 函數計算公式長度。

尋找函數

範例 383 根據品名尋找單價（VLOOKUP）

範例檔案 第 6 章 \383.xlsx

依據產品品名從單價表中尋找單價，再與產品數量相乘計算金額。開啟範例檔案中的資料檔案，在儲存格 D2 中輸入以下公式：

=VLOOKUP(B2, 單價表 !A$2:C$11,3,FALSE)*C2

按下〔Enter〕鍵後公式將算出產品金額，圖 6.80 所示為單價表，圖 6.81 所示為計算結果。

	A	B	C
1	產品	產地	單價
2	A	江蘇	20
3	B	浙江	78
4	C	貴州	59
5	D	雲南	22
6	E	廣州	29
7	F	深圳	49
8	G	成都	73
9	H	東莞	63
10	I	大理	55
11	J	貴陽	49

單價表 / 銷貨表

圖 6.80　單價表

D2　fx　=VLOOKUP(B2,單價表!A$2:C$11,3,FALSE)*C2

	A	B	C	D	E	F
1	時間	品名	數量	金額		
2	08:50	D	2	44		
3	09:20	G	1	73		
4	10:00	D	2	44		
5	12:40	B	1	78		
6	14:10	A	6	120		
7	14:50	C	1	59		
8	18:20	D	6	132		
9	19:20	F	5	245		

單價表 / 銷貨表

圖 6.81　依據品名尋找單價

▶ 公式說明

本例公式首先利用 VLOOKUP 函數從單價表中 A2:A11 範圍的第一欄尋找品名“D”，找到之後算出該儲存格同一列的第三欄的單價，最後再用此單價與數量相乘得到金額。

當公式向下填滿時，公式會逐一尋找所有品名對應的單價，以及計算金額。

▶ 使用注意

① VLOOKUP 函數用於從陣列或者範圍的首欄尋找指定的值，如果找到則算出目標所在列的其他欄的值，這個其他欄的實際數量由第三參數決定。

② VLOOLUP 函數的第一參數是尋找對象，第二參數是被尋找的範圍或者陣列，第三參數代表算出所在的欄數，第四參數則用於控制匹配方式，該值為 TRUE 時表示糊模尋找，該值為 FALSE 時表示精確尋找。換言之，VLOOKUP 函數的功能是在第二參數代表的範圍或陣列的首欄中尋找第一參數的值，找到後算出範圍或者陣列中位於第三參數指定的欄的

值，尋找方式由第四參數決定。

　　③ VLOOKUP 只能用於橫向尋找，如果需要縱向尋找應使用 HLOOKUP 函數。

▶ 範例延伸

　　思考：從圖 6.80 中尋找產品的產地

　　提示：相對於本例公式，將 VLOOKUP 的第三參數修改成 2 即可。

範例 384　亂序資料表中尋找多個專案（VLOOKUP）

範例檔案　第 6 章 \384.xlsx

　　圖 6.82 中每個產品都有產地、單價、質保與送貨 4 個屬性，要根據每次銷售產品尋找其質保、產地、送貨與單價。

　　開啟範例檔案中的資料檔案，進入 "銷貨表"，在儲存格 C2 中輸入以下公式：

=VLOOKUP($B2, 單價表 !$A$2:$E$11,MATCH(C$1, 單價表 !$A$1:$E$1,0),0)

　　按下〔Enter〕鍵後，將公式向右填滿至 F2，再選擇 C2:F2 範圍，按兩下儲存格的填滿控點，將公式向下填滿，結果如圖 6.83 所示。

	A	B	C	D	E
1	產品	產地	單價	質保(年)	是否送貨
2	A	江蘇	33	0	否
3	B	浙江	33	2	是
4	C	貴州	55	3	是
5	D	雲南	28	0	是
6	E	廣州	21	1	否
7	F	深圳	79	4	是
8	G	成都	44	0	是
9	H	東莞	68	3	否
10	I	大理	21	1	否
11	J	貴陽	27	0	否

圖 6.82　單價表

C2　=VLOOKUP($B2,單價表!$A$2:$E$11, MATCH(C$1,單價表!$A$1:$E$1,0),0)

	A	B	C	D	E	F	G
1	時間	售出產品	質保(年)	產地	是否送貨	單價	
2	08:50	A	0	江蘇	否	33	
3	09:20	B	2	浙江	是	33	
4	10:00	C	3	貴州	是	55	
5	12:40	D	0	雲南	是	28	
6	14:10	E	1	廣州	否	21	
7	14:50	F	4	深圳	是	79	
8	18:20	A	0	江蘇	否	33	
9	19:20	B	2	浙江	是	33	

圖 6.83　亂序下尋找多個項目

▶ 公式說明

　　相對於範例 383，本例公式複雜許多。由於要求尋找多個項目，而且要尋找的項目在銷貨表中與單價表中的順序不一致，因此需要使用 MATCH 函數計算順序，然後以該順序作為 VLOOKUP 的第三參數去參照對應欄的值。

　　公式中 VLOOKUP 的最後一個參數使用了 0，它和 FALSE 的作用完全一致。

▶ 使用注意

　　① VLOOKUP 函數本身是尋找函數，它根據指定的列與欄來確定交叉點的目標值。

=VLOOKUP("A",{"B",1;"A",2;"C",4},2,0)

　　在上述公式中，VLOOKUP 函數根據第一參數 "A" 確定目標值在常數陣列中的列；第三參數 2 確定目標值在常數陣列中的欄，列與欄的交叉點即為目標值 2。

　　② 本例使用了精確尋找，第四參數為 0。用數值代替邏輯值時，0 當作 FALSE 處理，其他一切數值當作 TRUE 處理。

▶ 範例延伸

思考：相對於本例，如果某產品對應的範圍空白，尋找結果不能顯示 0，而是算出空字串，如何設定公式

提示：VLOOKUP 算出空白儲存格的值時，總是算出 0。可以利用 IF 函數隨意控制其計算值，也可以使用 "&""" 0 值轉換成空字串。

範例 385 將得分轉換成等級（VLOOKUP）

範例檔案 第 6 章 \385.xlsx

某校規定學生綜合得分 60 以下為 D 級，60（含）～80 為 C 級，80（含）～90 為 B 級，90（含）以上為 A 級。現在需要對 B 欄的得分轉化為等級評價。

開啟範例檔案中的資料檔案，在儲存格 C2 中輸入以下公式：

=VLOOKUP(B2,{0,"D";60,"C";80,"B";90,"A"},2,TRUE)

按下〔Enter〕鍵後，公式將算出第一個學生的等級。按兩下儲存格填滿控點，將公式向下填滿，結果如圖 6.84 所示。

C2	▼	fx	=VLOOKUP(B2,{0,"D";60, "C";80,"B";90,"A"},2,TRUE)		
	A	B	C	D	E	F
1	姓名	得分	評價			
2	諸華	97	A			
3	曲華國	44	D			
4	梁桂林	79	C			
5	羅至忠	95	A			
6	趙國	75	C			
7	石闡明	73	C			
8	梁愛國	67	C			
9	洪文強	38	D			
10	趙有國	72	C			
11	朱明	33	D			

圖 6.84　將得分轉換成等級

▶ 公式說明

本例公式根據已知條件設定一個二維陣列，包括 4 列兩欄，陣列中第一欄是成績，第二欄是每個成績對應的等級。VLOOKUP 函數在陣列的第一欄尋找得分，然後算出得分所在列、第 2 欄的等級。

本例公式使用了模糊尋找，即 VLOOKUP 在陣列的第一欄找不到與得分相同的數值時，就找比它小的最大值。例如，陣列的第一欄有 60 和 70，在尋找 65 時，由於不存在 65，因此將 60 作為匹配結果。在此情況下如果採用精確尋找則會算出錯誤值。

▶ 使用注意

① VLOOKUP 使用模糊尋找時，第四參數可以忽略不寫，即使用 TRUR 和忽略參數都可以得到相同的結果。

② 要準確地使用模糊尋找，必須對 VLOOKUP 第二參數的第一欄設定為升冪。以下兩個公式都無法獲得正確結果。

=VLOOKUP(B2,{90,"A";80,"B";60,"C";0,"D"},2)⟶降冪。

=VLOOKUP(B2,{90,"A";60,"C";80,"B";0,"D"},2)⟶亂序。

▶ 範例延伸

思考：在本例要求的基礎上，超過 100 時算出“數值有誤”

提示：對 VLOOKUP 第二參數增加一個列即可，該列指定得分及對應的等級。必須注意逗號和分號在公式的不同作用。

範例 386 尋找美元與報價（VLOOKUP）

範例檔案 第 6 章 \386.xlsx

某百貨公司的不同客戶要求用不同單位表示產品單價，其中部分為美元結算，部分為結算，兩個報價方式的價格分佈在兩個工作表中。要根據客戶要求的報價方式尋找不同的單價。

開啟範例檔案中的資料檔案，進入“出貨表”工作表，在儲存格 F2 中輸入以下公式：

=VLOOKUP(B2,INDIRECT(E2&" 報價 !A2:B9"),2,0)

按下〔Enter〕鍵後按兩下儲存格填滿控點，將公式向下填滿，圖 6.85 所示為報單表，圖 6.86 所示為根據“出貨表”E 欄的報價方式而尋找到的單價。

	A	B	C	D
1	品名	單價		
2	螺釘	0.5		
3	鉗子	8.5		
4	美工刀	15		
5	改錐	5		
6	一字鉗	3		
7	電筆	10		
8	測壓器	25		
9	網線鉗	20		
10				

歐元報價 / 美元報價 / 出貨表

圖 6.85 單價表

F2 =VLOOKUP(B2,INDIRECT(E2&"報價!A2:B9"),2,0)

	A	B	C	D	E	F	G
1	時間	出貨產品	數量	客戶	報價方式	單價	
2	10月4日	螺釘	11	A	美元	0.07	
3	10月5日	鉗子	61	C	美元	1.07	
4	10月6日	美工刀	44	B	歐元	15	
5	10月7日	網線鉗	36	D	歐元	20	
6	10月8日	螺釘	35	A	美元	0.07	
7	10月9日	鉗子	72	A	美元	1.07	
8	10月10日	美工刀	61	C	美元	1.8	
9	10月11日	改錐	15	B	歐元	5	
10	10月12日	改錐	11	D	歐元	5	
11	10月13日	一字鉗	60	A	美元	0.38	
12	10月14日	電筆	62	A	美元	1.25	
13	10月15日	測壓器	23	C	美元	3.13	
14	10月16日	一字鉗	70	B	歐元	3	
15	10月17日	電筆	29	D	歐元	10	
16	10月18日	測壓器	61	A	美元	3.13	
17	10月19日	網線鉗	11	A	美元	2.5	

圖 6.86 尋找對應的單價

▶ 公式說明

本例公式需要根據不同的報價方式在對應的工作表中尋找資料。由於報價方式與工作表名稱的關係是：每個客戶的報價方式連結“報價”二字等於存放單價的工作表名稱，因此本例利用 INDIRECT 函數將報價方式連結“報價”二字以及單價範圍的位址轉換成實際的範圍參照，然後透過 VLOOKUP 函數從該範圍中尋找對應的單價。

▶ 使用注意

① “報價”與資料範圍的位址“A2:A9”之間有一個驚嘆號，用於區分工作表名稱與儲存格位址，否則 INDIRECT 函數無法識別參數，將會得到錯誤值“#REF!”。

② EXCEL 2010 允許 VLOOKUP 的參照範圍為整欄，因此為了縮減公式長度，本例公式也可以改用如下方式輸入，而且並不會影響效率。

=VLOOKUP(B2,INDIRECT(E2&" 報價 !A:B"),2,0)

③ 本例必須用精確尋找，否則可能算出錯誤值。

▶ 範例延伸

思考：品名在第一列、單價在第二列，即橫向存放資料，應如何尋找其單價

提示：用 HLOOKUP 函數或者使用 TRANSPOSE 函數進行轉置。

範例 387 多條件尋找（VLOOKUP）

範例檔案 第 6 章 \387.xlsx

根據姓名、部門、職務三個條件尋找性別，且性別沒有位於資料表的最末欄。開啟範例檔案中的資料檔案，進入 "查詢表" 工作表，在儲存格 D2 中輸入以下陣列公式：

=VLOOKUP(A2&B2&C2,IF({1,0}, 資料表 !A2:A11& 資料表 !B2:B11& 資料表 !D2:D11, 資料表 !C2:C11),2,0)

按下〔Ctrl〕+〔Shift〕+〔Enter〕複合鍵後，公式將算出 A2:C3 三個條件對應員工的性別。圖 6.87 所示為資料表，圖 6.88 所示為查詢表。

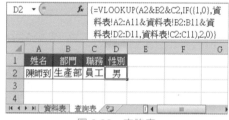

圖 6.87　資料表　　　　　　圖 6.88　查詢表

▶ 公式說明

VLOOKUP 函數本身只能對一個條件進行查詢，且只能從左向右查詢，而本例存在兩個問題：要按三個條件執行尋找，且尋找目標不在最右欄，因此首先需要將三個條件串連成一個條件進而解決第一個問題，然後利用 IF 函數將 "資料表" 中的姓名、部門和職務串連起來作為陣列的第一欄，以資料表中的性別作為第二欄，進而解決第二個問題。

▶ 使用注意

① 對於多條件尋找，通常採用串連條件進而轉化成單條件的手法處理。

② 本例中 IF 的作用是將 "資料表" 中的 4 欄轉化成一個 10 列 2 欄的二維陣列。

③ 本例中 IF 的功能也可以用 CHOOSE 來替代。公式如下。

=VLOOKUP(A2&B2&C2,CHOOSE({1,2}, 資料表 !A2:A11& 資料表 !B2:B11& 資料表 !D2:D11, 資料表 !C2:C11),2,0)

④ 尋找目標沒有位於最右邊時可以使用 VLOOKUP+IF 組合執行，但是使用 INDEX+MATCH 組合其實更好，在後面講述 MATCH 函數時會有範例。

▶ 範例延伸

思考：如果根據 A2:C2 下拉清單選擇的條件找不到任何記錄，如何算出空白

提示：在本例公式外面套一層 IFERROR 函數排除錯誤。

範例 388 尋找最後更新單價（VLOOKUP）

範例檔案 第 6 章 \388.xlsx

部分產品的單價會時常更新，而部分產品的單價不更新，如圖 6.89 所示。要從 "單價表" 中尋找最後一次更新的單價。

	A	B	C	D	E
1	品名	單價（依市價更新）			
2	C	159（1月）			
3	G	120（1月）	122（2月）	118（4月）	130（7月）
4	D	159（1月）			
5	A	100（1月）	111（3月）	108（5月）	
6	B	180（1月）			
7	E	80（1月）	88（2月）	85（4月）	
8	F	159（1月）			
9	H	250（1月）	252（2月）	248（5月）	250（6月）

圖 6.89　尋找最後更新單價

開啟範例檔案中的資料檔案，進入 "銷貨表"，在儲存格 C2 中輸入以下陣列公式：
=VLOOKUP(10^16,--LEFT(VLOOKUP(B2, 單 價 表 !A:Z,COUNTA(INDIRECT(" 單 價 表 !A"&MATCH(B2, 單價表 !A:A,0)&":Z"&MATCH(B2, 單價表 !A:A,0)),0),ROW($1:$16)),1)

輸入公式後按兩下儲存格的填滿控點，將公式向下填滿，結果如圖 6.90 所示。

| C2 | ▼ | fx | {=VLOOKUP(10^15,--LEFT(VLOOKUP(B2,單價表!A:Z, COUNTA(INDIRECT("單價表!A"&MATCH(B2,單價表!A:A, 0)&":Z"&MATCH(B2,單價表!A:A,0))),0),ROW($1:$15)),1)} |

	A	B	C	D	E	F	G	H
1	時間	產品	單價					
2	08:50	C	159					
3	09:25	D	159					
4	10:00	E	85					
5	10:35	A	108					
6	11:10	B	180					
7	11:45	F	159					
8	12:20	G	130					
9	12:55	C	159					

圖 6.90　參照單價

▶ 公式說明

本例公式中 COUNTA 函數用於確定尋找目標在單價表中的欄數，即最後一個非空欄的欄號，而 VLOOKUP 函數的作用是將尋找出來的單價去掉括弧及括弧中的月份，只保留單價。

▶ 使用注意

LEFT 函數擷取出單價後是字串型數字，需要轉換成數值後 VLOOKUP 函數才能識別，否則將產生錯誤值。

▶ 範例延伸

思考：計算最後的單價的制定時間

提示：找出單價所在儲存格的資料後，尋找左括弧的位置，將其之前的字元取代掉。

範例 389 用不確定條件尋找（VLOOKUP）

範例檔案 第 6 章 \389.xlsx

資料表中包括姓名、工號、性別、年齡及籍貫，如圖 6.91 所示。要根據姓名或者工號尋找其籍貫、年齡，即尋找條件可能是姓名，也可能是工號。

開啟範例檔案中的資料檔案，進入 "查詢表"，在 B2 和 C2 分別輸入以下陣列公式：

=VLOOKUP(A2&"",IF({1,0},IF(COUNTIF(資料表 !A2:A10,A2)=0, 資料表 !B2:B10, 資料表 !A2:A10), 資料表 !E2:E10),2,0)

=VLOOKUP(A2&"",IF({1,0},IF(COUNTIF(資料表 !A2:A10,A2)=0, 資料表 !B2:B10, 資料表 !A2:A10), 資料表 !D2:D10),2,0)

上述兩個公式分別算出 A2 指定條件所對應的籍貫和年齡，結果如圖 6.92 所示。

	A	B	C	D	E
1	姓名	工號	性別	年齡	籍貫
2	張小花	6599	男	17	台中
3	黃正東	1018	男	16	彰化
4	柳芳	0636	女	17	雲林
5	張之麗	4480	女	20	嘉義
6	曲無貴	8493	女	29	南投
7	陳昇	5763	女	28	苗栗
8	朱古麗	8730	男	27	花蓮
9	張爽	2798	女	19	台南
10	吳歡	0652	女	29	台北

圖 6.91　資料表

圖 6.92　查詢結果

▶ 公式說明

本例第一個公式首先判斷 A2 的條件是否包含於 "資料表" A2:A10 範圍，如果不包含（即 A2 的資料在 "資料表" 中的出現次數等於 0）則算出 B 欄工號範圍，否則算出 A 欄姓名範圍，然後利用 IF 函數將其與 E 欄的籍貫範圍組成一個二維陣列。

VLOOKUP 在該陣列中尋找 A2 的值，算出陣列第 2 欄的對應值。

為了防止 A2 中輸入的值是數值，導致與 "資料表" B 欄的字串型數字不搭配，進而無法尋找，公式中利用連結一個空字串來強制轉化成字串，達到除錯的目的。

▶ 使用注意

將 A2 轉換成字串也可以採用 TEXT 函數，相對於本例公式有一個優越性：A2 為三位數時可以強制轉換成 4 位數。例如，A2 為 "652" 時，仍然可以正確找到目標值。

=VLOOKUP(TEXT(A2,"0000;;;@"),IF({1,0},IF(COUNTIF(資料表 !A2:A10,A2)=0, 資料表 !B2:B10, 資料表 !A2:A10), 資料表 !E2:E10),2,0)

▶ 範例延伸

思考：利用 CHOOSE 函數取代本例中的兩個 IF 函數

提示：第一個 IF 取代成 CHOOSE 後，其第一參數必須用常數陣列 "{1,2}"，第二個 IF 取代成 CHOOSE 後，其第一參數需要將 COUNTIF 運算式中的 " = 0" 改為 "+1" 即可。

範例 390 按學歷對姓名排序（VLOOKUP）

範例檔案 第 6 章 \390.xlsx

按照大學、高中、國中、小學的順序對 A 欄的姓名降冪排列。開啟範例檔案中的資料檔案，在 C2 儲存格輸入以下陣列公式：

=VLOOKUP(MOD(SMALL(MATCH(B$2:B$10,{" 大 學 ";" 高 中 ";" 國 中 ";" 小 學 "},0)*1000+ROW($2:$10),ROW(A1)),1000),IF({1,0},ROW($2:$10),A$2:A$10),2,0)

按下〔Ctrl〕+〔Shift〕+〔Enter〕複合鍵後公式將算出最高學歷者的姓名。按兩下儲存格填滿控點，將公式向下填滿，結果如圖 6.93 所示。

	A	B	C	D	E	F	G	H
1	姓名	學歷		按學歷排序				
2	張小花	小學		黃正東				
3	黃正東	大學		陳芳				
4	柳芳	國中		張爽				
5	張之麗	高中		張之麗				
6	曲無貴	高中		曲無貴				
7	陳芳	大學		柳芳				
8	朱古麗	小學		吳歡				
9	張爽	大學		張小花				
10	吳歡	國中		朱古麗				

圖 6.93　按學歷對姓名排序

▶ 公式說明

本例公式首先計算每個人的學歷在排序標準 "{ 大學 ";" 高中 ";" 國中 ";" 小學 "}" 中的排序，然後擴大到 1000 倍並加上其列號，並用 SMALL 函數將其升冪排列。升冪排列的列號所對應的人的學歷正好降冪排列。再之後用 MOD 函數逐一取出已經按學歷降冪排列的列號。VLOOKUP 的第二參數是用 IF 函數將每個姓名的原始列號和姓名組成的一個二維陣列，VLOOKUP 函數從該陣列中尋找降冪排列的學歷所對應的列號，最後算出降冪排列的學歷對應的姓名，進而執行按學歷降冪排列所有姓名。

▶ 使用注意

① 如果每個學歷都只對應一人，那麼公式會簡單很多。實際工作中會有很多人擁有相同的學歷，為了將其區分開來，本例加入了 ROW($2:$10) 作為識別條件，VLOOKUP 函數會根據列號大小逐一參照同學歷的姓名。

② 本例也可以使用如下公式完成。

=INDEX(A:A,MOD(SMALL(MATCH(B$2:B$10,{" 大 學 ";" 高 中 ";" 國 中 ";" 小 學 "},0)*1000+ROW($2:$10),ROW(A1)),1000))

▶ 範例延伸

思考：在 D 欄算出 C 欄的姓名所對應的學歷

提示：相對於本例公式，將 VLOOKUP 的第三參數 "A\$2:A\$10" 改成 "B\$2:B\$10"。

範例 391 多工作表成績加總並尋找最大值（VLOOKUP）

範例檔案 第 6 章 \391.xlsx

活頁簿中有某班學生 6 年中的成績，每個工作表中學生姓名排序一致。現在需要尋找 D2 儲存格指定的同學 6 年中的最高成績。

開啟範例檔案中的資料檔案，在 E2 儲存格輸入以下陣列公式：

=TEXT(VLOOKUP(MAX(SUBTOTAL(9,INDIRECT(TEXT(ROW(1:6),"[DBNum1]")&" 年級 !B" &MATCH(D2,A:A,0)))),IF({1,0},SUBTOTAL(9,INDIRECT(TEXT(ROW(1:6),"[DBNum1]")&" 年 級 !B"&MATCH(D2,A:A,0)))),ROW(1:6)),2,0),"[DBNum1]")

按下〔Ctrl〕+〔Shift〕+〔Enter〕複合鍵後公式算出最高成績的年級，結果如圖 6.94 所示。

	A	B	C	D	E	F	G
1	姓名	平均成績		姓名	最高成績是幾年級		
2	趙宏	100		周麗艦	五		
3	錢亮	55					
4	孫三麗	99					
5	李芳	65					
6	周麗艦	67					
7	吳秀	92					
8	鄭泰中	98					
9	王中正	53					
10	馮文	95					

E2 儲存格公式列：{=TEXT(VLOOKUP(MAX(SUBTOTAL(9,INDIRECT(TEXT(ROW(1:6),"[DBNum1]")&"年級!B"&MATCH(D2,A:A,0)))),IF({1,0},SUBTOTAL(9,INDIRECT(TEXT(ROW(1:6),"[DBNum1]")&"年級!B"&MATCH(D2,A:A,0)))),ROW(1:6)),2,0),"[DBNum1]")}

工作表標籤：一年級 / 二年級 / 三年級 / 四年級 / 五年級 / 六年級

圖 6.94　尋找 6 年中最高成績是在哪一年

▶ 公式說明

本例公式首先利用 MATCH 函數計算 D2 姓名在 A 欄中的排序，再用 INDIRECT 函數產生 6 個工作表相對的儲存格的參照。因 MAX 無法對跨表的三維參照計算最大值，故借用 SUBTOTAL 函數將其轉化為一維陣列再求最高成績。然後利用 IF 函數將 6 年中的成績和陣列 "{1,2,3,4,5,6}" 組成二維陣列。VLOOKUP 從該陣列的第一欄中尋找最高成績，算出陣列 "{1,2,3,4,5,6}" 中對應的數字。最後用 TEXT 函數將該計算值格式化為中文小寫。

▶ 使用注意

本例中的 SUBTOTAL 函數的作用也可以透過 N 函數來代替，而且 VLOOKUP 函數也可以不用，改用其他方向，公式如下。

=TEXT(MOD(MAX(N(INDIRECT(TEXT(ROW(1:6),"[DBNum1]")&" 年級 !B"&MATCH(D2,A:A, 0)))*1000+ROW(1:6)),1000),"[DBNum1] 年級 ")

▶ 範例延伸

思考：列出 D2 指定的學生在 6 年中的成績

提示：相對於本例公式，刪除 MAX、VLOOKUP 函數即可。

範例 392 對帶有合併儲存格的範圍進行尋找（VLOOKUP）

範例檔案 第 6 章 \392.xlsx

公司規定所有人員工作多年後都可以享有帶薪年假，年假天數與工作時間的長短成正比，員工和幹部的年假計算不一致。要根據圖 6.95 中 A ～ C 欄的參照範圍尋找 R2:F2 指定人員的年假天數。

開啟範例檔案中的資料檔案，在 G2 儲存格輸入以下公式：

=VLOOKUP(F2,OFFSET(B2,MATCH(E2,A2:A13,0)-1,,4,2),2)

按下〔Enter〕鍵後，公式將算出符合 E2:F2 指定條件的休假天數，結果如圖 6.95 所示。

圖 6.95　根據年資尋找員工、幹部和經理的年假

▶ 公式說明

本例公式利用 MATCH 函數計算出 E2 的職務在 A 欄的出現位置，OFFSET 函數根據該位置取出對應的年資與年假的關係表，最後用 VLOOKUP 函數從該表中尋找對應的年假。

▶ 使用注意

① 本例公式中 MATCH 函數使用了精確尋找，該計算結果可以定位 E2 的職務對應的資料範圍。VLOOKUP 函數則使用了模糊尋找，表示職員的年資無法在數據範圍中直接查到時就定位比它小的最大值。

② 本例也可以採用如下兩個公式之一完成。

=VLOOKUP(F2,OFFSET(INDIRECT（"B"&MATCH(E2,A2:A13,0)+1),,,4,2),2)

=VLOOKUP(F2,INDIRECT（"B"&(MATCH(E2,A2:A13,0)+1)&":C"&(MATCH(E2,A2:A13,0)+4)),2)

▶ 範例延伸

思考：如果 E2 儲存格輸入的職務在 A 欄中存在，則算出空白

提示：套用 IFERROR 即可，E2 的字元不是 "員工"、"幹部"、"經理" 時算出空字串。

範例 393 尋找最高成績者姓名（HLOOKUP）

範例檔案 第 6 章 \393.xlsx

工作表中奇數欄存放姓名，偶數欄存放分數，要尋找最高成績者姓名。開啟範例檔案中的資料檔案，在 D4 儲存格輸入以下陣列公式：

=HLOOKUP(MAX(A2:H2),IF({1;0},B2:H2,A2:G2),2,FALSE)

按下〔Ctrl〕+〔Shift〕+〔Enter〕複合鍵後公式將算出最高成績姓名，結果如圖 6.96 所示。

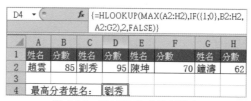

圖 6.96 尋找最高成績者姓名

▶ 公式說明

本例公式首先計算第二列中的最高成績，然後用 IF 函數將 B2:H2 和 A2:G2 兩個範圍轉換成一個二維陣列。HLOOKUP 函數則從該二維陣列的第一列尋找最高成績，找到後算出同欄中第二列的姓名。本例使用精確尋找。

▶ 使用注意

① 因 HLOOKUP 函數只能縱向尋找，所以本例需要將 B2:H2 和 A2:G2 轉換成一個縱向的二維陣列，且 B2:H2 在第一列、A2:G2 在第二列。IF 函數的第一參數所使用的常數陣列需要使用分號，而 VLOOKUP 函數在達成同類需求時都用逗號。

② MAX 計算最大值時可以忽略字串，所以本例中直接參照 A2:H2 作為 MAX 的參數。如果奇數欄也包含數字，則需要改用以下運算式計算最大值。

=MAX(IF(MOD(COLUMN(A:H),2)=0,A2:H2))

③ 本例也可以使用如下公式完成。

=HLOOKUP(MAX(A2:H2),CHOOSE({1;2},B2:H2,A2:G2),2,FALSE)

=INDEX(2:2,MATCH(MAX(A2:H2),2:2,0)-1)

=OFFSET(A2,,MATCH(MAX(A2:H2),2:2,0)-2)

=LOOKUP(1,0/(B2:H2=MAX(A2:H2)),A2:G2)

▶ 範例延伸

思考：如果存在多個人員分數並列第一，將所有姓名列出來

提示：先計算最高成績，然後用 IF 函數逐一檢查每個成績是否等於該最大值。如果等於最大值則算出其欄號，再將欄號按升冪排列，作為 INDEX 函數的參數參照姓名。

範例檔案 第 6 章 \394.xlsx

某公司每月舉列一次展銷會，會展上塑膠機在 3 月前每台 25 萬元，3 ～ 8 月降價為 19 萬元，8 月之後為 18 萬元；而粉碎機在 5 月前每件 12.5 萬元，5 ～ 10 月為 10 萬元，8 月之後為 11 萬元。現在需要計算兩個產品的每次展銷會價格。

開啟範例檔案中的資料檔案，在 C2 儲存格輸入以下公式：

=HLOOKUP(MONTH(A2),IF(B2=" 塑膠機 ",{0,3,8;25,19,18},{0,5,10;12.5,10,11}),2)

按下〔Enter〕鍵後，公式將算出第一個產品的價格。按兩下儲存格填滿控點，將公式向下填滿，結果如圖 6.97 所示。

	A	B	C	D	E
	展銷會日期	品名	價格(萬)		
2	2014/1/1	塑膠機	25		
3	2014/2/1	粉碎機	12.5		
4	2014/3/1	塑膠機	19		
5	2014/4/1	粉碎機	12.5		
6	2014/5/1	塑膠機	19		
7	2014/6/1	塑膠機	19		
8	2014/7/1	粉碎機	10		
9	2014/8/1	塑膠機	18		
10	2014/9/1	粉碎機	10		
11	2014/10/1	粉碎機	11		
12	2014/11/1	粉碎機	11		
13	2014/12/1	塑膠機	18		

C2 的公式為 =HLOOKUP(MONTH(A2),IF(B2="塑膠機",{0,3,8;25,19,18},{0,5,10;12.5,10,11}),2)

圖 6.97　計算兩個產品不同時期的單價

▶ 公式說明

本例公式首先計算 A 欄展銷會的月份，然後使用兩個二維常數陣列作為 "塑膠機" 和 "粉碎機" 每個月的價格參照表。IF 函數根據 B 欄的品名取出對應的陣列，HLOOKUP 函數根據月份從陣列的第一列尋找對應的月份，算出該月對應的價格。本例 HLOOKUP 函數忽略第四參數，即使用模糊尋找。當在常數陣列第一列找不到對應的月份時，則鎖定比它小的所有資料中的最大值，然後算出該最大值所在欄的價格。

▶ 使用注意

① 本例也可以改用如下公式完成。

=LOOKUP(MONTH(A2),IF(B2=" 塑膠機 ",{0,3,8;25,19,18},{0,5,10;12.5,10,11}))

② 本例公式忽略了 HLOOKUP 函數的最後一個參數，表示採用模糊尋找，和最一個參數該值為 TRUE 的運算結果一致。

▶ 範例延伸

思考：改用 VLOOKUP 完成本例計算

提示：相對於本例公式，修改橫向的常數數為縱向即可。

範例 395 多條件計算加班費（HLOOKUP）

範例檔案 第 6 章 \395.xlsx

某公司規定：加班時間不高於 20 分鐘按 0 小時計算，21 ～ 50 分鐘（包含 50 分鐘）按 0.5 小時計算，51 ～ 60 分鐘按 1 小時計算。加班費則是加班時間不高於 2 小時按 5 元／小時計算，高於 2 小時按 6 元／小時計算。現根據圖 6.98 中的加班時間計算每個人的加班費。

開啟範例檔案中的資料檔案，在 C2 儲存格輸入以下公式：

=TEXT(HOUR(B2)+HLOOKUP(MINUTE(B2),{0,20.0001,50.0001;0,0.5,1},2),"[>2]6;5")*HOUR(B2)+HLOOKUP(MINUTE(B2),{0,20.0001,50.0001;0,0.5,1},2)

按下〔Enter〕鍵後，公式將算出第一個人員的加班時間。按兩下儲存格填滿控點，將公式向下填滿，結果如圖 6.98 所示。

	A	B	C	D	E
1	姓名	加班時間（分鐘）	加班費		
2	張未明	01:48	5.5		
3	陳越	03:04	18		
4	黃明秀	02:15	10		
5	古至龍	00:59	1		
6	李範文	00:50	0.5		
7	錢單文	01:25	5.5		
8	朱麗華	02:33	12.5		
9	梁文興	01:09	5		
10	劉專洪	02:50	12.5		
11	朱君明	01:34	5.5		

C2 儲存格公式：=TEXT(HOUR(B2)+HLOOKUP(MINUTE(B2),{0,20.0001,50.0001;0,0.5,1},2),"[>2]6;5")*HOUR(B2)+HLOOKUP(MINUTE(B2),{0,20.0001,50.0001;0,0.5,1},2)

圖 6.98　根據加班時間計算加班費

▶ 公式說明

本例公式首先利用 HLOOKUP 函數將加班時間中的分鐘轉換成小時，其中 20 分鐘和 50 分鐘分別加上 0.0001 是為了使員工加班時間剛好為 20 或者 50 分鐘時可以向下捨去。然後利用 TEXT 函數將計算出的小數時轉換成加班費計算係數，即加班小時數大於 2 時算出 6，否則算出 5。最後再用每個員工的加班費係數乘以加班小時數得到加班費。

▶ 使用注意

① 本例公式的計算結果是時間格式，可以配合自訂儲存格數字格式或者使用 TEXT 函數來將其轉換成預設的 "常規" 格式。

② 本例必須使用模糊尋找，HLOOKUP 函數的最後一個參數忽略或者該值為 TRUE 皆可。

▶ 範例延伸

思考：用 HLOOKUP 函數執行本例中 TEXT 函數的功能

提示：將 TEXT 函數的參數 "[>2]6;5" 改成 HLOOKUP 函數可以進行尋找二維陣列。

圖 6.99 所示為學生資料表，包括班級、姓名、學號、性別、民族、住址、出生日期和准考證號。

	A	B	C	D	E	F	G	H
1	班級	姓名	學號	性別	民族	住址	出生日期	准考證號
2	一年級1班	趙明亮	0780	男	漢族	正東街5幢203室	92年8月	S1111
3	一年級1班	錢極多	0365	男	漢族	東山村3隊	90年5月	S0739
4	一年級1班	孫無忌	1801	男	漢族	城西好吃街12號	92年4月	S0368
5	一年級1班	李有義	0071	男	彝族	東山村12隊	92年2月	S0355
6	一年級1班	周文采	1893	女	回族	東山村12隊	91年4月	S1006
7	一年級1班	吳武功	1891	男	漢族	星光街15號7樓	91年5月	S1021
8	一年級2班	鄭合適	1757	女	彝族	文廟昌順樓208室	93年1月	S0252
9	一年級2班	王不宜	1713	男	漢族	正東街解放路10號	91年11月	S0603
10	一年級2班	馮永麗	0876	女	漢族	諒山村1隊	93年6月	S0416
11	一年級2班	陳常青	1549	女	漢族	城郊馬屋村3隊	91年9月	S1237

圖 6.99　學生資料表

現在需要求從"學生檔案庫"中擷取班級、姓名、性別和准考證號四項資料用於製作准考證。准考證的格式如圖 6.100 所示。每個准考證都有虛線邊框，准考證與准考證之間有橫向間隔列與縱向間隔欄，以方便裁剪。

圖 6.100　准考證的格式

開啟範例檔案中的資料檔案，新增工作表，在 B2:B5 分別輸入"班級"、"姓名"、"性別"和"准考證號"，並在 D2 儲存格輸入以下公式：

=HLOOKUP(B2, 學生檔案庫 !$1:$11,ROUNDUP(COLUMN()/5,0)+1+INT(ROW()/7)*2,FALSE)

按下〔Enter〕鍵後，公式將算出第一個學生的班級。將公式向下填滿至 D5，可以產生第一個學生的班級、姓名、性別和准考證號。然後設定儲存格的邊框，以及設定每欄的寬度。調整適當後選擇 A:F 欄並複製，再選擇 G 欄按下〔Ctrl〕+〔V〕複合鍵貼上數據。

接著選擇 1:7 列並複製，選擇 8:35 列後按下〔Ctrl〕+〔V〕複合鍵貼上資料，最終結果如圖 6.101 所示。

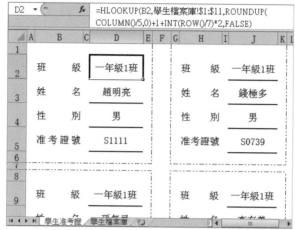

圖 6.101 填滿公式產生列印格式的准考證

▶ 公式說明

　　本例的需求是分兩欄列印准考證，每個准考證除內容外加上間隔列共佔用 7 列。所以本例公式利用 HLOOKUP 函數尋找 "學生檔案庫" 中的資料時，透過表達式 "ROUNDUP(COLUMN()/5,0)+1+INT(ROW()/7)*2" 產生從 2 開始 11 結束的序列對檔案庫進行擷取值。且該序號在不同儲存格產生的序列可以組成一個 5 列 2 欄的陣列："2,3;4,5;6,7;8,9;10,11"，以該陣列作為 HLOOKUP 的第三參數剛好可以對檔案庫逐列擷取資料。本例中使用精確尋找。

▶ 使用注意

　　① 本例和以前所有範例的不同點在於需要輸入多個公式，但有公式的儲存格都在不連續的範圍中。所以填滿公式時不能對有公式的儲存格進行拖曳，而對整個准考證範圍進行複製、貼上，進而達成公式和不帶公式範圍資料的整體填滿。

　　② 准考證為了列印更美觀，部分列高或者欄寬與其他儲存格不一致，而填滿公式或者儲存格複製時無法將設定定的列高與欄寬一併複製到新的範圍。為了提升效率，避免重複工作，本例中使用整列和整欄複製，使第一個准考證範圍的所有格式資訊都覆蓋到新的範圍，包括公式、標題、邊框、列高和欄寬。

　　③ 如果每個准考證需要佔用 8 列，則可以將本例公式中的 "ROW()/7" 做相對的修改，其中 7 改成 8 即可，公式如下。

　　=HLOOKUP(B2, 學生檔案庫 !$1:$11,ROUNDUP(COLUMN()/5,0)+1+INT(ROW()/8)*2,FALSE)

▶ 範例延伸

　　思考：如果每頁紙需要列印 4 欄，即橫向排列 4 個學生的准考證，如何修改公式

　　提示：相對於本例公式，修改 HLOOKUP 的第三參數為 "ROUNDUP(COLUMN()/6,0)+1+INT(ROW()/7)*4" 即可。

範例 397 不區分大小寫判斷兩欄相同資料個數（MATCH）

範例檔案 第 6 章 \397.xlsx

開啟範例檔案中的資料檔案，在 D2 儲存格輸入以下陣列公式：

=COUNT(MATCH(A2:A11,B2:B11,0))

按下〔Ctrl〕+〔Shift〕+〔Enter〕複合鍵後，公式將算出兩個範圍中相同資料個數，結果如圖 6.102 所示。

D2	▼		fx	{=COUNT(MATCH(A2:A11,B2:B11,0))}		
	A	B	C	D	E	F
1	資料一	資料二		相同個數		
2	left	rand		8		
3	right	Bug				
4	mid	thanKs				
5	round	right				
6	rand	mid				
7	Bug	rOund				
8	thanks	monny				
9	monny	text				
10	test	left				
11	After	after				

圖 6.102　不區分大小寫判斷兩欄相同資料個數

▶ 公式說明

本例公式首先利用 MATCH 函數計算 A2:A11 的所有儲存格資料在 B2:B11 範圍的順序，得到一個一維縱向陣列。如果 B 欄不包括 A 欄某個資料，則算出錯誤值 "#N/A"。然後用 COUNT 函數統計陣列中的數值個數，該數值個數即 A 欄與 B 欄的相同數據個數，不區分大小寫。

▶ 使用注意

① MATCH 函數用於計算一個字串在一個欄或者一列中的出現順序，支援精確搜尋和模糊搜尋。函數包括三個參數，第一參數是需要在範圍或者陣列中尋找的數值；第二參數表示一個範圍或者陣列，MATCH 在此範圍或者陣列中尋找第一參數的值，算出第一參數在第二參數中的出現位置；第三參數是可選擇參數，當忽略參數或者參數是 TRUE 以及 1 和 -1 時，其搜尋方式為模糊搜尋。如果第三參數使用 FALSE 或者 0，則其搜尋方式為精確搜尋。

② MATCH 函數只能尋找目標資料在單個範圍或者單個陣列中的出現順序，而且該範圍或者陣列必須是單欄或者單列。如下公式都無法正確尋找到目標值的順序。

=MATCH("A",{"C";"F";"R";"Y"},0)──→第二參數使用了二維陣列。

=MATCH("A",A2:B11,0)──→第二參數參用了多列多欄的範圍。

▶ 範例延伸

思考：統計兩欄中不同的資料個數

提示：在 MATCH 函數外面套用 ISNA 函數判斷是否有錯誤值，用 SUM 加總錯誤值個數。

範例 398 按中文評語進行排序（MATCH）

範例檔案 第 6 章 \398.xlsx

學校對學生成績無關的其他進行評價時不採用評分，而是評語。評語的排名方式在“排名標準”工作表 A1:A9 中，效果如圖 6.103 所示。現在需要對 A2:B12 的 11 個人員進行降冪排列，同時參照每個人員的評語。

開啟範例檔案中的資料檔案，選擇 D2:E12 儲存格再輸入以下陣列公式：

=INDEX(A:B,MOD(SMALL(MATCH($B$2:$B$12, 排名標準 !$A$2:$A$9,)*100+ROW($B$2:$B$12),ROW(2:12)-1),100),{1,2})

按下〔Ctrl〕+〔Shift〕+〔Enter〕複合鍵後，公式將按評語降冪排列出所有人員姓名及評語，結果如圖 6.104 所示。

	A	B	C
1	排名標準		
2	優++		
3	優+		
4	優		
5	良+		
6	良		
7	及格		
8	差		
9	差+		

學生評語　排名標準

圖 6.103　評比標準

D2　{=INDEX(A:B,MOD(SMALL(MATCH($B$2:$B$12,排名標準!$A$2:$A$9,)*100+ROW($B$2:$B$12),ROW(2:12)-1),100),{1,2})}

	A	B	C	D	E	F	G	H
1	姓名	評語		姓名（降冪）	評語			
2	孔融	優		山濤	優++			
3	陳琳	及格		向秀	優++			
4	王粲	優+		王粲	優+			
5	徐幹	良+		阮瑀	優+			
6	阮瑀	優+		劉楨	優+			
7	應瑒	差		孔融	優			
8	劉楨	優+		徐幹	良+			
9	嵇康	及格		阮籍	良+			
10	阮籍	良+		陳琳	及格			
11	山濤	優++		嵇康	及格			
12	向秀	優++		應瑒	差			

圖 6.104　按評語降冪排列出所有人員姓名及評語

▶ 公式說明

本例公式首先計算 B 欄的所有評語在“排中標準”工作表 A2:A9 範圍的排序，然後將排序擴大到 100 倍再加上列號。SMALL 函數將其按從小到大的順序排列，再配合 MOD 函數將其列號擷取出來，而該列號正是降冪排列後人員姓名所處的列號，所以將該列號作為 INDEX 函數的第一參數即可按降冪列出所有人員姓名，以及參照其評語。

▶ 使用注意

① 本例公式中排名方式和數值排名的方向不同，本例利用 MATCH 函數將學生的評語基於評比標準範圍進行排序計算，其排序是第幾，則是第幾名。

② 本例 INDEX 函數使用第三參數，第三參數利用常數陣列“{1,2}”可以使公式分別參照 A:B 範圍的第一欄、第二欄。

▶ 範例延伸

思考：按中文評語進行升冪排列

提示：相對於本例公式，將 SMALL 修改成 LARGE 即可。

開啟範例檔案中的資料檔案，在 E2 儲存格輸入以下陣列公式：

=INDIRECT("A"&(MATCH(1,0/(A:A<>""))))

按下〔Ctrl〕+〔Shift〕+〔Enter〕複合鍵後，公式將算出 E 欄最後一個非空白列的資料，結果如圖 6.105 所示。

E2	▼		*fx*	{=INDIRECT("A"&(MATCH(1,0/(A:A<>""))))}		
	A	B	C	D	E	F
1	編號	組員	組員		A列最後一個資料	
2	1組	曾凡	劉星秀		4組	
3		陳忠實	劉明麗			
4	2組	張華	胡月			
5		周真玲	周宏初			
6	3組	徐華	梁賽			
7		陳芳	周利英			
8	4組	劉紛芳	古大君			
9		黃誠實	勾沈			

圖 6.105　擷取 A 欄最後一個資料

▶ 公式說明

本例公式首先利用表達式 "A:A<>""" 將 A 欄每個非空白儲存格轉換成 TRUE，將空值轉換成 FALSE。當 0 除以該 TRUE 和 FALSE 組成的陣列時，邏輯值 TRUE 轉換成 0，而邏輯值 FALSE 轉換成錯誤值。MATCH 函數從包括 0 和錯誤值的陣列中尋找數值 1，當無法找到目標值 1 時，將算出比它小的最大值 0 所出現的位置。公式中 0 出現的次數超過 1 次，則算出最後一次的位置。INDIRECT 根據該位置算出對應的儲存格參照。

▶ 使用注意

① 本例公式中 MATCH 使用了模糊尋找。其第三參數省略，表示陣列中無法尋找到目標值時，它將尋找比目標值小的最大值。對於中文、字母、數字、邏輯值等的大小排序為：
…、-2、-1、0、1、2、…、A-Z、中文、FALSE、TRUE

② MATCH 的第三參數使用模糊尋找時，要求其第二參數的陣列按順序排列，否則可能無法尋找到預期的結果。其規則為：如果 MATCH 第三參數使用 1 或者忽略，則尋找小於或等於目標值的最大數值，第二參數必須按升冪排列；如果 MATCH 第三參數使用 -1，則尋找大於或等於目標值的最小數值，第二參數必須按降冪排列。

③ 本例中 MATCH 的第三參數也可以使用 -1 來完成尋找，但其第一參數必須小於 0：

=INDIRECT("A"&(MATCH(-1,0/(A:A<>""),-1)))

▶ 範例延伸

思考：擷取第一列最後一個非空白儲存格的資料

提示：相對於本例公式，將 "A:A" 轉換成 "1:1"，而 INDIRECT 需要套用 ADDRESS。

範例 400 擷取字串中的中文（MATCH）

範例檔案 第 6 章 \400.xlsx

A 欄的資料中包括數字、中文和英文，其中英文字母包括半形和全形。現在需要擷取各字串中的中文。

開啟範例檔案中的資料檔案，在 B2 儲存格輸入以下陣列公式：

=MID(A2,MATCH(1,1/(MID(A2,ROW($1:$99),1)>=" 啊 "),),SUM(MATCH({1,2},1/(MID(A2,ROW($1:$99),1)>=" 啊 "),{0,1})*{-1,1})+1)

按下〔Ctrl〕+〔Shift〕+〔Enter〕複合鍵後，公式將算出 A2 儲存格中的中文。按兩下儲存格填滿控點，將公式向下填滿，結果如圖 6.106 所示。

B2	▼	fx	{=MID(A2,MATCH(1,1/(MID(A2,ROW($1:$99),1)>="一"),),SUM(MATCH({1,2},1/(MID(A2,ROW($1:$99),1)>="一"),{0,1})*{-1,1})+1)}

	A	B	C	D
1	數據	擷取中文		
2	資料庫ＡＣＣＥＳＳ2003	資料庫		
3	試算表Excel2003	試算表		
4	ＷＯＲＤ排版2007！	排版		
5	影像處理ＰＨＯＴＯshop 6.0	影像處理		
6	網頁計算ＦＲＯＮＧpage2007	網頁計算		
7	模具設計auto ＣＡＤ2004	模具設計		
8	Visual Basic6.0	#N/A		

圖 6.106　擷取字串中的中文

▶ 公式說明

本例公式首先假設 A 欄的字元長度都不大於 99 個，利用 MID 函數從參照儲存格中擷取第 1～99 個字元，不足 99 個則會擷取空字串。然後將擷取出來的 99 個字元與 "啊" 進行比較，產生 FALSE 和 TRUE 組成陣列。用 1 除以該陣列後 TRUE 轉化成 1，FALSE 則轉化成錯誤值。然後 MATCH 從陣列精確尋找 1，即可得到第一個 1 出現的位置，即第一個中文的位置。

然後再計算中文的長度，方向為最後一個中文出現的位置減掉第一個中文出現的位置。用 2 作為 MATCH 函數的第一參數、1 作為第三參數進行模糊尋找就可以得到最後一個中文的位置，而使用 1 作為 MATCH 第一參數，用 0 作為第三參數進行精確尋找則可以得到第一個中文的位置。最後 MID 函數透過中文的起始位置和長度即可擷取出所有中文。

▶ 使用注意

本例也可以直接加總大於等於 "啊" 的個數來統計中文個數，然後用 MID 函數擷取值：

=MID(A2,MATCH(,0/(MID(A2,ROW($1:$99),1)>=" 啊 "),),SUM(N(MID(A2,ROW($1:$99),1)>=" 啊 ")))

▶ 範例延伸

思考：擷取 A 欄字串的非字元

提示：利用 REPLACE 取代掉所有中文。

範例 401 計算補課科目總數（MATCH）

範例檔案 第 6 章 \401.xlsx

工作表中有週一到周日的補課程式表，其中部分時間補課的科目與其他重複，且部分時間沒有補課。現在需要計算本周補課的科目總數。

開啟範例檔案中的資料檔案，在 D2 儲存格輸入以下陣列公式：

=COUNT(0/(MATCH(B2:B8,B2:B8,0)=ROW(2:8)-1))

按下〔Ctrl〕+〔Shift〕+〔Enter〕複合鍵後，公式將算出補課科目總數，結果如圖 6.107 所示。

D2	fx	{=COUNT(0/(MATCH(B2:B8, B2:B8,0)=ROW(2:8)-1))}

	A	B	C	D	E
1	時間	補課科目		科目總數	
2	週一	政治		4	
3	週二	英語			
4	週三	電腦			
5	週四	英語			
6	週五				
7	週六	政治			
8	周日	化學			

圖 6.107　計算補課科目總數

▶ 公式說明

本例公式利用 MATCH 函數計算 B2:B8 範圍的值在 B2:B8 中的排序，利用精確匹配方式進行尋找，得到每個科目在 B2:B8 範圍中的出現位置。如果某科目第二次出現，則仍然算出第一次出現的位置。之後利用每個科目的排格式成的陣列與各自的列號減 1 的值進行比較，如果相等則轉換成 TRUE，不相等則轉換成 FALSE。最後用 COUNT 計算陣列中 TRUE 的個數，即為科目總數。

▶ 使用注意

① 本例的需求相當於計算一欄資料的不重複值個數，且需要適用於範圍中存在空白儲存格。本例透過判斷範圍中每個儲存格數值的排序等於儲存格本身在範圍中的排序進而排除重複出現的儲存格。如果某儲存格的值在範圍中第二次或者第三次出現，那麼它的排序一定和它所在儲存格的位置序號不相等。利用這個特點產生 TRUE 和 FALSE，再計算 TRUE 的個數即可。

② MATCH 不適用於多列多欄的計算，所以只能處理單列或者單欄計算唯一值個數。如果待計算範圍包括多列多欄，通常使用 COUNTIF 完成。

▶ 範例延伸

思考：如果某儲存格中存在多餘的空格，要求忽略空格計算科目總數

提示：利用 SUBSTITUTE 函數取代掉空格再計算，但它的 "後遺症" 是空白儲存格也會計算在內，所以再判斷範圍中是否有空白儲存格，有則減 1。

　　根據 C 欄的資料進行編號。編號規則是中文大寫表示人數，括弧括起來的阿拉伯數字表示報銷專案。

　　開啟範例檔案中的資料檔案，在 A1 儲存格輸入以下公式：

＝TEXT(COUNTIF(C$1:C1,"*"),"[DBNum2]")&TEXT(ROW()-MATCH("々",C$1:C1),"(000);;")

　　按下〔Enter〕鍵後，公式將算出中文大寫"壹"。按兩下儲存格填滿控點，將公式向下填滿後，結果如圖 6.108 所示。

A1	▼	fx	=TEXT(COUNTIF(C$1:C1,"*"),"[DBNum2]")&TEXT(ROW()-MATCH("々",C$1:C1),"(000);;")

	A	B	C	D
1	壹	業務員姓名	張文明	
2	壹(001)	午餐	18	
3	壹(002)	住店	60	
4	貳	業務員姓名	劉麗梅	
5	貳(001)	車費	45	
6	貳(002)	午餐	25	
7	貳(003)	晚餐	8	
8	參	業務員姓名	黃宏初	
9	參(001)	車費	38	
10	參(002)	購文件袋	25	
11	參(003)	鋼筆	12	

圖 6.108　產生多段混合編號

▶ 公式說明

　　本例公式首先計算人員個數。利用混合參照"C$1:C1"作為 COUNTIF 的第一參數，當公式向下填滿時參照的範圍也逐一增加。其第二參數使用"*"表示僅僅計算參照範圍中的中文個數。那麼計算"*"的個數即為參照範圍中人名的個數，本例中填滿公式時範圍相對變化，進而產生的人員個數也相對變化。最後配合 TEXT 函數轉成中文大寫。

　　然後用 MATCH 從參照範圍中模糊尋找符號"々"的出現位置，用列號減掉該位置即為每個業務員的報銷金額編號。最後同樣利用 TEXT 函數將編號轉換成需要的格式。

▶ 使用注意

　　① 符號"々"在字碼表中排序大於所有中文，所以 MATCH 從參照範圍中找不到"々"時就尋找比它小的中文。當參照範圍中出現多個儲存格有中文時，算出最後一個目標。

　　② 尋找最後一個中文的位置採用"々"作為 MATCH 函數的第一參數，若尋找最後一個數字的位置則可用 10^15。

▶ 範例延伸

　　思考：計算 C 欄最後一個中文儲存格的位址

　　提示：用"々"作為 MATCH 的第一參數對 C 欄進行模糊尋找，產生最後一個中文的列號，配合 ADDRESS 產生目標儲存格的位址。

範例 403 按金牌、銀牌、銅牌排名次（MATCH）

範例檔案 第 6 章 \403.xlsx

有 10 個賽區參加比賽，各獲金、銀、銅牌多，現在需要按獎牌個數進行排名。優先比較金牌數量，如果兩隊金牌數量一致則再比較銀牌，金牌、銀牌都一致則再比較銅牌。

開啟範例檔案中的資料檔案，選擇 E2:E11 儲存格再輸入以下陣列公式：

=MATCH(B2:B11+C2:C11%+D2:D11%%,LARGE(B2:B11+C2:C11%+D2:D11%%,ROW(2:11)-1),0)

按下〔Ctrl〕+〔Shift〕+〔Enter〕複合鍵後，公式將算出所有賽區的名次，按金牌、銀牌、銅牌的優先順序進行比較，結果如圖 6.109 所示。

E2 {=MATCH(B2:B11+C2:C11%+D2:D11%%,LARGE(B2:B11+C2:C11%+D2:D11%%,ROW(2:11)-1),0)}

	A	B	C	D	E	F	G
1	賽區	金牌	銀牌	銅牌	名次		
2	基隆	4	7	7	6		
3	台北	2	7	2	8		
4	桃園	10	2	4	1		
5	新竹	1	5	5	10		
6	苗栗	5	8	9	5		
7	台中	6	5	7	4		
8	彰化	2	5	4	9		
9	南投	8	5	0	2		
10	雲林	6	9	10	3		
11	嘉義	3	1	7	7		

圖 6.109 按金牌、銀牌、銅牌排名次

▶ 公式說明

本例公式首先用 B 欄的金牌數加上 C 欄銀牌數的百分之一，再加上 D 欄銅牌數的萬分之一，得到一個一維縱向陣列，然後用 LARGE 函數依從大到小的順序排列。MATCH 函數將在排序後的陣列中精確尋找排序前的陣列中每一元素，算出每個地區轉換後的獎牌數量在排序後的陣列中的位置，該位置序號即為每個地區的名次。

▶ 使用注意

本例中必須使用精確尋找，否則將算出錯誤值。本例也可以改用以下公式完成：

=MATCH(TIME(B2:B11,C2:C11,D2:D11),LARGE(TIME(B2:B11,C2:C11,D2:D11),ROW(2:11)-1),0)

本公式僅僅適用於不超過 60 個賽區的名次計算，如果賽區超過 60 則會出錯。

▶ 範例延伸

思考：如果共有 500 個地區參與比賽，如何修改公式

提示：相對於本例公式，將“%”修改成“/501”，將“%%”修改成“/501/501”即可。即除數必須大於賽區總數。

範例 404 按班級插入分隔列（MATCH）

範例檔案 第 6 章 \404.xlsx

參賽名單表中每個班級的名單在一個連續的範圍中，每個班級的參賽人數不盡相同，要在每個班級之間插入一個空白列便於查看。

開啟範例檔案中的資料檔案，選擇 D1:E20 儲存格再輸入以下陣列公式：

=INDEX(A:B,MOD(SMALL(IF({1,0},ROW(2:11)*1001,IF(ROW(2:11)-1=MATCH(A2:A11,A2:A11,0),((MATCH(A2:A11,A2:A11,)+COUNTIF(A2:A11,A2:A11))*1000+100),1048576))-,ROW(1:100)),1000),{1,2})&""

按下〔Ctrl〕+〔Shift〕+〔Enter〕複合鍵後公式將按班級插入分隔列，如圖 6.110 所示。

| D2 | | | fx | {=INDEX(A:B,MOD(SMALL(IF({1,0},ROW(2:11)*1001,IF(ROW(2:11)-1=MATCH(A2: A11,A2:A11,0),((MATCH(A2:A11,A2:A11,) +COUNTIF(A2:A11,A2:A11))*1000+100), 1048576)),ROW(1:100)),1000),{1,2})&""} |

	A	B	C	D	E	F	G
1	班級	參賽人員		班級	參賽人員		
2	一班	趙		一班	趙		
3	一班	錢		一班	錢		
4	一班	孫		一班	孫		
5	二班	李					
6	二班	周		二班	李		
7	三班	吳		二班	周		
8	三班	鄭					
9	三班	王		三班	吳		
10	三班	馮		三班	鄭		
11	四班	陳		三班	王		
12				三班	馮		

圖 6.110　按班級插入分隔列

▶ 公式說明

本例公式首先對每個第一次出現的班級轉換成該班級在 B2:B11 中的排序加出現次數，再乘以 1000 加上 100，重複出現者轉換成 1048576。然後再將此陣列與每個班級所在的儲存格在 B2:B11 中的位置乘以 1001 所產生的陣列組成一個二維陣列。再透過 SMALL 函數將這個二維陣列逐一取出最小值，MOD 函數取其除以 1000 的餘數作為 INDEX 的參數對 A、B 欄進行擷取值。當公式填滿至兩個班級的交界點處時，MOD 函數的值總是 100，所以 INDEX 參照的值也就是 A100 或者 B100 的空白值，進而執行班級之間插入空白列。

▶ 使用注意

本例公式僅僅適用於參賽人員少於 100 個，如果人員在 999 個以內，需要將公式中的 100 改成 999。

▶ 範例延伸

思考：如果有 1000 個班級，10000 個參賽人員，如何修改公式

提示：將本例公式中的 1001、1000 和 100 相對擴大，SMALL 的第二參數也擴大即可。

範例 405 統計一、二班舉重的參賽人數（MATCH）

範例檔案 第 6 章 \405.xlsx

工作表中的參賽明細以人員姓名的筆劃數排序，要統計一班和二班參加舉重的人數。

開啟範例檔案中的資料檔案，在 E2 儲存格輸入以下陣列公式：

=COUNT(MATCH(B2:B11&C2:C11,{" 一班 "," 二班 "}&" 舉重 ",))389

按下〔Ctrl〕+〔Shift〕+〔Enter〕複合鍵後，公式將算出一、二班舉重參賽人數，結果如圖 6.111 所示。

	A	B	C	D	E
	fx		{=COUNT(MATCH(B2:B11&C2:C11,{"一班","二班"}&"舉重",0))}		
1	姓名	班級	參賽項目		一二班舉重人員數
2	劉星明	一班	200米跨欄		4
3	劉星明	一班	鉛球		
4	劉星明	一班	舉重		
5	吳松	三班	舉重		
6	張進	一班	舉重		
7	張進	三班	跳水		
8	陳明	一班	60米短跑		
9	陳明	一班	舉重		
10	越前	二班	舉重		
11	越前	二班	200米跨欄		

圖 6.111　統計一、二班舉重的參賽人數

▶ 公式說明

本例公式首先將班級和參賽專案用字串連接子連接起來，組成一個一維縱向陣列，然後在另一個一維橫向陣列 "{" 一班舉重 "," 二班舉重 "}" 中尋找該陣列的每一個元素，能找到即算出 1，或者 2，不能找到則算出錯誤值。最後用 COUNT 計算結果陣列中的數值個數，該數值個數即為一班、二班參賽人數。

▶ 使用注意

① 本例也可以改用以下公式完成。

=SUM((B2:B11={" 一班 "," 二班 "})*(C2:C11=" 舉重 "))

=SUM(N(B2:B11&C2:C11={" 一班舉重 "," 二班舉重 "}))

② MATCH 在陣列或者範圍中未尋找到目標時，總是算出錯誤值，而 COUNT 函數計數時可以忽略錯誤值。如果 SUM 和 SUMPRODUCT 函數不會忽略錯誤值，當參數中有錯誤值時需要配合 IFERROR 函數使用。

▶ 範例延伸

思考：計算二班和三班參與跨欄人員的個數

提示：相對於本例公式，修改 MATCH 的第二參數即可。

範例 406 累計銷量並列出排行榜（MATCH）

範例檔案 第 6 章 \406.xlsx

工作表中包括 4 位業務員在 10 天中的銷量明細。現在需要按每位業務員 10 天中的銷量總和進行降冪排列，即銷量排行榜。

開啟範例檔案中的資料檔案，在 D2 儲存格輸入以下陣列公式：

=OFFSET($B$1,MATCH(1,N(MAX(IF(COUNTIF($D$1:D1,B$2:B$12)=0,SUMIF(B$2:B$12,B$2:B$12,C$2:C$12))=IF(COUNTIF($D$1:D1,B$2:B$12)=0,SUMIF(B$2:B$12,B$2:B$12,C$2:C$12))),),)&" "

按下〔Ctrl〕+〔Shift〕+〔Enter〕複合鍵後，公式將算出銷量冠軍名字。按兩下儲存格填滿控點，將公式向下填滿，結果如圖 6.112 所示。

	A	B	C	D	E	F
1	時間	售貨員	銷量	銷量排行榜		
2	2014年1月1日	C	750	C		
3	2014年1月2日	A	610	D		
4	2014年1月3日	D	670	A		
5	2014年1月4日	B	510	B		
6	2014年1月5日	B	610			
7	2014年1月6日	A	620			
8	2014年1月7日	D	620			
9	2014年1月8日	C	660			
10	2014年1月9日	C	790			
11	2014年1月10日	D	610			

圖 6.112　累計銷量並列出排行榜

▶ 公式說明

本例公式首先對每個售貨員的銷量進行分類加總，然後用最高銷量與所有銷量進行比較，如果相等則算出 TRUE，否則算出 FALSE。N 函數將其轉換成數值後，MATCH 從中尋找 1 算出 1 第一次出現的位置，該位置即為銷量最高者在 B 欄中的位置。

▶ 使用注意

① 本例也可以改用以下公式完成。

=INDEX(B:B,1/MOD(LARGE(IF(MATCH(B$2:B$11,B$2:B$11,0)=(ROW($2:$11)-1),SUMIF(B$2:B$12,B$2:B$11,C$2:C$11)*1000+1/ROW($2:$11),1/1048576),ROW(A1)),1000))&""

② OFFSET、VLOOKUP、和 INDEX 函數參照空白儲存格時都會算出 0，在後面添加 "&""" 可以將 0 轉換成空字串。

▶ 範例延伸

思考：計算有幾人銷量並列第一
提示：利用 "使用注意" 中的公式稍加修改即可。

範例 407 利用公式對入庫表進行資料分析（MATCH）

範例檔案 第 6 章 \407.xlsx

入庫表中包含某倉庫一天中的多個廠商入庫明細。現在需要要進行三項分析：列今日送貨的所有廠商名字，計算每個廠商送了幾種產品入庫，以及計算每個廠商的總入庫量。

開啟範例檔案中的資料檔案，在 F2:H2 分別輸入以下三個公式：

=INDEX(B:B,SMALL(IF(MATCH(B$2:B$200,B$2:B$200,0)=ROW($2:$200)-1,ROW($2:$200),1048576),ROW(A1)))&""

=IF(F2="","",SUM((MATCH(IF(B$2:B$200=F2,C$2:C$200),IF(B$2:B$200=F2,C$2:C$200),0)=ROW($2:$200)-1)*1)-1)

=IF(F2="","",SUMIF(B$2:B$200,F2,D$2:D$200))

選擇 F2:H2 儲存格後將公式向下填滿至第 20 列，結果如圖 6.113 所示。

| F2 | fx | {=INDEX(B:B,SMALL(IF(MATCH(B$2:B$200,B$2:B$200,0)=ROW($2:$200)-1,ROW($2:$200),1048576),ROW(A1)))&""} |

	B	C	D	E	F	G	H
1	廠商	材料名稱	數量		送貨廠商	送了幾種產品	產品數量
2	豐泰公司	A產品	96		豐泰公司	5	1714
3	山大集團	A產品	84		山大集團	5	2180
4	順豐公司	C產品	96		順豐公司	4	3095
5	宏遠集團	A產品	98		宏遠集團	5	2626
6	山大集團	A產品	81		豐泰公司	5	1714
7	豐泰公司	C產品	96		福利來企業	2	1872
8	山大集團	C產品	85		福利來企業	2	1872
9	美星公司	B產品	90		順豐公司	4	3095
10	山大集團	D產品	94		林傑公司	5	2097
11	福利來企業	C產品	86		林傑公司	5	2097
12	福利來企業	E產品	86		山大集團	5	2180
13	順豐公司	D產品	87				

圖 6.113 利用公式對入庫表進行資料分析

▶ 公式說明

本例第一個公式是擷取不重複值，在前面的範例中已多次講過。第三個公式是條件加總。

第二個公式首先判斷 B2:B200 的廠商名稱是否與 F2 的廠商相同，如果相同則算出其列號，不同則算出 FALSE。然後用 MATCH 計算陣列中每個列號的排序，當然也包括邏輯值 FALSE 的排序，產生一個新的陣列。最後用該陣列與整數序列 1 ～ 199 進行比較，相同個數即為該廠商送貨的數量。

▶ 使用注意

① 本例第一個公式和第三個公式的結果可以用樞紐分析表來完成，但第二個公式的結果無法用樞紐分析表執行，只能使用公式。

② 本例中計算送貨廠商其實就是擷取不重複值，而計算送貨廠商數量則是計算不重複值的個數，只不過條件稍微複雜一些。

▶ 範例延伸

思考：計算哪一個廠商送的產品數量最多

提示：用 SUMIF 分別計算所有廠商的數量，再記錄最大值的列號，用 INDEX 擷取值。

範例 408 對合併範圍進行資料查詢（MATCH）

範例檔案 第 6 章 \408.xlsx

工作表中 A 欄存放季名稱，每個季都是三個儲存格合併，每個季固定銷售三種產品。在 G2:I2 儲存格都設定了數據有效性，帶有下拉清單。其中 G2 包括 4 個季名，H2 包括三個品名，I2 包括 "銷量"、"單價" 和 "金額"。現在需要根據 G2:I1 的選項尋找對應的資料。

開啟範例檔案中的資料檔案，在 J2 儲存格輸入以下陣列公式：

=OFFSET(B1,MATCH(G2,A2:A13,0)-1+MATCH(H2,{" 冰　箱 "," 空　調 "," 洗　衣　機 "},0),MATCH(I2,C1:E1,0))

按下〔Ctrl〕+〔Shift〕+〔Enter〕複合鍵後，公式將算出 G2:I2 指定條件對應的資料，結果如圖 6.114 所示。

J2	fx	=OFFSET(B1,MATCH(G2,A2:A13,0)-1+MATCH(H2,{"冰箱"," 空調","洗衣機"},0),MATCH(I2,C1:E1,0))							
	A	B	C	D	E	F	G	H	I	J
1	時間	品名	銷量	單價	金額		時間	品名	查詢項目	查詢結果
2		冰箱	3	1000	3000		第二季	冰箱	銷量	10
3	第一季	空調	2	1050	2100					
4		洗衣機	25	800	20000					
5		冰箱	10	1000	10000					
6	第二季	空調	15	1050	15750					
7		洗衣機	25	800	20000					
8		冰箱	12	1000	12000					
9	第三季	空調	8	1050	8400					
10		洗衣機	25	800	20000					
11		冰箱	3	1000	3000					
12	第四季	空調	1	1050	1050					
13		洗衣機	25	800	20000					

圖 6.114　對合併範圍進行資料查詢

▶ 公式說明

本例公式首先計算 G2 的季在 A2:A13 的排序，再計算 H2 的品名在常數陣列 {" 冰箱 "," 空調 "," 洗衣機 "} 中的排序，兩者相加再減 1 即為目標值在工作表中的列號。然後計算 I2 的查詢項目在 C1:E1 中的排序，該位置即為目標值相對於 B1 的欄號。透過列號和欄號，OFFSET 函數即可參照目標資料。

▶ 使用注意

① 本例中三次使用 MATCH 函數都需要採用精確尋找，否則可能出現錯誤。

② MATCH 函數用於尋找位置，INDEX、OFFSET 或者 INDIRECT 則可以參照指定位置的值，因此 MATCH 函數通常搭配 INDEX、OFFSET 或者 INDIRECT 函數使用。

▶ 範例延伸

思考：第幾季的冰箱銷量最好

提示：用運算式 "B2:B13=" 冰箱 "" 排除其他產品，然後乘以其銷量再擴大到 100 倍，加上列號後再取最大值。最後用 MOD 函數取出列號，列號減 1 除以 3 再取整即可。

範例 409 根據姓名尋找左邊的身分證號（LOOKUP）

範例檔案 第 6 章 \409.xlsx

工作表中 A 欄是身分證號，B 欄是姓名，資料按姓名升冪排列。要尋找 F1 儲存格的姓名對應的身分證號。

開啟範例檔案中的資料檔案，在 F2 儲存格輸入以下公式：

=LOOKUP(F1,B2:B9,A2:A9)

按下〔Enter〕鍵後，公式將算出 F1 的姓名對應的身分證號，結果如圖 6.115 所示。

	A	B	C	D	E	F
	身份證號	姓名	性別		姓名	柳星華
2	G130809051	羅正宗	男		身份證號	A120030809
3	A120030809	柳星華	男			
4	B120030809	穆容秋	男			
5	A299122912	黃興明	女			
6	B120030809	陳麗麗	男			
7	F251985031	周至強	女			
8	A200512302	徐金明	女			
9	F198705293	計尚雲	男			

圖 6.115　根據姓名尋找左邊的身分證號

▶ 公式說明

本例公式中 LOOKUP 函數在 B2:B9 儲存格尋找 F1 的姓名，當找到後算出 A2:A9 範圍中對應位置的身分證號。例如，找到的姓名排列在 B2:B9 範圍的第 3 列，那麼公式算出 A2:A9 範圍中第 3 列的身分證號碼。

▶ 使用注意

① LOOKUP 函數類似於 VLOOKUP 和 HLOOKUP 函數，可以從一個陣列或者範圍中尋找一個值，找到後算出另一個範圍或陣列中對應的值。其中 VLOOKUP 用於從左向右尋找，HLOOKUP 用於從上向下尋找，而 LOOKUP 則包括 HLOOKUP 和 VLOOKUP 的所有功能，可以向任意方向尋找。

② LOOKUP 函數的第二參數必須是升冪排列，否則可能無法算出正確結果，因為 LOOKUP 僅支持模糊尋找。

③ LOOKUP 包含陣列形式和向量形式。向量形式有三個參數，陣列形式有兩個參數。如果使用陣列形式，那麼 LOOKUP 總是在第一列／欄尋找，算出最後一列／欄中對應的值。

④ LOOKUP 使用向量形式（例如本例的公式）時，第二、三參數可以使用範圍，也可以使用陣列，但必須是一維的，不能包含多列多欄，而且兩個範圍或者陣列的方向必須一致，如果一個是縱向陣列，一個是橫向陣列，那麼無法執行尋找。

▶ 範例延伸

思考：根據 B 欄姓名尋找 C 欄性別

提示：可以用陣列形式，也可以用向量形式。本例中用陣列形式的公式更簡短。

範例 410 將姓名按拼音升冪排列（LOOKUP）

範例檔案 第 6 章 \410.xlsx

開啟範例檔案中的資料檔案，在 D2 儲存格輸入以下公式：

=LOOKUP(1,0/(ROW(A1)=MMULT(N($A$2:$A$11>=TRANSPOSE($A$2:$A$11)),ROW($2:$11)^0)),A2:A$11)

按下〔Ctrl〕+〔Shift〕+〔Enter〕複合鍵後，公式將算出按拼音排序最小的姓名。按兩下儲存格填滿控點，將公式向下填滿，再將 D 欄公式填滿至 E 欄，結果如圖 6.116 所示。

	D2	▼	fx	{=LOOKUP(1,0/(ROW(A1)=MMULT(N($A$2:$A$11>=TRANSPOSE($A$2:$A$11)),ROW($2:$11)^0)),A2:A$11)}

▲	A	B	C	D	E	F
1	姓名	職務		按筆劃排序		
2	張文麗	經理		吳有義	員工	
3	劉新芳	員工		吳宏	員工	
4	羅通	董事		周昌明	組長	
5	胡有明	課長		周越星	課長	
6	吳有義	員工		胡有明	課長	
7	陳大亮	經理		張文麗	經理	
8	周昌明	組長		張長明	組長	
9	吳宏	員工		陳大亮	經理	
10	周越星	課長		劉新芳	員工	
11	張長明	組長		羅通	董事	

圖 6.116　將姓名按拼音升冪排列

▶ 公式說明

本例公式首先將 A1:A11 的姓名轉置，再與轉置前的範圍進行比較，得到每個姓名在 A1:A11 的排名的陣列。然後將該陣列與 1 進行比較，將排序為第一的姓名轉換成 TRUE，其他姓名轉換成 FALSE。當 0 除以該 TRUE 和 FALSE 組成的陣列後，TRUE 轉換成 0，FALSE 轉換成錯誤值。最後 LOOKUP 從該陣列中尋找 1，由於第二參數中沒有 1，因此公式可以算出陣列中最後一個 0 對應於第三參數 A2:A11 中的值。例如，第二參數的計算結果中最後一個值是錯誤值，倒數第二個值是 0，那麼公式可以得到 A2:A11 範圍中倒數第二個值。

當公式向下填滿時，公式會逐一擷取排名第二、第三、第四……的姓名。

▶ 使用注意

① LOOKUP 函數只支援模糊尋找，當找不到目標值時會繼續尋找小於目標值的其他值。如果有多個值符合條件，預設算出最後一個值。

② 本例中也可以改用以下公式完成。

=LOOKUP(1,1/(ROWS($2:2)=MMULT(N($A$2:$A$11>=TRANSPOSE($A$2:$A$11)),ROW($2:$11)^0)),A2:A$11)

=INDEX(A$2:A$11,MATCH(ROWS($2:2),MMULT(N($A$2:$A$11>=TRANSPOSE($A$2:$A$11)),ROW($2:$11)^0),0))

▶ 範例延伸

思考：將 A 欄姓名按拼音降冪排列

提示：相對於本例公式，修改 MMULT 函數參數中的比較運算子即可。

範例 411 將酒店按星級降冪排列（LOOKUP）

範例檔案 第 6 章 \411.xlsx

開啟範例檔案中的資料檔案，在 D2 儲存格輸入以下陣列公式：

=LOOKUP(ROUND(1/MOD(LARGE(LEN(B$2:B$10)+1/ROW($2:$10),ROW(A1)),1),0),ROW($2:$10),A$2:A$10)

按下〔Ctrl〕+〔Shift〕+〔Enter〕複合鍵後，公式將算出星級最高的酒店名。按兩下儲存格填滿控點，將公式向下填滿，結果如圖 6.117 所示。

D2	▼	fx	{=LOOKUP(ROUND(1/MOD(LARGE(LEN(B$2:B$10)+1/ROW($2:$10),ROW(A1)),1),0),ROW($2:$10),A$2:A$10)}

▲	A	B	C	D
1	酒店名	星級		按星級降冪排列
2	沅芷酒店	★★		東正酒店
3	蕪湖酒店	★★★★		青高原灑店
4	東正酒店	★★★★★		蕪湖酒店
5	五星紅酒店	★★		中華大酒店
6	中華大酒店	★★★★		成都酒店
7	天鵝湖酒店	★★★		匯英酒店
8	成都酒店	★★★★		天鵝湖酒店
9	青高原灑店	★★★★★		沅芷酒店
10	匯英酒店	★★★★		五星紅酒店

圖 6.117　將酒店按星級降冪排列

▶ 公式說明

　　本例公式首先用 LEN 計算 B 欄表示星級的儲存格字元長度，並加上每個酒店名所在列列號的倒數。然後用 LARGE 取其第一個最大值，並用 MOD 取得表示列數的小數部分。為了得到列號，再將其除 1 將小數還原為列號。EXCEL 在處理小數時常常因浮點運算偏差使結果產生細微的錯誤。例如，將一個數轉成倒數後再除 1 卻不能完全還原為原始資料，所以本例中為了防止此錯誤，用 ROUND 對偏差進行修補，使其還原列號。最後 LOOKUP 在 2 ～ 10 的整數序列中尋找該列號，算出 A2:A10 範圍中對應的酒店名稱。

▶ 使用注意

　　本例中 LOOKUP 函數的第一參數其實是用於計算目標資料處於 A2:A10 範圍中的第幾列，確定列號之後再用 LOOKUP 函數從 ROW($2:$10) 中尋找該列號，算出 A$2:A$10 範圍中對應位置的值。事實上這種計算方式不夠簡潔，將 LOOKUP 函數改用 INDEX 後公式會更簡短，計算過程也更快捷，公式如下。

　　=INDEX(A:A,ROUND(1/MOD(LARGE(LEN(B$2:B$10)+1/ROW($2:$10),ROW(A1)),1),0))

▶ 範例延伸

　　思考：在 E 欄列出 D 欄每個酒店的星數

　　提示：相對於本例公式，將 "B$2:B$10" 轉換成絕對參照，再將公式向右填滿即可。

範例 412 計算某班 6 年中誰獲第一名次數最多及其次數（LOOKUP）

範例檔案 第 6 章 \412.xlsx

工作表中為某班 6 年中第一名的名單，現在需要統計獲得第一名最多的人員姓名，以及他所獲得第一名的次數。

開啟範例檔案中的資料檔案，在 D2 儲存格輸入以下公式：

=LOOKUP(1,0/(COUNTIF(B2:B7,B2:B7)=MAX(COUNTIF(B2:B7,B2:B7))),B2:B7)

=MAX(COUNTIF(B2:B7,B2:B7))

上述兩個公式分別算出獲第一名次數最多者姓名及其次數，結果如圖 6.118 所示。

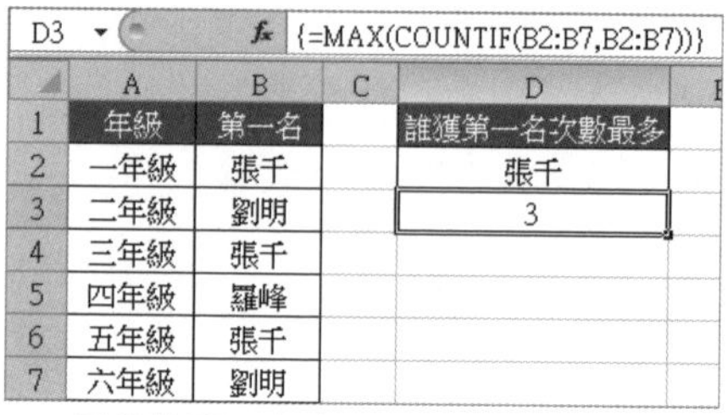

	A	B	C	D
1	年級	第一名		誰獲第一名次數最多
2	一年級	張千		張千
3	二年級	劉明		3
4	三年級	張千		
5	四年級	羅峰		
6	五年級	張千		
7	六年級	劉明		

圖 6.118　計算某班 6 年中誰獲第一名次數最多及其次數

▶ 公式說明

本例第一個公式首先用 COUNTIF 分別計算每個姓名的出現次數，產生一個一維陣列。再擷取最大值與該資料進行比較，得到一個 TRUE 和 FALSE 組成的陣列。利用 0 除以該陣列將邏輯值轉換成 0 和錯誤值後，LOOKUP 從中尋找 0，並算出 0 的位置對應於 B2:B7 範圍的值。

第二個公式包含於第一個公式中。

▶ 使用注意

① 本例第一個公式也可以修改成：

=LOOKUP(TRUE,COUNTIF(B2:B7,B2:B7)=MAX(COUNTIF(B2:B7,B2:B7)),B2:B7)

② LOOKUP 雖然只能模糊尋找，但本例中這種使用方法已經達到精確尋找的同類功能，可以在亂序前提下精確尋找某個資料。

③ 本例第一個公式中 LOOKUP 的第一參數 1 也可以改成任何大於等於 0 的數值，都能得到相同結果。

▶ 範例延伸

思考：如果多人獲第一名次數並列第一，列出所有人員的姓名

提示：改 LOOKUP 為 INDEX，對次數最多者擷取列號，再根據列號逐一擷取姓名。

範例 413 列出每個名次的所有姓名（LOOKUP）

範例檔案 第 6 章 \413.xlsx

工作表中為某班 10 人的成績。現在需要列第一名、第二名、第三名……的所有人員姓名，其排名方式按中式排名，即多人並列第一名時，仍然有第二名存在。

開啟範例檔案中的資料檔案，在 E2 儲存格輸入以下陣列公式：

=IFERROR(LOOKUP(1,0/(SMALL(IF($B$2:$B$11=LARGE(IF(FREQUENCY($B$2:$B$11 ,$B$2:$B$11),$B$2:$B$11),ROW(A1)),ROW($2:$11)),COLUMN(A2))=ROW($2:$11)),$A$2: $A$11),"")

按下〔Ctrl〕+〔Shift〕+〔Enter〕複合鍵後，公式將算出第一名的人員姓名。將公式向右填滿 6 欄（根據成績相同的個數可以增減），再向下填滿至第 11 列，結果如圖 6.119 所示。

E2		fx	{=IFERROR(LOOKUP(1,0/(SMALL(IF($B$2:$B$11= LARGE(IF(FREQUENCY($B$2:$B$11,$B$2: $B$11),$B$2:$B$11),ROW(A1)),ROW($2:$11)), COLUMN(A2))=ROW($2:$11)),$A$2:$A$11),"")}				

	A	B	C	D	E	F	G	H	I	J	K
1	姓名	平均成績		名次			姓名				
2	鄭麗	95		第一名	陳深淵	徐大鵬					
3	羅生榮	91		第二名	鄭麗						
4	周輝煌	88		第三名	羅生榮						
5	羅生門	75		第四名	周輝煌	胡華	柳紅英				
6	周蒙	75		第五名	張徽						
7	胡華	88		第六名	羅生門	周蒙					
8	張徽	77		第七名							
9	柳紅英	88		第八名							
10	陳深淵	99		第九名							
11	徐大鵬	99		第十名							

圖 6.119　列出每個名次的所有姓名

▶ 公式說明

本例公式首先透過 IF 和 FREQUENCY 函數忽略 B2:B11 範圍中的重複值，再對剩下的數值擷取第一大、第二大……直到超過資料個數後產生錯誤值，用 IFERROR 將其轉換成空白。

其中對於多人並列第一名或者第二名，公式將成績轉換成列號並用 SMALL 函數將列號逐一取出，最後 LOOKUP 函數根據其列號參照 B2:B11 範圍中對應的值。

▶ 使用注意

本例公式也可以改用 INDEX 函數完成。

=IFERROR(INDEX($A:$A,(SMALL(IF($B$2:$B$11=LARGE(IF(FREQUENCY($B$2:$B$11, $B$2:$B$11),$B$2:$B$11),ROW(A1)),ROW($2:$11)),COLUMN(A2)))),"")

▶ 範例延伸

思考：計算中式排名前提下第三名成績是多少

提示：利用 FREQUENCY 函數忽略重複值擷取成績，再用 LARGE 函數取第三個最大值。

6

尋找與參照函數

範例檔案 第 6 章 \414.xlsx

上架新書的記錄方式為"書名_印刷次數[頁數]"，現在擷取每個新書的印刷批次。

開啟範例檔案中的資料檔案，在 B2 儲存格輸入以下公式：

=LOOKUP(9E+307,--RIGHT(LEFT(A2,FIND("[",A2)-1),ROW($1:$99)))

按下〔Ctrl〕+〔Shift〕+〔Enter〕複合鍵後，公式將算出第一本書的印刷批次。按兩下儲存格填滿控點，將公式向下填滿，結果如圖 6.120 所示。

B2	▼	fx	=LOOKUP(9E+307,--RIGHT(LEFT(A2,FIND("[",A2)-1),ROW($1:$99)))

	A	B
1	書名_印刷次數[頁數]	印刷批次
2	Excel 2010函數寶典_2[540]	2
3	PHOTOSHOP設計之路_12[589]	12
4	鋼琴自學通_1[256]	1
5	西遊記_23[726]	23
6	WORD排版寶典_9[335]	9
7	唐詩宋詞鑒賞_14[455]	14
8	VBA大全_11[680]	11
9	資料庫_4[499]	4
10	電腦報第26期_1[420]	1
11	網頁三劍客_10[754]	10

圖 6.120　擷取新書的印刷批次

▶ 公式說明

本例公式首先尋找"["在 A2 儲存格的位置，根據該數值從 A2 字串擷取"["左邊的字元。然後利用 RIGHT 函數從其右邊逐位擷取，分別是 1 位、2 位……98 位、99 位，進而組成一個一維縱向陣列。最後 LOOKUP 函數從該陣列尋找 9E+307，因尋找不到則算出比其小的最大值，該值即為印刷批次。

▶ 使用注意

① 本例公式也可以改用透過計算"_"和"["的位置來定位目標數值，配合 MID 函數擷取值。公式如下。

=MID(A2,FIND("_",A2)+1,FIND("[",A2)-FIND("_",A2)-1)

但這種方法必須確保書名中不存在"_"符號，否則將產生錯誤。

② 本例還可以使用以下公式完成。

=LOOKUP(99,--LEFT(REPLACE(A2,1,FIND("_",A2),""),ROW($1:$99)))

▶ 範例延伸

思考：擷取新書的頁數

提示：將"["及左邊的字元取代成空字串，再將"]"取代成空字串即可。

範例 415 將字母等級轉換成評分（LOOKUP）

範例檔案 第 6 章 \415.xlsx

某比賽規定評審評分時使用 A、B、C、D、E5 個標準。圖 6.121 中有 8 個評審對 6 個選手的評價。現在需要將字母轉換成得分，其中 A 為 10 分，B 為 9.5 分，C 為 8 分，D 為 7 分，D 為 5 分。

開啟範例檔案中的資料檔案，在 J2 儲存格輸入以下陣列公式：

=AVERAGE(LOOKUP(B2:I2,{"A","B","C","D","E"},{10,9.5,8,7,5}))

按下〔Ctrl〕+〔Shift〕+〔Enter〕複合鍵後，公式將算出選手的平均分。按兩下儲存格填滿控點，將公式向下填滿，結果如圖 6.121 所示。

	B	C	D	E	F	G	H	I	J
1	評審A	評審B	評審C	評審D	評審E	評審F	評審G	評審H	總分
2	B	B	C	A	E	D	A	E	8.00
3	D	E	B	E	A	E	E	A	7.06
4	E	C	A	E	E	A	E	A	7.25
5	E	C	E	E	B	E	B	A	7.19
6	E	E	D	B	E	D	E	C	7.00
7	B	C	C	E	E	D	B	A	7.75

圖 6.121　將字母等級轉換成評分

▶ 公式說明

本例公式首先建立兩個對應的陣列，一個為字母評價、一個為對應的數值評分。然後 LOOKUP 函數在第一個陣列中尋找選手的所有評價，算出其對應的得分，最後用 AVERAGE 函數計算平均。

▶ 使用注意

① 本例也可以採用陣列形式，即只使用兩個參數。公式如下。

=AVERAGE(LOOKUP(B2:I2,{"A",10;"B",9.5;"C",8;"D",7;"E",5}))

② LOOKUP 第一參數使用範圍或者陣列時，結果也是陣列。其陣列方向及元素個數與第一參數一致。

③ 建立第二參數的陣列時，必須按字母升冪排列，否則無法得到正確結果。

④ HLOOKUP 和 VLOOKUP 都不支援第一參數為陣列，本例只能使用 LOOKUP 函數執行尋找。

▶ 範例延伸

思考：計算誰得 "A" 最多

提示：使用 MMULT 配合計算每個選手得 A 的次數，再取其最大值的列號，根據列號用 LOOKUP 取姓名。也可以使用 OFFSET 配合 COUNTIF 來計算每個得 "A" 的次數。

範例檔案 第 6 章 \416.xlsx

擷取大陸身分證號碼中的年、月、日，且以中文小寫形式存放。開啟範例檔案中的資料檔案，在 B2 儲存格輸入以下公式：

=TEXT(TEXT(MID($A2,7,8),"0000-00-00"),"[DBNum1]"&CHOOSE(MATCH(B$1,{" 年 "," 月 "," 日 "},0),"YYYY 年 ","M 月 ","D 日 "))

按下〔Enter〕鍵後，公式將算出第一身分證號中表示年的數值，並轉換成中文小寫。將公式向右填滿至 D2，再按兩下向下填滿，結果如圖 6.122 所示。

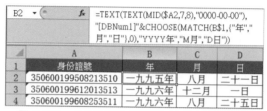

圖 6.122　分別擷取身分證號碼中的年、月、日

▶ 公式說明

本例公式首先利用 MID 函數從大陸身分證號碼中擷取出表示出生年、月、日的 8 位數值，然後將其轉換成日期格式。最後再從日期中分別擷取年、月、日，並用 TEXT 將其轉換成中文小寫。在擷取年、月、日資訊時，使用 CHOOSE 函數根據目前欄的標題在常數陣列"{" 年 "," 月 "," 日 "}"中的排序，從其參數欄表中選擇相對的數字格式。

▶ 使用注意

① CHOOSE 函數可以根據第一參數所指定的值從參數欄表中選擇對應的計算值。本函數有 2 ~ 255 個參數，其中第 3 ~第 255 參數為非必填參數。第一參數用於指定計算值在參數欄表中的位置，必須是 1 ~ 254 之內的數字或者包括數值的儲存格參照。第 2 ~ 255 參數是供第一參數進行選擇的欄表，當第一參數是 1 時，算出欄表中第一參數所代表的值，第一參數是 2 時，算出參數欄表中第二參數所代表的值⋯⋯

② 如果 CHOOSE 的第一參數不是數值，或者可以轉換成數值的字元，則公式將產生錯誤值"#VALUE!"；如果第一參數是小於 1 或者大於 254 的數值，同樣算出錯誤值"#VALUE!"。

③ 由於本例的特殊性─→ B1:D1 按年、月、日的順序排列，公式也可以簡化為：
=TEXT(TEXT(MID($A2,7,8),"0000-00-00"),"[DBNum1]"&{"YYYY 年 ","M 月 ","D 日 "})─→選擇 B2:D2 範圍後，以陣列公式形式輸入公式。

▶ 範例延伸

思考：假設 A 欄的大陸身分證號包括 15 位和 18 位，如何修改公式
提示：參考範例 108 的年、月、日擷取法。

範例 417 根據不良率判斷送貨品處理辦法（CHOOSE）

範例檔案 第 6 章 \417.xlsx

公司規定：廠商送貨時若不良率在 0% ～ 0.5% 之間表示"合格"；不良率在 0.5% ～ 1% 之間則"允收"，表示本批貨收下，後續需要改進；若不良率在 1% 以上，則"退貨"。

開啟範例檔案中的資料檔案，在 D2 儲存格輸入以下公式：

=CHOOSE((SUM(N(C2/B2>={0,0.005,0.01})))," 合格 "," 允收 "," 退貨 ")

按下〔Enter〕鍵後，公式將算出第一個廠商的貨物處理辦法。按兩下儲存格填滿控點，將公式向下填滿，結果如圖 6.123 所示。

	A	B	C	D	E	F
D2		fx	=CHOOSE((SUM(N(C2/B2>={0,0.005, 0.01})))," 合格 "," 允收 "," 退貨 ")			
1	廠商	送貨數量	不良品	處理辦法		
2	甲	58190	830	退貨		
3	乙	75940	580	允收		
4	丙	62800	640	退貨		
5	丁	73730	940	退貨		
6	戊	64470	230	合格		
7	己	64110	450	允收		
8	庚	64640	0	合格		
9	辛	71690	1280	退貨		

圖 6.123　根據不良率判斷送貨品處理辦法

▶ 公式說明

本例公式首先根據公司對不良率的三個要求建立一個常數陣列，然後判斷目前送貨批次的不良率是否大於等於該陣列的每個不良率，並統計其個數。CHOOSE 函數利用該個數從參數欄表"合格"，"允收"，"退貨"" 中選擇相對的處理辦法。

▶ 使用注意

① 本例因貨品處理方式僅有三個，所以也可以利用 IF 函數進行條件選擇。公式為 =IF(C2/B2>=0.01," 退貨 ",IF(C2/B2>=0.005," 允收 "," 合格 "))

條件達到 10 個或者以上時，利用 IF 函數就比 CHOOSE 函數更繁瑣，而條件較少時，用 IF 會更易理解。

② 本例也可以使用 LOOKUP 的模糊尋找功能來執行。公式如下。

=LOOKUP(C2/B2,{0," 合格 ";0.005," 允收 ";0.01," 退貨 "})

=LOOKUP(C2/B2,{0,0.005,0.01},{" 合格 "," 允收 "," 退貨 "})

③ CHOOSE 函數的第一參數如果帶有小數，函數會自動無條件捨去，不需要借用其他函數來完成，如 INT。

▶ 範例延伸

思考：用一個公式統計 8 次送貨中有幾次需要退貨

提示：用 C 欄的不良品範圍除以 B 欄送貨數範圍，再加總大於 0.01 的資料個數。

6 尋找與參照函數

範例檔案 第 6 章 \418.xlsx

工作表中有某班成員三年中的成績。現在需要根據姓名和成績在不同範圍尋找成績。開啟範例檔案中的資料檔案，在 C12 儲存格輸入以下公式：

=VLOOKUP(A11,CHOOSE(MATCH(B11,{" 一 年 級 "," 二 年 級 "," 三 年 級 "},0),A1:B9, D1:E9,G2:H9),2,0)

按下〔Enter〕鍵後，公式將算出符合 A12 和 B12 指定條件的成績，結果如圖 6.124 所示。

	A	B	C	D	E	F	G	H	I
	=VLOOKUP(A12,CHOOSE(MATCH(B12,{"一年級", "二年級","三年級"},0),A1:B9,D1:E9,G2:H9),2,0)								
1	一年級	分數	名次	二年級	分數	名次	三年級	分數	名次
2	陳文民	64	5	孫	64	5	李	64	5
3	羅新華	74	3	李	69	3	周	69	4
4	張白雲	53	8	周	95	8	吳	95	2
5	趙前門	69	4	吳	58	4	鄭	99	1
6	羅至忠	95	2	趙	99	2	孫	59	6
7	張志堅	99	1	錢	74	1	王	58	7
8	龔月新	59	6	鄭	53	6	趙	74	3
9	朱邦國	58	7	王	59	7	錢	53	8
10									
11	姓名	年級	分數						
12	周	二年級	95						

圖 6.124 根據姓名和年級尋找成績

▶ 公式說明

本例公式首先計算目標的年級在常數陣列"{" 一 年 級 "," 二 年 級 "," 三 年 級 "}"中排序第幾，然後利用 CHOOSE 函數根據該排序從三個參照範圍中選擇對應的範圍供 VLOOKUP 進行成績查詢。

▶ 使用注意

① CHOOSE 的第一參數以外的所有參數可以是字串，也可以是範圍參照。本例就利用了 CHOOSE 根據條件算出不同範圍參照的特性使 VLOOKUP 能夠根據條件在不同範圍尋找。對於範圍不規則時特別有用。

② 對於本例這種比較規則的範圍，可以使用如下方式來查詢成績。

=VLOOKUP(A11,OFFSET(A1,,MATCH(B11,A1:I1,0)-1,ROWS(2:9),3),2,0)──

也可以透過 INDIRECT 產生目標參照作為 VLOOKUP 的尋找範圍：

=VLOOKUP(A11,INDIRECT(CHAR(MATCH(B11,1:1,0)+64)&":"&CHAR(MATCH(B11,1:1,0)+65)),2,0)

▶ 範例延伸

思考：計算同學"趙前門"在三年中的平均成績

提示：VLOOKUP 第 二 參 數 不 支 援 三 維 陣 列，所 以 不 用 VLOOKUP，而 用 IF 和 AVERAGE。

A、B、C 三組的產量分別存放在三個工作表中，現在需要統計三個組的總產量，並找出誰的產量最高。

開啟範例檔案中的資料檔案，進入"C 組"工作表，在 D2 儲存格輸入以下陣列公式：

=CHOOSE(MOD(MAX(SUBTOTAL(9,INDIRECT({"A 組 ";"B 組 ";"C 組 "}&"!B2:B10"))*100+{1;2;3}),100),"A 組 ","B 組 ","C 組 ")

按下〔Ctrl〕+〔Shift〕+〔Enter〕複合鍵後，公式將算出產量最高的組名，結果如圖 6.125 所示。

圖 6.125 跨表統計最大合計組別

▶ 公式說明

本例公式首先根根工作表名建立一個常數陣列 "{"A 組 ";"B 組 ";"C 組 "}"，配合 INDIRECT 函數產生三個工作表的 B2:B10 範圍的參照。然後將其擴大到 100 倍並分別加 1、2、3。用 MAX 函數其中取出最大值，並用 MOD 函數取其個位數值，CHOOSE 函數根據該值從工作表名組成的常數陣列 "{"A 組 ";"B 組 ";"C 組 "}" 中選擇對應的表名。

▶ 使用注意

本例也可以不建立三維參照，而是用 CHOOSE 函數將三個工作表中的產量範圍轉換成二維陣列，利用 MMULT 計算陣列中三欄的合計。公式如下。

=CHOOSE(MOD(MAX(MMULT(TRANSPOSE(CHOOSE({1,2,3},A 組 !B2:B10,B 組 !B2:B10,B2:B10)),ROW(2:10)^0)*100+{1;2;3}),100),"A 組 ","B 組 ","C 組 ")

▶ 範例延伸

思考：假設有 20 個組別，分別以 A、B、C 組……進行命名，如何統計最大產量組

提示：當組別多、且組別名稱有明顯的規律時，不需要在參數中列一個個工作表的範圍。可以考慮用 ROW 函數產生陣列，並配合 CHAR 函數轉換成字元，再產生所有工作表的範圍參照。

範例 420 列所有參加田徑賽的人員姓名（CHOOSE）

範例檔案 第 6 章 \420.xlsx

工作表中有 10 人的參賽明細，其中每個專案有多人參與，現在需要列出所有參與田徑賽的人員姓名。

開啟範例檔案中的資料檔案，在 D2 儲存格輸入以下陣列公式：

=IFERROR(VLOOKUP(1,CHOOSE({1,2},--(COUNTIF(OFFSET(C$2,,,ROW($2:$11)-1),"田徑")=ROW(1:1)),A$2:A$11),2),"")

按下〔Ctrl〕+〔Shift〕+〔Enter〕複合鍵後，公式將算出第一個田徑賽人員姓名。按兩下儲存格填滿控點，將公式向下填滿，結果如圖 6.126 所示。

D2	▼		*fx*	{=IFERROR(VLOOKUP(1,CHOOSE({1,2},-- (COUNTIF(OFFSET(C$2,,,ROW($2:$11)-1) ,"田徑")=ROW(1:1)),A$2:A$11),2),"")}	
	A	B	C	D	E
1	姓名	地區	參賽項目	田徑賽人員	
2	劉子中	台中	田徑	劉子中	
3	孔貴生	台南	舉重	張秀文	
4	張秀文	台北	田徑	胡東來	
5	羅翠花	雲林	跳水	魏秀秀	
6	趙國	嘉義	舉重		
7	王豹	彰化	拳擊		
8	胡東來	新竹	田徑		
9	徐大鵬	桃園	足球		
10	魏秀秀	宜蘭	田徑		
11	曹值軍	台東	舉重		

圖 6.126　列所有參加田徑賽的人員姓名

▶ 公式說明

本例公式首先利用 OFFSET 函數對 C 欄比賽專案範圍產生高度為 1、2、3……12 的範圍參照，配合 COUNTIF 函數計算每個參照範圍中的 "田徑" 個數。然後 CHOOSE 函數將 COUNTIF 函數產生的陣列與 A1:A11 範圍組合成一個二維陣列，VLOOKUP 從該陣列中分別尋找 1、2、3……並算出對應的姓名。為了防止公式填滿到超出符合條件的資料個數時產生錯誤，使用 IFERROR 函數將錯誤值轉換成空字串。

▶ 使用注意

本例也可以使用 LOOKUP 來完成，公式可以稍做簡化：

=T(LOOKUP(SMALL(IF(C$2:C$12=" 田 徑 ",ROW($2:$12),12),ROW(A1)),ROW($2:$12),A$2:A$12))

使用上述公式時需要確保 A12 為空白儲存格。

▶ 範例延伸

思考：列所有田徑參賽人員名單，按 A 欄的倒序排列

提示：將 "使用注意" 中的公式稍做修改即可。將 SMALL 函數改成 LARGE 函數，並用 IFERROR 函數排除錯誤。

超連結

範例 421 建立檔案目錄（HYPERLINK）

範例檔案 第 6 章 \421.xlsx

將 E 盤中 "生產表" 資料夾下 6 個檔在 A 欄建立目錄，使按一下即可開啟指定月份的生產表。6 個活頁簿名為 "一月產量表"、"二月產量表"、"三月產量表"、"四月產量表"、"五月產量表"、"六月產量表"。

開啟範例檔案中的資料檔案，在 A2 儲存格輸入以下公式：

=HYPERLINK("[E:\ 產量表 \"&TEXT(ROW(1:1),"[DBNum1]")&" 月產量表 .xlsx]sheet1!A1", TEXT(ROW(1:1),"[DBNum1]")&" 月產量表 ")

按下〔Enter〕鍵後，公式將算出第一個工作表的連結。將公式向下填滿至 A8，結果如圖 6.127 所示。

圖 6.127　建立檔案目錄

▶ 公式說明

本例公式首先用 TEXT 函數產生每個月產量表的位址，再用 HYPERLINK 函數對該位址產生連結，即按一下儲存格時可以開啟相對的工作表。

▶ 使用注意

HYPERLINK 可以建立一個快捷方式，用以開啟存儲在網路服務器、Internet 或者目前硬碟中的檔，也可以跳轉至目前活頁簿中任意非隱藏儲存格。它有兩個參數，第一參數是目的檔案的完整路徑，必須是字串，用雙引號參照起來；第二參數是非必填參數，它表示儲存格中的顯示值。如果忽略則顯示第一參數的完整路徑。例如：

=HYPERLINK("[E:\ 月產量表 .xlsx]sheet1!A1")──→ 在儲存格顯示 "[E:\ 月產量表 .xlsx] sheet1!A1"，按一下儲存格則開啟 "月產量表 .xlsx"，且定位於 "sheet1" 的 A1。

▶ 範例延伸

思考：在儲存格建立連結開啟 C 盤下 "WINDOWS" 資料夾

提示：用 "C:\Windows" 做第一參數即可，第二參數除錯誤值外，可用任意字元。

範例 422　連結"總表"中 B 欄最大值儲存格（HYPERLINK）

範例檔案 第 6 章 \422.xlsx

建立一個按一下可以跳轉至"總表"中 B 欄最大值的儲存格的連結。開啟範例檔案中的資料檔案，在 A1 儲存格輸入以下陣列公式：

=HYPERLINK("# 總表 !B"&MAX((MAX(總表 !B:B)= 總表 !B:B)*ROW(B:B))," 至總表 B 欄最大值 ")

按下〔Ctrl〕+〔Shift〕+〔Enter〕複合鍵後，儲存格將顯示"至總表 B 欄最大值"。單擊可以進入"總表"工作表中 B 欄最大值所在儲存格，結果如圖 6.128 所示。

圖 6.128　連結"總表"中 B 欄最大值儲存格

▶ 公式說明

本例公式首先計算總表中 B 欄的最大值，再將每個儲存格與最大值進行比較。

然後將產生的陣列與每個儲存格列號相乘，再用 MAX 取最大值，該值即為最大值所在儲存格的列號。最後 HYPERLINK 函數根據工作表名和列號建立連結。

▶ 使用注意

① HYPERLINK 連結其他工作表或者檔、目錄時，第一參數必須使用完整路徑。而對於本活頁簿則使用"#"。在本例中"# 總表 !"即表示目前活頁簿中名為"總表"的工作表。

② 陣列公式中參照整欄作為參數可以使公式的通用性更強，但卻極消耗記憶體，可以根據實際情況將參照範圍縮小。例如，可以確定"總表"中 B 欄的非空範圍不超過一千列時，公式可以改成：

=HYPERLINK("# 總　表 !B"&MAX((MAX(總　表 !B1:B1000)= 總　表 !B1:B1000)*ROW(B1:B1000))," 至總表 B 欄最大值 ")

③ 按一下帶有超連結公式的儲存格可以跳轉至公式指定的目標儲存格，或者打開公式指定的檔、資料夾。如果需要修改公式，則按一下儲存格三秒鐘後再鬆開滑鼠，此時即已進入編輯狀態。也可以選擇其旁邊的儲存格，再透過方向鍵移至該儲存格。

▶ 範例延伸

思考：建立"總表"A 欄第一個字串儲存格的連結

提示：用 ISTEXT 判斷"總表"A 欄的每個儲存格是否是字串，並記錄其第一個儲存格的列號，HYPERLINK 函數根據列號連結至目標儲存格。

範例 423 選擇冠軍姓名（HYPERLINK）

範例檔案 第 6 章 \423.xlsx

A 欄是才女姓名，B 欄是才女得票數，如何一次性選擇所有得票冠軍姓名？

開啟範例檔案中的資料檔案，在 D2 儲存格輸入以下陣列公式：

=HYPERLINK("#"&TEXT(SUM(SMALL(IF(B2:B13=MAX(B2:B13),ROW(2:13)),ROW(INDIRECT("1:"&COUNTIF(B2:B13,MAX(B2:B13)))))*10^((ROW(INDIRECT("1:"&COUNTIF(B2:B13,MAX(B2:B13)))-1)*2)),REPT("A00!,",COUNTIF(B2:B13,MAX(B2:B13))-1)&"A00")," 得票冠軍 ")

按下〔Ctrl〕+〔Shift〕+〔Enter〕複合鍵後，儲存格將顯示 "得票冠軍"。按一下可以選擇 A 欄的得票冠軍姓名，有多人同時並列第一時也全部選中。結果如圖 6.129 所示。

	A	B	C	D	E	F
				fx	=HYPERLINK("#"&TEXT(SUM(SMALL(IF(B2: B13=MAX(B2:B13),ROW(2:13)),ROW(INDIRECT("1:"&COUNTIF(B2:B13,MAX(B2:B13)))))*10^((ROW(INDIRECT("1:"&COUNTIF(B2:B13,MAX(B2: B13)))-1)*2)),REPT("A00!,",COUNTIF(B2:B13, MAX(B2:B13))-1)&"A00"),"得票冠軍")	
1	才女	得票數		連結至得票冠軍		
2	蘇達妃	51908		得票冠軍		
3	卓文君	60000				
4	貂 蟬	60000				
5	西 施	43383				
6	李清照	43383				
7	班 昭	53307				
8	蔡文姬	60000				
9	唐 琬	60000				
10	柳如是	60000				
11	李師師	41515				
12	董小宛	60000				
13	魚玄機	60000				

圖 6.129 選擇冠軍姓名

▶ 公式說明

本例公式首先計算最大值個數並產生 1 到該值的整數序列，然後 IF 函數配合 SMALL 函數產生 B 欄最大值所在的列號組成的陣列。再將該陣列中的每個值分別擴大 10 的 0 次方、100 次方、10000 次方……然後加總，得到一個由列號依次連成的數值。例如，三個最大值分別在第 6 列、第 8 列和第 12 列，那麼產生的數值即為 "120806"。最後透過 TEXT 函數將該值每兩位數轉換成對應的 A 欄儲存格參照，並用逗號隔開。例如，"120806" 轉換成 "A12,A08,A06"，HYPERLINK 函數根據該儲存格位址建立對應於 A 欄的連結。

▶ 使用注意

① 本例公式有兩個前提：最大值個數不能超過 7 個；資料區必須在第 1～第 99 列內。

② 本例的重點在於 TEXT 函數和 REPT 函數的應用，將最大值的列號轉換成最大值所處的儲存格位址。

▶ 範例延伸

思考：選擇最後一名成績

提示：相對於本例公式，將 MAX 修改成 MIN，且 "A00" 改成 "B00" 即可。

範例 424 選擇二年級曠課人員名單（HYPERLINK）

範例檔案 第 6 章 \424.xlsx

建立一個可以按一下選中二年級所有曠課人員的連結。開啟範例檔案中的資料檔案，在 D2 儲存格輸入以下陣列公式：

=HYPERLINK("#A"&MIN(IF(A2:A12=" 二年級 ",ROW(2:12)))&":B"&MAX(IF(A2:A12=" 二年級 ",ROW(2:12)))," 二年級名單 ")

按下〔Ctrl〕+〔Shift〕+〔Enter〕複合鍵後，儲存格將顯示 "二年級名單"。按一下可以選擇二年級曠課人員的名單，結果如圖 6.130 所示。

	A	B	C	D	E
	fx	{=HYPERLINK("#A"&MIN(IF(A2:A12="二年級", ROW(2:12)))&":B"&MAX(IF(A2:A12="二年級", ROW(2:12))),"二年級名單")}			
1	年級	曠課名單		選擇二年級曠課人員	
2	一年級	趙		二年級名單	
3	一年級	錢			
4	一年級	孫			
5	一年級	李			
6	二年級	周			
7	二年級	吳			
8	二年級	鄭			
9	三年級	王			
10	三年級	馮			
11	三年級	陳			
12	三年級	褚			

圖 6.130　選擇二年級曠課人員名單

▶ 公式說明

本例公式首先計算第一個二年級曠課人員的列號，再計算最後一個二年級曠課人員的列號。將兩個列號與字母 "A"、"B" 相連即產生目的地範圍位址，以該位址作為 HYPERLINK 函數的參數即可產生目的地範圍的連結。

▶ 使用注意

① HYPERLINK 函數可以產生一個儲存格的連結，也可以產生一個或多個範圍的連結。在本例中計算目的地範圍的首列列號和末列列號來定位目的地範圍。如果本例要求選擇所有二年級曠課人員所在列，則刪除公式中的 "A" 和 "B" 即可。

② 也可以利用 MATCH 函數計算二年級首列與末列的列號。公式如下。

=HYPERLINK("#A"&MATCH(0,0/(A2:A12=" 二 年 級 "),0)&":B"&MATCH(1,0/(A2:A12=" 二 年級 "))," 二年級名單 ")

本公式中 MATCH 第一參數用 0 進行精確尋找可以擷取首列的列號；MATCH 第一參數用 1 進行模糊尋找時，則算出最末列的列號。

▶ 範例延伸

思考：選擇一年級最後一個曠課學生的名字

提示：利用 MATCH 計算最後出現的 "一年級" 的列號，用 HYPERLINK 連結至該列。

範例 425 選擇產量最高工作表（HYPERLINK）

範例檔案 第 6 章 \425.xlsx

建立一個按一下可以進入產量最高的組別所在工作表的連結。開啟範例檔案中的資料檔案，進入"I組"工作表，在 D2 儲存格輸入以下陣列公式：

=HYPERLINK("#"&CHAR(64+MOD(MAX(SUBTOTAL(9,INDIRECT(CHAR(64+ROW(1:8))&"組 !B2:B11"))*100+ROW(1:8)),100))&" 組 !A1"," 跳至最大產量組 ")

按下〔Ctrl〕+〔Shift〕+〔Enter〕複合鍵後，儲存格將顯示 "跳至最大產量組"。按一下可以選擇產量最高工作表的 A1 儲存格，結果如圖 6.131 所示。

圖 6.131　選擇產量最高工作表

▶ 公式說明

本例公式首先利用 ROW 函數產生 1 ～ 8 的自然數序列，將其加 64 則為英文字母 A、B、C、D、E、F、G、H、I 的字元代碼。CHAR 函數將字元代碼轉換成字元後，連接 "組 !" 與儲存格位址後作為 INDIRECT 的參數即可產生每個組別的生產陣列範圍參照。SUBTOTAL 函數根據跨表範圍參照將每個工作表的資料加總，將加總資料擴大到 100 倍後分別加上 1 ～ 8 的整數作為輔助序號，再用 MAX 函數取出最大值，用 MOD 函數還原輔助序號，該序號即為最大產量工作表的 8 個組別中的位置序號。最後 CHAR 函數將序號還原為工作表名，HYPERLINK 函數根據工作表名建立連結。

▶ 使用注意

① 本例中組別名稱為升冪字母順序，所以可以取巧，利用 ROW 函數配合 CHAR 函數產生工作表名。如果工作表名無規律，則需使用常數陣列列所有工作表名。

② 如果多個工作表中合計相等，僅僅選擇第一個符合條件的工作表。

▶ 範例延伸

思考：選擇產量第三大的工作表
提示：相對於本例公式，將 MAX 修改成 LARGE。

範例 426 選擇列印範圍（HYPERLINK）

範例檔案 第 6 章 \426.xlsx

建立一個按一下可以進入目前工作表列印範圍的連結。開啟範例檔案中的資料檔案，選擇 A1:C11 範圍後，按一下【版面配置】→【列印範圍】→【設定列印範圍】，進而將該範圍設定為可列印的範圍。然後在 F2 儲存格輸入以下公式：

=HYPERLINK("#Print_Area",IF(ISERR(INDEX(Print_Area,1,1))," 未設定列印區 "," 跳至列印範圍 "))

按下〔Enter〕鍵後，儲存格將顯示「跳至列印範圍」，結果如圖 6.132 所示。

F2	▼	●		*fx*	=HYPERLINK("#Print_Area",IF(ISERR(INDEX(Print_Area,1,1)),"未設定列印區","跳至列印範圍"))	
◢	B	C	D	E	F	G
1	白班	晚班	總計		設置連結	
2	259	357	616		跳至列印範圍	
3	227	173	400			
4	41	72	113			
5	370	137	507			
6	394	372	766			
7	272	282	554			
8	189	143	332			
9	293	343	636			
10	30	137	167			
11	273	236	509			

圖 6.132　選擇列印範圍

▶ 公式說明

本例公式首先用 INDEX 讀取列印範圍第一個儲存格，如果能讀取則建立一個能連結至列印範圍的連結，否則在儲存格顯示「未設定列印區」。

▶ 使用注意

① 本例公式中 "#Print_Area" 表示目前工作表的列印範圍。如果工作表中未設定列印範圍，那麼利用 INDEX 讀取列印範圍資料時將出錯。

② HYPERLINK 函數第一參數支援名稱，即【公式】→【定義名稱】按鈕建立的名稱。在建立名稱所代表範圍的連結時，需要在名稱前添加 "#"，表示目前表。如果是本活頁簿中其他工作表的列印範圍，則用如下公式。

=HYPERLINK（"#sheet1!Print_Area",IF(ISERR(INDEX(Sheet1!Print_Area,1,1)))," 未設定列印區 "," 跳至列印範圍 "))

③ HYPERLINK 函數的參數可以使用參照範圍參照名稱，對於參照為常數陣列的名稱將計算出錯。

▶ 範例延伸

思考：選擇目前工作表名稱 "產量" 和 "入庫" 所代表的範圍

提示：HYPERLINK 函數的第一參數中列出 "產量" 和 "入庫" 名稱，用逗號分開。

職場函數 468 招：超完整！新人工作就要用到的計算函數＋公式範例集